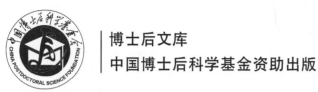
博士后文库
中国博士后科学基金资助出版

多臂机序列决策：
策略、性能及应用

王克浩 著

科学出版社

北 京

内 容 简 介

本书在介绍无休多臂机贯序决策理论体系的基础上，讨论无线通信网络资源序列分配过程中不完美检测、部分检测、资源动态性问题，提出线性时间复杂度的近视策略、怀特因子策略、启发式策略，分别得到近视策略的优化性闭式条件、怀特因子策略的可行性条件及因子闭式表达。同时，将上述理论和方法推广至异构资源状态的系统，提出相应的策略。

本书适合随机优化、序列决策和无线通信网络等相关领域科研人员参考使用，也可供高校相关专业的研究生学习。

图书在版编目(CIP)数据

多臂机序列决策：策略、性能及应用/王克浩著. —北京：科学出版社，2024.4

(博士后文库)

ISBN 978-7-03-078035-5

Ⅰ.①多… Ⅱ.①王… Ⅲ.①无线电通信-通信网-动态型决策系统-研究 Ⅳ.①TN92

中国国家版本馆 CIP 数据核字（2024）第 024658 号

责任编辑：姚庆爽／责任校对：杜子昂
责任印制：赵　博／封面设计：无极书装

科学出版社 出版

北京东黄城根北街 16 号
邮政编码：100717
http://www.sciencep.com

北京富资园科技发展有限公司印刷
科学出版社发行　各地新华书店经销

*

2024 年 4 月第 一 版　开本：720×1000　1/16
2024 年 8 月第二次印刷　印张：16
字数：323 000

定价：130.00 元
（如有印装质量问题，我社负责调换）

"博士后文库"编委会

"博士后文库"序言

1985 年，在李政道先生的倡议和邓小平同志的亲自关怀下，我国建立了博士后制度，同时设立了博士后科学基金。30 多年来，在党和国家的高度重视下，在社会各方面的关心和支持下，博士后制度为我国培养了一大批青年高层次创新人才。在这一过程中，博士后科学基金发挥了不可替代的独特作用。

博士后科学基金是中国特色博士后制度的重要组成部分，专门用于资助博士后研究人员开展创新探索。博士后科学基金的资助，对正处于独立科研生涯起步阶段的博士后研究人员来说，适逢其时，有利于培养他们独立的科研人格、在选题方面的竞争意识以及负责的精神，是他们独立从事科研工作的"第一桶金"。尽管博士后科学基金资助金额不大，但对博士后青年创新人才的培养和激励作用不可估量。四两拨千斤，博士后科学基金有效地推动了博士后研究人员迅速成长为高水平的研究人才，"小基金发挥了大作用"。

在博士后科学基金的资助下，博士后研究人员的优秀学术成果不断涌现。2013 年，为提高博士后科学基金的资助效益，中国博士后科学基金会联合科学出版社开展了博士后优秀学术专著出版资助工作，通过专家评审遴选出优秀的博士后学术著作，收入"博士后文库"，由博士后科学基金资助、科学出版社出版。我们希望，借此打造专属于博士后学术创新的旗舰图书品牌，激励博士后研究人员潜心科研，扎实治学，提升博士后优秀学术成果的社会影响力。

2015 年，国务院办公厅印发了《关于改革完善博士后制度的意见》(国办发〔2015〕87 号)，将"实施自然科学、人文社会科学优秀博士后论著出版支持计划"作为"十三五"期间博士后工作的重要内容和提升博士后研究人员培养质量的重要手段，这更加凸显了出版资助工作的意义。我相信，我们提供的这个出版资助平台将对博士后研究人员激发创新智慧、凝聚创新力量发挥独特的作用，促使博士后研究人员的创新成果更好地服务于创新驱动发展战略和创新型国家的建设。

祝愿广大博士后研究人员在博士后科学基金的资助下早日成长为栋梁之才，为实现中华民族伟大复兴的中国梦做出更大的贡献。

中国博士后科学基金会理事长

前　　言

目前，关于无休多臂机序列决策的研究大多是应用研究，很少系统完整地研究其策略和性能等基本理论问题，主要原因是无休多臂机决策问题在时间和空间上呈指数复杂性。

基于此，本书主要研究无休多臂机序列决策各种不同模型下的短视策略、因子策略，以及启发式策略的性能和计算复杂度等问题。例如，两态和多态模型、完美和不完美观测模型、同质和异质模型、部分和全部观测模型下的多臂机决策问题。

本书重点关注无休多臂机序列决策问题的策略和性能。为设计线性复杂度策略，作者分析了无休多臂机问题的基本数学形式和面临的技术挑战。从技术上讲，作者构建了一个统一的框架来研究短视策略的性能，提出用对称性、单调性和可分解性表征收益函数，采用动态规划、随机占优及随机优化技术证明短视策略在提出的条件下是最优策略。为了在更大的参数空间进一步获得无休多臂机问题的渐近最优策略，作者分析了怀特因子策略的可行性和可计算性问题。针对非线性和多态模型，本书采用固定点理论和矩阵理论分析系统动态演化规律，证明因子策略的可行性，得到因子策略的闭式形式。对于启发式策略，本书的研究显示了学习代价和决策性能的平衡。

本书共 10 章。第 1 章是绪论。从模型角度看，第 2 ~ 7 章研究两态马尔可夫信道相关无休多臂机优化问题，第 8 ~ 10 章研究多态马尔可夫信道相关无休多臂机优化问题。从观测状态角度看，第 3、8、10 章研究完美状态观测下的多臂机优化问题，其他章节研究不完美状态观测下的相关问题。从决策策略的角度看，第 2 ~ 5、8、9 章研究短视策略或贪婪策略的最优性问题，第 6、10 章研究因子策略可行性及因子计算问题，第 7 章研究启发式策略问题。

在本书付梓之际，感谢我的家人和中国博士后基金会出版基金的支持。

限于作者水平，书中难免存在不妥之处，恳请各位专家和读者批评指正。

目　　录

第 1 章　绪　　论

1.1　引　　言

1.1.1　多臂机

多臂机 (multi-armed bandit，MAB) 问题于 1933 年首次在医学试验中被提出，已经成为随机优化、序列决策、强化学习领域的经典问题。其应用场合包括但不限于多 Agent 系统、网页搜索、网络广告、社会网络、队列系统、无线通信系统等。

考虑一个动态系统，它由一个玩家和 N 个独立臂组成。在每个时隙 t $(t = 1, 2, \cdots)$，记臂 k $(k = 1, 2, \cdots, N)$ 的状态为 $s_k(t)$，玩家可以完全观测此状态。在时隙 t，基于系统状态 $\mathcal{S}(t) = [s_1(t), s_2(t), \cdots, s_N(t)]$，玩家选择激活一个臂，如激活臂 k，并收集收益 $R(s_k(t))$。在下一时隙 $t+1$，臂 k 的状态将按照一定的转换概率 $p_{i,j}^{(k)} = P(s_k(t+1) = j | s_k(t) = i), i, j \in \Omega_k$ 转换到另一状态，其中 Ω_k 表示臂 k 的状态空间，其他未被激活臂的状态保持不变，如 $s_n(t+1) = s_n(t), \forall n \neq k$。

玩家的选择策略 $\pi = \{\pi(1), \pi(2), \cdots\}$ 是从系统状态 $\mathcal{S}(t)$ 到动作 $a(t)$ 的系列映射，即 $\pi(t) : \mathcal{S}(t) \mapsto a(t)$，其中 $a(t)$ 表示某臂被激活。目标是求解优化策略 π^*，以最大化无限时长上的期望累积折旧收益，即

$$\pi^* = \arg\max_{\pi} E\left\{ \lim_{T \to \infty} \sum_{t=1}^{T} \beta^{t-1} R(s_{a(t)}(t)) \right\}, \quad 0 \leqslant \beta < 1 \qquad (1.1)$$

其中，β 为折旧因子；E 为期望算子。

考虑系统状态数随着臂的数目指数增长，上述经典多臂机问题 (1.1) 的一般数字解具有指数复杂性。

问题 (1.1) 由 Thompson 于 1933 年提出[1]，但此经典问题优化解的结构直到 1974 年才由 Gittins 等[2] 推导得出。Gittins 的论文指出，因子策略 (后称 Gittins 因子) 是最优策略，并使求解问题的复杂度从随臂数目指数增长降低到线性增长。

定理 1.1[3]　*优化策略具有因子结构。特别地，对于所有 $1 \leqslant k \leqslant N$，存在因子函数 $G_k(\cdot)$，将臂 k 的状态 $i \in \Omega_k$ 映射为一实数。对每一次决策，优化动作是激活具有最大因子的臂。*

Gittins 同时给出了因子函数 $G_k(\cdot)$ 的特别形式。

定义 1.1 (Gittins 因子)　　对于臂 k 的任意状态 $i \in \Omega_k$，有

$$G_k(i) = \limsup_{\sigma \geqslant 1} \frac{E\left\{\sum_{t=1}^{\sigma} \beta^{t-1} R(s_k(t)) | s_k(1) = i\right\}}{E\left\{\sum_{t=1}^{\sigma} \beta^{t-1} | s_k(1) = i\right\}} \tag{1.2}$$

其中，σ 为激活臂 k 的某一停止时间。

　　Gittins 因子基本可以表征从当前状态激活某臂所能达到的最大收益率。因此，通过 Gittins 因子，用户能够尽可能快地得到收益，进而最大化累积折旧收益。

1.1.2　无休多臂机

　　在 1988 年，Whittle[3] 将多臂机模型扩展到一个更普遍的无休多臂机 (restless multi-armed bandit, RMAB) 模型。在扩展模型中，用户能同时激活 K 个臂 $\mathcal{K}(t)$ 并改变状态，而没有被激活的臂同样也可以改变状态并提供一定收益。这一扩展模型与经典多臂机模型有相当大的不同，并且应用范围更广。

　　若臂 k 被激活，其状态按照规则 P_{k1} 转换并产生即时收益 $g_{k1}(s_k(t))$；若臂 k 未被激活，其状态按照另一规则 P_{k2} 转换并产生即时收益 $g_{k2}(s_k(t))$。策略 $\pi = \{\pi(t)\}_{t=1}^{\infty}$ 是一系列映射，其中 $\pi(t)$ 是时隙 t 从系统状态 $\mathcal{S}(t)$ 到被激活臂集合 $\mathcal{K}(t)$ 的映射。

　　在文献 [3] 中，Whittle 考虑了最大化无限时长上的平均收益问题，即

$$\pi^* = \operatorname*{argmax}_{\pi} E\left\{\lim_{T \to \infty} \frac{1}{T} \sum_{t=1}^{T} \underbrace{\left(\sum_{i \in \mathcal{K}(t)} g_{i1}(s_i(t)) + \sum_{j=1, j \notin \mathcal{K}(t)}^{N} g_{j2}(s_j(t))\right)}_{R(t)}\right\} \tag{1.3}$$

　　令 γ_k 指示无约束情况下激活臂 k 达到的最大期望平均收益，即

$$\gamma_k = \max_{\pi} E\left\{\lim_{T \to \infty} \frac{1}{T} \sum_{t=1}^{T} g_{k a_k(t)}(s_k(t))\right\} \tag{1.4}$$

其中，$a_k(t) \in \{1, 2\}$。

　　令 $f_k(s_k(1))$ 表示由状态 $s_k(1)$ 开始的瞬态效应，而不是均衡态导致的可区分收益，即

$$f_k(s_k(1)) = \lim_{T \to \infty} E_{\pi^*}\left\{\frac{1}{T} \sum_{t=1}^{T} g_{k a_k(t)}(s_k(t)) - \gamma_k\right\} \tag{1.5}$$

关于最大期望平均收益 γ_k，我们有如下优化等式，即

$$\gamma_k + f_k(s_k(t)) = \max_{a=\{1,2\}} \{g_{ka}(s_k(t)) + E\{f_k(s_k(t+1))|s_k(t)\}\} \quad (1.6)$$

式(1.6)可以写成更紧凑的形式，即

$$\gamma_k + f_k(s_k(t)) = \max\{L_{k1}f_k,\ L_{k2}f_k\} \quad (1.7)$$

考虑松弛问题，即在所有时隙上，平均激活 N 个臂中的 K 个，而不是在每个时隙精确地激活 K 个臂。例如

$$E\{|\mathcal{K}(t)|\} = K \quad (1.8)$$

而不是 $|\mathcal{K}(t)| = K$，那么松弛条件下的优化目标为

$$\max E\left\{\sum_{n=1}^{N} r_n\right\} \quad \text{s.t.} \quad E\left\{\sum_{n=1}^{N} I_n\right\} = K \quad (1.9)$$

其中，r_n 为松弛约束下从臂 n 所得的平均收益；按照臂 n 是否激活可得 $I_n = 1, 0$。

根据经典拉格朗日多乘子，有如下目标，即

$$\max E\left\{\sum_{n=1}^{N} r_n + \nu \sum_{n=1}^{N} I_n\right\} = \max E\left\{\sum_{n=1}^{N} (r_n + \nu I_n)\right\} \quad (1.10)$$

进而，我们有如下 ν 补助问题，即

$$\gamma_k(\nu) + f_k = \max\{L_{k1}f_k, \nu + L_{k2}f_k\} \quad (1.11)$$

其中，ν 为臂未被激活时的补助。

定义臂 k 在状态 $i \in \Omega_k$ 的因子 $W_k(i)$ 为 ν 的值，它使激活和不激活某臂对于用户来说具有相同的收益，即

$$L_{k1}f_k = \nu + L_{k2}f_k \quad (1.12)$$

令 $\mathcal{P}_k(\nu)$ 表示 ν 补助策略下，臂 k 未激活情况下的状态集合，那么臂 k 是可因子的，若 ν 从 $-\infty$ 增加到 $+\infty$ 时，$\mathcal{P}_k(\nu)$ 从 $\emptyset$ 增加到 Ω_k。

定义 1.2 (怀特因子策略)　如果所有的臂均是可因子的，那么在每个时隙激活因子值最大的 K 个臂。

猜测 1.1 (怀特猜想)　假定所有的臂均是可因子的，则怀特因子策略在极限情况下关于每个臂的平均收益是最优的。

1.2　技术难点

对于多臂机或 RMAB 模型，现有文献的一个研究重点是寻求充分条件，保证能最大化即时收益的短视策略在某些场合下是最优的[4-7]；另一个重点是研究怀特因子策略的渐近优化[8-18]。此外，还有一个研究重点，即针对特定应用寻求近似的启发式策略。然而，上述工作很少考虑如下三个主要挑战。

① 部分信息。在机会调度系统中，决策者或调度器必须消耗某种资源 (如时间、能量、频率等) 来观察 (感知、检测、采样等) 系统状态。由于消耗资源的实际代价约束，决策者无法观察系统的完整状态，只能获得系统状态的部分信息，因此调度器必须通过学习决策历史和观察历史做出决策。

② 不完美信息。在实际环境中，决策者需要依靠特定的设备获取系统状态。由于任何设备都会带来一定的错误，如误警和漏检，无法观察到完美的状态信息，因此在系统调度过程中，获取信息时不可避免地会存在不完美观测。这种不完美信息会导致系统呈现复杂非线性动态。

③ 多态信息。为了对机会调度系统做出更好的决策，调度器需要了解更精确的系统信息。因此，描述系统状态时，需要细粒度级别而不是简单宏级别的状态，如两种状态 (好与坏，或 1 与 0)。在这种情况下，一般要求采用多阈值或多状态来描述细粒度级别的系统状态，但是多状态量的数学操作需要使用多元分析技术。

本书采用从理论建模分析到实用算法设计优化的研究路线。为了方便读者，我们采用模块化结构呈现结果，各章作为独立的模块对应 RMAB 模型的某个特定主题。

简而言之，本书内容构成关于 RMAB 序列决策的策略、性能及应用的较完整图谱。

参 考 文 献

[1] Thompson W R. On the likelihood that one unknown probability exceeds another in view of the evidence of two samples. Biometrika, 1933, 25: 275–294.

[2] Gittins J C, Jones D M. A dynamic allocation index for the sequential design of experiments. Progress in Statistics, 1974, 6: 241–266.

[3] Whittle P. Restless bandits: activity allocation in a changing world. Journal of Applied Probability, 1988, 24: 287–298.

[4] Zhao Q, Krishnamachari B, Liu K. On myopic sensing for multi-channel opportunistic access: structure, optimality, and performance. IEEE Transactions on Wireless Communications, 2008, 7(3): 5413–5440.

[5] Ahmad S H, Liu M, Javidi T, et al. Optimality of myopic sensing in multichannel opportunistic access. IEEE Transactions on Information Theory, 2009, 55(9): 4040–4050.

[6] Lapiccirella F E, Liu K, Ding Z. Multi-channel opportunistic access based on primary ARQ messages overhearing// Proceedings of IEEE International Conference on Communications, Kyoto, 2011: 1-5.

[7] Murugesan S, Schniter P, Shroff N B. Multiuser scheduling in Markov-modeled downlink using randomly delayed ARQ feedback. IEEE Transactions on Information Theory, 2012, 58(2): 1025–1042.

[8] Liu K, Zhao Q. Indexability of restless bandit problems and optimality of whittle index for dynamic multichannel access. IEEE Transactions on Information Theory, 2010, 56(11): 5547–5567.

[9] He T, Anandkumar A, Agrawal D. Index-based sampling policies for tracking dynamic networks under sampling constraints// Proceedings of IEEE INFOCOM, Shanghai, 2011: 1233–1241.

[10] Ny J L, Dahleh M, Feron E. Multi-UAV dynamic routing with partial observations using restless bandit allocation indices// Proceedings of American Control Conference, Seattle, 2008: 4220–4225.

[11] Raghunathan V, Borkar V, Cao M, et al. Index policies for real-time multicast scheduling for wireless broadcast systems// Proceedings of IEEE INFOCOM, Phoenix, 2008: 1570–1578.

[12] Ehsan N, Liu M. On the optimality of an index policy for bandwidth allocation with delayed state observation and differentiated services// Proceedings of IEEE INFOCOM 2004, Hongkong, 2004: 1974–1983.

[13] Jacko P, Ayesta U, Erausquin M. A modeling framework for optimizing the flow-level scheduling with time-varying channels. Performance Evaluation, 2010, 67(11): 1024–1029.

[14] Jacko P. Value of information in optimal flow-level scheduling of users with Markovian time-varying channels. Performance Evaluation, 2011, 68(11): 1022–1036.

[15] Jacko P, Sanso B. Optimal anticipative congestion control of flows with time-varying input stream. Performance Evaluation, 2011, 69(2): 86–101.

[16] Ott J. A continuous-time Markov decision process for infrastructure surveillance. Operations Research Proceedings, 2010: 327–332.

[17] Chen D, Ji H, Li X. Distributed best-relay node selection in underlay cognitive radio networks a restless bandits approach// Proceedings of IEEE Wireless Communications and Networking Conference, Cancun, 2011: 1208–1212.

[18] Luo C, Yu F R, Hong J, et al. Optimal channel access for tcp performance improvement in cognitive radio networks. Wireless Networks, 2010, 17: 479–492.

第 2 章　同构两态完美观测多臂机：短视策略及性能

2.1　引　　言

本章考虑一个认知通信系统，它包含 N 个独立不受控的离散时间演化的马尔可夫信道。每个信道的状态转换服从一个独立同分布 (independently and identically distributed, i.i.d.) 的两态马尔可夫过程，其中信道的两个状态表示"好"状态 (记为 1) 和"坏"状态 (记为 0)，状态转移概率为 $p_{ij}(i,j=0,1)$。两态马尔可夫信道模型如图 2.1 所示。特别强调的是，每个信道的状态转移概率均相同，称为同构信道；否则，称为异构信道。

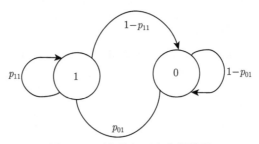

图 2.1　两态马尔可夫信道模型

在每个时隙中，次级用户 (secondary user, SU) 根据策略从 N 个信道中选择 K 个，并完美地观测其状态。这里特别强调完美观测，如无漏检和误警。那些没有被选择的马尔可夫信道则根据自身规则演化。次级用户根据所选的 K 个信道的观测状态组合获得一定的收益，例如 K 个信道的状态均为坏，则没有任何收益。重复上述选择、观察和收集过程，直到次级用户不再访问系统。显然，上述信道选择问题是一个多臂机问题[1]，可以规整成所谓的部分观察马尔可夫决策过程 (partially observable Markovian decision process, POMDP) 问题[2,3]。然而，计算一般多臂机问题优化解的复杂度为 PSPACE-Hard[4]，而且关于优化解结构的理论分析亦不可得。因此，贪婪策略成为一个合适的策略。贪婪策略只关注即时收益的最大化，忽略对未来收益的影响，但是贪婪策略通常不是最优的。

近来，对于多臂机问题策略的研究主要集中在两个方向。其一是寻求常数因子近似算法，例如文献 [5] 在每个臂满足 $p_{11}>0.5>p_{01}$ 的条件下，通过线性规划松弛方法开发 68-近似算法。文献 [6] 针对一类单调无休多臂问题开发 2-近似算法。在多通道访问的相关研究方面，文献 [7] 建立了怀特因子的可因子性，并获得怀特因子在折价期望收益标准下的闭式解。文献 [8] 基于怀特因子研究了链路采样和节点采样，并在采样约束下跟踪动态网络的拓扑结构，证明了怀特因子在某些条件下的可因子性。文献 [9] 从信号处理的角度提出一种同时感知认知无线电中多个主用户活动的分析方法。文献 [10] 提出下行链路空间复用技术，使多个次级用户能够同时共享频谱而不会干扰主用户通信。

多臂机策略的另一个研究方向是寻求贪婪策略在具体应用场景下达到最优的充分条件。尽管有许多文献研究这一问题，但是这些文献中的即时收益函数仅是信道状态观察集的线性组合。例如，文献 [11] 在 $K = 1$ 的情况下证明了贪婪策略的最优性。在信道正相关的情况下，有 N 个供选择的信道。文献 [12] 将 $K = 1$ 扩展为 $K > 1$ 的情况，并得到贪婪策略的最优性。在之前的工作中，我们将即时收益函数表征为观察状态集的非线性组合，并证明贪婪策略通常不是最优的。这与文献 [12] 的优化性结果相抵触 (文献 [12] 的即时收益函数是状态观测集的线性组合)。这一矛盾现象说明，有必要研究即时收益函数形态对贪婪策略最优性的影响。

从技术角度来看，贪婪策略的最优性要求用户倾向于利用信息 (exploitation) 而不是探索信息 (exploration)。实现此机制最简单的方法是通过折旧因子 β 调整 "利用" 和 "探索" 之间的平衡。另外，我们注意到，即时收益函数[12,13] 细微差别导致的贪婪策略的不同性能，因此本章研究一类通用且十分重要的即时收益函数。具体来说，其由观测状态的一阶变量组合而成。本章的目标是推导关于折旧因子的充分条件，确保在折旧累积收益标准下，贪婪策略对于正则收益函数型的优化目标而言是最优策略。从数学角度看，如果折旧因子 $\beta = 1$，折旧累积收益标准下贪婪策略的最优性能就提升为系统工作时间内平均期望收益标准下的最优性。因此，我们可以根据 β 的闭式条件，判断折旧累积和平均期望收益标准下贪婪策略的最优性。

具体来说，与现有多臂机问题中短视策略优化性的研究相比，本章的主要贡献有三个方面。

① 本章分析了一类特殊的多臂机问题。其即时收益函数可以表示为正则收益函数 (满足单调性、仿射性和解耦性)，进而可以推得折扣累积收益目标函数也是正则收益函数。当 $p_{11} > p_{01}$ 时，我们在折旧累积收益准则下建立贪婪策略的最优性。具体来说，当 $0 < \beta \leqslant 1$ 时，从 N 个信道中选择最佳 1 或 $N - 1$ 个信道的贪婪策略是最优的；对于选择 $K(1 < K < N - 1)$ 个信道的情况，仅当折旧因子 β 满足特定闭式条件时，贪婪策略才是最优的。

② 本章的主要技术在很大程度上是基于正则收益函数的解析属性。这与文

献 [11]、[12] 的技术主要依赖耦合参数完全不同。

③ 本章分析认知无线电网络中的两个实用模型。第一个模型涉及认知无线电网络中的信道感知顺序问题，即次级用户选择 N 个信道中的 K $(1 < K < N)$ 个，以最大限度地找到空闲或好信道。在这种情况下，即时收益函数是所选信道的可用性概率的一阶非线性组合。理论分析结果表明，贪婪策略在平均预期收益标准下并不是最优的。这与文献 [13] 的结论是一致的。第二个模型是用户选择 $K(1 \leqslant K < N)$ 个信道，访问状态良好的信道且得到收益，则即时收益函数是那些选择信道可用性概率的线性组合。得到的理论结果与文献 [11]、[12] 的结论一致，即选择任意数量信道的贪婪策略是最优的。

2.2　系统模型和优化问题

考虑某一用户访问由 N 个服从独立相似分布的信道组成的通信系统，其中每个信道的状态变化由一个两态的马尔可夫过程刻画。N 个信道构成集合 $\mathcal{N} \stackrel{\text{def}}{=} \{1, 2, \cdots, N\}$。信道 i 的状态由 $S_i(t)$ 表示，$S_i(t) \in \{0, 1\}$，其中 1 表示信道处于"好"状态，0 表示信道处于"坏"状态。系统时间被分成等长的时隙，t 为时隙号 $0 \leqslant t \leqslant T$，$T$ 表示最大时隙号。假定信道在每个时隙的开始时刻改变状态，在时隙内进行信道选取决策。受限于硬件本身性能及获取信道状态的代价，假定用户在每个时隙只能选择 N 个信道中的 K 个信道 (即 $1 \leqslant K < N$) 并感知其状态。记时隙 t 内选择的 K 个信道组成的集合为 $a^K(t) \subset \mathcal{N}, |a^K(t)| = K$。

由于每个时刻只能观测 K 个信道，用户不能完全观测到系统的整个状态，即 $S(t) \stackrel{\text{def}}{=} [S_1(t), S_2(t), \cdots, S_N(t)]$，因此我们必须引入基于决策历史和观测历史的信道置信信息 (即信道为状态 1 的条件概率)。据文献 [2]，N 个信道的置信信息组成的置信向量是一个可用来作出最优策略的足够统计量。记该置信向量为 $\Omega(t) = [\omega_1(t), \cdots, \omega_N(t)] \in [0, 1]^N$，这里的 $\omega_i(t)$ 是时隙 t 内信道 i 的状态为 1 的条件概率。由于信道的状态变化服从马尔可夫演化规律，系统下一时隙的信息状态或置信向量仅依赖当前时隙的信息态和决策行为，也就是说它独立于观测历史和决策历史。

假定 $p_{11} > p_{01}$，给定当前时隙 t 的置信向量 $\Omega(t)$ 和感知决策策略 $a^K(t)$，时隙 $t+1$ 的置信向量可以使用如下贝叶斯规则更新，即

$$\omega_i(t+1) = \begin{cases} p_{11}, & i \in a^K(t), S_i(t) = 1 \\ p_{01}, & i \in a^K(t), S_i(t) = 0 \\ \tau(\omega_i(t)), & i \notin a^K(t) \end{cases} \tag{2.1}$$

其中，$\tau(\omega_i(t)) = \omega_i(t)p_{11} + (1 - \omega_i(t))p_{01}$。

用户的目标是在给定的有限时隙数内最大化式 (2.2) 所示的折旧累积收益，或式 (2.3) 所示的平均期望收益，即

$$\max_{\pi} E \left\{ \sum_{t=0}^{T} \beta^t R_{\pi_t}(\Omega(t)) \Big| \Omega(0) \right\} \tag{2.2}$$

$$\max_{\pi} E \left\{ \frac{1}{T+1} \sum_{t=0}^{T} R_{\pi_t}(\Omega(t)) \Big| \Omega(0) \right\} \tag{2.3}$$

其中，$R_{\pi_t}(\Omega(t))$ 为给定初始置信向量 $\Omega(0)$、当前置信向量 $\Omega(t)$、策略 $a^K(t) = \pi_t(\Omega(t))$ 下在时隙 t 的收益；π_t 为当前置信向量到信道选择策略 $a^K(t)$ 的映射，即 $\pi_t : \Omega(t) \mapsto a^K(t)$。

如果没有关于系统状态置信向量的初始信息，$\Omega(0)$ 的每一个元素都可以设置为稳态分布 $\omega_0 = \dfrac{p_{01}}{1 + p_{01} - p_{11}}$。

令 $V_t(\Omega(t))$ 为时隙 t 的函数，表示在初始置信向量 $\Omega(0)$ 下从时隙 t 到 T 的最大的期望折旧累积收益。令 $p_{01}[x]$ 和 $p_{11}[x]$ 是长度为 x 且每个元素为 p_{01} 和 p_{11} 的向量，记

$$p_{01}[x] \stackrel{\text{def}}{=\!=} \underbrace{[p_{01}, \cdots, p_{01}]}_{x} \tag{2.4}$$

$$p_{11}[x] \stackrel{\text{def}}{=\!=} \underbrace{[p_{11}, \cdots, p_{11}]}_{x} \tag{2.5}$$

这样，我们可以将式 (2.2) 改写为如下动态规划形式，即

$$\begin{cases} V_T(\Omega(T)) = \max_{a^K(T) \subset \mathcal{N}} E\{R(\Omega(T))\} = \max_{a^K(T) \subset \mathcal{N}} F(\Omega(T)) \\ V_t(\Omega(t)) = \max_{a^K(t) \subset \mathcal{N}} \{F(\Omega(t)) + \beta G_t(\Omega(t))\} \end{cases} \tag{2.6}$$

其中，$F(\Omega(t))$ 为当前时隙的期望收益。

$$G_t(\Omega(t))$$

$$= \sum_{e \in \mathcal{P}(a^K(t))} \prod_{i \in e} \omega_i \prod_{j \in a^K(t)}^{j \notin e} (1 - \omega_j) V_{t+1}(p_{11}[|e|], \tau(\omega_{k+1}(t)), \cdots, \tau(\omega_N(t)), p_{01}[K - |e|]) \tag{2.7}$$

其中，$\mathcal{P}(a^K(t))$ 为集合 $a^K(t)$ 生成的幂集；$|e|$ 为集合 e 的势。

在式 (2.6) 的右边，从时隙 t 到 T 的收益由两部分组成，即当前时隙 t 的期望收益 $F(\Omega(t))$ 和未来折旧累积期望收益 $\beta G_t(\Omega(t))$。

由于式 (2.6) 递归计算的复杂性，本章考虑最简单的策略，即贪婪策略，也就是每个时隙只最大化当前时隙的期望收益 $F(\Omega(t))$，即

$$\hat{a}^K(t) = \underset{a^K(t) \subset \mathcal{N}}{\operatorname{argmax}} F(\Omega(t)) \tag{2.8}$$

下面推导关于折旧因子 β 的闭式充分条件来保证贪婪策略的优化性。

2.3　正则收益函数

下面依据三个基础且通用的假设，定义一类正则收益函数，并证明值函数 $V_t(\cdot)$ 在贪婪策略下也是正则收益函数。

2.3.1　正则收益函数定义

为了方便，假定 $a^K(t) = \{\omega_1(t), \cdots, \omega_K(t)\}$，并且交互使用 $a^K(t) = \{1, 2, \cdots, k\}$ 和 $a^K(t) = \{\omega_1(t), \cdots, \omega_K(t)\}$。特别地，在不引起混淆的情况下，我们忽略 $\omega_i(t)$ 的索引下标 i，交互使用 $\omega_i(t)$ 和 $\omega(t)$。

假设 2.1（对称性）　给定 $\omega_i(t), \omega_j(t) \in a^K(t)$，收益函数 $F(\Omega(t))$ 关于 $\omega_i(t)$ 和 $\omega_j(t)$ 对称，即

$$F(\omega_1(t), \cdots, \omega_i(t), \cdots, \omega_j(t), \cdots, \omega_N(t))$$
$$= F(\omega_1(t), \cdots, \omega_j(t), \cdots, \omega_i(t), \cdots, \omega_N(t)) \tag{2.9}$$

假设 2.2（仿射性）　收益函数 $F(\Omega(t))$ 是 $\omega_i(t)$ $(1 \leqslant i \leqslant N)$ 的一阶多项式[①]，即

$$F(\omega_1(t), \cdots, \omega_{i-1}(t), \omega_i(t), \omega_{i+1}(t), \cdots, \omega_N(t))$$
$$= \omega_i(t) F(\omega_1(t), \cdots, \omega_{i-1}(t), 1, \omega_{i+1}(t), \cdots, \omega_N(t)) \tag{2.10}$$
$$+ (1 - \omega_i(t)) F(\omega_1(t), \cdots, \omega_{i-1}(t), 0, \omega_{i+1}(t), \cdots, \omega_N(t))$$

假设 2.3（单调性）　收益函数 $F(\Omega(t))$ 是 $\omega_i(t)$ $(1 \leqslant i \leqslant N)$ 的单调增函数，即

$$\omega_i'(t) \geqslant \omega_i(t) \Rightarrow F(\omega_1(t), \cdots, \omega_i'(t), \cdots, \omega_N(t)) \geqslant F(\omega_1(t), \cdots, \omega_i(t), \cdots, \omega_N(t)) \tag{2.11}$$

---

① $F(\Omega(t))$ 对每个变量均具有仿射性。

需要注意的是，以上三个假设是必须的，并且没有冗余。它们定义了一类非常通用的函数，称为正则收益函数。

定义 2.1 如果收益函数满足对称性、仿射性和单调性，则称其为正则收益函数。

由以上假设可知，正则收益函数对应的贪婪策略具有如下结构属性。

定义 2.2 假定在时隙 t，$\omega_1(t) \geqslant \omega_2(t) \geqslant \cdots \geqslant \omega_N(t)$ 且立即收益函数是正则收益函数，则对应的贪婪策略是选择 K 个最好的信道，即 $\hat{a}^K(t) = \{1, 2, \cdots, K\}$。

为了更好地理解正则收益函数的内在结构，下面给出三个例子。

例 2.1 考虑文献 [12] 中的场景，如果某个信道感知为"好"状态，则用户得到单位收益 1，否则为 0。因此，期望立即收益函数为 $F(\varOmega) = \sum\limits_{i=1}^{K} \omega_i$。容易验证，$F(\varOmega)$ 满足对称性、仿射性、单调性，是正则收益函数。

例 2.2 考虑如下场景，仅当所有信道都感知为"好"状态时，用户才能得到单位收益 1，否则为 0，那么期望立即收益函数为 $F(\varOmega) = \prod\limits_{i=1}^{K} \omega_i$。它满足对称性、仿射性、单调性，是正则收益函数。

例 2.3 考虑文献 [13] 中的安全通信场景，若有任一信道感知为"好"状态时，用户就得到单位收益 1，否则为 0，那么期望立即收益函数为 $F(\varOmega) = 1 - \prod\limits_{i=1}^{K}(1 - \omega_i)$。它满足对称性、仿射性、单调性，是正则收益函数。

2.3.2 值函数的性质

下面证明，如果立即收益函数是正则函数，那么从时隙 t 到 T 采用贪婪策略，对应的值函数 $V_t(\varOmega(t))$ 是正则收益函数。值函数的正则性是非常重要的性质，可以为后续证明贪婪策略的最优性起到重要作用。

引理 2.1 (对称性) 若立即收益函数是正则函数且从时隙 t 到 T 采用贪婪策略，则 $V_t(\varOmega(t))$ 关于 $\omega_i(t), \omega_j(t)$ $(1 \leqslant i, j \leqslant K)$ 对称，即

$$V_t(\omega_1(t), \cdots, \omega_i(t), \cdots, \omega_j(t), \cdots, \omega_N(t))$$
$$= V_t(\omega_1(t), \cdots, \omega_j(t), \cdots, \omega_i(t), \cdots, \omega_N(t)) \tag{2.12}$$

证明 我们采用归纳法证明。

(1) 根据假设 2.1 的对称性，在时隙 T 内，对于 $1 \leqslant i \neq j \leqslant K$，考虑 $V_T(\varOmega(T)) = F(\varOmega(T))$，易证 $V_T(\varOmega(T))$ 是对称的。

(2) 假定 $V_{T-1}(\Omega(T-1)), \cdots, V_{t+2}(\Omega(t+2)), V_{t+1}(\Omega(t+1))$ 是对称的，在时隙 t，我们有 $V_t(\Omega(t)) = F(\Omega(t)) + \beta G_t(\Omega(t))$。基于假设 2.1，$F(\Omega(t))$ 是对称的，$G_t(\Omega(t))$ 也是对称的。因此，$V_t(\Omega(t))$ 是对称的，引理 2.1 得证。 □

引理 2.2(仿射性) 若立即收益函数是正则函数且从时隙 t 到 T 采用贪婪策略，则 $V_t(\Omega(t))$ 是 $\omega_i(t)$ $(1 \leqslant i \leqslant N)$ 的仿射函数。

证明 下面根据归纳法证明该引理。

(1) 根据假设 2.2，在时隙 T，$F(\Omega(T))$ 是 $\omega_i(T)$ 的仿射函数 $(1 \leqslant i \leqslant N)$，进而 $V_T(\Omega(T)) = F(\Omega(T))$ 也是 $\omega_i(T)$ 的仿射函数。

(2) 假定 $V_{T-1}(\Omega(T-1)), \cdots, V_{t+2}(\Omega(t+2)), V_{t+1}(\Omega(t+1))$ 是仿射函数，下面证明对于时隙 t，$V_t(\Omega(t))$ 也是仿射函数。

证明分两种情况。

情况 1，在时隙 t，信道 i 没有被选择，即 $\omega_i \notin a^K(t) = \{\omega_1, \cdots, \omega_K\}$，我们有

$$V_t(\Omega(t)) = F(\Omega(t)) + \beta \sum_{e \in \mathcal{P}(a^K(t))} \prod_{p \in e} \omega_p \prod_{q \in a^K(t) \setminus e} (1 - \omega_q)$$
$$\times V_{t+1}(p_{11}[|e|], \cdots, \tau(\omega_i), \cdots, \tau(\omega_N), p_{01}[K - |e|])$$

由归纳假设，$V_{t+1}(\Omega(t+1))$ 是 $\tau(\omega_i)$ 的仿射函数，同时 $\tau(\omega_i)$ 是 ω_i 的仿射函数，因此 $V_{t+1}(\Omega(t+1))$ 是 ω_i 的仿射函数。考虑 $F(\Omega(t))$ 和 ω_i 无关，可知 $V_t(\Omega(t))$ 是 ω_i 的仿射函数。

情况 2，在时隙 t，信道 i 被选择，即 $\omega_i \in a^K(t)$。令 $a^{K-1}(t) = a^K(t) - \{\omega_i\}$，我们有

$$V_t(\Omega(t)) = F(\Omega(t)) + \beta \sum_{e \in \mathcal{P}(a^K(t))} \prod_{p \in e} \omega_p \prod_{q \in a^K(t) \setminus e} (1 - \omega_q)$$
$$\times V_{t+1}(p_{11}[|e|], \tau(\omega_{K+1}), \cdots, \tau(\omega_N), p_{01}[K - |e|])$$
$$= F(\omega_1, \cdots, \omega_i, \cdots, \omega_K) + \beta \sum_{m=0}^{K-1} \sum_{\substack{|e|=m \\ e \in \mathcal{P}(a^{K-1}(t))}} \prod_{p \in e} \omega_p \prod_{q \in a^{K-1}(t) \setminus e} (1 - \omega_q)$$
$$\times \Big[\omega_i V_{t+1}(p_{11}[|e|], p_{11}, \tau(\omega_{K+1}), \cdots, \tau(\omega_N), p_{01}[K - |e|])$$
$$+ (1 - \omega_i) V_{t+1}(p_{11}[|e|], \tau(\omega_{K+1}), \cdots, \tau(\omega_N), p_{01}, p_{01}[K - |e|]) \Big]$$

根据假设 2.2，$F(\omega_1, \cdots, \omega_i, \cdots, \omega_K)$ 是 ω_i 的仿射函数。显然，等式右边第二项也是 ω_i 的仿射函数，进而 $V_t(\Omega(t))$ 是 ω_i 的仿射函数。

综上所述，我们有 $V_t(\Omega(t))$ 是 ω_i 的仿射函数，引理 2.2 得证。 □

引理 2.3（单调性） 若立即收益函数是正则函数且从时隙 t 到 T 采用贪婪策略，则 $V_t(\Omega(t))$ 是 $\omega_i(t)$ $(1 \leqslant i \leqslant N)$ 的单调增函数，即

$$\omega_i'(t) \geqslant \omega_i(t) \Rightarrow V_t(\omega_1(t), \cdots, \omega_i'(t), \cdots, \omega_N(t)) \geqslant V_t(\omega_1(t), \cdots, \omega_i(t), \cdots, \omega_N(t))$$

证明 下面采用归纳法证明。

(1) 在时隙 T，引理 2.3 显然是单调增函数，考虑 $V_T(\Omega(T)) = F(\Omega(T))$ 是 ω_i 的单调增函数。

(2) 假定 $V_{T-1}(\Omega(T-1)), \cdots, V_{t+2}(\Omega(t+2)), V_{t+1}(\Omega(t+1))$ 在时隙 $T-1$ 到 $t+1$ 也是单调增函数，我们分两种情况证明 $V_t(\Omega(t))$ 在时隙 t 也是单调增函数。

情况 1，在时隙 t，信道 i 没有被选择，即 $\omega_i \notin a^K(t)$，则有

$$V_t(\Omega(t)) = F(\Omega(t)) + \beta \sum_{e \in \mathcal{P}(a^K(t))} \prod_{p \in e} \omega_p \prod_{q \in a^K(t) \setminus e} (1 - \omega_q)$$

$$\times V_{t+1}(p_{11}[|e|], \cdots, \tau(\omega_i), \cdots, \tau(\omega_N), p_{01}[K - |e|])$$

显然，当 $p_{11} > p_{01}$ 时，$\tau(\omega_i)$ 是 ω_i 的单调增函数。按照归纳假设，$V_{t+1}(\Omega(t+1))$ 是 $\tau(\omega_i)$ 的增函数，进而 $V_{t+1}(\Omega(t+1))$ 也是 ω_i 的单调增函数。考虑 $F(\Omega(t))$ 和 ω_i 无关，我们有 $V_t(\Omega(t))$ 是 ω_i 的单调增函数。

情况 2，在时隙 t，信道 i 被选择，即 $\omega_i \in a^K(t)$。令 $a^{K-1}(t) = a^K(t) - \{\omega_i\}$，我们有

$$V_t(\Omega(t)) = F(\Omega(t)) + \beta \sum_{e \in \mathcal{P}(a^K(t))} \prod_{p \in e} \omega_p \prod_{q \in a^K(t) \setminus e} (1 - \omega_q)$$

$$\times V_{t+1}(p_{11}[|e|], \tau(\omega_{K+1}), \cdots, \tau(\omega_N), p_{01}[K - |e|])$$

$$= F(\omega_1, \cdots, \omega_i, \cdots, \omega_K) + \beta \sum_{m=0}^{K-1} \sum_{\substack{|e|=m \\ e \in \mathcal{P}(a^{K-1}(t))}} \prod_{p \in e} \omega_p \prod_{q \in a^{K-1}(t) \setminus e} (1 - \omega_q)$$

$$\times \Big[\omega_i V_{t+1}(p_{11}[m], p_{11}, \tau(\omega_{K+1}), \cdots, \tau(\omega_N), p_{01}[K - m])$$

$$+ (1 - \omega_i) V_{t+1}(p_{11}[m], \tau(\omega_{K+1}), \cdots, \tau(\omega_N), p_{01}, p_{01}[K - m]) \Big]$$

$$= F(\omega_1, \cdots, \omega_i, \cdots, \omega_K) + \sum_{m=0}^{K-1} \sum_{\substack{|e|=m \\ e \in \mathcal{P}(a^{K-1}(t))}} \prod_{p \in e} \omega_p \prod_{q \in a^{K-1}(t) \setminus e} (1 - \omega_q)$$

$$\times \Big\{ \omega_i \big[V_{t+1}(p_{11}[m], p_{11}, \tau(\omega_{K+1}), \cdots, \tau(\omega_N), p_{01}[K - m])$$

$$- V_{t+1}(p_{11}[m], \tau(\omega_{K+1}), \cdots, \tau(\omega_N), p_{01}, p_{01}[K-m])]$$

$$+ V_{t+1}(p_{11}[m], \tau(\omega_{K+1}), \cdots, \tau(\omega_N), p_{01}, p_{01}[K-m])\}$$

$$\geqslant 0$$

其中，$F(\omega_1, \cdots, \omega_i, \cdots, \omega_K)$ 为 ω_i 的单调增函数；第 3 个等号右边第二项为 ω_i 的单调增函数，因为

$$V_{t+1}(p_{11}[m], p_{11}, \tau(\omega_{K+1}), \tau(\omega_{K+2}), \cdots, \tau(\omega_{N-1}), \tau(\omega_N), p_{01}[K-m])$$

$$- V_{t+1}(p_{11}[m], \tau(\omega_{K+1}), \tau(\omega_{K+2}), \cdots, \tau(\omega_{N-1}), \tau(\omega_N), p_{01}, p_{01}[K-m])$$

$$= [V_{t+1}(p_{11}[m], p_{11}, \tau(\omega_{K+1}), \tau(\omega_{K+2}), \cdots, \tau(\omega_{N-1}), \tau(\omega_N), p_{01}[K-m])$$

$$- V_{t+1}(p_{11}[m], \tau(\omega_{K+1}), \tau(\omega_{K+1}), \tau(\omega_{K+2}), \cdots, \tau(\omega_{N-1}), \tau(\omega_N), p_{01}[K-m])]$$

$$+ [V_{t+1}(p_{11}[m], \tau(\omega_{K+1}), \tau(\omega_{K+1}), \tau(\omega_{K+2}), \cdots, \tau(\omega_{N-1}), \tau(\omega_N), p_{01}[K-m])$$

$$- V_{t+1}(p_{11}[m], \tau(\omega_{K+1}), \tau(\omega_{K+2}), \tau(\omega_{K+2}), \cdots, \tau(\omega_{N-1}), \tau(\omega_N), p_{01}[K-m])]$$

$$+ \cdots$$

$$+ [V_{t+1}(p_{11}[m], \tau(\omega_{K+1}), \tau(\omega_{K+2}), \cdots, \tau(\omega_{N-1}), \tau(\omega_N), \tau(\omega_N), p_{01}[K-m])$$

$$- V_{t+1}(p_{11}[m], \tau(\omega_{K+1}), \tau(\omega_{K+2}), \cdots, \tau(\omega_{N-1}), \tau(\omega_N), p_{01}, p_{01}[K-m])]$$

$$\geqslant 0$$

其中，当 $p_{11} > p_{01}$ 时，$\tau(\omega_i)$ 是 ω_i 的单调增函数，因此 $p_{11} \geqslant \tau(\omega_{K+1}) \geqslant \cdots \geqslant \tau(\omega_N) \geqslant p_{01}$。

进而按照归纳假设，上述方括号内的每项都大于或等于 0。

综合上述两种情况，我们有 $V_t(\Omega(t))$ 是 ω_i 的单调增函数，引理 2.3 得证。 □

引理 2.4 若立即收益函数是正则函数且从时隙 t 到 T 采用贪婪策略，则 $V_t(\Omega(t))$ 是正则收益函数。

证明 根据引理 2.1 ～ 引理 2.3，易证 $V_t(\Omega(t))$ 是正则收益函数。 □

2.4 贪婪策略的优化性

首先，给出针对正则收益函数的贪婪策略优化性的定理，即关于折旧因子 β 的充分条件保证贪婪策略的优化性。然后，给出多个引理并完成优化性定理的证明。

令 ω_{-i} 为置信向量 Ω 剔除 ω_i 后的向量，同时令

$$
\begin{cases}
F'_{\max} \overset{\text{def}}{=\!=\!=} \max\limits_{i \in \mathcal{N}, \ \omega_{-i} \in [0,1]^{N-1}} \{F(1, \omega_{-i}) - F(0, \omega_{-i})\} \\
F'_{\min} \overset{\text{def}}{=\!=\!=} \min\limits_{i \in \mathcal{N}, \ \omega_{-i} \in [0,1]^{N-1}} \{F(1, \omega_{-i}) - F(0, \omega_{-i})\}
\end{cases}
$$

根据立即收益函数 $F(\cdot)$ 的正则性，易证 $F'_{\max} \geqslant F'_{\min} \geqslant 0$。

定理 2.1 当 $p_{01} \leqslant \omega_i(0) \leqslant p_{11}$ $(1 \leqslant i \leqslant N)$ 时，对于值函数 $V_t(\Omega(t))$，贪婪策略是最优的，如果 $F(\Omega(t))$ 为正则收益函数且折旧因子 β 满足如下条件，即

$$
0 \leqslant \beta \leqslant \frac{F'_{\min}}{F'_{\max}(1 - (1 - p_{11})^{N-K-1})} \tag{2.13}
$$

为了方便证明定理 2.1，我们引入几个有用的引理。引理 2.5 ~ 引理 2.7 需要满足式 (2.13) 才成立。

引理 2.5 当 $p_{11} \geqslant \omega_i \geqslant \omega_{i+1} \geqslant p_{01}$ $(K+1 \leqslant i \leqslant N-1)$ 且式 (2.13) 成立时，在贪婪策略下有如下不等式对 $t = 0, 1, \cdots, T$ 成立，即

$$
V_t(\omega_1, \cdots, \omega_i, \omega_{i+1}, \cdots, \omega_N) - V_t(\omega_1, \cdots, \omega_{i+1}, \omega_i, \cdots, \omega_N) \geqslant 0 \tag{2.14}
$$

引理 2.6 当 $1 > \omega_1(t) \geqslant \omega_2(t) \geqslant \cdots \geqslant \omega_n(t) > 0$ 且式 (2.13) 成立时，在贪婪策略下有如下不等式对 $t = 0, 1, \cdots, T$ 成立，即

$$
V_t(\omega_1, \cdots, \omega_{N-1}, \omega_N) - V_t(\omega_N, \omega_1, \cdots, \omega_{N-1}) \leqslant F'_{\max} \tag{2.15}
$$

引理 2.7 当 $p_{11} \geqslant x \geqslant y \geqslant p_{01}$ 且式 (2.13) 成立时，在贪婪策略下有如下不等式对 $t = 0, 1, \cdots, T$ 成立，即

$$
V_t(\omega_1, \cdots, \omega_{K-1}, x, y, \cdots, \omega_N) - V_t(\omega_1, \cdots, \omega_{K-1}, y, x, \cdots, \omega_N) \geqslant 0 \tag{2.16}
$$

备注 2.1 需要特别强调的是，以上引理的证明存在复杂的依赖关系。例如，引理 2.5 依赖引理 2.6 和引理 2.7；引理 2.6 的证明依赖引理 2.6 和引理 2.7；引理 2.7 的证明依赖引理 2.6 和引理 2.7。因此，从时隙 0 到 T，我们利用反向推导机制同时证明引理 2.5 ~ 引理 2.7。

在准备好引理 2.5 ~ 引理 2.7 之后，我们给出定理 2.1 的证明。证明的基本方式为在时间上采用归纳法。首先，对于时隙 T，根据立即收益函数的正则性可知，贪婪策略是最优的。假定贪婪策略在时隙 $t+1, \cdots, T-1$ 也是最优的，我们需要证明，贪婪策略在时隙 t 也是最优的。令 $\{i_1, \cdots, i_N\}$ 为集合 $\mathcal{N}$ 的任意一个排列，我们需要证明下式成立，即

$$
V_t(\omega_1, \cdots, \omega_K, \cdots, \omega_N) \geqslant V_t(\omega_{i_1}, \cdots, \omega_{i_K}, \cdots, \omega_{i_N}) \tag{2.17}
$$

证明过程与经典的冒泡算法类似，比较每对邻居，若其值大小关系不符合，则按照引理 2.1 ~ 引理 2.7 交换位置，直到不再需要交换操作而产生最大的 $V_t(\omega_1, \cdots, \omega_K, \cdots, \omega_N)$，进而说明贪婪策略在时隙 t 也最优，即定理 2.1 成立。　　　　　□

推论 2.1　当 $p_{11} > p_{01}$ 且 $0 < \beta \leqslant 1$ 时，从 N 个信道中选择一个信道 (如 $K = 1$)，那么贪婪策略是最优的。

证明　当 $K = 1$ 时，按照引理 2.1 ~ 引理 2.3，可知 $F(\Omega(t)) = a\omega_i(t)$ $(a > 0)$，进而有

$$\frac{F'_{\min}}{F'_{\max}(1 - (1 - p_{11})^{N-K-1})} = \frac{1}{1 - (1 - p_{11})^{N-2}} > 1 \tag{2.18}$$

根据定理 2.1，推论成立。　　　　　□

推论 2.2　当 $p_{11} > p_{01}$ 且 $0 < \beta \leqslant 1$ 时，从 N 个信道中选择 $N-1$ 个信道，那么贪婪策略是最优的。

证明　当 $K = N - 1$ 时，有

$$\left[\frac{F'_{\min}}{F'_{\max}(1 - (1 - p_{11})^{N-K-1})}\right]_{K=N-1} \longrightarrow \infty \tag{2.19}$$

根据定理 2.1，贪婪策略是最优的。　　　　　□

2.5　最优性条件应用

为了更好地理解贪婪策略最优性与折旧因子 β 及立即收益函数的关系，我们用文献 [12]、[13] 中的三个例子说明立即收益函数的差异性可能导致完全不同的优化性。

2.5.1　应用 1

在同步时隙认知射频网络中，一个非授权用户随机访问 N 个被授权用户占用的马尔可夫信道。信道 i 在时隙 t 的状态记为 $S_i(t)$，它由一个两态的马尔可夫链所表征，并且满足 $p_{11} \geqslant p_{01}$。在时隙 t 的开始时刻，非授权用户从 N 个信道选择集合 $\mathcal{A}(t)$ 中的信道并感知其状态。如果至少一个信道处于空闲状态 (如当前时隙内没有被授权用户占用) 时，非授权用户在该时隙传输一个数据包并得到单位收益 1；否则，不能传输，也没有任何收益。非授权用户在每个时隙均重复上述选择信道、感知状态、传输数据过程，直到时隙 T 为止。特别地，假定折旧因子 $\beta = 1$，即当前收益和未来收益对非授权用户来说同样重要。显然，在该模型下，我们有立即收益函数 $F(\Omega(t)) = 1 - \prod_{i \in \mathcal{A}(t)} (1 - \omega_i(t))$。因此，根据式 (2.8)，

贪婪策略是选择 $|\mathcal{A}(t)| = K$ 个信道。由定理 2.1 可知，$F'_{\max} = (1-p_{01})^{K-1}$、$F'_{\min} = (1-p_{11})^{K-1}$，如果 $p_{01} \leqslant \omega_i(0) \leqslant p_{11}$ $(1 \leqslant i \leqslant N)$，那么贪婪策略在 β 满足下述条件时是最优的，即

$$0 \leqslant \beta \leqslant \frac{(1-p_{11})^{K-1}}{(1-p_{01})^{K-1}[1-(1-p_{11})^{N-K-1}]}$$

显然，β 不能达到上界 1，这说明贪婪策略对于平均期望收益标准 (如 $\beta = 1$) 来说不是最优的，这与文献 [13] 的结果吻合。特别地，如果 $K = 1$ 或 $N-1$，由引理 2.1 和引理 2.2，贪婪策略对于平均期望收益标准 (如 $\beta = 1$) 来说是最优的。

2.5.2 应用 2

考虑探测 N 个独立的马尔可夫链问题。每个马尔可夫链有两个状态，即好 (1) 和坏 (0)，其转化概率 $p_{11} > p_{01}$。某用户每个时隙选择 K 个链来探测，并在探测状态为好的链上获得一定收益，假定收益为 $u_i(t) = a\omega_i(t), a > 0$，那么有立即收益函数 $F(\Omega(t)) = a\sum_{i=1}^{K} \omega_i(t)$。由于 $F'_{\max} = F'_{\min} = a$，那么 $0 \leqslant \beta \leqslant 1 < \dfrac{1}{1-(1-p_{11})^{N-K-1}}$。根据定理 2.1，我们有如下引理。

引理 2.8 对于 $0 < \beta \leqslant 1$，选择 K 个最好链的贪婪策略是最优的。

显然，该优化结果与文献 [11]、[12] 中的结论一致。

2.5.3 应用 3

考虑一个用户检测 N 个马尔可夫链的问题。每个马尔可夫链有两个状态，即好 (1) 和坏 (0)，其转化概率 $p_{11} > p_{01}$。某用户每个时隙选择 K 个链来探测，如果所有 K 个链都检测为好，那么用户得到单位收益，否则没有收益。假定 $\omega_i(t)$ 为链 i 在时隙 t 处于好状态的条件概率，那么立即收益函数为 $F(\Omega(t)) = \Pi_{i=1}^{k}\omega_i(t)$。贪婪策略是检测 K 个最好的链。由 $F'_{\max} = p_{11}^{K-1}$、$F'_{\min} = p_{01}^{K-1}$，我们有如下结果，即

$$0 \leqslant \beta \leqslant \frac{p_{01}^{K-1}}{p_{11}^{K-1}[1-(1-p_{11})^{N-K-1}]}$$

因此，当 $1 < K < N-1$ 时，对于 $\beta = 1$ 来说，贪婪策略不是最优的；当 $K = 1$ 或 $K = N-1$ 时，对于 $0 < \beta \leqslant 1$，贪婪策略是最优的。

2.6 引 理 证 明

2.6.1 引理 2.9 的证明

引理 2.9 假定 $a^K(t) = \{\omega_1(t), \cdots, \omega_K(t)\}$, $G_t(\Omega(t))$ 关于 $\omega_i(t), \omega_j(t)(1 \leqslant i, j \leqslant K)$ 对称, 即

$$G_t(\omega_1(t), \cdots, \omega_i(t), \cdots, \omega_j(t), \cdots, \omega_N(t))$$

$$= G_t(\omega_1(t), \cdots, \omega_j(t), \cdots, \omega_i(t), \cdots, \omega_N(t))$$

证明 为方便证明, 我们引入如下变量 $G_t^m(\Omega(t))$, 即

$$G_t^m(\Omega(t)) \xlongequal{\text{def}} \sum_{\substack{e \in \mathcal{P}(a^K(t)) \\ |e|=m}} \prod_{i \in e} \omega_i \prod_{j \in a^K(t) \setminus e} (1 - \omega_j)$$

$$\times V_{t+1}(p_{11}[|e|], \tau(\omega_{K+1}), \cdots, \tau(\omega_N), p_{01}[K - |e|]) \quad (2.20)$$

考虑幂集 $\mathcal{P}(a^K(t))$ 的子集 e, 我们有 $0 \leqslant |e| \leqslant K$ 且 $G_t(\Omega(t)) = \sum_{m=0}^{K} G_t^m(\Omega(t))$。 显然, $V_{t+1}(p_{11}[|e|], \tau(\omega_{K+1}), \cdots, \tau(\omega_N), p_{01}[K - |e|])$ 和 $a^K(t)$ 无关, 因此我们只需证明 $K + 1$ 个系数关于 $\omega_i(t)$ 和 $\omega_j(t)$ $(1 \leqslant i, j \leqslant K)$ 对称, 即

$$\mathcal{C}_t^m \xlongequal{\text{def}} \sum_{\substack{e \in \mathcal{P}(a^K(t)) \\ |e|=m}} \prod_{i \in e} \omega_i \prod_{j \in a^K(t) \setminus e} (1 - \omega_j), \quad 0 \leqslant m \leqslant K$$

依据 $\mathcal{P}(a^K(t))$ 的属性, 易得 $\mathcal{C}_t^m$ $(0 \leqslant m \leqslant K)$ 关于 $\omega_i(t)$、$\omega_j(t) \in a^K(t)$ 对称。因此, $G_t(\Omega(t))$ 关于 $\omega_i(t)$、$\omega_j(t) \in a^K(t)$ 对称。 $\qquad\square$

2.6.2 引理 2.5 ~ 引理 2.7 的证明

证明 引理 2.5 ~ 引理 2.7 的证明过程可以分三步证明。

第一步, 在时隙 T, 考虑 $V_T(\Omega(T) = F(\Omega(T)))$, 三个引理很容易证明。对于引理 2.5, 有

$$V_T(\omega_1, \cdots, \omega_i, \omega_{i+1}, \cdots, \omega_N) - V_T(\omega_1, \cdots, \omega_{i+1}, \omega_i, \cdots, \omega_N)$$

$$= F(\omega_1, \cdots, \omega_K) - F(\omega_1, \cdots, \omega_K)$$

$$= 0$$

对于引理 2.6，有

$$V_T(\omega_1, \cdots, \omega_{N-1}, \omega_N) - V_T(\omega_N, \omega_1, \cdots, \omega_{N-1})$$

$$= F(\omega_1, \cdots, \omega_{K-1}, \omega_K) - F(\omega_N, \omega_1, \cdots, \omega_{K-1})$$

$$= (\omega_K - \omega_N)(F(\omega_1, \cdots, \omega_{K-1}, 1) - F(\omega_1, \cdots, \omega_{K-1}, 0))$$

$$\leqslant F'_{\max}$$

其中，第二个等式由引理 2.1 和引理 2.2 得到。

对于引理 2.7，有

$$V_T(\omega_1, \cdots, \omega_{K-1}, x, y, \cdots, \omega_N) - V_T(\omega_1, \cdots, \omega_{K-1}, y, x, \cdots, \omega_N)$$

$$= F(\omega_1, \cdots, \omega_{K-1}, x) - F(\omega_1, \cdots, \omega_{K-1}, y)$$

$$= (x - y)(F(\omega_1, \cdots, \omega_{K-1}, 1) - F(\omega_1, \cdots, \omega_{K-1}, 0))$$

$$\geqslant (x - y)F'_{\min}$$

$$\geqslant 0$$

第二步，假定时隙 $T-1, \cdots, t+1$ 时，引理 2.5 (记为 IH1)、引理 2.6 (记为 IH2) 和引理 2.7 (记为 IH3) 成立。下面证明三个引理在时隙 t 也成立。

第三步，在时隙 t，对于引理 2.5，有

$$V_t(\omega_1, \cdots, \omega_K, \cdots, \omega_i, \omega_{i+1}, \cdots, \omega_N) - V_t(\omega_1, \cdots, \omega_K, \cdots, \omega_{i+1}, \omega_i, \cdots, \omega_N)$$

$$= (\omega_i - \omega_{i+1})(V_t(\cdots, \omega_{i-1}, 1, 0, \omega_{i+2}, \cdots) - V_t(\cdots, \omega_{i-1}, 0, 1, \omega_{i+2}, \cdots))$$

$$= \beta(\omega_i - \omega_{i+1}) \sum_{e \in \mathcal{P}(a^K(t))} \prod_{i \in e} \omega_i \prod_{j \in a^K(t) \setminus e} (1 - \omega_j)$$

$$\times \Big[V_{t+1}(p_{11}[|e|], \tau(\omega_{K+1}), \cdots, \tau(\omega_{i-1}), p_{11}, p_{01}, \tau(\omega_{i+2}), \cdots, \tau(\omega_N), p_{01}[K-|e|])$$

$$- V_{t+1}(p_{11}[|e|], \tau(\omega_{K+1}), \cdots, \tau(\omega_{i-1}), p_{01}, p_{11}, \tau(\omega_{i+2}), \cdots, \tau(\omega_N), p_{01}[K-|e|]) \Big]$$

$$\geqslant 0$$

其中，$a^K(t) = \{\omega_1, \cdots, \omega_K\}$，第一个等式可由引理 2.2 得到；不等式可由 IH1 得到，如果 $|e|+i-K-1 \geqslant K$，或者 IH3 得到，如果 $|e|+i-K-1 = K-1$，或者引理 2.1 得到，如果 $|e|+i-K-1 < K-1$。

对于引理 2.6，按照引理 2.2，我们有下述分解，即

$$V_t(\omega_1, \cdots, \omega_{K-1}, \omega_K, \cdots, \omega_{N-1}, \omega_N) - V_t(\omega_N, \omega_1, \cdots, \omega_{K-1}, \omega_K, \cdots, \omega_{N-1})$$

$$= \omega_K \omega_N [V_t(\omega_1, \cdots, \omega_{K-1}, 1, \omega_{K+1}, \cdots, \omega_{N-1}, 1)$$

$$- V_t(1, \omega_1, \cdots, \omega_{K-1}, 1, \omega_{K+1}, \cdots, \omega_{N-1})]$$

$$+ \omega_K (1 - \omega_N)[V_t(\omega_1, \cdots, \omega_{K-1}, 1, \omega_{K+1}, \cdots, \omega_{N-1}, 0)$$

$$- V_t(0, \omega_1, \cdots, \omega_{K-1}, 1, \omega_{K+1}, \cdots, \omega_{N-1})]$$

$$+ (1 - \omega_K) \omega_N [V_t(\omega_1, \cdots, \omega_{K-1}, 0, \omega_{K+1}, \cdots, \omega_{N-1}, 1)$$

$$- V_t(1, \omega_1, \cdots, \omega_{K-1}, 0, \omega_{K+1}, \cdots, \omega_{N-1})]$$

$$+ (1 - \omega_K)(1 - \omega_N)[V_t(\omega_1, \cdots, \omega_{K-1}, 0, \omega_{K+1}, \cdots, \omega_{N-1}, 0)$$

$$- V_t(0, \omega_1, \cdots, \omega_{K-1}, 0, \omega_{K+1}, \cdots, \omega_{N-1})] \tag{2.21}$$

接下来，分四种情况分析式 (2.21)。

情况 1，对于式 (2.21) 右边第一项，记 $a^{K-1}(t) = \{\omega_1, \omega_2, \cdots, \omega_{K-1}\}$，则有

$$V_t(\omega_1, \cdots, \omega_{K-1}, 1, \omega_{K+1}, \cdots, \omega_{N-1}, 1)$$

$$- V_t(1, \omega_1, \cdots, \omega_{K-1}, 1, \omega_{K+1}, \cdots, \omega_{N-1})$$

$$= F(\omega_1, \cdots, \omega_{K-1}, 1) - F(1, \omega_1, \cdots, \omega_{K-1})$$

$$+ \beta \sum_{e \in \mathcal{P}(a^{K-1}(t))} \prod_{i \in e} \omega_i \prod_{j \in a^{K-1}(t) \backslash e} (1 - \omega_j)$$

$$\times \Big[V_{t+1}(p_{11}[|e|], p_{11}, \tau(\omega_{K+1}), \cdots, \tau(\omega_{N-1}), \tau(\omega_N), p_{01}[K - 1 - |e|])$$

$$- V_{t+1}(p_{11}[|e|], p_{11}, \tau(\omega_K), \tau(\omega_{K+1}), \cdots, \tau(\omega_{N-1}), p_{01}[K - 1 - |e|]) \Big]$$

$$= \beta \sum_{e \in \mathcal{P}(a^{K-1}(t))} \prod_{i \in e} \omega_i \prod_{j \in a^{K-1}(t) \backslash e} (1 - \omega_j)$$

$$\times \Big[V_{t+1}(p_{11}[|e|], p_{11}, \tau(\omega_{K+1}), \cdots, \tau(\omega_{N-1}), p_{11}, p_{01}[K - 1 - |e|])$$

$$- V_{t+1}(p_{11}[|e|], p_{11}, p_{11}, \tau(\omega_{K+1}), \cdots, \tau(\omega_{N-1}), p_{01}[K - 1 - |e|]) \Big]$$

$$\leqslant 0$$

$$\leqslant F'_{\max}$$

其中，第一个不等式可由引理 2.3 得到。

情况 2，对于式 (2.21) 右边第二项，记 $a^{K-1}(t) = \{\omega_1, \omega_2, \cdots, \omega_{K-1}\}$，有

$$V_t(\omega_1, \cdots, \omega_{K-1}, 1, \omega_{K+1}, \cdots, \omega_{N-1}, 0)$$

$$- V_t(0, \omega_1, \cdots, \omega_{K-1}, 1, \omega_{K+1}, \cdots, \omega_{N-1})$$

$$= F(\omega_1, \cdots, \omega_{K-1}, 1) - F(0, \omega_1, \cdots, \omega_{K-1})$$

$$+ \beta \sum_{e \in \mathcal{P}(a^{K-1}(t))} \prod_{i \in e} \omega_i \prod_{j \in a^{K-1}(t) \setminus e} (1 - \omega_j)$$

$$\times \Big[V_{t+1}(p_{11}[|e|], p_{11}, \tau(\omega_{K+1}), \cdots, \tau(\omega_{N-1}), p_{01}, p_{01}[K-1-|e|])$$

$$- V_{t+1}(p_{11}[|e|], p_{11}, \tau(\omega_{K+1}), \cdots, \tau(\omega_{N-1}), p_{01}, p_{01}[K-1-|e|]) \Big]$$

$$= F(\omega_1, \cdots, \omega_{K-1}, 1) - F(0, \omega_1, \cdots, \omega_{K-1})$$

$$\leqslant F'_{\max}$$

情况 3，对于式 (2.21) 右边第三项，记 $a^{K-1}(t) = \{\omega_1, \omega_2, \cdots, \omega_{K-1}\}$，有

$$V_t(\omega_1, \cdots, \omega_{K-1}, 0, \omega_{K+1}, \cdots, \omega_{N-1}, 1)$$

$$- V_t(1, \omega_1, \cdots, \omega_{K-1}, 0, \omega_{K+1}, \cdots, \omega_{N-1})$$

$$= F(\omega_1, \cdots, \omega_{K-1}, 0) - F(1, \omega_1, \cdots, \omega_{K-1})$$

$$+ \beta \sum_{e \in \mathcal{P}(a^{K-1}(t))} \prod_{i \in e} \omega_i \prod_{j \in a^{K-1}(t) \setminus e} (1 - \omega_j)$$

$$\times \Big[V_{t+1}(p_{11}[|e|], \tau(\omega_{K+1}), \cdots, \tau(\omega_{N-1}), p_{11}, p_{01}, , p_{01}[K-1-|e|])$$

$$- V_{t+1}(p_{11}[|e|], p_{11}, p_{01}, \tau(\omega_{K+1}), \cdots, \tau(\omega_{N-1}), p_{01}[K-1-|e|]) \Big]$$

$$\leqslant -F'_{\min} + \beta \sum_{e \in \mathcal{P}(a^{K-1}(t))} \prod_{i \in e} \omega_i \prod_{j \in a^{K-1}(t) \setminus e} (1 - \omega_j)$$

$$\times \Big[V_{t+1}(p_{11}[|e|], \tau(\omega_{K+1}), \cdots, \tau(\omega_{N-1}), p_{11}, p_{01}, , p_{01}[K-1-|e|])$$

$$- V_{t+1}(p_{11}[|e|], p_{01}, p_{11}, \tau(\omega_{K+1}), \cdots, \tau(\omega_{N-1}), p_{01}[K-1-|e|]) \Big]$$

$$= -F'_{\min} + \beta \sum_{e \in \mathcal{P}(a^{K-1}(t))} \prod_{i \in e} \omega_i \prod_{j \in a^{K-1}(t) \setminus e} (1 - \omega_j)$$

$$\times \Big[V_{t+1}(p_{11}[|e|], \tau(\omega_{K+1}), \cdots, \tau(\omega_{N-1}), p_{11}, p_{01}, , p_{01}[K-1-|e|])$$

$$- V_{t+1}(p_{01}, p_{11}[|e|], p_{11}, \tau(\omega_{K+1}), \cdots, \tau(\omega_{N-1}), p_{01}[K-1-|e|])\Big]$$

$$\leqslant -F'_{\min} + \beta \sum_{e \in \mathcal{P}(a^{K-1}(t))} \prod_{i \in e} \omega_i \prod_{j \in a^{K-1}(t)\backslash e} (1-\omega_j)$$

$$\times \Big[V_{t+1}(p_{11}[|e|], \tau(\omega_{K+1}), \cdots, \tau(\omega_{N-1}), p_{11}, p_{01}, , p_{01}[K-1-|e|])$$

$$+ F'_{\max} - V_{t+1}(p_{11}[|e|], p_{11}, \tau(\omega_{K+1}), \cdots, \tau(\omega_{N-1}), p_{01}, p_{01}[K-1-|e|])\Big]$$

$$\leqslant -F'_{\min} + \beta F'_{\max}$$

$$\leqslant F'_{\max}$$

其中，第一个不等式可由 IH3 得到；第二个不等式可由 IH2 得到；第三个等式可由引理 2.1得到。

情况 4，对于式 (2.21)右边第四项，记 $a^{K-1}(t) = \{\omega_1, \omega_2, \cdots, \omega_{K-1}\}$，则有

$$V_t(\omega_1, \cdots, \omega_{K-1}, 0, \omega_{K+1}, \cdots, \omega_{N-1}, 0)$$

$$- V_t(0, \omega_1, \cdots, \omega_{K-1}, 0, \omega_{K+1}, \cdots, \omega_{N-1})$$

$$= F(\omega_1, \cdots, \omega_{K-1}, 0) - F(0, \omega_1, \cdots, \omega_{K-1})$$

$$+ \beta \sum_{e \in \mathcal{P}(a^{K-1}(t))} \prod_{i \in e} \omega_i \prod_{j \in a^{K-1}(t)\backslash e} (1-\omega_j)$$

$$\times \Big[V_{t+1}(p_{11}[|e|], \tau(\omega_{K+1}), \cdots, \tau(\omega_{N-1}), p_{01}, p_{01}, p_{01}[K-1-|e|])$$

$$- V_{t+1}(p_{11}[|e|], p_{01}, \tau(\omega_{K+1}), \cdots, \tau(\omega_{N-1}), p_{01}, p_{01}[K-1-|e|])\Big]$$

$$= \beta \sum_{e \in \mathcal{P}(a^{K-1}(t))} \prod_{i \in e} \omega_i \prod_{j \in a^{K-1}(t)\backslash e} (1-\omega_j)$$

$$\times \Big[V_{t+1}(p_{11}[|e|], \tau(\omega_{K+1}), \cdots, \tau(\omega_{N-1}), p_{01}, p_{01}, p_{01}[K-1-|e|])$$

$$- V_{t+1}(p_{11}[|e|], p_{01}, \tau(\omega_{K+1}), \cdots, \tau(\omega_{N-1}), p_{01}, p_{01}[K-1-|e|])\Big]$$

$$\leqslant \beta \sum_{e \in \mathcal{P}(a^{K-1}(t))} \prod_{i \in e} \omega_i \prod_{j \in a^{K-1}(t)\backslash e} (1-\omega_j)$$

$$\times \Big[V_{t+1}(p_{11}[|e|], \tau(\omega_{K+1}), \cdots, \tau(\omega_{n-2}), \tau(\omega_{N-1}), p_{01}, p_{01}, p_{01}[K-1-|e|])$$

$$- V_{t+1}(p_{01}, p_{11}[|e|], \tau(\omega_{K+1}), \cdots, \tau(\omega_{N-1}), p_{01}, p_{01}[K-1-|e|])\Big]$$

$$\leqslant \beta \sum_{e \in \mathcal{P}(a^{K-1}(t))} \prod_{i \in e} \omega_i \prod_{j \in a^{K-1}(t) \backslash e} (1 - \omega_j)$$

$$\times \Big[V_{t+1}(p_{11}[|e|], \tau(\omega_{K+1}), \tau(\omega_{K+2}), \cdots,$$

$$\tau(\omega_{n-2}), \tau(\omega_{N-1}), p_{01}, p_{01}, p_{01}[K-1-|e|])$$

$$+ F'_{\max} - V_{t+1}(p_{11}[|e|], \tau(\omega_{K+1}), \cdots, \tau(\omega_{N-1}), p_{01}, p_{01}, p_{01}[K-1-|e|]) \Big]$$

$$\leqslant \beta F'_{\max}$$

其中，第一个不等式可由 IH2 得到；第二个等式可由引理 2.1 得到。

综合上面四种情况，并结合式 (2.21)，可得

$$V_t(\omega_1, \cdots, \omega_{K-1}, \omega_K, \cdots, \omega_{N-1}, \omega_N) - V_t(\omega_N, \omega_1, \cdots, \omega_{K-1}, \omega_K, \cdots, \omega_{N-1})$$

$$\leqslant \omega_K \omega_N 0 + \omega_K (1 - \omega_N) F'_{\max} + (1 - \omega_K) \omega_N \beta F'_{\max} + (1 - \omega_K)(1 - \omega_N) \beta F'_{\max}$$

$$\leqslant F'_{\max}$$

至此，引理 2.6 得证。

对于引理 2.7，可得

$$V_t(\omega_1, \cdots, \omega_{K-1}, x, y, \cdots, \omega_N) - V_t(\omega_1, \cdots, \omega_{K-1}, y, x, \cdots, \omega_N)$$

$$= (x - y)(V_t(\omega_1, \cdots, \omega_{K-1}, 1, 0, \cdots, \omega_N) - V_t(\omega_1, \cdots, \omega_{K-1}, 0, 1, \cdots, \omega_N))$$

$$= (x - y)\Big\{ F(\omega_1, \cdots, \omega_{K-1}, 1) - F(\omega_1, \cdots, \omega_{K-1}, 0)$$

$$+ \beta \sum_{e \in \mathcal{P}(a^{K-1}(t))} \prod_{i \in e} \omega_i \prod_{j \in a^{K-1}(t) \backslash e} (1 - \omega_j)$$

$$\times \Big[V_{t+1}(p_{11}[|e|], p_{11}, p_{01}, \tau(\omega_{K+2}), \cdots, \tau(\omega_N), p_{01}[K-1-|e|])$$

$$- V_{t+1}(p_{11}[|e|], p_{11}, \tau(\omega_{K+2}), \cdots, \tau(\omega_N), p_{01}, p_{01}[K-1-|e|]) \Big] \Big\}$$

$$\geqslant (x - y)\Big\{ F(\omega_1, \cdots, \omega_{K-1}, 1) - F(\omega_1, \cdots, \omega_{K-1}, 0)$$

$$- \beta \Big[1 - \prod_{j=k+2}^{N} (1 - \omega_j) \Big] F'_{\max} \Big\}$$

$$\geqslant (x - y)\Big\{ F'_{\min} - \beta \Big[1 - \prod_{j=k+2}^{N} (1 - \omega_j) \Big] F'_{\max} \Big\}$$

$$= (x - y) \left[1 - \prod_{j=k+2}^{N} (1 - \omega_j) \right] F'_{\max} \left\{ \frac{F'_{\min}}{F'_{\max} \left[1 - \prod_{j=k+2}^{N} (1 - \omega_j) \right]} - \beta \right\}$$

$$\geqslant 0$$

其中，第三个不等式可由式 (2.13)得到；第一个不等式可由下式得到，即

$$
\begin{aligned}
\Delta V &= V_{t+1}(p_{11}[|e|], p_{11}, p_{01}, \tau(\omega_{K+2}), \cdots, \tau(\omega_N), p_{01}[K-1-|e|]) \\
&\quad - V_{t+1}(p_{11}[|e|], p_{11}, \tau(\omega_{K+2}), \cdots, \tau(\omega_N), p_{01}, p_{01}[K-1-|e|]) \\
&\geqslant - \left[1 - \prod_{j=K+2}^{N} (1 - \omega_j) \right] F'_{\max}
\end{aligned}
\tag{2.22}
$$

如果 $\tau(\omega_{K+2}(t)) = \cdots = \tau(\omega_N(t)) = p_{01}$，那么 $\Delta V = 0$。在时隙 t，有 $\omega_{K+2}(t) = \cdots = \omega_N(t) = 0$。显然，该事件以概率 $\prod_{j=K+2}^{N} (1-\omega_j)$ 发生。因此，以概率 $1 - \prod_{j=K+2}^{N} (1-\omega_j)$，存在至少 i $(K+2 \leqslant i \leqslant N)$ 使 $\tau(\omega_i) > p_{01}$，并且 $\Delta V \neq 0$。

按照 IH2 和 IH4，依概率 $1 - \prod_{j=K+2}^{N} (1 - \omega_j)$ 有 $\Delta V \geqslant -F'_{\max}$，即式 (2.22)。

至此，我们完成引理 2.5 ～ 引理 2.7 的证明。　　　　　　　　　□

2.7　本 章 小 结

本章考虑认知无线电网络、服务器调度和蜂窝系统中下行链路调度领域出现的一类 RMAB 问题，其特征在于所谓的正则收益函数。对于此类 RMAB，我们建立了保证最大化即时收益贪的婪策略最优性闭式充分条件。

参 考 文 献

[1] Whittle P. Multi-armed bandits and the Gittins index. Journal of Royal Statistical Society, Series B, 1980, 42(2): 143–149.

[2] Smallwood R D, Sondik E J. The optimal control of partially observable Markov processes over a finite horizon. Operations Research, 1973, 21: 1071–1088.

[3]   Zhao Q, Tong L, Swami A, et al. Decentralized cognitive MAC for opportunistic spec-
      trum access in Ad hoc networks: a POMDP framework. IEEE Journal on Selected
      Areas in Communications, 2007, 25(3): 589–600.

[4]   Papadimitriou C H, Tsitsiklis J N. The complexity of optimal queueing network control.
      Mathematics of Operations Research, 1999, 24(2): 293–305.

[5]   Guha S, Munagala K. Approximation algorithms for partial-information based stochas-
      tic control with Markovian rewards// Proceedings of IEEE Symposium on Foundations
      of Computer Science, Providence, 2007: 483-493.

[6]   Guha S, Munagala K. Approximation algorithms for restless bandit problems// Pro-
      ceedings of ACM-SIAM Symposium on Discrete Algorithms, New York, 2009: 4–6.

[7]   Liu K, Zhao Q. Indexability of restless bandit problems and optimality of whittle
      index for dynamic multichannel access. IEEE Transactions on Information Theory,
      2010, 56(11): 5547–5567.

[8]   He T, Anandkumar A, Agrawal D. Index-based sampling policies for tracking dynamic
      networks under sampling constraints// Proceedings of IEEE INFOCOM, Shanghai,
      2011: 1233–1241.

[9]   Sheikh F, Masud S, Bing B. Harmonic power detection in wideband cognitive radios.
      IET Signal Processing, 2009, 3: 40–50.

[10] Cumanan K, Krishna R, Xiong Z, et al. Multiuser spatial multiplexing techniques
      with constraints on interference temperature for cognitive radio networks. IET Signal
      Processing, 2010, 4: 666–672.

[11] Ahmad S H A, Liu M, Javidi T, et al. Optimality of myopic sensing in multichannel
      opportunistic access. IEEE Transactions on Information Theory, 2009,55(9): 4040–
      4050.

[12] Ahmad S H A, Liu M. Multi-channel opportunistic access: A case of restless bandits
      with multiple players// Proceedings of Allerton Conference Communication Control
      Computing, Monticello, 2011: 1361–1368.

[13] Wang K, Chen L. On the optimality of myopic sensing in multi-channel opportunistic
      access: The case of sensing multiple channels. IEEE Wireless Communications Letters,
      2012, 1(5): 452–455.

第 3 章　同构两态完美观测多臂机：第二高策略及性能

3.1　引　言

考虑一个通用的机会通信系统，它由一个发射器、一个接收器和 N 个信道组成。发射器每次通过 N 个信道中的一个信道与接收器通信。特别地，每个信道的状态转化服从独立同分布的二态离散时间马尔可夫过程。考虑探测成本，假设发射器每次只能探测一个信道并获得被探测信道的状态。基于信道状态信息，发射器每次选择一个信道并在固定的时间间隔内使用该信道传输信息，同时在此时间间隔内获得一定的收益。发射器的目标是寻求一种联合探测和访问策略，获得特定时间内最大的期望累积收益，或者说，最大化有限时间范围内的期望累积收益。

从数学上看，上述最优联合探测和访问序列决策问题可以转换为 POMDP 问题[1] 或 RMAB 问题[2]。但是，该问题已被证明是 PSPACE-Hard 难题[3]，即求解一般的 POMDP 或 RMAB 问题的最优策略具有极高的复杂度。因此，发射器的自然选择是考虑简单的近似策略，并研究近似策略和最优策略的性能差别。在这方面，文献 [4]、[5] 提出一种近似策略，即每个时隙系统若只允许感知和访问一个信道则选择感知最佳信道，然后将该近似策略扩展到感知和访问多个最优信道的情况[6]。同时，证明了如果马尔可夫信道的状态转换呈正相关性，则近似感知策略是最优策略。文献 [7] 考虑一种机会访问方案，其中一个发射机感知 N 个信道中的 K 个并访问其中一个，证明在 $K+1 = N$ 时感知最佳 K 个信道是最优策略，进而通过构造反例说明对于 $K+1 < N$ 的情况感知最佳 K 个信道一般来说不是最优化策略。文献 [8] 考虑类似于文献 [7] 的机会通信系统，除了感知 K 信道并访问 m $(1 \leqslant m \leqslant K)$ 个感知信道，通过比较性能上下界提供一组条件保证近似策略优化性。文献 [9] ~ [11] 进一步研究了具有不完美状态观测的机会访问问题，并提出有关近似策略最优性的一些条件。文献 [12] 考虑同构多状态马尔可夫信道的机会通信系统，提出一组保证近似策略最优的充分条件。文献 [13]、[14] 进一步探索了不完美状态探测情况下多态马尔可夫信道探测问题，并表明在信道转换矩阵满足某些闭式条件时，近似策略是最优的。

实际上，文献 [5] ~ [8] 中策略的共同点之一是，传输器总是访问那些在最近时隙中感知或探测过的信道，而不论感知或探测结果如何。为了获得更多的收益，传输器自然的选择是避免访问那些在最近时隙被发现是不好的信道。换言之，如果发射器发现感知或探测信道的状态不好，则应该从最近时隙中发现状态良好的信道或未被探测的信道中选择信道。

在文献 [15] ~ [17] 中，上述选择信道的规则已被纳入机会通信的联合探测和访问策略设计。特别地，文献 [16] 考虑如下决策问题，即一个发射器探测一个信道并在固定的时间间隔内访问 N 个信道中的一个信道。如果探测的信道处于良好状态，则发射器通过它发送数据；否则，发射器选择另一个信道发送。此外，考虑近似策略 (次优探测策略) 证明在系统只有 3 个信道 ($N = 3$) 且信道正相关情况下，近似策略是最佳的，并进一步猜测对于多个信道 ($N > 3$) 的情况，近似策略也是最优的。在先前的工作中，我们研究了机会通信的联合探测和访问问题[17]，即发射机允许探测 k 个信道，并且每次只能访问一个信道。我们提出一个扩展的第二优策略，即从第二优策略探测 k 个信道，并证明该策略对于 $k+2 = N$ 的情况是最优的；同时，通过一个反例说明，该策略对于 $k + 2 < N$ 不一定是最优的。

根据文献 [16]、[17] 的猜想，我们对机会通信的联合探测和访问策略进行研究。进而，提出一种联合探测和访问策略，即发射机探测次优信道并在发现其状态良好时选择传输数据；否则，发射机选择最佳信道。与文献 [16]、[17] 不同，我们首先得出一组充分条件来保证次优探测策略的最优性，从而避免判别一般情况下近似策略是否最优；然后，从利用和探索的角度研究其他情况下某些类似策略的最优性。

具体来说，本章的主要贡献在以下三个方面。

① 得到几组闭式充分条件，保证短视策略在信道正相关和负相关情况下是最优的。

② 发现短视策略的优化性条件与系统的初始置信信息和状态转换矩阵的非平凡特征值紧密相关。

③ 将优化性结果推广到两个相关场景，探测多个信道访问一个信道，以及探测两个信道并访问其中较好的信道。

3.2 系统模型和优化问题

3.2.1 系统模型

考虑如下机会通信系统，即一个传输器、一个接收器和 N 个信道，记 $\mathcal{N} = \{1, 2, \cdots, N\}$。假设每个信道有好、坏两个状态，并且状态转换服从如下两态马尔可夫过程，即

$$P = \begin{bmatrix} 1-p_{01} & p_{01} \\ 1-p_{11} & p_{11} \end{bmatrix} = \begin{bmatrix} 1-p_{11}+\lambda & p_{01} \\ 1-p_{11} & p_{01}+\lambda \end{bmatrix} \tag{3.1}$$

其中，$\lambda \stackrel{\text{def}}{=\!=} p_{11}-p_{01}$ 为矩阵 P 的非平凡特征值。

系统时间被分成等长的时隙，ς 为时隙号 $(0 \leqslant \varsigma \leqslant T')$，$T'$ 表示最大时隙号。信道 i 在时隙 ς 的状态由 $S_i(\varsigma)$ 表示，其中 $S_i(\varsigma) \in \{0,1\}$，1 表示信道处于好状态，0 表示信道处于坏状态。假定信道在每个时隙的开始时刻改变状态，在时隙内进行信道选取决策。受限于硬件本身性能及获取信道状态需付出代价，传输器每次只能探测一个信道，并且基于探测信道状态访问一个信道。特别地，为了进一步减少探测代价，传输器每次探测后，在后续的 $K-1$ 个时隙不再探测信道，而是直接访问信道。换句话说，一次探测过后，传输器在连续的 K 个时隙内均访问同一个信道。信道探测和访问模型如图 3.1 所示。在实际情况下，可能出现回馈信息不及时，不能及时决策，因此我们假定传输器不使用回馈信息。

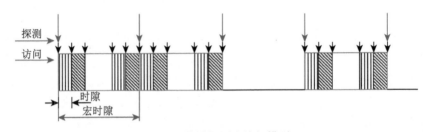

图 3.1　信道探测和访问模型

假定 K 个连续时隙组成一个宏时隙，因此 T' 个时隙能划分为 $T \stackrel{\text{def}}{=\!=} \left\lceil \dfrac{T'}{K} \right\rceil$ 个宏时隙，这里 t $(t=0,1,\cdots,T-1)$ 为宏时隙序号。

记 $s_i(t)$ 为信道 i 在宏时隙 t 开始时刻状态，$b(t)$ 为宏时隙 t 内探测的信道号，$o(t)$ 为探测信道 $b(t)$ 得到的探测结果，$a(t)$ 为宏时隙 t 内访问的信道号。

记 $A_t \stackrel{\text{def}}{=\!=} (a(0),a(1),\cdots,a(t-1))$ 为访问信道历史信息，$B_t \stackrel{\text{def}}{=\!=} (b(0), b(1),\cdots,b(t-1))$ 为探测信道号历史信息，$O_t \stackrel{\text{def}}{=\!=} (o(0),o(1),\cdots,o(t-1))$ 为探测信道状态历史信息。

每一次探测，传输器仅能得到探测信道的状态信息，不能得到其他未探测信道的状态信息，因此传输用户需要依据探测信道号历史信息、探测信道状态历史信息，以及访问信道历史信息推断其他 $N-1$ 个信道的状态信息。因此，我们必须引入基于决策历史和探测历史的信道置信信息 (即信道为状态 1 的条件概率) 刻画 N 个信道在当前时隙的状态信息。据文献 [18]，我们知道 N 个信道的置信信息组成的置信向量是一个可用来作出最优决策的足够统计量。记该置信向量为

$w(t) = [\omega_1(t), \omega_2(t), \cdots, \omega_N(t)] \in [0,1]^N$，这里的 $\omega_i(t)$ 是时隙 t 内信道 i 的状态为 1 的条件概率。

由于信道状态转换服从马尔可夫规则，因此信道的置信值仅依赖上一宏时隙的置信值，以及探测决策和探测结果，即

$$\omega_i(t+1) = \begin{cases} \phi(1), & i = b(t), o(t) = 1 \\ \phi(0), & i = b(t), o(t) = 0 \\ \phi(\omega_i(t)), & i \neq b(t) \end{cases} \quad (3.2)$$

其中

$$\phi(\omega) \stackrel{\text{def}}{=\!=} \tau^K(\omega) = \tau(\tau^{K-1}(\omega)) \quad (3.3)$$

$$\tau(\omega) \stackrel{\text{def}}{=\!=} p_{11}\omega + p_{01}(1-\omega) \quad (3.4)$$

3.2.2 决策问题及策略

令 $F(\omega_{a(t)}(t), \omega_{b(t)}(t))$ 为宏时隙 t (相当于 K 个时隙) 的收益，即

$$F(\omega_{a(t)}(t), \omega_{b(t)}(t)) \stackrel{\text{def}}{=\!=} \sum_{k=0}^{K-1} \left[\omega_{b(t)}(t)\tau^k(1) + (1 - \omega_{b(t)}(t))\tau^k(\omega_{a(t)}(t)) \right] \quad (3.5)$$

命题 3.1 $F(\omega_{a(t)}(t), \omega_{b(t)}(t))$ 是 $\omega_{a(t)}(t)$ 和 $\omega_{b(t)}(t)$ 的增函数，且关于 $\omega_{a(t)}(t)$ 和 $\omega_{b(t)}(t)$ 对称，即

$$F(\omega_{a(t)}(t), \omega_{b(t)}(t)) = F(\omega_{b(t)}(t), \omega_{a(t)}(t)) \quad (3.6)$$

证明 根据 $F(\omega_{a(t)}(t), \omega_{b(t)}(t))$ 的定义容易证明上述结论。 □

命题 3.2 给定 $w(t) = [\omega_1(t), \omega_2(t), \cdots, \omega_N(t)]$，如果探测信道 $b(t)$，得到的探测结果 $o_t = 0$，那么在宏时隙 t 内优化的访问策略是访问如下信道，即

$$\bar{a}(t) = \underset{i}{\arg\max} \left\{ \omega_i(t) : i \in \mathcal{N} - \{b(t)\} \right\} \quad (3.7)$$

证明 根据式 (3.2) 和式 (3.5)，结合命题 3.1，可知 $V_t(w(t))$ 是 $\omega_{a(t)}(t)$ 的增函数，因此上述命题成立。 □

根据命题 3.2，寻找优化的探测和访问策略可以简化为寻找优化的探测策略，那么传输器的目标可以简化为寻找优化的探测策略 π^*，最大化一定宏时隙内的期望收益。

记 $\pi := (\pi_0, \pi_1, \cdots, \pi_{T-1})$ 为探测策略，其中 π_t 将置信向量 $w(t)$ 映射为探测 $b(t)$，即

$$\pi_t:\ w(t) \longmapsto b(t), \quad t = 0, 1, \cdots, T-1 \qquad (3.8)$$

因此，我们有如下优化问题，即

$$\pi^* = \underset{\pi}{\arg\max}\, E\left\{ \sum_{t=0}^{T-1} \beta^t R_{\pi_t}(w(t)) \,\middle|\, w(0) \right\}, \quad 0 \leqslant \beta \leqslant 1 \qquad (3.9)$$

其中，β 为折旧因子；$R_{\pi_t}(w(t))$ 为给定初始置信向量 $w(0)$ 及映射 π_t 下宏时隙 t 的收益。

为了便于分析，我们采用动态规划方式将式 (3.9) 变为

$$\begin{cases} V_T(w(T)) = \underset{b(T)}{\max}\left\{ F(\omega_{\bar{a}(T)}(T), \omega_{b(T)}(T)) \right\} \\ V_t(w(t)) = \underset{b(t)}{\max}\left\{ F(\omega_{\bar{a}(t)}(t), \omega_{b(t)}(t)) + \beta\omega_{b(t)}(t)V_{t+1}(w_{-b(t)}(t+1), \phi(1)) \right. \\ \left. \qquad\qquad + \beta(1-\omega_{b(t)}(t))V_{t+1}(w_{-b(t)}(t+1), \phi(0)) \right\} \end{cases}$$

其中，$w_{-b(t)}(t+1) \overset{\mathrm{def}}{=\!=\!=} \left[\phi(\omega_1(t)), \cdots, \phi(\omega_{b(t)-1}(t)), \phi(\omega_{b(t)+1}(t)), \cdots, \phi(\omega_N(t))\right]$。

考虑式 (3.9) 递归计算的巨大复杂性，我们规避计算其优化策略 π^*，研究如下短视策略。它仅最大化当前收益，即

$$\bar{b}(t) := \underset{b(t) \in \mathcal{N}}{\arg\max}\{ F(\omega_{\bar{a}(t)}(t), \omega_{b(t)}(t)) \} \qquad (3.10)$$

根据命题 3.1，如果 $\omega_1(t) \geqslant \omega_2(t) \geqslant \cdots \geqslant \omega_N(t)$，那么 $(b(t), a(t)) = (1,2)$ 或 $(2,1)$ 将产生相同的最大时隙收益。换句话说，短视策略不唯一。另外，从探索信息和利用信息的角度看，探测信道 $b(t) = 2$ 将比 $b(t) = 1$ 获得系统更多的信息，因此传输器总是探测信道 $b(t) = 2$，访问信道 $a(t) = 1$。

定义 3.1 (第二高探测策略)　第二高探测策略是探测置信信息第二好的信道策略。

3.2.3　动机

尽管第二高探测策略容易实现，但是通过下面的反例可知其不能保证优化性。这一结果表明，文献 [17] 中的推测不成立。

例 3.1　令 $N = 6$，$w(0) = [0.999, 0.50, 0.49, 0.39, 0.25, 0.25]$，$p_{11} = 0.5$，$p_{01} = 0.3$，$T = 3$，$K = 1$，$V_1$ 为宏时隙 $t = 0, 1, 2$ 内采用第二高探测策略获得的收益，V_2 为宏时隙 $t = 0$ 内采用第三高探测策略，在 $t = 1, 2$ 采用第二高探测策

略获得的收益。进而，我们得到 $V_2 - V_1 \approx 2.38338 - 2.38334 = 0.00004 > 0$。这表明，第二高探测策略在反例设置下不是最优的。

一个很自然的问题是，第二高探测策略在什么条件下是最优的？下面章节将提出足够的条件来保证第二探测策略是最优的。

3.3 伪 值 函 数

下面引入伪值函数[15]并推导伪值函数的解耦属性。为方便，在每个宏时隙 t，将 $w(t)$ 中的元素降序排列，即在宏时隙 t 有 $\omega_1(t) \geqslant \omega_2(t) \geqslant \cdots \geqslant \omega_N(t)$。

定义 3.2 式 (3.10) 对应的伪值函数为

$$
\begin{cases}
W_T(w(T)) = \omega_1(T) + \omega_2(T) - \omega_1(T)\omega_2(T) \\
W_r(w(r)) \ = \omega_1(r) + \omega_2(r) - \omega_1(r)\omega_2(r) \\
\qquad\qquad + \beta\omega_2(r)W_{r+1}(w_{-2}(r+1), \phi(1)) \\
\qquad\qquad + \beta(1 - \omega_2(r))W_{r+1}(w_{-2}(r+1), \phi(0)) \\
W_t^{b(t)}(w(t)) = \omega_{\bar{a}(t)}(t) + \omega_{b(t)}(t) - \omega_{\bar{a}(t)}(t)\omega_{b(t)}(t) \\
\qquad\qquad + \beta\omega_{b(t)}(t)W_{t+1}(w_{-b(t)}(t+1), \phi(1)) \\
\qquad\qquad + \beta(1 - \omega_{b(t)}(t))W_{t+1}(w_{-b(t)}(t+1), \phi(0))
\end{cases}
$$

其中，$t < r \leqslant T$。

备注 3.1 $W_t^{b(t)}(w(t))$ 为宏时隙 t 探测信道 $b(t)$，在 $t+1$ 到 T 采用第二高探测策略得到的期望累积收益。如果 $b(t) = 2$，那么 $W_t^{b(t)}(w(t))$ 为从宏时隙 t 到 T 均采用第二高探测策略得到的收益。

通过后向推导易得，在 $b(t) = 2$ 时，如果 $W_t^{b(t)}(w(t))$ 达到最大，那么第二高探测策略是最优的。

下述引理说明了伪值函数的解耦性，是建立第二高探测策略优化性的基础。

引理 3.1 对于 $\forall i \in \mathcal{N}$，$t = 0, 1, \cdots, T$，有

$$
W_t^{b(t)}(\omega_1, \cdots, \omega_i, \cdots, \omega_N)
$$
$$
= \omega_i W_t^{b(t)}(\omega_1, \cdots, 1, \cdots, \omega_N) + (1 - \omega_i)W_t^{b(t)}(\omega_1, \cdots, 0, \cdots, \omega_N) \tag{3.11}
$$

证明 按照文献 [15] 的推导过程，易证该引理。 □

命题 3.3 $F(\omega_{a(t)}, 1) - F(\omega_{a(t)}, 0)$ 是 $\omega_{a(t)}$ 的减函数。

证明

$$
F(\omega_{a(t)}, 1) - F(\omega_{a(t)}, 0)
$$

$$= \sum_{k=0}^{K-1} \left[\tau^k(1) - \tau^k(\omega_{a(t)}) \right]$$

$$= (1 - \omega_{a(t)}) \sum_{k=0}^{K-1} \lambda^k \tag{3.12}$$

式 (3.12) 是 $\omega_{a(t)}$ 的减函数，命题得证。 $\square$

3.4   优化性分析

下面研究三种情况，即正相关信道、奇数 K 的负相关信道、偶数 K 的负相关信道，并提出每种情况下的充分条件，保证第二高探测策略的优化性。

3.4.1   正相关信道 ($\lambda \geqslant 0$)

下述引理给出了初始置信向量及 P 的非平凡特征值满足特定条件时，置信向量不同位置元素进行交换操作的界。

引理 3.2   给定 $\lambda^K \leqslant 4 \left[\dfrac{1 - \phi(0)}{(1 - \phi(1))(1 - \omega_0)} - 1 \right]$ 和 $\phi(0) \leqslant \omega_i \leqslant \phi(1)$ $(1 \leqslant i \leqslant N)$，对于 $0 \leqslant t \leqslant T - 1$。

① 若 $\omega_i \geqslant \omega_{i+1}$ $(3 \leqslant i \leqslant N - 1)$，则

$$W_t(\cdots, \omega_i, \omega_{i+1}, \cdots) \geqslant W_t(\cdots, \omega_{i+1}, \omega_i, \cdots) \tag{3.13}$$

② 若 $\omega_2 \geqslant \omega_3$，则

$$W_t(\omega_1, \omega_2, \omega_3, \omega_4, \cdots) \geqslant W_t(\omega_1, \omega_3, \omega_2, \omega_4, \cdots) \tag{3.14}$$

③ 若 $\omega_1 \geqslant \omega_2$，则

$$0 \leqslant W_t(\omega_1, \omega_2, \omega_3, \cdots) - W_t(\omega_2, \omega_1, \omega_3, \cdots)$$

$$\leqslant (\omega_1 - \omega_2)(F(\phi(1), 1) - F(\phi(1), 0)) \tag{3.15}$$

④ 若 $\omega_1 \geqslant \omega_2 \geqslant \cdots \geqslant \omega_N$，则

$$W_t(\omega_1, \omega_2, \cdots, \omega_{N-1}, \omega_N) - W_t(\omega_1, \omega_N, \omega_2, \cdots, \omega_{N-1})$$

$$\leqslant F(\omega_1, 1) - F(\omega_1, 0) \tag{3.16}$$

证明   证明见 3.7.1 节。 $\square$

下述引理与引理 3.2 相似，给出了在初始置信向量及 P 的非平凡特征值满足特定条件时，置信向量不同位置的元素进行交换操作的界。

引理 3.3 给定 $\lambda^K \leqslant \dfrac{1 - \phi(1)}{2 - \phi(1) - \phi(0)}$ 和 $\phi(0) \leqslant \omega_i \leqslant \phi(1)$ $(1 \leqslant i \leqslant N)$，对于 $0 \leqslant t \leqslant T - 1$。

① 若 $\omega_i \geqslant \omega_{i+1}$ $(3 \leqslant i \leqslant N - 1)$，则

$$W_t(\cdots, \omega_i, \omega_{i+1}, \cdots) \geqslant W_t(\cdots, \omega_{i+1}, \omega_i, \cdots) \tag{3.17}$$

② 若 $\omega_2 \geqslant \omega_3$，则

$$W_t(\omega_1, \omega_2, \omega_3, \cdots) \geqslant W_t(\omega_1, \omega_3, \omega_2, \cdots) \tag{3.18}$$

③ 若 $\omega_1 \geqslant \omega_2$，则

$$W_t(\omega_1, \omega_2, \omega_3, \cdots) - W_t(\omega_2, \omega_1, \omega_3, \cdots) \geqslant 0 \tag{3.19}$$

④ 若 $\omega_1 \geqslant \omega_2 \geqslant \cdots \geqslant \omega_N$，则

$$W_t(\omega_1, \omega_2, \cdots, \omega_{N-1}, \omega_N) - W_t(\omega_N, \omega_2, \cdots, \omega_{N-1}, \omega_1)$$
$$\leqslant (\omega_1 - \omega_N)(F(\phi(0), 1) - F(\phi(0), 0))\frac{1}{1 - \lambda^K} \tag{3.20}$$

证明 证明见 3.7.2 节。 □

基于引理 3.2 和引理 3.3，我们有以下优化性定理。

定理 3.1 给定 $\phi(0) \leqslant \omega_i(0) \leqslant \phi(1)$ $(1 \leqslant i \leqslant N)$，第二高探测策略是最优的，如果下述任一条件成立。

① $\lambda^K \leqslant 4 \left[\dfrac{1 - \phi(0)}{(1 - \phi(1))(1 - \omega_0)} - 1 \right]$。

② $\lambda^K \leqslant \dfrac{1 - \phi(1)}{2 - \phi(1) - \phi(0)}$。

证明 对①，若 $\lambda^K \leqslant 4 \left[\dfrac{1 - \phi(0)}{(1 - \phi(1))(1 - \omega_0)} - 1 \right]$，可知引理 3.2 成立。按照经典冒泡排序的思想，易知 $V_t(\omega_1, \omega_2, \cdots, \omega_N)$ 是最大的，这表明第二高探测策略是最优的。

对②，若 $\lambda^K \leqslant \dfrac{1 - \phi(1)}{2 - \phi(1) - \phi(0)}$，则引理 3.3 成立。相似地，第二高探测策略是最优的。 □

推论 3.1　给定 $\phi(0) \leqslant \omega_i(0) \leqslant \phi(1)$ $(1 \leqslant i \leqslant N)$，第二高探测策略是最优的，如果下述任一条件成立。

① $5 - 2\sqrt{5} \leqslant p_{01} \leqslant \omega_i(0) \leqslant p_{11}$。

② $p_{01} \leqslant \omega_i(0) \leqslant p_{11} \leqslant \dfrac{3 - \sqrt{5}}{2}$。

证明　根据定理 3.1，有情况 1，即

$$\lambda^K \leqslant 4\left[\frac{1 - \phi(0)}{(1 - \phi(1))(1 - \omega_0)} - 1\right]$$

$$\overset{(a)}{\Longleftarrow} \lambda^K \leqslant \frac{8p_{01} - 4p_{11}}{1 - p_{01}}$$

$$\Longleftarrow \lambda \leqslant \frac{8p_{01} - 4p_{11}}{1 - p_{01}}$$

$$\Longleftrightarrow p_{11} - p_{01} \leqslant \frac{8p_{01} - 4p_{11}}{1 - p_{01}}$$

$$\Longleftrightarrow p_{11} \leqslant \frac{p_{01}(9 - p_{01})}{5 - p_{01}}$$

$$\Longleftarrow 1 \leqslant \frac{p_{01}(9 - p_{01})}{5 - p_{01}}$$

$$\Longleftrightarrow p_{01} \geqslant 5 - 2\sqrt{5}$$

其中，(a) 表示可由 $p_{01} \leqslant \phi(0) \leqslant \phi(1) \leqslant p_{11}$ 和 $\omega_0 = \dfrac{p_{01}}{1 - p_{11} + p_{01}}$ 得到。

情况 2，即

$$\lambda^K \leqslant \frac{1 - \phi(1)}{2 - \phi(1) - \phi(0)}$$

$$\overset{(b)}{\Longleftarrow} \lambda^K \leqslant \frac{1 - p_{11}}{2 - p_{11} - p_{01}}$$

$$\Longleftarrow p_{11} - p_{01} \leqslant \frac{1 - p_{11}}{2 - p_{11} - p_{01}}$$

$$\Longleftrightarrow (1 - p_{11})(2 - p_{11}) \geqslant (1 - p_{01})^2$$

$$\Longleftarrow (1 - p_{11})(2 - p_{11}) \geqslant 1$$

$$\Longleftrightarrow p_{11} \leqslant \frac{3 - \sqrt{5}}{2}$$

其中，(b) 可由表示 $p_{01} \leqslant \phi(0) \leqslant \phi(1) \leqslant p_{11}$ 得到。

综合上述两种情况，推论得证。 □

3.4.2 奇数 K 的负相关信道 ($\lambda < 0$)

同理，我们有如下置信向量元素交换操作引理 3.4。

引理 3.4 给定 $\lambda^K \leqslant \dfrac{1 - \phi(0)}{2 - \phi(0) - \phi^2(0)}$ 和 $\phi(1) \leqslant \omega_i \leqslant \phi(0)$ $(1 \leqslant i \leqslant N)$，对于 $0 \leqslant t \leqslant T - 1$。

① 若 $\omega_i \geqslant \omega_{i+1}$ $(3 \leqslant i \leqslant N-1)$，则

$$W_t(\cdots, \omega_i, \omega_{i+1}, \cdots) \geqslant W_t(\cdots, \omega_{i+1}, \omega_i, \cdots) \tag{3.21}$$

② 若 $\omega_2 \geqslant \omega_3$，则

$$W_t(\omega_1, \omega_2, \omega_3, \cdots) \geqslant W_t(\omega_1, \omega_3, \omega_2, \cdots) \tag{3.22}$$

③ 若 $\omega_1 \geqslant \omega_2$，则

$$W_t(\omega_1, \omega_2, \omega_3, \cdots) \geqslant W_t(\omega_2, \omega_1, \omega_3, \cdots) \tag{3.23}$$

④ 若 $\phi(\omega_2) \geqslant \omega_3 \geqslant \cdots \geqslant \omega_N$，则

$$W_t(\omega_1, \phi(\omega_2), \cdots, \omega_{N-1}, \omega_N) - W_t(\omega_N, \phi(\omega_2), \cdots, \omega_{N-1}, \omega_1)$$

$$\leqslant (\omega_1 - \omega_N)(F(\phi^2(0), 1) - F(\phi^2(0), 0)) \frac{1 - |\lambda|^{KT}}{1 - |\lambda|^K} \tag{3.24}$$

证明 证明见 3.7.3 节。 □

根据定理 3.1 的相似证明过程，我们有如下定理。

定理 3.2 给定 $\phi(1) \leqslant \omega_i(0) \leqslant \phi(0)$ $(1 \leqslant i \leqslant N)$，第二高探测策略是最优的，如果下述条件成立，即

$$|\lambda|^K \leqslant \frac{1 - \phi(0)}{2 - \phi(0) - \phi^2(0)} \tag{3.25}$$

推论 3.2 给定 $\phi(1) \leqslant \omega_i(0) \leqslant \phi(0)$ $(1 \leqslant i \leqslant N)$，第二高探测策略是最优的，如果下述条件成立，即

$$|\lambda| = p_{01} - p_{11} \leqslant \frac{1 - p_{01}}{2 - p_{01} - p_{11}} \tag{3.26}$$

证明 根据 $|\lambda|^K \leqslant |\lambda|$、$\phi(0) \leqslant p_{01}$ 和 $\phi^2(0) \geqslant p_{11}$，易证此推论。 □

3.4.3　偶数 K 的负相关信道 ($\lambda < 0$)

据引理 3.3、引理 3.4 及定理 3.2 的相似推导，我们有如下定理。

定理 3.3　给定 $\phi(0) \leqslant \omega_i(0) \leqslant \phi(1)$ $(1 \leqslant i \leqslant N)$，第二高探测策略是最优的，如果下述条件成立，即

$$\lambda^K \leqslant \frac{1 - \phi(1)}{2 - \phi(1) - \phi^2(0)} \tag{3.27}$$

3.5　优化性扩展

3.5.1　探测多个信道

为方便，我们将上节所述场景记为 S1，即传输器每个时隙只允许探测和访问一个信道。假定如下场景 S2，即传输器每个时隙能够探测 M 个信道，但是只允许访问一个信道。在 S2 情况下，第二高探测策略能够扩展到如下策略，即从第二高信道开始依次探测 M 个信道。这种扩展的探测策略，在满足定理 3.1 ~ 定理 3.3 中的条件时，也是最优策略。

简单解释如下，即相对于 S1、S2 中的传输器探测，探测其他的 $M - 1$ 信道能获取系统的更多信息，以至于在 S2 下做出的决策比 S1 下的更精准。考虑第二高探测策略在 S1 下是最优的，那么扩展策略在 S2 下也是最优的。

3.5.2　探测两个信道访问其中一个信道

假定 S3，即传输器探测两个信道 (记为 $\mathcal{B}_t$)，访问 $\mathcal{B}_t$ 中状态更好的信道 $a(t)$。记 $b(t) := \mathcal{B}_t - \{a(t)\}$，那么当前收益可表示为

$$F(\omega_{a(t)}(t), \omega_{b(t)}(t)) = \sum_{k=0}^{K-1} \left[\omega_{b(t)}(t)\tau^k(1) + (1 - \omega_{b(t)}(t))\tau^k(\omega_{a(t)}(t)) \right] \tag{3.28}$$

这与式 (3.5) 相同。

在此场景下，短视策略是每次探测两个最好的信道，这导致与 S1 下的第二高探测策略有相同的 $(\bar{b}_t, \bar{a}_t)$。另外，相对于 S1，S3 下的传输器有相同的时隙收益及策略，而且探测更多信道能获取系统更多的信息。因此，在 S3 中探测两个最好信道的短视探测策略时，若满足定理 3.1 ~ 定理 3.3 中的条件，则是最优策略。

3.6　仿 真 实 验

本节通过设置不同场景评估第二高探测策略性能，主要与第一高探测策略、随机策略 (每个时隙随机选择信道探测) 和最优策略比较。需要指出的是，由于求

解最优策略的复杂性，我们通过蛮力搜索较小 T 内的最优策略。特别地，为了更好地呈现对比效果，我们主要比较不同策略在时隙数变化时的平均累积收益性能。

3.6.1 正相关信道 ($\lambda \geqslant 0$)

考虑 4 个信道和 10 个宏时隙的场景，每个宏时隙仅包括一个时隙，即 $K=1$。具体设置两个场景 (记为场景 1 和场景 2)，即设置 $T=10, K=1, N=4, p_{11}=0.90, p_{01}=0.54, w(0)=[0.90, 0.85, 0.80, 0.60]$；$T=10, K=1, N=4, p_{11}=0.38, p_{01}=0.15, w(0)=[0.38, 0.35, 0.30, 0.20]$(记为设置 2)。

图 3.2(a) 显示，第二高探测策略性能曲线与最优策略性能曲线吻合。这证实了定理 3.1 第一部分的正确性，即第二高探测策略在

$$\lambda^K \leqslant 4 \left[\frac{1-\phi(0)}{(1-\phi(1))(1-\omega_0)} - 1 \right]$$

和 $p_{01} \leqslant \omega_i(0) \leqslant p_{11}$ 条件下是最优的。同时，我们也观察到，第二高探测策略比其他策略性能要好，尽管从图上看性能差别不明显。图 3.2(b) 表明，定理 3.1 第二部分的正确性，它比短视策略和随机策略性能更好。

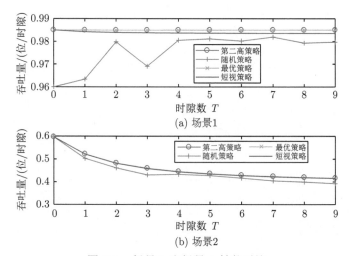

图 3.2 场景 1 和场景 2 性能对比

考虑 $K=4$，$N=4$ 及 $T=10$ 时几种策略的性能比较。具体设置两个场景 (记为场景 3 和场景 4)，即设置 $T=10, K=4, N=4, p_{11}=0.90, p_{01}=0.54, w(0)=[0.90, 0.85, 0.80, 0.60]$；$T=10, K=4, N=4, p_{11}=0.38, p_{01}=0.15, w(0)=[0.38, 0.35, 0.30, 0.20]$。

相似地，从图 3.3 观测到第二高策略是最优策略，并且比其他策略要好。

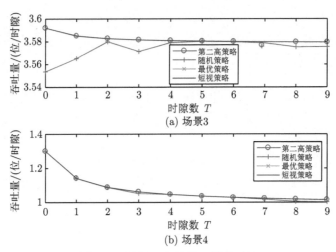

(a) 场景3

(b) 场景4

图 3.3　场景 3 和场景 4 性能对比

3.6.2　负相关信道 ($\lambda < 0$)

考虑 $K = 1$ 和 $K = 2$ 两种情况 (记为场景 5 和场景 6)，相应于定理 3.2 中 K 为奇数和定理 3.3 中 K 为偶数的情况。由图 3.4 可知，第二高探测策略在定理 3.2 和定理 3.3 中相应的充分条件下都是最优策略。

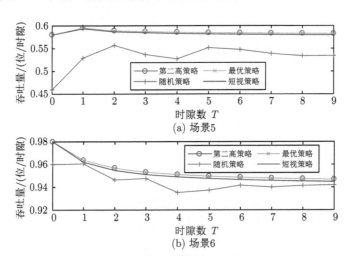

(a) 场景5

(b) 场景6

图 3.4　场景 5 和场景 6 性能对比

3.7 引理证明

3.7.1 引理 3.2 的证明

证明过程依据归纳法分三步进行。

第一步，在时隙 T，注意到 $W_T(\boldsymbol{w}(T)) = F(w(T))$，此引理很容易证明。

对于引理 3.2 的第一部分，有

$$W_T(\cdots,\omega_i,\omega_{i+1},\cdots) - W_T(\cdots,\omega_{i+1},\omega_i,\cdots)$$
$$= F(\omega_1,\omega_2) - F(\omega_1,\omega_2)$$
$$= 0$$

对于引理 3.2 的第二部分，有

$$W_T(\omega_1,\omega_2,\omega_3,\cdots,\omega_N) - W_T(\omega_1,\omega_3,\omega_2,\cdots,\omega_N)$$
$$= F(\omega_1,\omega_2) - F(\omega_1,\omega_3)$$
$$= (\omega_2 - \omega_3)(F(\omega_1,1) - F(\omega_1,0))$$
$$\geqslant (\omega_2 - \omega_3)(F(\omega_1,1) - F(\omega_1,0))$$
$$\geqslant 0$$

对于引理 3.2 的第三部分，有

$$W_T(\omega_1,\omega_2,\omega_3,\cdots,\omega_N) - W_T(\omega_2,\omega_1,\omega_3,\cdots,\omega_N)$$
$$= F(\omega_1,\omega_2) - F(\omega_2,\omega_1)$$
$$= 0$$

对于引理 3.2 的第四部分，有

$$W_T(\omega_1,\omega_2,\cdots,\omega_{N-1},\omega_N) - W_T(\omega_1,\omega_N,\omega_2,\cdots,\omega_{N-1})$$
$$= F(\omega_1,\omega_2) - F(\omega_1,\omega_N)$$
$$= (\omega_2 - \omega_N)(F(\omega_1,1) - F(\omega_1,0))$$
$$\leqslant (F(\omega_1,1) - F(\omega_1,0))$$

其中，第二个等式可由引理 3.1 得到。

第二步，假定在时隙 $T-1, \cdots, t+1$，引理 3.2 成立 (引理 3.2 的第一部分 $\sim$ 第四部分，记为 IH1 $\sim$ IH4)，接下来证明引理在时隙 t 亦成立。

第三步，在时隙 t，对于引理 3.2 第一部分，有

$$
W_t(\cdots, \omega_i, \omega_{i+1}, \cdots) - W_t(\cdots, \omega_{i+1}, \omega_i, \cdots)
$$

$$
= (\omega_i - \omega_{i+1}) W_t(\omega_1, \cdots, \omega_{i-1}, 1, 0, \omega_{i+2}, \cdots, \omega_N)
$$

$$
\quad - (\omega_i - \omega_{i+1}) W_t(\omega_1, \cdots, \omega_{i-1}, 0, 1, \omega_{i+2}, \cdots, \omega_N)
$$

$$
= (\omega_i - \omega_{i+1}) \omega_2
$$

$$
\quad \times \Big(W_{t+1}(\phi(1), \phi(\omega_1), \phi(\omega_3), \cdots, \phi(\omega_{i-1}), \phi(1), \phi(0), \phi(\omega_{i+2}), \cdots, \phi(\omega_N))
$$

$$
\quad - W_{t+1}(\phi(1), \phi(\omega_1), \phi(\omega_3), \cdots, \phi(\omega_{i-1}), \phi(0), \phi(1), \phi(\omega_{i+2}), \cdots, \phi(\omega_N)) \Big)
$$

$$
\quad + (\omega_i - \omega_{i+1})(1 - \omega_2)
$$

$$
\quad \times \Big(W_{t+1}(\phi(\omega_1), \phi(\omega_3), \cdots, \phi(\omega_{i-1}), \phi(1), \phi(0), \phi(\omega_{i+2}), \cdots, \phi(\omega_N), \phi(0))
$$

$$
\quad - W_{t+1}(\phi(\omega_1), \phi(\omega_3), \cdots, \phi(\omega_{i-1}), \phi(0), \phi(1), \phi(\omega_{i+2}), \cdots, \phi(\omega_N), \phi(0)) \Big)
$$

$$
\overset{\text{IH1,2}}{\geqslant} 0
$$

对于引理 3.2 第二部分，有

$$
W_t(\omega_1, \omega_2, \omega_3, \omega_4, \cdots, \omega_N) - W_t(\omega_1, \omega_3, \omega_2, \omega_4, \cdots, \omega_N)
$$

$$
= (\omega_2 - \omega_3)(W_t(\omega_1, 1, 0, \omega_4, \cdots, \omega_N) - W_t(\omega_1, 0, 1, \omega_4, \cdots, \omega_N))
$$

$$
= (\omega_2 - \omega_3)(F(\omega_1, 1) - F(\omega_1, 0)
$$

$$
\quad + W_{t+1}(\phi(1), \phi(\omega_1), \phi(0), \phi(\omega_4), \cdots, \phi(\omega_N))
$$

$$
\quad - W_{t+1}(\phi(\omega_1), \phi(1), \phi(\omega_4), \cdots, \phi(\omega_N), \phi(0)))
$$

$$
\overset{\text{IH2,3}}{\geqslant} (\omega_2 - \omega_3)(F(\omega_1, 1) - F(\omega_1, 0)
$$

$$
\quad + W_{t+1}(\phi(1), \phi(0), \phi(\omega_1), \phi(\omega_4), \cdots, \phi(\omega_N))
$$

$$
\quad - W_{t+1}(\phi(1), \phi(\omega_1), \phi(\omega_4), \cdots, \phi(\omega_N), \phi(0)))
$$

$$
\overset{\text{IH4}}{\geqslant} (\omega_2 - \omega_3) \times [F(\omega_1, 1) - F(\omega_1, 0) - (F(\phi(1), 1) - F(\phi(1), 0))]
$$

$$
\overset{\text{(a)}}{\geqslant} 0
$$

其中，(a) 表示可由命题 3.3 和 $\omega_1 \leqslant \phi(1)$ 得到。

对于引理 3.2 第三部分，有

$$0 \leqslant W_t(\omega_1, \omega_2, \omega_3, \cdots, \omega_N) - W_t(\omega_2, \omega_1, \omega_3, \cdots, \omega_N)$$

$$= (\omega_1 - \omega_2)(W_t(1, 0, \omega_3, \cdots, \omega_N) - W_t(0, 1, \omega_3, \cdots, \omega_N))$$

$$= (\omega_1 - \omega_2)(F(1, 0) - F(0, 1)$$

$$+ W_{t+1}(\phi(1), \phi(\omega_3), \cdots, \phi(\omega_N), \phi(0))$$

$$- W_{t+1}(\phi(1), \phi(0), \phi(\omega_3), \cdots, \phi(\omega_N)))$$

$$\overset{\text{IH4}}{\leqslant} (\omega_1 - \omega_2)(F(\phi(1), 1) - F(\phi(1), 0))$$

对于引理 3.2 第四部分，根据引理 3.1，有

$$W_t(\omega_1, \omega_2, \cdots, \omega_{N-1}, \omega_N) - W_t(\omega_1, \omega_N, \omega_2, \cdots, \omega_{N-1})$$

$$= \omega_2 \omega_N \times (W_t(\omega_1, 1, \omega_3, \cdots, \omega_{N-1}, 1) - W_t(\omega_1, 1, 1, \omega_3, \cdots, \omega_{N-1}))$$

$$+ \omega_2(1 - \omega_N) \times (W_t(\omega_1, 1, \omega_3, \cdots, \omega_{N-1}, 0) - W_t(\omega_1, 0, 1, \omega_3, \cdots, \omega_{N-1}))$$

$$+ (1 - \omega_2)\omega_N \times (W_t(\omega_1, 0, \omega_3, \cdots, \omega_{N-1}, 1) - W_t(\omega_1, 1, 0, \omega_3, \cdots, \omega_{N-1}))$$

$$+ (1 - \omega_2)(1 - \omega_N)$$

$$\times (W_t(\omega_1, 0, \omega_3, \cdots, \omega_{N-1}, 0) - W_t(\omega_1, 0, 0, \omega_3, \cdots, \omega_{N-1})) \tag{3.29}$$

接下来，我们分四种情况分析式 (3.29)。

针对式 (3.29) 第一部分，有

$$W_t(\omega_1, 1, \omega_3, \cdots, \omega_{N-1}, 1) - W_t(\omega_1, 1, 1, \omega_3, \cdots, \omega_{N-1})$$

$$= F(\omega_1, 1) - F(\omega_1, 1)$$

$$+ W_{t+1}(\phi(1), \phi(\omega_1), \phi(\omega_3), \cdots, \phi(\omega_{N-1}), \phi(1))$$

$$- W_{t+1}(\phi(1), \phi(\omega_1), \phi(1), \phi(\omega_3), \cdots, \phi(\omega_{N-1}))$$

$$\overset{\text{IH1,2}}{\leqslant} W_{t+1}(\phi(1), \phi(\omega_1), \phi(1), \phi(\omega_3), \cdots, \phi(\omega_{N-1}))$$

$$- W_{t+1}(\phi(1), \phi(\omega_1), \phi(1), \phi(\omega_3), \cdots, \phi(\omega_{N-1}))$$

$$= 0$$

针对式 (3.29) 第二部分，有

$$W_t(\omega_1, 1, \omega_3, \cdots, \omega_{N-1}, 0) - W_t(\omega_1, 0, 1, \omega_3, \cdots, \omega_{N-1})$$

$$= F(\omega_1, 1) - F(\omega_1, 0)$$

$$+ W_{t+1}(\phi(1), \phi(\omega_1), \phi(\omega_3), \cdots, \phi(\omega_{N-1}), \phi(0))$$

$$- W_{t+1}(\phi(\omega_1), \phi(1), \phi(\omega_3), \cdots, \phi(\omega_{N-1}), \phi(0))$$

$$\overset{\text{IH3}}{\leqslant} F(\omega_1, 1) - F(\omega_1, 0) + (\phi(1) - \phi(\omega_1))(F(\phi(1), 1) - F(\phi(1), 0))$$

$$= F(\omega_1, 1) - F(\omega_1, 0) + \lambda^K (1 - \phi(1))(F(\omega_1, 1) - F(\omega_1, 0))$$

针对式 (3.29) 第三部分，有

$$W_t(\omega_1, 0, \omega_3, \cdots, \omega_{N-1}, 1) - W_t(\omega_1, 1, 0, \omega_3, \cdots, \omega_{N-1})$$

$$= F(\omega_1, 0) - F(\omega_1, 1)$$

$$+ W_{t+1}(\phi(\omega_1), \phi(\omega_3), \cdots, \phi(\omega_{N-1}), \phi(1), \phi(0))$$

$$- W_{t+1}(\phi(1), \phi(\omega_1), \phi(0), \phi(\omega_3), \cdots, \phi(\omega_{N-1}))$$

$$\overset{\text{IH1-3}}{\leqslant} F(\omega_1, 0) - F(\omega_1, 1)$$

$$+ W_{t+1}(\phi(1), \phi(\omega_1), \phi(\omega_3), \cdots, \phi(\omega_{N-1}), \phi(0))$$

$$- W_{t+1}(\phi(1), \phi(\omega_1), \phi(0), \phi(\omega_3), \cdots, \phi(\omega_{N-1}))$$

$$\overset{\text{IH2}}{\leqslant} F(\omega_1, 0) - F(\omega_1, 1)$$

$$+ W_{t+1}(\phi(1), \phi(\omega_1), \phi(\omega_3), \cdots, \phi(\omega_{N-1}), \phi(0))$$

$$- W_{t+1}(\phi(1), \phi(0), \phi(\omega_1), \phi(\omega_3), \cdots, \phi(\omega_{N-1}))$$

$$\overset{\text{IH4}}{\leqslant} F(\omega_1, 0) - F(\omega_1, 1) + F(\phi(1), 1) - F(\phi(1), 0)$$

$$\leqslant 0$$

针对式 (3.29) 第四部分，有

$$W_t(\omega_1, 0, \omega_3, \cdots, \omega_{N-1}, 0) - W_t(\omega_1, 0, 0, \omega_3, \cdots, \omega_{N-1})$$

$$= W_{t+1}(\phi(\omega_1), \phi(\omega_3), \cdots, \phi(\omega_{N-1}), \phi(0), \phi(0))$$

$$- W_{t+1}(\phi(\omega_1), \phi(0), \phi(\omega_3), \cdots, \phi(\omega_{N-1}), \phi(0))$$

$$\overset{\text{IH4}}{\leqslant} F(\phi(\omega_1), 1) - F(\phi(\omega_1), 0)$$

$$\overset{\text{(g)}}{\leqslant} F(\phi(\min\{\omega_0, \omega_1\}), 1) - F(\phi(\min\{\omega_0, \omega_1\}), 0)$$

其中，(g) 表示可由命题 3.3 得到。

综上所述，可得

$$W_t(\omega_1, \omega_2, \cdots, \omega_{N-1}, \omega_N) - W_t(\omega_1, \omega_N, \omega_2, \cdots, \omega_{N-1})$$

$$\leqslant F(\omega_1, \omega_2) - F(\omega_1, \omega_N)$$

$$\quad + \omega_2(1 - \phi(1))(1 - \omega_N)\lambda^K(F(\omega_1, 1) - F(\omega_1, 0))$$

$$\quad + (1 - \omega_2)\omega_N(F(\phi(1), 1) - F(\phi(1), 0))$$

$$\quad + (1 - \omega_2)(1 - \omega_N)(F(\phi(\omega_1), 1) - F(\phi(\omega_1), 0))$$

$$\leqslant (1 - \omega_N)[1 + \omega_2(1 - \omega_1)\lambda^K](F(\min\{\omega_0, \omega_1\}, 1) - F(\min\{\omega_0, \omega_1\}, 0))$$

$$\overset{\text{(h)}}{\leqslant} (1 - \omega_N)\left(1 + \frac{1}{4}\lambda^K\right)(F(\min\{\omega_0, \omega_1\}, 1) - F(\min\{\omega_0, \omega_1\}, 0))$$

$$\overset{\text{(i)}}{\leqslant} F(\omega_1, 1) - F(\omega_1, 0)$$

其中，(h) 表示可由 $\omega_2 + 1 - \omega_1 \leqslant 1$ 得到；(i) 表示可由 $\lambda^K \leqslant 4\left[\dfrac{1 - \phi(0)}{(1 - \phi(1))(1 - \omega_0)} - 1\right]$ 得到。

至此，我们完成了引理 3.2 的证明。

3.7.2 引理 3.3 的证明

引理 3.3 的证明与引理 3.2 的证明类似，可由归纳法证明。

第一步，在时隙 T，考虑 $W_T(w(T) = F(w(T)))$，易得此引理。

第二步，假定引理 3.3(其相应的四部分分别记为 IH1 ~ IH4) 在时隙 $T-1, \cdots,$ $t+1$ 内成立，接下来证明引理对时隙 t 也成立。

第三步，在时隙 t，有以下几部分。

对于引理 3.3 的第一部分，有

$$W_t(\cdots, \omega_i, \omega_{i+1}, \cdots) - W_t(\cdots, \omega_{i+1}, \omega_i, \cdots)$$

$$= (\omega_i - \omega_{i+1})W_t(\omega_1, \cdots, \omega_{i-1}, 1, 0, \omega_{i+2}, \cdots, \omega_N)$$

$$\quad - (\omega_i - \omega_{i+1})W_t(\omega_1, \cdots, \omega_{i-1}, 0, 1, \omega_{i+2}, \cdots, \omega_N)$$

$$= (\omega_i - \omega_{i+1})\omega_2$$

$$\times \Big(W_{t+1}(\phi(1), \phi(\omega_1), \phi(\omega_3), \cdots, \phi(\omega_{i-1}), \phi(1), \phi(0), \phi(\omega_{i+2}), \cdots, \phi(\omega_N))$$

$$- W_{t+1}(\phi(1), \phi(\omega_1), \phi(\omega_3), \cdots, \phi(\omega_{i-1}), \phi(0), \phi(1), \phi(\omega_{i+2}), \cdots, \phi(\omega_N)) \Big)$$

$$+ (\omega_i - \omega_{i+1})(1 - \omega_2)$$

$$\times \Big(W_{t+1}(\phi(\omega_1), \phi(\omega_3), \cdots, \phi(\omega_{i-1}), \phi(1), \phi(0), \phi(\omega_{i+2}), \cdots, \phi(\omega_N), \phi(0))$$

$$- W_{t+1}(\phi(\omega_1), \phi(\omega_3), \cdots, \phi(\omega_{i-1}), \phi(0), \phi(1), \phi(\omega_{i+2}), \cdots, \phi(\omega_N), \phi(0)) \Big)$$

$$\overset{\text{IH1,2}}{\geqslant} 0$$

对于引理 3.3 的第二部分，有

$$W_t(\omega_1, \omega_2, \omega_3, \omega_4, \cdots, \omega_N) - W_t(\omega_1, \omega_3, \omega_2, \omega_4, \cdots, \omega_N)$$

$$= (\omega_2 - \omega_3)$$

$$\times (W_t(\omega_1, 1, 0, \omega_4, \cdots, \omega_N) - W_t(\omega_1, 0, 1, \omega_4, \cdots, \omega_N))$$

$$= (\omega_2 - \omega_3)(F(\omega_1, 1) - F(\omega_1, 0)$$

$$+ W_{t+1}(\phi(1), \phi(\omega_1), \phi(0), \phi(\omega_4), \cdots, \phi(\omega_N))$$

$$- W_{t+1}(\phi(\omega_1), \phi(1), \phi(\omega_4), \cdots, \phi(\omega_N), \phi(0)))$$

$$\overset{\text{IH2,3}}{\geqslant} (\omega_2 - \omega_3)(F(\omega_1, 1) - F(\omega_1, 0)$$

$$+ W_{t+1}(\phi(0), \phi(\omega_1), \phi(\omega_4), \cdots, \phi(\omega_N), \phi(1))$$

$$- W_{t+1}(\phi(1), \phi(\omega_1), \phi(\omega_4), \cdots, \phi(\omega_N), \phi(0)))$$

$$\overset{\text{IH4}}{\geqslant} (\omega_2 - \omega_3)\left[F(\omega_1, 1) - F(\omega_1, 0) - (\phi(1) - \phi(0))\frac{F(\phi(0), 1) - F(\phi(0), 0)}{1 - \lambda^K} \right]$$

$$= (\omega_2 - \omega_3)\left(F(\omega_1, 1) - F(\omega_1, 0) - \lambda^K \frac{F(\phi(0), 1) - F(\phi(0), 0)}{1 - \lambda^K} \right)$$

$$\overset{\text{(a)}}{\geqslant} 0$$

其中，(a) 表示可由 $\lambda^K \leqslant \dfrac{1 - \phi(1)}{2 - \phi(1) - \phi(0)}$ 得到。

对于引理 3.3 的第三部分，有

$$W_t(\omega_1, \omega_2, \omega_3, \cdots, \omega_N) - W_t(\omega_2, \omega_1, \omega_3, \cdots, \omega_N)$$

$$= (\omega_1 - \omega_2)(W_t(1, 0, \omega_3, \cdots, \omega_N) - W_t(0, 1, \omega_3, \cdots, \omega_N))$$

$$= (\omega_1 - \omega_2)(F(1, 0) - F(0, 1)$$

$$+ W_{t+1}(\phi(1), \phi(\omega_3), \cdots, \phi(\omega_N), \phi(0))$$

$$- W_{t+1}(\phi(1), \phi(0), \phi(\omega_3), \cdots, \phi(\omega_N)))$$

$$\overset{\text{IH1,2}}{\geqslant} 0$$

对于引理 3.3 的第四部分，有

$$W_t(\omega_1, \omega_2, \cdots, \omega_{N-1}, \omega_N) - W_t(\omega_N, \omega_2, \cdots, \omega_{N-1}, \omega_1)$$

$$= (\omega_1 - \omega_N)(W_t(1, \omega_2, \cdots, \omega_{N-1}, 0) - W_t(0, \omega_2, \cdots, \omega_{N-1}, 1))$$

$$= (\omega_1 - \omega_N)\Big[F(\omega_2, 1) - F(\omega_2, 0)$$

$$+ \omega_2 W_{t+1}(\phi(1), \phi(1), \phi(\omega_3), \cdots, \phi(\omega_{N-1}), \phi(0))$$

$$- \omega_2 W_{t+1}(\phi(1), \phi(0), \phi(\omega_3), \cdots, \phi(\omega_{N-1}), \phi(1))$$

$$+ (1 - \omega_2) W_{t+1}(\phi(1), \phi(\omega_3), \cdots, \phi(\omega_{N-1}), \phi(0), \phi(0))$$

$$- (1 - \omega_2) W_{t+1}(\phi(0), \phi(\omega_3), \cdots, \phi(\omega_{N-1}), \phi(1), \phi(0))\Big]$$

$$\overset{\text{IH1,3}}{\leqslant} (\omega_1 - \omega_N)\Big[F(\omega_2, 1) - F(\omega_2, 0)$$

$$+ \omega_2 W_{t+1}(\phi(1), \phi(1), \phi(\omega_3), \cdots, \phi(\omega_{N-1}), \phi(0))$$

$$- \omega_2 W_{t+1}(\phi(0), \phi(1), \phi(\omega_3), \cdots, \phi(\omega_{N-1}), \phi(1))$$

$$+ (1 - \omega_2) W_{t+1}(\phi(1), \phi(\omega_3), \cdots, \phi(\omega_{N-1}), \phi(0), \phi(0))$$

$$- (1 - \omega_2) W_{t+1}(\phi(0), \phi(\omega_3), \cdots, \phi(\omega_{N-1}), \phi(0), \phi(1))\Big]$$

$$\overset{\text{IH4}}{\leqslant} (\omega_1 - \omega_N)\Big[F(\omega_2, 1) - F(\omega_2, 0)$$

$$+ \omega_2(\phi(1) - \phi(0))(F(\phi(0), 1) - F(\phi(0), 0)) \frac{1}{1 - \lambda^K}$$

$$+ (1 - \omega_2)(\phi(1) - \phi(0)) \frac{F(\phi(0), 1) - F(\phi(0), 0)}{1 - \lambda^K} \Bigg]$$

$$\overset{(a)}{\leqslant} (\omega_1 - \omega_N) \Bigg[F(\phi(0), 1) - F(\phi(0), 0)$$

$$- \omega_2(F(\phi(0), 1) - F(\phi(0), 0)) \frac{\lambda^K}{1 - \lambda^K}$$

$$- (1 - \omega_2)(F(\phi(0), 1) - F(\phi(0), 0)) \frac{\lambda^K}{1 - \lambda^K} \Bigg]$$

$$= (\omega_1 - \omega_N)(F(\phi(0), 1) - F(\phi(0), 0)) \left(1 + \frac{\lambda^K}{1 - \lambda^K} \right)$$

$$= (\omega_1 - \omega_N)(F(\phi(0), 1) - F(\phi(0), 0)) \frac{1}{1 - \lambda^K}$$

其中，(a) 表示可由命题 3.3 和 $\omega_2 \geqslant \phi(0)$ 得到。

3.7.3　引理 3.4 的证明

根据归纳法，引理的证明可分为三步。

第一步，在时隙 T，考虑 $W_T(w(T) = F(w(T)))$，引理易证。

对于引理 3.4 的第一部分，有

$$W_T(\omega_1, \cdots, \omega_i, \omega_{i+1}, \cdots, \omega_N) - W_T(\omega_1, \cdots, \omega_{i+1}, \omega_i, \cdots, \omega_N)$$

$$= F(\omega_1, \omega_2) - F(\omega_1, \omega_2)$$

$$= 0$$

对于引理 3.4 的第二部分，有

$$W_T(\omega_1, \omega_2, \omega_3, \cdots, \omega_N) - W_T(\omega_1, \omega_3, \omega_2, \cdots, \omega_N)$$

$$= F(\omega_1, \omega_2) - F(\omega_1, \omega_3)$$

$$= (\omega_2 - \omega_3)(F(\omega_1, 1) - F(\omega_1, 0))$$

$$\geqslant (\omega_2 - \omega_3)(F(\omega_1, 1) - F(\omega_1, 0))$$

$$\geqslant 0$$

对于引理 3.4 的第三部分, 有

$$W_T(\omega_1, \omega_2, \omega_3, \cdots, \omega_N) - W_T(\omega_2, \omega_1, \omega_3, \cdots, \omega_N)$$

$$= F(\omega_1, \omega_2) - F(\omega_2, \omega_1)$$

$$= 0$$

对于引理 3.4 的第四部分, 有

$$W_T(\omega_1, \omega_2, \cdots, \omega_{N-1}, \omega_N) - W_T(\omega_1, \omega_N, \omega_2, \cdots, \omega_{N-1})$$

$$= F(\omega_1, \omega_2) - F(\omega_1, \omega_N)$$

$$= (\omega_2 - \omega_N)(F(\omega_1, 1) - F(\omega_1, 0))$$

$$\leqslant F(\omega_1, 1) - F(\omega_1, 0)$$

第二步, 假定引理 3.4 在时隙 $T-1, \cdots, t+1$ 成立 (其四个部分分别记为 IH1 $\sim$ IH4), 下面证明引理在时隙 t 亦成立。

第三步, 在时隙 t, 对于引理 3.4 的第一部分, 有

$$W_t(\cdots, \omega_i, \omega_{i+1}, \cdots) - W_t(\cdots, \omega_{i+1}, \omega_i, \cdots)$$

$$= (\omega_i - \omega_{i+1})W_t(\omega_1, \cdots, \omega_{i-1}, 1, 0, \omega_{i+2}, \cdots, \omega_N)$$

$$\quad - (\omega_i - \omega_{i+1})W_t(\omega_1, \cdots, \omega_{i-1}, 0, 1, \omega_{i+2}, \cdots, \omega_N)$$

$$= (\omega_i - \omega_{i+1})\omega_2$$

$$\quad \times \Big(W_{t+1}(\phi(\omega_N), \cdots, \phi(\omega_{i+2}), \phi(0), \phi(1), \phi(\omega_{i-1}), \cdots, \phi(\omega_3), \phi(\omega_1), \phi(1))$$

$$\quad - W_{t+1}(\phi(\omega_N), \cdots, \phi(\omega_{i+2}), \phi(1), \phi(0), \phi(\omega_{i-1}), \cdots, \phi(\omega_3), \phi(\omega_1), \phi(1)) \Big)$$

$$\quad + (\omega_i - \omega_{i+1})(1 - \omega_2)$$

$$\quad \times \Big(W_{t+1}(\phi(0), \phi(\omega_N), \cdots, \phi(\omega_{i+2}), \phi(0), \phi(1), \phi(\omega_{i-1}), \cdots, \phi(\omega_3), \phi(\omega_1))$$

$$\quad - W_{t+1}(\phi(0), \phi(\omega_N), \cdots, \phi(\omega_{i+2}), \phi(1), \phi(0), \phi(\omega_{i-1}), \cdots, \phi(\omega_3), \phi(\omega_1)) \Big)$$

$$\overset{\text{IH1-3}}{\geqslant} 0$$

对于引理 3.4 的第二部分, 有

$$W_t(\omega_1, \omega_2, \omega_3, \omega_4, \cdots, \omega_N) - W_t(\omega_1, \omega_3, \omega_2, \omega_4, \cdots, \omega_N)$$

$$= (\omega_2 - \omega_3)(W_t(\omega_1, 1, 0, \omega_4, \cdots, \omega_N) - W_t(\omega_1, 0, 1, \omega_4, \cdots, \omega_N))$$

$$= (\omega_2 - \omega_3)(F(\omega_1, 1) - F(\omega_1, 0)$$

$$+ W_{t+1}(\phi(\omega_N), \cdots, \phi(\omega_4), \phi(0), \phi(\omega_1), \phi(1))$$

$$- W_{t+1}(\phi(0), \phi(\omega_N), \cdots, \phi(\omega_4), \phi(1), \phi(\omega_1)))$$

$$\overset{\text{IH1-3}}{\geqslant} (\omega_2 - \omega_3)(F(\omega_1, 1) - F(\omega_1, 0)$$

$$+ W_{t+1}(\phi(1), \phi(\omega_N), \cdots, \phi(\omega_4), \phi(\omega_1), \phi(0))$$

$$- W_{t+1}(\phi(0), \phi(\omega_N), \cdots, \phi(\omega_4), \phi(\omega_1), \phi(1)))$$

$$\overset{\text{IH4}}{\geqslant} (\omega_2 - \omega_3)\left[F(\omega_1, 1) - F(\omega_1, 0)\right.$$

$$\left. - (\phi(0) - \phi(1))(F(\phi^2(0), 1) - F(\phi^2(0), 0))\frac{1}{1 - |\lambda|^K}\right]$$

$$\geqslant (\omega_2 - \omega_3)\left[F(\omega_1, 1) - F(\omega_1, 0) - \frac{(F(\phi^2(0), 1) - F(\phi^2(0), 0))|\lambda|^K}{1 - |\lambda|^K}\right]$$

$$\overset{\text{(a)}}{\geqslant} 0$$

其中，(a) 可由 $|\lambda|^K \leqslant \dfrac{1 - \phi(0)}{2 - \phi(0) - \phi^2(0)}$ 得到。

对于引理 3.4 的第三部分，有

$$W_t(\omega_1, \omega_2, \omega_3, \cdots, \omega_N) - W_t(\omega_2, \omega_1, \omega_3, \cdots, \omega_N)$$

$$= (\omega_1 - \omega_2)(W_t(1, 0, \omega_3, \cdots, \omega_N) - W_t(0, 1, \omega_3, \cdots, \omega_N))$$

$$= (\omega_1 - \omega_2)(F(1, 0) - F(0, 1)$$

$$+ W_{t+1}(\phi(0), \phi(\omega_n), \cdots, \phi(\omega_3), \phi(1))$$

$$- W_{t+1}(\phi(\omega_n), \cdots, \phi(\omega_3), \phi(0), \phi(1)))$$

$$\overset{\text{IH1-3}}{\geqslant} 0$$

对于引理 3.4 的第四部分，有

$$W_t(\omega_1, \phi(\omega_2), \cdots, \omega_{N-1}, \omega_N) - W_t(\omega_N, \phi(\omega_2), \cdots, \omega_{N-1}, \omega_1)$$

$$= (\omega_1 - \omega_N)(W_t(1, \phi(\omega_2), \cdots, \omega_{N-1}, 0) - W_t(0, \phi(\omega_2), \cdots, \omega_{N-1}, 1))$$

$$
= (\omega_1 - \omega_N)\Big[F(\phi(\omega_2), 1) - F(\phi(\omega_2), 0)
$$

$$
+ \phi(\omega_2)W_{t+1}(\phi(0), \phi(\omega_{N-1}), \cdots, \phi(\omega_3), \phi(1), \phi(1))
$$

$$
- \phi(\omega_2)W_{t+1}(\phi(1), \phi(\omega_{N-1}), \cdots, \phi(\omega_3), \phi(0), \phi(1))
$$

$$
+ (1 - \phi(\omega_2))W_{t+1}(\phi(0), \phi(0), \phi(\omega_{N-1}), \cdots, \phi(\omega_3), \phi(1))
$$

$$
- (1 - \phi(\omega_2))W_{t+1}(\phi(0), \phi(1), \phi(\omega_{N-1}), \cdots, \phi(\omega_3), \phi(0))\Big]
$$

$$
\overset{\text{IH1-3}}{\leqslant} (\omega_1 - \omega_N)\Big[F(\phi(\omega_2), 1) - F(\phi(\omega_2), 0)
$$

$$
+ \phi(\omega_2)W_{t+1}(\phi(0), \phi(\omega_{N-1}), \cdots, \phi(\omega_3), \phi(1), \phi(1))
$$

$$
- \phi(\omega_2)W_{t+1}(\phi(1), \phi(\omega_{N-1}), \cdots, \phi(\omega_3), \phi(1), \phi(0))
$$

$$
+ (1 - \phi(\omega_2))W_{t+1}(\phi(0), \phi(0), \phi(\omega_{N-1}), \cdots, \phi(\omega_3), \phi(1))
$$

$$
- (1 - \phi(\omega_2))W_{t+1}(\phi(1), \phi(0), \phi(\omega_{N-1}), \cdots, \phi(\omega_3), \phi(0))\Big]
$$

$$
\overset{\text{IH4}}{\leqslant} (\omega_1 - \omega_N)\Big[F(\phi(\omega_2), 1) - F(\phi(\omega_2), 0)
$$

$$
+ \phi(\omega_2)(\phi(0) - \phi(1))\frac{F(\phi^2(0), 1) - F(\phi^2(0), 0)}{1 - |\lambda|^K}
$$

$$
+ (1 - \phi(\omega_2))(\phi(0) - \phi(1))\frac{F(\phi^2(0), 1) - F(\phi^2(0), 0)}{1 - |\lambda|^K}\Big]
$$

$$
\overset{\text{(a)}}{\leqslant} (\omega_1 - \omega_N)\Big[F(\phi^2(0), 1) - F(\phi^2(0), 0)
$$

$$
- \phi(\omega_2)(F(\phi^2(0), 1) - F(\phi^2(0), 0))\frac{\lambda^K}{1 - |\lambda|^K}
$$

$$
- (1 - \phi(\omega_2))(F(\phi^2(0), 1) - F(\phi^2(0), 0))\frac{\lambda^K}{1 - |\lambda|^K}\Big]
$$

$$
= (\omega_1 - \omega_N)(F(\phi^2(0), 1) - F(\phi^2(0), 0))\left(1 + \frac{|\lambda|^K}{1 - |\lambda|^K}\right)
$$

$$
= (\omega_1 - \omega_N)(F(\phi^2(0), 1) - F(\phi^2(0), 0))\frac{1}{1 - |\lambda|^K}
$$

其中，(a) 可由命题 3.3 和 $\phi(\omega_2) \geqslant \phi^2(0)$ 得到。

至此，引理 3.4 得证。

3.8　本章小结

本章研究机会通信系统中的联合探测和访问问题，即发射机探测一个信道并根据探测结果在固定的时间间隔内访问一个信道。首先，用 RMAB 将该问题形式化，然后提出第二高的探测策略。我们通过构造一个反例 (例 3.1) 表明，第二高的探测策略并非总是最优的，进而提出三组闭式的充分条件，分别确保第二高的探测策略在三种场景下的最优性。本章提出的充分条件表明，最优性与初始置信向量和状态转移矩阵的非平凡特征值紧密相关。

参 考 文 献

[1]　Zhao Q, Tong L, Swami A, et al. Decentralized cognitive MAC for opportunistic spectrum access in Ad hoc networks: a POMDP framework. IEEE Journal on Selected Areas in Communications, 2007, 25(3): 589-600.

[2]　Whittle P. Restless bandits: activity allocation in a changing world. Journal of Applied Probability, 1988, 24: 287–298.

[3]　Papadimitriou C H, Tsitsiklis J N. The complexity of optimal queueing network control. Mathematics of Operations Research, 1999, 24(2): 293–305.

[4]　Zhao Q, Krishnamachari B, Liu K. On myopic sensing for multi-channel opportunistic access: structure, optimality, and performance. IEEE Transactions on Wireless Communications, 2008, 7(3): 5413–5440.

[5]　Ahmad S H A, Liu M, Javidi T, et al. Optimality of myopic sensing in multichannel opportunistic access. IEEE Transactions on Information Theory, 2009, 55(9): 4040–4050.

[6]　Ahmad S H A, Liu M. Multi-channel opportunistic access: a case of restless bandits with multiple plays // Proceedings of Allerton Conference Communication Control Computing, Monticello, 2009: 1361–1368.

[7]　Wang K, Chen L. On the optimality of myopic sensing in multi-channel opportunistic access: the case of sensing multiple channels. IEEE Wireless Communications Letters, 2012, 1(5): 452–455.

[8]　Liu Y, Liu M, Ahmad S H A. Sufficient conditions on the optimality of myopic sensing in opportunistic channel access: a unifying framework. IEEE Transactions on Information Theory, 2014, 60(8): 4922–4940.

[9]　Wang K, Chen L, Liu Q. Opportunistic spectrum access by exploiting primary user feedbacks in underlay cognitive radio systems: an optimality analysis. IEEE Journal of Selected Topics in Signal Processing, 2013, 7(5): 869–882.

[10]　Wang K, Liu Q, Lau F C. Multichannel opportunistic access by overhearing primary ARQ messages. IEEE Transactions on Vehicular Technology, 2013, 62(7): 3486–3492.

[11]　Wang K, Chen L, Liu Q. On optimality of myopic policy for opportunistic access with nonidentical channels and imperfect sensing. IEEE Transactions on Vehicular Technology, 2014, 63(5): 2478–2483.

[12]　Ouyang Y, Teneketzis D. On the optimality of myopic sensing in multi-state channels. IEEE Transactions on Information Theory, 2014, 60(1): 681–696.

[13]　Wang K, Chen L, Yu J, et al. Optimality of myopic policy for multistate channel access. IEEE Communications Letters, 2016, 20(2): 300–303.

[14]　Wang K, Chen L, Yu J. On optimality of myopic policy in multi-channel opportunistic access. IEEE Transactions on Communications, 2017, 65(2): 677–690.

[15]　Wang K, Chen L. On optimality of myopic policy for restless multi-armed bandit problem: An axiomatic approach. IEEE Transactions on Signal Processing, 2012, 60(1): 300–309.

[16]　Johnston M, Keslassy I, Modiano E. Channel probing in opportunistic communication systems. IEEE Transactions on Information Theory, 2017, 63(11): 7535–7552.

[17]　Wang K, Liu Q, Fan Q, et al. Optimally probing channel in opportunistic spectrum access. IEEE Communications Letters, 2018, 22(7): 1426–1429.

[18]　Smallwood R D, Sondik E J. The optimal control of partially observable Markov processes over a finite horizon. Operations Research, 1973, 21: 1071–1088.

第 4 章　同构两态非完美观测多臂机：
短视策略及性能

4.1　引　　言

4.1.1　机会谱访问

近年来由于无线通信的快速增长，几乎所有适合的频谱都已分配给各种无线应用。另外，通过测量无线频谱使用情况，观察到特定时间或特定位置的许可频谱使用严重不足。这就促使学术界和工业界提出机会频谱接入的概念，即当授权(主) 用户不使用授权频谱时，未授权 (次级) 用户可以使用该频谱。

实际上，即使授权信道被授权用户占用，例如授权用户持续发送数据，只要非授权用户对授权用户的干扰不超过特定干扰容限，非授权用户就可以访问授权信道。因此，非授权用户可以监听主接收器的反馈信号，了解主接收器的信道状况，以及干扰容限，然后选择合适的发送功率发送数据。同时，大多数实用的无线通信系统具有内置的接收器反馈。例如，IS-95 蜂窝系统中的发射功率电平控制信号、Wi-Fi 中的 ACK/NACK 反馈数据包，以及 4G 无线系统中的 CQI-CDI 消息。

特别地，本章考虑一个认知无线电网络，它覆盖在传统的主网络之上。在该异构网络中，配备有多个接收和发射天线的非授权用户可以通过监听反馈信号访问 N 个主信道中的某些信道。研究的基本目标是，非授权用户如何根据主信道上监听到的反馈信号选择信道，以最大化收益，如期望吞吐量。关于非授权用户对主系统的干扰，可以通过适当设置非授权用户的叠加传输功率进行限制。

4.1.2　无休多臂机及短视策略

为了对此问题进行建模，我们考虑 N 个授权信道。每个信道由一个独立同分布的二态离散时间马尔可夫链描述。其中，一种状态 "好" 对应于信道具有高信噪比，另一种状态 "坏" 则对应衰落或高背景噪声导致的低信噪比。次级用户的目的是，根据主信道反馈信号寻找一组主信道进行访问，以最大化在有限时间内的吞吐量。显然，我们可以将此信道选择决策问题转化为 RMAB 问题，但该问题被证明是 PSPACE-Hard [1]。

因此, 一种自然选择是寻求简单的近似策略来最大化即时收益, 但是近似策略的优化性一般不能得到保证。近来研究 RMAB 问题的近似策略有两个主要方向。由于通常不能保证近似策略的最优性, 因此第一个研究重点是研究它与最优算法性能之间的差距, 进而设计近似算法和启发式策略。文献 [2] ~ [4] 工作遵循这一研究思路。具体而言, 文献 [2] 开发了一种简单的近似策略 (也称为贪婪策略), 对于单调多臂机这一类的场景, 其相对于最优策略的近似因子为 2。另一个研究重点是, 面向应用场景提出保证近似策略最优性的条件, 特别是在机会频谱接入的情况下, 如何确定近似策略的最优性。文献 [5] ~ [9] 的研究工作就属于此类, 主要研究收益函数形式对短视策略最优性的影响。

对于特殊 RMAB 问题, 本章以文献 [9] 中三个公理为特征的正则函数为切入点, 建立折旧因子闭式条件, 保证近似策略的最优性, 即折旧因子的闭式条件由即时收益函数的形态确定。与文献 [10] 相比, 本章给出近似策略最优性的充分条件。具体来讲, 我们去掉文献 [10] 中的一个关键且严格的条件。与文献 [5] ~ [9] 相比, 本章主要研究 RMAB 问题中近似策略的最优性。其贡献主要有以下两个方面。

① 本章信道可用概率的置信值更新, 是非线性的。非线性演变使系统动态性十分复杂。尽管文献 [8] 考虑非线性演化的情况, 但其仅获得在系统只有两个信道的特殊情况下短视策略的最优性, 而本章则提出一种将置信信息分离成值信息与策略信息的分析方法, 可以解决 RMAB 问题在一般情况下短视策略的最优性问题。

② 从方法论的角度看, 若仅关注 RMAB 模型而忽略问题实际背景, 则本章得出的充分条件可以简单地退化为文献 [5] ~ [8] 中的条件。这进一步显示了本章优化性条件的一般性。

需要强调的是, 尽管本章专注于机会信道访问问题, 但是所得的优化性条件本质上是通用的, 可以广泛应用于相关工程领域。

4.2 系统模型和优化问题

4.2.1 系统模型

考虑一个多信道的认知射频机会通信系统, 其次级用户的传输器 (secondary transmitter, ST) 和接收器 (secondary receiver, SR) 有 k $(1 \leqslant k < N)$ 个天线, 而主用户的传输器 (primary transmitter, PT) 和接收器 (primary receiver, PR) 仅有一个天线。因此, 具有 k 个天线的次级传输器每次可以访问 N 个独立信道中的 k 个信道, 通过次级接收器侦听 k 个主信道上的反馈信息。这里, 每个信道用一个两态的马尔可夫链描述, 其中两个状态为好 (1) 和坏 (0), 相应的状态转换

矩阵 P 为

$$P = \begin{bmatrix} p_{11} & 1 - p_{11} \\ p_{01} & 1 - p_{01} \end{bmatrix}$$

其中，p_{11} 是前一时隙信道状态为好且当前状态为好的概率；p_{01} 是前一时隙信道状态为坏且当前状态为好的概率。

我们主要研究所谓正相关信道设置，即 $p_{11} > p_{01}$。该信道设置对应信道状态随时间缓慢变化的实际场景。假定认知射频机会通信系统工作在同步时隙方式，并且时隙标号为 t ($t = 1, 2, \cdots, T$，其中 T 为实际的总时隙数)。

令 $S(t) \stackrel{\text{def}}{=\!=} [S_1(t), \cdots, S_N(t)]$ 表示信道状态向量，其中 $S_i(t) \in \{0(坏), 1(好)\}$ 为信道 i 在时隙 t 的状态。我们将 PR 的数据包解码错误事件定义为中断，并将该事件发生概率 $O_s(i)$ 定义为信道 i 状态为 s ($s \in \{1, 0\}$) 时解码错误的概率。我们仅考虑 $O_s(i)$ 和 i 不相关的情况，即定义 O_s 作为系统级别的中断事件概率。显然，$0 \leqslant O_1 < O_0 \leqslant 1$。

假定每个信道被 PT 传输到 PR 的数据流占用，并且当 PR 成功接收来自某信道的一个数据包后，其在该时隙末通过同一信道给 PT 传送一个应答信号 (记为 ACK)。若没有应答信号 (记为 NACK)，则该信道此时隙上发生中断事件。假定 ST 能完美侦听到由 PR 发出的 ACK/NACK 数据包，那么在每个时隙 t，ST 可以收集主信道 i 上的反馈观测 $K_i(t) \in \{0 \text{ (NACK)}, 1 \text{ (ACK)}\}$。因为有 k 个天线，所以 ST 可以侦听信道集合 $\mathcal{A}(t)$ ($|\mathcal{A}(t)| = k$)，进而获得观测 $\{K_i(t) \in \{0, 1\} : i \in \mathcal{A}(t)\}$。

4.2.2　无休多臂机模型

考虑 ST 仅能观测 PR 发送的数据链路控制反馈信号，不能获得完整的信道状态向量信息，因此信道状态向量对于次级用户来说仅是部分可观测的。定义信息状态向量 $\Omega(t) \stackrel{\text{def}}{=\!=} \{\omega_i(t), i \in \mathcal{N}\}$ (或称置信向量)，其中 $\omega_i(t)$ 为条件概率，即给定次级用户所有观测和决策历史时，主信道 $i \in \mathcal{N}$ 处于好状态 ($S_i(t) = 1$) 的概率。

给定信息态向量 $\Omega(t)$，决策 $\mathcal{A}(t)$ 和观测 $\{K_i(t) \in \{0, 1\} : i \in \mathcal{A}(t)\}$，次级用户的置信向量可以根据式 (4.1) 更新，即

$$\omega_i(t+1) = \begin{cases} \mathcal{T}(\phi(\omega_i(t))), & i \in \mathcal{A}(t), K_i(t) = 1 \\ \mathcal{T}(\varphi(\omega_i(t))), & i \in \mathcal{A}(t), K_i(t) = 0 \\ \mathcal{T}(\omega_i(t)), & i \notin \mathcal{A}(t) \end{cases} \tag{4.1}$$

其中

$$\phi(x) \overset{\text{def}}{=\!=} \frac{\dfrac{O_1}{O_0}x}{1 - \left(1 - \dfrac{O_1}{O_0}\right)x}$$

$$\varphi(x) \overset{\text{def}}{=\!=} \frac{\dfrac{1 - O_1}{1 - O_0}x}{1 - \left(1 - \dfrac{1 - O_1}{1 - O_0}\right)x}$$

$$\mathcal{T}(x) \overset{\text{def}}{=\!=} (p_{11} - p_{01})x + p_{01}$$

备注 4.1 从 $\omega_i(t)$ 到 $\omega_i(t+1)$ 的演化是非线性的 (如式 (4.1) 的第一行和第二行), 并且依赖演化规则和观测结果。这些差异使针对完美感知或观测的分析方法在不完美观测情况下不可用, 进而需要对新情况提出新的研究方法。

访问策略 π 是一系列映射 $\pi := [\pi_1, \pi_2, \cdots, \pi_T]$, 其中 π_t 将时隙 t 的置信向量 $\Omega(t)$ 映射为策略 $\mathcal{A}(t)$ (访问信道集合), 即 $\pi_t : \Omega(t) \mapsto \mathcal{A}(t), |\mathcal{A}(t)| = k$。

在认知射频机会通信环境下, 次级用户的目标是找到优化策略 π^* 最大化有限时长内的期望累计折旧收益, 即

$$\pi^* = \underset{\pi}{\arg\max} E\left\{\sum_{t=1}^{T} \beta^{t-1} R(\pi_t(\Omega(t))) \middle| \Omega(1)\right\} \tag{4.2}$$

其中, $R(\pi_t(\Omega(t)))$ 为初始置信向量 $\Omega(1)$ 及策略 π_t 下时隙 t 的收益[①]; $0 \leqslant \beta \leqslant 1$ 为折旧因子, 用于平衡当前收益与未来收益之间的关系。

将每个信道的置信值作为多臂机的每个臂, 则次级用户的优化问题可以转化成 RMAB 问题。

4.2.3 短视策略和正则收益

为了更好地展示式 (4.2) 的结构属性和复杂性, 可以将式 (4.2) 写为如下动态规划形式, 即

$$\begin{cases} V_T(\Omega(T)) = \underset{\mathcal{A}(T)}{\max} E\big\{R(\pi_T(\Omega(T)))\big\} \\ V_t(\Omega(t)) = \underset{\mathcal{A}(t)}{\max} E\Big\{R(\pi_t(\Omega(t))) + \beta \sum_{\mathcal{E} \subseteq \mathcal{A}(t)} \prod_{i \in \mathcal{E}} [1 - O_1\omega_j(t) - O_0(1 - \omega_j(t))] \\ \qquad\qquad \times \prod_{j \in \mathcal{A}(t) \setminus \mathcal{E}} [O_1\omega_i(t) + O_0(1 - \omega_i(t))] V_{t+1}(\Omega(t+1))\Big\} \end{cases}$$

---

① 如果初始系统状态不可用, $\Omega(1)$ 中的每个元素值可以设置为稳定分布 $\omega_0 = \dfrac{p_{01}}{1 + p_{01} - p_{11}}$。

其中，$V_t(\Omega(t))$ 为时隙 t 的值函数，相应于从时隙 t 到 T 的最大期望收益；置信向量 $\Omega(t+1)$ 按式 (4.1) 演化，给定集合 $\mathcal{E}$ 中的信道被观测到处于好状态，集合 $\mathcal{A}(t)\backslash\mathcal{E}$ 的信道被观测到处于坏状态。

理论上，式 (4.2) 的优化解可以通过求解上述动态规划问题得到，但是当前决策影响后续收益且置信向量空间巨大，所以通过上述递归等式求最优解从计算上不可行。因此，一种自然的代替方案是研究短视策略性能，最大化立即收益，忽略当前决策对后续的影响。

定义 4.1 (短视策略)　记 $F(\Omega_A(t)) \stackrel{\text{def}}{=\!=} E\{R(\pi_t(\Omega(t)))\}$ 为时隙 t 的期望立即收益，其在策略 π_t 和 $\Omega_A(t) \stackrel{\text{def}}{=\!=} \{\omega_i(t), i \in \mathcal{A}(t)\}$ 下获得，则短视访问策略是访问使 $F(\Omega_A(t))$ 最大的 k 个信道，即 $\bar{\mathcal{A}}(t) = \underset{\mathcal{A}(t)\subseteq\mathcal{N}}{\operatorname{argmax}} F(\Omega_A(t))$。

本章主要考虑正则收益函数，即假定研究的期望立即收益 $F(\Omega_A(t))$ 具有对称、单调非减及可分解性[9]。在满足以上三种特性的情况下，短视策略是访问 k 个最大置信值对应的信道。

4.3　短视策略优化性分析

本节的主要目标是建立一组闭式条件，保证短视访问策略尽管非常简单但是最优策略。我们首先引入 (auxiliary value function, AVF) 辅助值函数，并研究其结构属性。该结构属性是研究短视访问策略优化性的基础。然后，建立定理，证明短视策略的优化性，并通过几个具体例子展示优化性结果。

4.3.1　符号说明

为便于分析，先引入如下符号说明。

① $\mathcal{N}(k) \stackrel{\text{def}}{=\!=} \{1, 2, \cdots, k\}$ $(k \leqslant N)$ 表示集合 $\mathcal{N}$ 的前 k 个信道。

② 给定 $\mathcal{E} \subseteq \mathcal{M} \subseteq \mathcal{N}$，则

$$C_{\mathcal{M}}^{\mathcal{E}} \stackrel{\text{def}}{=\!=} \prod_{i\in\mathcal{E}}[1 - O_1\omega_j(t) - O_0(1 - \omega_j(t))] \prod_{j\in\mathcal{M}(t)\backslash\mathcal{E}} [O_1\omega_i(t) + O_0(1 - \omega_i(t))]$$

$$\hat{C}_{\mathcal{M}}^{\mathcal{E}} \stackrel{\text{def}}{=\!=} \prod_{i\in\mathcal{E}}[1 - O_1\hat{\omega}_j(t) - O_0(1 - \hat{\omega}_j(t))] \prod_{j\in\mathcal{M}(t)\backslash\mathcal{E}} [O_1\hat{\omega}_i(t) + O_0(1 - \hat{\omega}_i(t))]$$

其中，$C_{\mathcal{M}}^{\mathcal{E}}$ ($\hat{C}_{\mathcal{M}}^{\mathcal{E}}$) 为集合 $\mathcal{E}$ 中信道被观测为好状态，集合 $\mathcal{M}\backslash\mathcal{E}$ 的信道被观测为坏状态的期望概率；集合 $\mathcal{M}$ 为被选中的信道集。

③ 给定 $\mathcal{E} \subseteq \mathcal{M} \subseteq \mathcal{N}$，$\Phi(\mathcal{E}) \stackrel{\text{def}}{=\!=} [\mathcal{T}(\phi(\widehat{\omega}_i(t))), i \in \mathcal{E}]$ 表示集合 $\mathcal{E}$ 中信道被观测为好状态时更新后的置信值；$\Phi^l(\mathcal{E}) \stackrel{\text{def}}{=\!=} [\mathcal{T}(\phi(\widehat{\omega}_i(t))), i \in \mathcal{E}, i < l]$ 表示

集合 $\mathcal{E}$ 中索引号小于 l 的信道被观测为好状态时更新后的置信值; $\Phi_m(\mathcal{E}) \overset{\text{def}}{=\!=} [\mathcal{T}(\phi(\widehat{\omega}_i(t))), i \in \mathcal{E}, m \leqslant i]$ 表示集合 $\mathcal{E}$ 中索引号大于 $m-1$ 的信道被观测为好状态时更新后的置信值; $\Phi_m^l(\mathcal{E}) \overset{\text{def}}{=\!=} [\mathcal{T}(\phi(\widehat{\omega}_i(t))), i \in \mathcal{E}, m \leqslant i < l]$ 表示集合 $\mathcal{E}$ 中索引号大于 $m-1$ 且小于 l 的信道被观测为好状态时更新后的置信值。

④ $\Upsilon(l,m) \overset{\text{def}}{=\!=} [\mathcal{T}(\widehat{\omega}_i(t)), l \leqslant i \leqslant m]$ 表示信道索引号 l 和 m 之间的没有被观测信道更新过后的置信值。

⑤ 给定 $\mathcal{E} \subseteq \mathcal{M} \subseteq \mathcal{N}$, $\Psi(\mathcal{M},\mathcal{E}) \overset{\text{def}}{=\!=} [\mathcal{T}(\varphi(\widehat{\omega}_i(t))), i \in \mathcal{M} \setminus \mathcal{E}]$ 表示集合 $\mathcal{M} \setminus \mathcal{E}$ 中信道被观测为坏状态时的更新后的置信值; $\Psi^l(\mathcal{M},\mathcal{E}) \overset{\text{def}}{=\!=} [\mathcal{T}(\varphi(\widehat{\omega}_i(t))), i \in \mathcal{M} \setminus \mathcal{E}, i < l]$ 表示集合 $\mathcal{M} \setminus \mathcal{E}$ 中信道被观测为坏状态时更新后的置信值, 若这些信道被观测为坏状态且信道索引号小于 l; $\Psi_m(\mathcal{M},\mathcal{E}) \overset{\text{def}}{=\!=} [\mathcal{T}(\varphi(\widehat{\omega}_i(t))), i \in \mathcal{M} \setminus \mathcal{E}, m \leqslant i]$ 表示集合 $\mathcal{M} \setminus \mathcal{E}$ 中信道被观测为坏状态时的更新后的置信值, 若这些信道被观测为坏状态且信道索引号大于 m; $\Psi_m^l(\mathcal{M},\mathcal{E}) \overset{\text{def}}{=\!=} [\mathcal{T}(\varphi(\widehat{\omega}_i(t))), i \in \mathcal{M} \setminus \mathcal{E}, m \leqslant i < l]$。

⑥ 记 $\widehat{\omega}_{-i} \overset{\text{def}}{=\!=} \{\widehat{\omega}_j : j \in \mathcal{A}, j \neq i\}$, 则

$$\begin{cases} \Delta_{\max} \overset{\text{def}}{=\!=} \max\limits_{\widehat{\omega}_{-i} \in [0,1]^{k-1}} \{F(1,\widehat{\omega}_{-i}) - F(0,\widehat{\omega}_{-i})\} \\ \Delta_{\min} \overset{\text{def}}{=\!=} \min\limits_{\widehat{\omega}_{-i} \in [0,1]^{k-1}} \{F(1,\widehat{\omega}_{-i}) - F(0,\widehat{\omega}_{-i})\} \end{cases}$$

⑦ $\dot{\Omega} = (\dot{\omega}_1, \cdots, \dot{\omega}_N)$, 其中 $p_{11} \geqslant \dot{\omega}_1 \geqslant \cdots \geqslant \dot{\omega}_N \geqslant p_{01}$。

下面给出 $\mathcal{T}(\omega_i(t))$, $\varphi(\omega_i(t))$ 和 $\phi(\omega_i(t))$ 的结构属性。

引理 4.1 如果 $p_{11} > p_{01}$, 那么

① $\mathcal{T}(\omega_i(t))$ 是 $\omega_i(t)$ 的单调递增函数。

② $p_{01} \leqslant \mathcal{T}(\omega_i(t)) \leqslant p_{11}, \forall\, 0 \leqslant \omega_i(t) \leqslant 1$。

证明 由于 $\mathcal{T}(\omega_i(t))$ 可以写成 $\mathcal{T}(\omega_i(t)) = (p_{11} - p_{01})\omega_i(t) + p_{01}$, 引理 4.1 得证。 $\qquad\square$

引理 4.2 如果 $0 \leqslant \dfrac{O_1}{O_0} \leqslant \dfrac{(1-p_{11})p_{01}}{p_{11}(1-p_{01})}$, 那么

① $\varphi(\omega_i(t))$ 是 $\omega_i(t)$ 的单调增函数, 且 $\varphi(0) = 0$, $\varphi(1) = 1$。

② $\varphi(\omega_i(t)) \leqslant p_{01}, \forall p_{01} \leqslant \omega_i(t) \leqslant p_{11}$。

证明 由于 $\varphi(\omega_i) = \dfrac{O_1 \omega_i(t)}{O_1 \omega_i(t) + O_0(1 - \omega_i(t))}$, 引理 4.2 得证。 $\qquad\square$

引理 4.3 如果 $0 \leqslant \dfrac{O_1}{O_0} \leqslant \dfrac{(1-p_{11})p_{01}}{p_{11}(1-p_{01})}$, 记 $\zeta = \dfrac{1-O_1}{1-O_0}$, 那么

① $\phi(\omega_i(t))$ 是 $\omega_i(t)$ 的单调增函数, 且 $\phi(0) = 0$, $\phi(1) = 1$。

② $\phi(\omega_i(t)) > \omega_i(t), \forall p_{01} \leqslant \omega_i(t) \leqslant p_{11}$。

证明　由于 $\phi(\omega_i) = \dfrac{\zeta\omega_i(t)}{\zeta\omega_i(t) + 1 - \omega_i(t)}$ 和 $\zeta > 1$，引理 4.3 得证。　　　□

备注 4.2　在实际系统中，初始置信值 $\omega_i(1)$ 通常设置为 $\dfrac{p_{01}}{p_{01} + 1 - p_{11}}$，易得 $p_{01} \leqslant \omega_i(1) \leqslant p_{11}$。即使初始置信值不位于 $[p_{01}, p_{11}]$，根据引理 4.1 可知，从第二个时隙开始，所有的置信值也会受限而位于该范围。因此，为了便于分析，我们总是假定初始置信值位于 $[p_{01}, p_{11}]$。

4.3.2　辅助值函数及属性

下面先定义两个辅助值函数，并推导几个基本属性，用于后续短视策略优化性证明。

定义 4.2（辅助值函数和伴随辅助值函数（adjunct auxiliary value function, AAVF)）　辅助值函数 $W_t(\Omega(t))$ 和伴随辅助值函数 $\widehat{W}_t(\Omega(t); \widehat{\Omega}(t))$ $(1 \leqslant t \leqslant T$, $t+1 \leqslant r \leqslant T)$ 分别定义为

$$
\begin{cases}
W_T(\Omega(T)) = F(\Omega_{\bar{\mathcal{A}}}(T)) \\
W_r(\Omega(r)) = F(\Omega_{\bar{\mathcal{A}}}(r)) + \beta \displaystyle\sum_{\mathcal{E} \subseteq \bar{\mathcal{A}}(r)} C^{\mathcal{E}}_{\bar{\mathcal{A}}(r)} W_{r+1}(\Omega_{\mathcal{E}}(r+1)) \\
W_t(\Omega(t)) = F(\Omega_{\mathcal{N}(k)}(t)) + \beta \displaystyle\sum_{\mathcal{E} \subseteq \mathcal{N}(k)} C^{\mathcal{E}}_{\mathcal{N}(k)} W_{t+1}(\Omega_{\mathcal{E}}(t+1))
\end{cases}
\tag{4.3}
$$

$$
\begin{cases}
\widehat{W}_T(\Omega(T); \widehat{\Omega}(T)) = F(\widehat{\Omega}_{\bar{\mathcal{A}}}(T)) \\
\widehat{W}_r(\Omega(r); \widehat{\Omega}(r)) = F(\widehat{\Omega}_{\bar{\mathcal{A}}}(r)) + \beta \displaystyle\sum_{\mathcal{E} \subseteq \bar{\mathcal{A}}(r)} \widehat{C}^{\mathcal{E}}_{\bar{\mathcal{A}}(r)} \widehat{W}_{r+1}(\Omega_{\mathcal{E}}(r+1); \widehat{\Omega}_{\mathcal{E}}(r+1)) \\
\widehat{W}_t(\Omega(t); \widehat{\Omega}(t)) = F(\widehat{\Omega}_{\mathcal{N}(k)}(t)) + \beta \displaystyle\sum_{\mathcal{E} \subseteq \mathcal{N}(k)} \widehat{C}^{\mathcal{E}}_{\mathcal{N}(k)} \widehat{W}_{t+1}(\Omega_{\mathcal{E}}(t+1); \widehat{\Omega}_{\mathcal{E}}(t+1))
\end{cases}
$$

$$
\tag{4.4}
$$

其中，$\Omega_{\mathcal{E}}(t+1)$ 和 $\Omega_{\mathcal{E}}(r+1)$ 分别由 $\langle \Omega(t), \mathcal{N}(k), \mathcal{E} \rangle$ 和 $\langle \Omega(r), \bar{\mathcal{A}}(r), \mathcal{E} \rangle$ 按式 (4.1) 产生，并按置信值排序得到；$\widehat{\Omega}_{\mathcal{E}}(t+1)$ 和 $\widehat{\Omega}_{\mathcal{E}}(r+1)$ 分别由 $\langle \widehat{\Omega}(t), \mathcal{N}(k), \mathcal{E} \rangle$ 和 $\langle \widehat{\Omega}(r), \bar{\mathcal{A}}(r), \mathcal{E} \rangle$ 按式 (4.1) 产生，且其信道索引号分别与 $\Omega_{\mathcal{E}}(t+1)$ 和 $\Omega_{\mathcal{E}}(r+1)$ 中索引号保持一致；伴随辅助值函数中的 $\bar{\mathcal{A}}(r)$ 和 $\mathcal{N}(k)$ 分别与辅助值函数中的一致。

备注 4.3　① 辅助值函数给出如下策略的期望累计折旧收益。在时隙 t，访问置信向量中的前 k 个信道，接着访问集合 $\bar{\mathcal{A}}(r)$ $(t+1 \leqslant r \leqslant T)$ 中的信道，例如从时隙 $t+1$ 到 T 采用短视策略。如果 $\mathcal{N}(k) = \bar{\mathcal{A}}(t)$，那么 $W_t(\Omega(t))$ 表示在短视策略下从时隙 t 到 T 的全部收益。

② 伴随辅助值函数的策略由策略置信向量 $\Omega(t)$ 决定，其值由值置信向量 $\widehat{\Omega}(t)$ 决定。如果 $\widehat{\Omega}(t) = \Omega(t)$，则伴随辅助值函数退化成辅助值函数。

下面给出辅助值函数和伴随辅助值函数的结构属性。

引理 4.4 (保守替代属性) 给定两个策略置信向量 $\Omega = (\omega_1, \omega_2, \cdots, \omega_N)$，$\Omega' = (\omega_1', \omega_2', \cdots, \omega_N')$，若 $p_{11} \geqslant \omega_1 \geqslant \omega_2 \geqslant \cdots \geqslant \omega_N \geqslant p_{01}$ 且 $p_{11} \geqslant \omega_1' \geqslant \omega_2' \geqslant \cdots \geqslant \omega_N' \geqslant p_{01}$，则 $\widehat{W}_t(\Omega; \widehat{\Omega}) = \widehat{W}_t(\Omega'; \widehat{\Omega})$。

证明 在时隙 T，易验证该引理。假定该引理在时隙 $t+1, \cdots, T-1$ 也成立，接下来证明其在时隙 t 也成立。根据式 (4.4)，当给定 $\mathcal{E}$，我们仅需证明 $\widehat{W}_{t+1}(\Omega_{\mathcal{E}}(t+1); \widehat{\Omega}_{\mathcal{E}}(t+1)) = \widehat{W}_{t+1}(\Omega_{\mathcal{E}}'(t+1); \widehat{\Omega}_{\mathcal{E}}(t+1))$。按照归纳假设，只需证明如下内容，即当 $\Omega_{\mathcal{E}}(t+1)$ 和 $\Omega_{\mathcal{E}}'(t+1)$ 分别按照置信值降序排列，它们有相同的信道索引号排序。令 $\{\sigma_1, \cdots, \sigma_k\}$ 为 $\{1, \cdots, k\}$ 的任意一个排列且 $\mathcal{E} = \{\sigma_1, \cdots, \sigma_m\}$ 在时隙 t ($0 \leqslant m \leqslant k$, $\sigma_1 \leqslant \cdots \leqslant \sigma_m$, $\sigma_{m+1} \leqslant \cdots \leqslant \sigma_k$)。根据引理 4.1 ~ 引理 4.3，有 $\mathcal{T}(\phi(\omega_{\sigma_1})) \geqslant \cdots \geqslant \mathcal{T}(\phi(\omega_{\sigma_m})) \geqslant \mathcal{T}(\phi(\omega_k)) > \mathcal{T}(\omega_k) \geqslant \mathcal{T}(\omega_{k+1}) \geqslant \cdots \geqslant \mathcal{T}(\omega_N) \geqslant p_{01} \geqslant \mathcal{T}(\varphi(\omega_{\sigma_{m+1}})) \geqslant \cdots \geqslant \mathcal{T}(\varphi(\omega_{\sigma_k}))$，即 $\Omega_{\mathcal{E}}(t+1)$ 的信道索引号序是 $(\sigma_1, \cdots, \sigma_m, k+1, \cdots, N, \sigma_{m+1}, \cdots, \sigma_k)$。相似地，$\Omega_{\mathcal{E}}'(t+1)$ 的信道索引号序也是 $(\sigma_1, \cdots, \sigma_m, k+1, \cdots, N, \sigma_{m+1}, \cdots, \sigma_k)$。至此，引理得证。$\square$

引理 4.5 (对称性) 给定 $0 \leqslant \dfrac{O_1}{O_0} \leqslant \dfrac{(1-p_{11})p_{01}}{p_{11}(1-p_{01})}$，若 F 是正则函数，那么 $W_t(\Omega(t))$ 关于 ω_i 和 ω_j 对称 ($i, j \in \mathcal{A}(t)$ 或 $i, j \notin \mathcal{A}(t)$)，即

$$W_t(\Omega_0) = W_t(\Omega_1) \tag{4.5}$$

其中，$\Omega_0 = (\omega_1, \cdots, \omega_i, \cdots, \omega_j, \cdots, \omega_N)$；$\Omega_1 = (\omega_1, \cdots, \omega_j, \cdots, \omega_i, \cdots, \omega_N)$。

证明 证明见 4.5.1 节。 $\square$

引理 4.6 (解耦性) 给定 $0 \leqslant \dfrac{O_1}{O_0} \leqslant \dfrac{(1-p_{11})p_{01}}{p_{11}(1-p_{01})}$，策略置信向量 Ω，如果 F 是正则函数，那么 $\widehat{W}_t(\Omega; \widehat{\Omega}(t))$ 对于 $t = 1, 2, \cdots, T$ 是可解耦的，即

$$\widehat{W}_t(\Omega; \widehat{\Omega}) = \widehat{\omega}_l W_t(\Omega; \widehat{\Omega}_1) + (1-\widehat{\omega}_l) W_t(\Omega; \widehat{\Omega}_0) \tag{4.6}$$

其中，$\Omega = (\widehat{\omega}_1, \cdots, \widehat{\omega}_l, \cdots, \widehat{\omega}_N)$；$\widehat{\Omega}_0 = (\widehat{\omega}_1, \cdots, 0, \cdots, \widehat{\omega}_N)$；$\widehat{\Omega}_1 = (\widehat{\omega}_1, \cdots, 1, \cdots, \widehat{\omega}_N)$。

证明 证明见 4.5.2节。 $\square$

引理 4.6 可以进一步用来证明如下推论。

推论 4.1　给定 $0 \leqslant \dfrac{O_1}{O_0} \leqslant \dfrac{(1-p_{11})p_{01}}{p_{11}(1-p_{01})}$，策略置信向量 Ω，如果 F 是正则函数，那么对于任意 $l, m \in \mathcal{N}, t = 1, 2, \cdots, T$，有

$$\widehat{W}_t(\Omega; \widehat{\Omega}_0) - \widehat{W}_t(\Omega; \widehat{\Omega}_1) = (\widehat{\omega}_l - \widehat{\omega}_m)\Big(W_t(\Omega; \widehat{\Omega}_2) - W_t(\Omega; \widehat{\Omega}_3)\Big) \tag{4.7}$$

其中，$\widehat{\Omega}_0 = (\widehat{\omega}_1, \cdots, \widehat{\omega}_l, \cdots, \widehat{\omega}_m, \cdots, \widehat{\omega}_N); \widehat{\Omega}_1 = (\widehat{\omega}_1, \cdots, \widehat{\omega}_m, \cdots, \widehat{\omega}_l, \cdots, \widehat{\omega}_N);$
$\widehat{\Omega}_2 = (\widehat{\omega}_1, \cdots, 1, \cdots, 0, \cdots, \widehat{\omega}_N); \widehat{\Omega}_3 = (\widehat{\omega}_1, \cdots, 0, \cdots, 1, \cdots, \widehat{\omega}_N)$。

引理 4.7（单调性）　给定 $0 \leqslant \dfrac{O_1}{O_0} \leqslant \dfrac{(1-p_{11})p_{01}}{p_{11}(1-p_{01})}$，如果 F 是正则函数，那么 $\widehat{W}_t(\dot\Omega; \Omega(t))$ 是 $\omega_l, \forall l \in \mathcal{N}$ 的单调非减函数，即

$$\widehat{\omega}_l' \geqslant \widehat{\omega}_l \Longrightarrow \widehat{W}_t(\dot\Omega; \widehat{\Omega}_0) \geqslant W_t(\dot\Omega; \widehat{\Omega}_1)$$

其中，$\widehat{\Omega}_0 = (\widehat{\omega}_1, \cdots, \widehat{\omega}_l', \cdots, \widehat{\omega}_N); \widehat{\Omega}_1 = (\widehat{\omega}_1, \cdots, \widehat{\omega}_l, \cdots, \widehat{\omega}_N)$。

证明　证明见 4.5.3 节。　　　　　　　　　　　　　　　　　□

4.3.3　短视策略优化性

下面研究认知射频机会通信环境下短视访问策略的优化性。我们给出几个重要的辅助引理（引理 4.8 ~ 引理 4.10）和推论，进一步建立闭式充分条件，保证短视访问策略的优化性。

引理 4.8　给定 F 是正则函数，$\beta \leqslant \dfrac{\Delta_{\min}/\Delta_{\max}}{\left(1-\frac{O_1}{O_0}\right)(1-p_{01}) + \frac{O_1(p_{11}-p_{01})}{1-(1-O_1)(p_{11}-p_{01})}}$，
$\dfrac{O_1}{O_0} < \dfrac{p_{01}(1-p_{11})}{P_{11}(1-p_{01})}$，如果 $p_{01} \leqslant \widehat{\omega}_i \leqslant p_{11} (1 \leqslant i \leqslant N)$ 和 $p_{11} \geqslant \widehat{\omega}_l \geqslant \widehat{\omega}_m \geqslant p_{01}$，则对于任意 $1 \leqslant t \leqslant T$，有 $W_t(\widehat{\Omega}_0) \geqslant W_t(\widehat{\Omega}_1)$，其中 $\widehat{\Omega}_0 = (\widehat{\omega}_1, \cdots, \widehat{\omega}_l, \cdots, \widehat{\omega}_m, \cdots, \widehat{\omega}_N), \widehat{\Omega}_1 = (\widehat{\omega}_1, \cdots, \widehat{\omega}_m, \cdots, \widehat{\omega}_l, \cdots, \widehat{\omega}_N)$。

引理 4.9　给定 F 是正则函数，$\beta \leqslant \dfrac{\Delta_{\min}/\Delta_{\max}}{\left(1-\frac{O_1}{O_0}\right)(1-p_{01}) + \frac{O_1(p_{11}-p_{01})}{1-(1-O_1)(p_{11}-p_{01})}}$，
$\dfrac{O_1}{O_0} < \dfrac{p_{01}(1-p_{11})}{P_{11}(1-p_{01})}$，如果 $p_{01} \leqslant \widehat{\omega}_i \leqslant p_{11} (1 \leqslant i \leqslant N)$ 和 $p_{11} \geqslant \widehat{\omega}_1 \geqslant \widehat{\omega}_N \geqslant p_{01}$，则对于任意 $1 \leqslant t \leqslant T$，有 $\widehat{W}_t(\dot\Omega; \widehat{\Omega}_0) - \widehat{W}_t(\dot\Omega; \widehat{\Omega}_1) \leqslant \dfrac{1-p_{01}}{O_0}\Delta_{\max}$，其中 $\widehat{\Omega}_0 = (\widehat{\omega}_1, \cdots, \widehat{\omega}_{N-1}, \widehat{\omega}_N), \widehat{\Omega}_1 = (\widehat{\omega}_N, \widehat{\omega}_1, \cdots, \widehat{\omega}_{N-1})$。

引理 4.10　给定 F 是正则函数，$\beta \leqslant \dfrac{\Delta_{\min}/\Delta_{\max}}{\left(1-\frac{O_1}{O_0}\right)(1-p_{01}) + \frac{O_1(p_{11}-p_{01})}{1-(1-O_1)(p_{11}-p_{01})}}$，

$\dfrac{O_1}{O_0} < \dfrac{p_{01}(1-p_{11})}{P_{11}(1-p_{01})}$，如果 $p_{01} \leqslant \widehat{\omega}_i \leqslant p_{11}$ $(1 \leqslant i \leqslant N)$ 和 $p_{11} \geqslant \widehat{\omega}_1 \geqslant \widehat{\omega}_N \geqslant p_{01}$，则对于任意 $1 \leqslant t \leqslant T$，有

$$\widehat{W}_t(\dot{\Omega}; \widehat{\Omega}_0) - \widehat{W}_t(\dot{\Omega}; \widehat{\Omega}_1) \leqslant (p_{11} - p_{01})\Delta_{\max} \frac{1 - [\beta(1-O_1)(p_{11}-p_{01})]^{T-t+1}}{1 - \beta(1-O_1)(p_{11}-p_{01})}$$

其中，$\widehat{\Omega}_0 = (\widehat{\omega}_1, \widehat{\omega}_2, \cdots, \widehat{\omega}_{N-1}, \widehat{\omega}_N)$；$\widehat{\Omega}_1 = (\widehat{\omega}_N, \widehat{\omega}_2, \cdots, \widehat{\omega}_{N-1}, \widehat{\omega}_1)$。

按照引理 4.8 和引理 4.10，有如下推论。

推论 4.2 给定正则函数 F，$\beta \leqslant \dfrac{\Delta_{\min}/\Delta_{\max}}{\left(1 - \frac{O_1}{O_0}\right)(1-p_{01}) + \frac{O_1(p_{11}-p_{01})}{1-(1-O_1)(p_{11}-p_{01})}}$，

$\dfrac{O_1}{O_0} < \dfrac{p_{01}(1-p_{11})}{P_{11}(1-p_{01})}$，如果 $p_{01} \leqslant \widehat{\omega}_i \leqslant p_{11}$ $(1 \leqslant i \leqslant N)$，$\widehat{\omega}_i = \max\{\widehat{\omega}_j : j \in \mathcal{N}\}$，$\widehat{\omega}_N = \min\{\widehat{\omega}_j : j \in \mathcal{N}\}$，则对于任意 $1 \leqslant t \leqslant T$，有

$$\widehat{W}_t(\dot{\Omega}; \widehat{\Omega}_0) - \widehat{W}_t(\dot{\Omega}; \widehat{\Omega}_1) \leqslant (p_{11} - p_{01})\Delta_{\max} \frac{1 - [\beta(1-O_1)(p_{11}-p_{01})]^{T-t+1}}{1 - \beta(1-O_1)(p_{11}-p_{01})}$$

其中，$\widehat{\Omega}_0 = (\widehat{\omega}_1, \cdots, \widehat{\omega}_i, \cdots, \widehat{\omega}_{N-1}, \widehat{\omega}_N)$；$\widehat{\Omega}_1 = (\widehat{\omega}_1, \cdots, \widehat{\omega}_N, \cdots, \widehat{\omega}_{N-1}, \widehat{\omega}_i)$。

证明

$$\begin{aligned}
&\widehat{W}_t(\dot{\Omega}; (\widehat{\omega}_1, \cdots, \widehat{\omega}_{i-1}, \widehat{\omega}_i, \widehat{\omega}_{i+1}, \cdots, \widehat{\omega}_{N-1}, \widehat{\omega}_N)) \\
&\quad - \widehat{W}_t(\dot{\Omega}; (\widehat{\omega}_1, \cdots, \widehat{\omega}_{i-1}, \widehat{\omega}_N, \widehat{\omega}_{i+1}, \cdots, \widehat{\omega}_{N-1}, \widehat{\omega}_i)) \\
&\leqslant \widehat{W}_t(\dot{\Omega}; (\widehat{\omega}_i, \widehat{\omega}_1, \cdots, \widehat{\omega}_{i-1}, \widehat{\omega}_{i+1}, \cdots, \widehat{\omega}_{N-1}, \widehat{\omega}_N)) \\
&\quad - \widehat{W}_t(\dot{\Omega}; (\widehat{\omega}_N, \widehat{\omega}_1, \cdots, \widehat{\omega}_{i-1}, \widehat{\omega}_{i+1}, \cdots, \widehat{\omega}_{N-1}, \widehat{\omega}_i)) \\
&\leqslant (p_{11} - p_{01})\Delta_{\max} \frac{1 - [\beta(1-O_1)(p_{11}-p_{01})]^{T-t+1}}{1 - \beta(1-O_1)(p_{11}-p_{01})}
\end{aligned}$$

其中，第一个不等号由引理 4.8 得到；第二个不等号由引理 4.10 得到。 □

引理 4.8 表明，通过交换 Ω 中的两个元素 (前者比后者大)，则交换操作不能增加期望收益。引理 4.9 给出交换 ω_N 和 ω_k $(k = N-1, \cdots, 1)$ 导致收益差的上界，而引理 4.10 给出的交换 ω_N 和 ω_1 导致收益差的上界。

我们的分析主要是基于辅助值函数和伴随辅助值函数的内在结构，并且通过信道实现的不同分支来推导相关界，进而得到如下定理。

定理 4.1 给定 $p_{01} \leqslant \omega_i(1) \leqslant p_{11}$ $(1 \leqslant i \leqslant N)$，那么短视访问策略是最

优的，如果 $F(\Omega)$ 是正则函数 (记为条件 1)，$\dfrac{O_1}{O_0} < \dfrac{p_{01}(1-p_{11})}{P_{11}(1-p_{01})}$(记为条件 2)，

$$\beta \leqslant \dfrac{\Delta_{\min}/\Delta_{\max}}{\left(1-\dfrac{O_1}{O_0}\right)(1-p_{01}) + \dfrac{O_1(p_{11}-p_{01})}{1-(1-O_1)(p_{11}-p_{01})}}。$$

证明　欲证此定理，只需证明对于 $t=1,\cdots,T$，将 $\Omega(t)$ 降序排列使 $\omega_1 \geqslant \cdots \geqslant \omega_N$，有 $W_t(\omega_1,\cdots,\omega_N) \geqslant W_t(\omega_{i_1},\cdots,\omega_{i_N})$，其中 $(\omega_{i_1},\cdots,\omega_{i_N})$ 是 $(1,\cdots,N)$ 的任意一个排列。

我们通过反证法证明上述不等式。假定 W_t 的最大值在 $(\omega_{i_1^*},\cdots,\omega_{i_N^*}) \neq (\omega_1,\cdots,\omega_N)$ 处达到，即

$$W_t(\omega_{i_1^*},\cdots,\omega_{i_N^*}) > W_t(\omega_1,\cdots,\omega_N) \tag{4.8}$$

然而，在 $(\omega_{i_1^*},\cdots,\omega_{i_N^*})$ 运行经典冒泡排序算法，通过比较每对邻居元素 $\omega_{i_l^*}$ 和 $\omega_{i_{l+1}^*}$ 在 $\omega_{i_l^*} < \omega_{i_{l+1}^*}$ 时交换它们位置。当算法停止时，信道置信向量成为降序排列，即 $(\omega_1,\cdots,\omega_N)$。通过在每次交换操作时利用引理 4.8，我们有 $W_t(\omega_{i_1^*},\cdots,\omega_{i_N^*}) \leqslant W_t(\omega_1,\cdots,\omega_N)$，这与式 (4.8) 矛盾，因此定理 4.1 得证。　　　　□

4.4　分析讨论

下面通过一个具体应用场景来展示如何利用优化性结果检验相关的 RMAB 模型。

次级用户具有 k 个接收天线和 k 个传输天线，只能侦听 k 个主信道的反馈信息，并且当信道被观测为好状态时获取 r_1 个单位收益，为坏状态时获取 r_0 个单位收益，因此收益函数写成 $F(\Omega_{\mathcal{A}}) = \sum\limits_{i\in\mathcal{A}}[r_1\cdot\omega_i + r_0\cdot(1-\omega_i)]$。需要指出的是，文献 [10] 研究相同的模型，但在 $k=1$ 的情况下得到的短视策略在非常严格的条件下是优化的。本章研究了更一般的情况，即 k 为任意值。由定理 4.1 可知，条件 1 自动满足，并且有 $\Delta_{\min} = \Delta_{\max} = r_1 - r_0$。可以验证，当 $\dfrac{O_1}{O_0} < \dfrac{p_{01}(1-p_{11})}{P_{11}(1-p_{01})}$ 时，有 $\dfrac{\Delta_{\min}/\Delta_{\max}}{\left(1-\dfrac{O_1}{O_0}\right)(1-p_{01}) + \dfrac{O_1(p_{11}-p_{01})}{1-(1-O_1)(p_{11}-p_{01})}} > 1$。因此，当条件 2 满足时，短视访问策略对于任意 β 值都是最优的。这一结论极大地推广了文献 [10] 中的优化性，主要体现在删除文献 [10] 中一个非常关键的条件，并将 k 推广到任意值。

在文献 [6] 的模型中，如果信道被感知为空闲状态，则次级用户得到单位收益；若感知为忙状态，则不能获得任意收益，即收益为零，因此期望立即收益函

数可以写成 $F(\Omega_A) = \sum\limits_{i \in A} \omega_i$。忽略具体的实际场景，本章的 RMAB 模型通过设置 $O_1 = 0$ 和 $O_0 = 1$ 退化为文献 [6] 的模型。在该特别设置下，有 $\mathcal{T}(\phi(\omega)) = p_{11}$ 和 $\mathcal{T}(\varphi(\omega)) = p_{01}$，这使置信向量的状态转化规则式 (4.1) 同文献 [6] 中的完全一致。因此，本章所得的充分条件能用来判定文献 [6] 中的短视策略的优化性。在该设置下，期望立即收益函数为 $F(\Omega_A) = \sum\limits_{i \in A} \omega_i$ 时，定理 4.1 的条件 1 和条件 2 自动满足，可知充分条件对于任意 β（$0 \leqslant \beta \leqslant 1$）充分条件总是成立。显然，这一结论与文献 [6] 的结论完全一致。

文献 [8] 考虑有感知错误的场景，如误警率 ϵ 和漏检率 δ。如果信道被感知为空闲状态，则次级用户得到单位收益；若感知为忙状态，则不能获得任意收益，即收益为零，因此期望立即收益函数可以写成 $F(\Omega_A) = \sum\limits_{i \in A}(1-\epsilon)\omega_i$。忽略具体的实际场景，本章的 RMAB 模型通过设置 $O_1 = \epsilon$ 和 $O_0 = 1$ 可以退化为文献 [6] 的模型。在该设置下，有 $\mathcal{T}(\phi(\omega)) = p_{11}$，这使置信向量的状态转化规则式 (4.1) 同文献 [8] 中的完全一致。因此，本章的充分条件可以用来判定文献 [8] 中短时策略的优化性，这也极大地扩展了文献 [8] 的结果。

4.5 引 理 证 明

4.5.1 引理 4.5 的证明

考虑 $W_t(\Omega(t)) = F(\Omega_{\mathcal{N}(k)}(t)) + \beta \sum\limits_{\mathcal{E} \subseteq \mathcal{N}(k)} C_{\mathcal{N}(k)}^{\mathcal{E}} W_{t+1}(\Omega_{\mathcal{E}}(t+1))$，我们分两种情况证明该引理。

情况 1，$i,j \in \mathcal{A}(t)$。考虑 $F(\cdot)$ 和 $\sum\limits_{\mathcal{E} \subseteq \mathcal{N}(k)} C_{\mathcal{N}(k)}^{\mathcal{E}} = \sum\limits_{\mathcal{E} \subseteq \mathcal{A}(t)} C_{\mathcal{A}(t)}^{\mathcal{E}}$ 关于 ω_i 和 ω_j 对称；对于任意 $\mathcal{E}$，$(\omega_1, \cdots, \omega_i, \cdots, \omega_j, \cdots, \omega_N)$ 和 $(\omega_1, \cdots, \omega_j, \cdots, \omega_i, \cdots, \omega_N)$ 产生相同的置信向量 $\Omega_{\mathcal{E}}(t+1)$；从时隙 $t+1$ 到 T 采用短视策略，因此可得 $W_t(\Omega(t))$ 关于 ω_i 和 ω_j 对称。

情况 2，$i,j \notin \mathcal{A}(t)$。考虑 $F(\cdot)$ 和 $\sum\limits_{\mathcal{E} \subseteq \mathcal{N}(k)} C_{\mathcal{N}(k)}^{\mathcal{E}} = \sum\limits_{\mathcal{E} \subseteq \mathcal{A}(t)} C_{\mathcal{A}(t)}^{\mathcal{E}}$ 与 ω_i, ω_j 无关；对于任意 $\mathcal{E}$，$(\omega_1, \cdots, \omega_i, \cdots, \omega_j, \cdots, \omega_N)$ 和 $(\omega_1, \cdots, \omega_j, \cdots, \omega_i, \cdots, \omega_N)$ 产生相同的置信向量 $\Omega_{\mathcal{E}}(t+1)$，从时隙 $t+1$ 到 T 采用短视策略，因此 $W_t(\Omega(t))$ 关于 ω_i 和 ω_j 对称。综合上述两种情况，引理得证。

4.5.2　引理 4.6 的证明

下面采用归纳法证明该引理。首先，易验证引理在时隙 T 成立。假定引理在时隙 $t+1,\cdots,T-1$ 成立，下面证明引理在时隙 t 成立，具体分两种情况。

情况 1，在时隙 t，信道 l 没有被观测，如 $l \geqslant k+1$。令 $\mathcal{M} \stackrel{\text{def}}{=\!=} \mathcal{N}(k) = \{1,\cdots,k\}$，$\widehat{\omega}_l = 0$ 或者 1，由引理 4.4，有

$$\widehat{W}_t(\Omega;(\widehat{\omega}_1,\cdots,\widehat{\omega}_l,\cdots,\widehat{\omega}_n)) = F(\widehat{\omega}_1,\cdots,\widehat{\omega}_k) + \beta \sum_{\mathcal{E} \subseteq \mathcal{M}} \widehat{C}_{\mathcal{M}}^{\mathcal{E}} \widehat{W}_{t+1}(\dot{\Omega}; \widehat{\Omega}_l^{\mathcal{E}}(t+1))$$

$$\widehat{W}_t(\Omega;(\widehat{\omega}_1,\cdots,0,\cdots,\widehat{\omega}_n)) = F(\widehat{\omega}_1,\cdots,\widehat{\omega}_k) + \beta \sum_{\mathcal{E} \subseteq \mathcal{M}} \widehat{C}_{\mathcal{M}}^{\mathcal{E}} \widehat{W}_{t+1}(\dot{\Omega}; \widehat{\Omega}_{l,0}^{\mathcal{E}}(t+1))$$

$$\widehat{W}_t(\Omega;(\widehat{\omega}_1,\cdots,1,\cdots,\widehat{\omega}_n)) = F(\widehat{\omega}_1,\cdots,\widehat{\omega}_k) + \beta \sum_{\mathcal{E} \subseteq \mathcal{M}} \widehat{C}_{\mathcal{M}}^{\mathcal{E}} \widehat{W}_{t+1}(\dot{\Omega}; \widehat{\Omega}_{l,1}^{\mathcal{E}}(t+1))$$

其中

$$\widehat{\Omega}_l^{\mathcal{E}}(t+1) = (\Phi(\mathcal{E}), \Upsilon(k+1,l-1), \mathcal{T}(\widehat{\omega}_l), \Upsilon(l+1,N), \Psi(\mathcal{M},\mathcal{E}))$$

$$\widehat{\Omega}_{l,0}^{\mathcal{E}}(t+1) = (\Phi(\mathcal{E}), \Upsilon(k+1,l-1), p_{01}, \Upsilon(l+1,N), \Psi(\mathcal{M},\mathcal{E}))$$

$$\widehat{\Omega}_{l,1}^{\mathcal{E}}(t+1) = (\Phi(\mathcal{E}), \Upsilon(k+1,l-1), p_{11}, \Upsilon(l+1,N), \Psi(\mathcal{M},\mathcal{E}))$$

为证此引理，只需证明下式成立，即

$$\widehat{W}_{t+1}(\dot{\Omega}; \widehat{\Omega}_l^{\mathcal{E}}(t+1)) = (1-\widehat{\omega}_l)\widehat{W}_{t+1}(\dot{\Omega}; \widehat{\Omega}_{l,0}^{\mathcal{E}}(t+1)) + \widehat{\omega}_l\widehat{W}_{t+1}(\dot{\Omega}; \widehat{\Omega}_{l,1}^{\mathcal{E}}(t+1)) \quad (4.9)$$

按照归纳假设，有

$$\widehat{W}_{t+1}(\dot{\Omega}; \widehat{\Omega}_l^{\mathcal{E}}(t+1))$$

$$= \mathcal{T}(\widehat{\omega}_l) \cdot \widehat{W}_{t+1}(\dot{\Omega}; (\Phi(\mathcal{E}), \Upsilon(k+1,l-1), 1, \Upsilon(l+1,N), \Psi(\mathcal{M},\mathcal{E}))) \quad\quad (4.10)$$

$$+ (1 - \mathcal{T}(\widehat{\omega}_l)) \cdot \widehat{W}_{t+1}(\dot{\Omega}; (\Phi(\mathcal{E}), \Upsilon(k+1,l-1), 0, \Upsilon(l+1,N), \Psi(\mathcal{M},\mathcal{E})))$$

$$\widehat{W}_{t+1}(\dot{\Omega}; \widehat{\Omega}_{l,0}^{\mathcal{E}}(t+1))$$

$$= p_{01} \cdot \widehat{W}_{t+1}(\dot{\Omega}; (\Phi(\mathcal{E}), \Upsilon(k+1,l-1), 1, \Upsilon(l+1,N), \Psi(\mathcal{M},\mathcal{E}))) \quad\quad (4.11)$$

$$+ (1 - p_{01}) \cdot \widehat{W}_{t+1}(\dot{\Omega}; (\Phi(\mathcal{E}), \Upsilon(k+1,l-1), 0, \Upsilon(l+1,N), \Psi(\mathcal{M},\mathcal{E})))$$

$$\widehat{W}_{t+1}(\dot{\Omega}; \widehat{\Omega}_{l,1}^{\mathcal{E}}(t+1))$$

$$= p_{11} \cdot \widehat{W}_{t+1}(\dot{\Omega}; (\Phi(\mathcal{E}), \Upsilon(k+1,l-1), 1, \Upsilon(l+1,N), \Psi(\mathcal{M},\mathcal{E}))) \quad\quad (4.12)$$

$$+ (1 - p_{11}) \cdot \widehat{W}_{t+1}(\dot{\Omega}; (\Phi(\mathcal{E}), \Upsilon(k+1,l-1), 0, \Upsilon(l+1,N), \Psi(\mathcal{M},\mathcal{E})))$$

进一步，联合式 (4.10) ~ 式 (4.12)，可得式 (4.9)。

情况 2，在时隙 t，信道 l 被观测，如 $l \leqslant k$。令 $\mathcal{M} \overset{\text{def}}{=\!=\!=} \mathcal{N}(k) \setminus \{l\} = \{1, \cdots, l-1, l+1, \cdots, k\}$，按照式 (4.4) 和引理 4.4，有

$$\widehat{W}_t(\Omega; \widehat{\Omega}(t))$$

$$= F(\widehat{\omega}_1, \cdots, \widehat{\omega}_l, \cdots, \widehat{\omega}_k)$$

$$+ \beta\{1 - O_0[1 - (1-\epsilon)\widehat{\omega}_l]\}$$

$$\times \sum_{\mathcal{E} \subseteq \mathcal{M}} \widehat{C}_{\mathcal{M}}^{\mathcal{E}} \widehat{W}_{t+1}(\dot{\Omega}; (\Phi^l(\mathcal{E}), \mathcal{T}(\phi(\widehat{\omega}_l)), \Phi_l(\mathcal{E}), \Upsilon(k+1, N), \Psi^l(\mathcal{M}, \mathcal{E}), \Psi_l(\mathcal{M}, \mathcal{E})))$$

$$+ \beta\{O_0(1 - (1-\epsilon)\widehat{\omega}_l)\}$$

$$\times \sum_{\mathcal{E} \subseteq \mathcal{M}} \widehat{C}_{\mathcal{M}}^{\mathcal{E}} \widehat{W}_{t+1}(\dot{\Omega}; (\Phi^l(\mathcal{E}), \Phi_l(\mathcal{E}), \Upsilon(k+1, N), \Psi^l(\mathcal{M}, \mathcal{E}), \mathcal{T}(\varphi(\widehat{\omega}_l)), \Psi_l(\mathcal{M}, \mathcal{E})))$$

令 $\widehat{\omega}_l = 0$ 和 1，有

$$\widehat{W}_t(\Omega; \widehat{\Omega}_{l=0}(t))$$

$$= F(\widehat{\omega}_1, \cdots, 0, \cdots, \widehat{\omega}_k)$$

$$+ \beta(1 - O_0) \sum_{\mathcal{E} \subseteq \mathcal{M}} \widehat{C}_{\mathcal{M}}^{\mathcal{E}} \widehat{W}_{t+1}(\dot{\Omega}; (\Phi^l(\mathcal{E}), p_{01}, \Phi_l(\mathcal{E}), \Upsilon(k+1, N), \Psi^l(\mathcal{M}, \mathcal{E}), \Psi_l(\mathcal{M}, \mathcal{E})))$$

$$+ \beta O_0 \sum_{\mathcal{E} \subseteq \mathcal{M}} \widehat{C}_{\mathcal{M}}^{\mathcal{E}} \widehat{W}_{t+1}(\dot{\Omega}; (\Phi^l(\mathcal{E}), \Phi_l(\mathcal{E}), \Upsilon(k+1, N), \Psi^l(\mathcal{M}, \mathcal{E}), p_{01}, \Psi_l(\mathcal{M}, \mathcal{E})))$$

$$\widehat{W}_t(\Omega; \widehat{\Omega}_{l=1}(t))$$

$$= F(\widehat{\omega}_1, \cdots, 1, \cdots, \widehat{\omega}_k)$$

$$+ \beta(1 - O_1) \sum_{\mathcal{E} \subseteq \mathcal{M}} \widehat{C}_{\mathcal{M}}^{\mathcal{E}} \widehat{W}_{t+1}(\dot{\Omega}; (\Phi^l(\mathcal{E}), p_{11}, \Phi_l(\mathcal{E}), \Upsilon(k+1, N), \Psi^l(\mathcal{M}, \mathcal{E}), \Psi_l(\mathcal{M}, \mathcal{E})))$$

$$+ \beta O_1 \sum_{\mathcal{E} \subseteq \mathcal{M}} \widehat{C}_{\mathcal{M}}^{\mathcal{E}} \widehat{W}_{t+1}(\dot{\Omega}; (\Phi^l(\mathcal{E}), \Phi_l(\mathcal{E}), \Upsilon(k+1, N), \Psi^l(\mathcal{M}, \mathcal{E}), p_{11}, \Psi_l(\mathcal{M}, \mathcal{E})))$$

为证此引理，只需证明下式成立，即

$$\{1 - O_0[1 - (1-\epsilon)\widehat{\omega}_l]\}\widehat{W}_{t+1}(\dot{\Omega}; (\Phi^l(\mathcal{E}), \mathcal{T}(\phi(\widehat{\omega}_l)), \Phi_l(\mathcal{E}), \Upsilon(k+1, N),$$

$$\Psi^l(\mathcal{M}, \mathcal{E}), \Psi_l(\mathcal{M}, \mathcal{E})))$$

$$+ \{O_0[1-(1-\epsilon)\widehat{\omega}_l]\}\widehat{W}_{t+1}(\dot{\Omega}; (\Phi^l(\mathcal{E}), \Phi_l(\mathcal{E}), \Upsilon(k+1,N),$$

$$\Psi^l(\mathcal{M}, \mathcal{E}), \mathcal{T}(\varphi(\widehat{\omega}_l)), \Psi_l(\mathcal{M}, \mathcal{E})))$$

$$= (1-\widehat{\omega}_l)(1-O_0)\widehat{W}_{t+1}(\dot{\Omega}; (\Phi^l(\mathcal{E}), p_{01}, \Phi_l(\mathcal{E}), \Upsilon(k+1,N), \Psi^l(\mathcal{M}, \mathcal{E}), \Psi_l(\mathcal{M}, \mathcal{E})))$$

$$+ (1-\widehat{\omega}_l)O_0\widehat{W}_{t+1}(\dot{\Omega}; (\Phi^l(\mathcal{E}), \Phi_l(\mathcal{E}), \Upsilon(k+1,N), \Psi^l(\mathcal{M}, \mathcal{E}), p_{01}, \Psi_l(\mathcal{M}, \mathcal{E})))$$

$$+ \widehat{\omega}_l(1-O_1)\widehat{W}_{t+1}(\dot{\Omega}; (\Phi^l(\mathcal{E}), p_{11}, \Phi_l(\mathcal{E}), \Upsilon(k+1,N), \Psi^l(\mathcal{M}, \mathcal{E}), \Psi_l(\mathcal{M}, \mathcal{E})))$$

$$+ \widehat{\omega}_l O_1\widehat{W}_{t+1}(\dot{\Omega}; (\Phi^l(\mathcal{E}), \Phi_l(\mathcal{E}), \Upsilon(k+1,N), \Psi^l(\mathcal{M}, \mathcal{E}), p_{11}, \Psi_l(\mathcal{M}, \mathcal{E}))) \quad (4.13)$$

根据归纳假设，有

$$\widehat{W}_{t+1}(\dot{\Omega}; \Phi^l(\mathcal{E}), \mathcal{T}(\phi(\widehat{\omega}_l)), \Phi_l(\mathcal{E}), \Upsilon(k+1,N), \Psi^l(\mathcal{M}, \mathcal{E}), \Psi_l(\mathcal{M}, \mathcal{E}))$$

$$= (1-\mathcal{T}(\phi(\widehat{\omega}_l)))\widehat{W}_{t+1}(\dot{\Omega}; (\Phi^l(\mathcal{E}), 0, \Phi_l(\mathcal{E}), \Upsilon(k+1,N), \Psi^l(\mathcal{M}, \mathcal{E}), \Psi_l(\mathcal{M}, \mathcal{E})))$$

$$+ \mathcal{T}(\phi(\widehat{\omega}_l))\widehat{W}_{t+1}(\dot{\Omega}; (\Phi^l(\mathcal{E}), 1, \Phi_l(\mathcal{E}), \Upsilon(k+1,N), \Psi^l(\mathcal{M}, \mathcal{E}), \Psi_l(\mathcal{M}, \mathcal{E})))$$

$$(4.14)$$

$$\widehat{W}_{t+1}(\dot{\Omega}; (\Phi^l(\mathcal{E}), \Phi_l(\mathcal{E}), \Upsilon(k+1,N), \Psi^l(\mathcal{M}, \mathcal{E}), \mathcal{T}(\varphi(\widehat{\omega}_l)), \Psi_l(\mathcal{M}, \mathcal{E})))$$

$$= \mathcal{T}(\varphi(\widehat{\omega}_l))\widehat{W}_{t+1}(\dot{\Omega}; (\Phi^l(\mathcal{E}), \Phi_l(\mathcal{E}), \Upsilon(k+1,N), \Psi^l(\mathcal{M}, \mathcal{E}), 1, \Psi_l(\mathcal{M}, \mathcal{E})))$$

$$+ (1-\mathcal{T}(\varphi(\widehat{\omega}_l)))\widehat{W}_{t+1}(\dot{\Omega}; (\Phi^l(\mathcal{E}), \Phi_l(\mathcal{E}), \Upsilon(k+1,N), \Psi^l(\mathcal{M}, \mathcal{E}), 0, \Psi_l(\mathcal{M}, \mathcal{E})))$$

$$(4.15)$$

$$\widehat{W}_{t+1}(\dot{\Omega}; (\Phi^l(\mathcal{E}), p_{01}, \Phi_l(\mathcal{E}), \Upsilon(k+1,N), \Psi^l(\mathcal{M}, \mathcal{E}), \Psi_l(\mathcal{M}, \mathcal{E})))$$

$$= p_{01}\widehat{W}_{t+1}(\dot{\Omega}; (\Phi^l(\mathcal{E}), 1, \Phi_l(\mathcal{E}), \Upsilon(k+1,N), \Psi^l(\mathcal{M}, \mathcal{E}), \Psi_l(\mathcal{M}, \mathcal{E})))$$

$$+ (1-p_{01})\widehat{W}_{t+1}(\dot{\Omega}; (\Phi^l(\mathcal{E}), 0, \Phi_l(\mathcal{E}), \Upsilon(k+1,N), \Psi^l(\mathcal{M}, \mathcal{E}), \Psi_l(\mathcal{M}, \mathcal{E})))$$

$$(4.16)$$

$$\widehat{W}_{t+1}(\dot{\Omega}; (\Phi^l(\mathcal{E}), \Phi_l(\mathcal{E}), \Upsilon(k+1,N), \Psi^l(\mathcal{M}, \mathcal{E}), p_{01}, \Psi_l(\mathcal{M}, \mathcal{E})))$$

$$= p_{01}\widehat{W}_{t+1}(\dot{\Omega}; (\Phi^l(\mathcal{E}), \Phi_l(\mathcal{E}), \Upsilon(k+1,N), \Psi^l(\mathcal{M}, \mathcal{E}), 1, \Psi_l(\mathcal{M}, \mathcal{E})))$$

$$+ (1-p_{01})\widehat{W}_{t+1}(\dot{\Omega}; (\Phi^l(\mathcal{E}), \Phi_l(\mathcal{E}), \Upsilon(k+1,N), \Psi^l(\mathcal{M}, \mathcal{E}), 0, \Psi_l(\mathcal{M}, \mathcal{E})))$$

$$(4.17)$$

$$\widehat{W}_{t+1}(\dot{\Omega}; (\Phi^l(\mathcal{E}), p_{11}, \Phi_l(\mathcal{E}), \Upsilon(k+1,N), \Psi^l(\mathcal{M}, \mathcal{E}), \Psi_l(\mathcal{M}, \mathcal{E})))$$

$$= p_{11}\widehat{W}_{t+1}(\dot{\Omega}; (\Phi^l(\mathcal{E}), 1, \Phi_l(\mathcal{E}), \Upsilon(k+1,N), \Psi^l(\mathcal{M}, \mathcal{E}), \Psi_l(\mathcal{M}, \mathcal{E})))$$

$$+ (1 - p_{11})\widehat{W}_{t+1}(\dot{\Omega}; (\Phi^l(\mathcal{E}), 0, \Phi_l(\mathcal{E}), \Upsilon(k+1, N), \Psi^l(\mathcal{M}, \mathcal{E}), \Psi_l(\mathcal{M}, \mathcal{E})))$$

(4.18)

$$\widehat{W}_{t+1}(\dot{\Omega}; (\Phi^l(\mathcal{E}), \Phi_l(\mathcal{E}), \Upsilon(k+1, N), \Psi^l(\mathcal{M}, \mathcal{E}), p_{11}, \Psi_l(\mathcal{M}, \mathcal{E})))$$

$$= p_{11}\widehat{W}_{t+1}(\dot{\Omega}; (\Phi^l(\mathcal{E}), \Phi_l(\mathcal{E}), \Upsilon(k+1, N), \Psi^l(\mathcal{M}, \mathcal{E}), 1, \Psi_l(\mathcal{M}, \mathcal{E})))$$

$$+ (1 - p_{11})\widehat{W}_{t+1}(\dot{\Omega}; (\Phi^l(\mathcal{E}), \Phi_l(\mathcal{E}), \Upsilon(k+1, N), \Psi^l(\mathcal{M}, \mathcal{E}), 0, \Psi_l(\mathcal{M}, \mathcal{E})))$$

(4.19)

联合式 (4.14) ~ 式(4.19)，可得式 (4.13)。

综合上述两种情况，引理 4.6 得证。

4.5.3 引理 4.7 的证明

采用归纳法证明该引理。首先，易验证引理在时隙 T 成立。假定引理在时隙 $t+1, \cdots, T-1$ 都成立，下面证明引理在时隙 t 成立，具体分两种情况。

情况 1，在时隙 t，信道 l 未被观测，如 $l \geqslant k+1$。在该情况下，立即收益与 $\widehat{\omega}_l$ 和 $\widehat{\omega}_l'$ 无关。令 $\widehat{\Omega}(t+1)$ 和 $\widehat{\Omega}'(t+1)$ 分别表示由 $\widehat{\Omega}(t) = (\widehat{\omega}_1, \cdots, \widehat{\omega}_l, \cdots, \widehat{\omega}_N)$ 和 $\widehat{\Omega}'(t) = (\widehat{\omega}_1, \cdots, \widehat{\omega}_l', \cdots, \widehat{\omega}_N)$ 产生的置信向量，可以看到 $\widehat{\Omega}(t+1)$ 和 $\widehat{\Omega}'(t+1)$ 只有一个元素不同，即 $\widehat{\omega}_l'(t+1) \geqslant \widehat{\omega}_l(t+1)$。按照归纳假设，有 $\widehat{W}_{t+1}(\dot{\Omega}; \widehat{\Omega}'(t+1)) \geqslant \widehat{W}_{t+1}(\dot{\Omega}; \widehat{\Omega}(t+1))$。考虑式 (4.4)，有 $\widehat{W}_t(\dot{\Omega}; \widehat{\Omega}'(t)) \geqslant \widehat{W}_t(\dot{\Omega}; \widehat{\Omega}(t))$。

情况 2，在时隙 t，信道 l 被观测，如 $l \leqslant k$。据引理 4.6，经过简单数学操作之后，可得

$$\widehat{W}_t(\dot{\Omega}; (\widehat{\omega}_1, \cdots, \widehat{\omega}_l', \cdots, \widehat{\omega}_N)) - \widehat{W}_t(\dot{\Omega}; (\widehat{\omega}_1, \cdots, \widehat{\omega}_l, \cdots, \widehat{\omega}_N))$$

$$= (\widehat{\omega}_l' - \widehat{\omega}_l)[\widehat{W}_t(\dot{\Omega}; (\widehat{\omega}_1, \cdots, 1, \cdots, \widehat{\omega}_N)) - \widehat{W}_t(\dot{\Omega}; (\widehat{\omega}_1, \cdots, 0, \cdots, \widehat{\omega}_N))]$$

记 $\mathcal{M} \stackrel{\text{def}}{=\!=} \mathcal{N}(k) \setminus \{l\} = \{1, \cdots, l-1, l+1, \cdots, k\}$，将函数 $\widehat{W}_t(\dot{\Omega}; \Omega(t))$ 在 $\widehat{\omega}_l$ 上展开，有

$$\widehat{W}_t(\dot{\Omega}; \widehat{\Omega}(t)) = F(\widehat{\omega}_1(t), \cdots, \widehat{\omega}_k(t))$$

$$+ \beta\left\{1 - O_0\left[1 - \left(1 - \frac{O_1}{O_0}\right)\widehat{\omega}_l\right]\right\}\sum_{\mathcal{E} \subseteq \mathcal{M}} \widehat{C}_{\mathcal{M}}^{\mathcal{E}}\widehat{W}_{t+1}(\dot{\Omega}; \widehat{\Omega}_{\mathcal{E}}(t+1))$$

$$+ \beta\left\{O_0\left[1 - \left(1 - \frac{O_1}{O_0}\right)\widehat{\omega}_l\right]\right\}\sum_{\mathcal{E} \subseteq \mathcal{M}} \widehat{C}_{\mathcal{M}}^{\mathcal{E}}\widehat{W}_{t+1}(\dot{\Omega}; \widehat{\Omega}_{\mathcal{E}}(t+1))$$

分别令 $\widehat{\omega}_l = 0$ 和 1，进一步可得

$$W_t(\dot{\Omega}; \widehat{\Omega}_{l=0}(t)) = F(\widehat{\omega}_1(t), \cdots, 0, \cdots, \widehat{\omega}_k(t))$$

$$+ \beta(1 - O_0) \sum_{\mathcal{E} \subseteq \mathcal{M}} \widehat{C}_{\mathcal{M}}^{\mathcal{E}} W_{t+1}(\dot{\Omega}; \widehat{\Omega}_{0,1}^{\mathcal{E}}(t+1))$$

$$+ \beta O_0 \sum_{\mathcal{E} \subseteq \mathcal{M}} \widehat{C}_{\mathcal{M}}^{\mathcal{E}} \widehat{W}_{t+1}(\dot{\Omega}; \widehat{\Omega}_{0,0}^{\mathcal{E}}(t+1))$$

$$W_t(\dot{\Omega}; \widehat{\Omega}_{l=1}(t)) = F(\widehat{\omega}_1(t), \cdots, 1, \cdots, \widehat{\omega}_k(t))$$

$$+ \beta(1 - O_1) \sum_{\mathcal{E} \subseteq \mathcal{M}} \widehat{C}_{\mathcal{M}}^{\mathcal{E}} W_{t+1}(\dot{\Omega}; \widehat{\Omega}_{1,1}^{\mathcal{E}}(t+1))$$

$$+ \beta O_1 \sum_{\mathcal{E} \subseteq \mathcal{M}} \widehat{C}_{\mathcal{M}}^{\mathcal{E}} \widehat{W}_{t+1}(\dot{\Omega}; \widehat{\Omega}_{1,0}^{\mathcal{E}}(t+1))$$

其中

$$\widehat{\Omega}_{0,1}^{\mathcal{E}}(t+1) = (\Phi^l(\mathcal{E}), p_{01}, \Phi_l(\mathcal{E}), \Upsilon(k+1, N), \Psi^l(\mathcal{M}, \mathcal{E}), \Psi_l(\mathcal{M}, \mathcal{E}))$$

$$\widehat{\Omega}_{0,0}^{\mathcal{E}}(t+1) = (\Phi^l(\mathcal{E}), \Phi_l(\mathcal{E}), \Upsilon(k+1, N), \Psi^l(\mathcal{M}, \mathcal{E}), p_{01}, \Psi_l(\mathcal{M}, \mathcal{E}))$$

$$\widehat{\Omega}_{1,1}^{\mathcal{E}}(t+1) = (\Phi^l(\mathcal{E}), p_{11}, \Phi_l(\mathcal{E}), \Upsilon(k+1, N), \Psi^l(\mathcal{M}, \mathcal{E}), \Psi_l(\mathcal{M}, \mathcal{E}))$$

$$\widehat{\Omega}_{1,0}^{\mathcal{E}}(t+1) = (\Phi^l(\mathcal{E}), \Phi_l(\mathcal{E}), \Upsilon(k+1, N), \Psi^l(\mathcal{M}, \mathcal{E}), p_{11}, \Psi_l(\mathcal{M}, \mathcal{E}))$$

给定 $\mathcal{E}$，按照归纳假设有 $\widehat{W}_{t+1}(\dot{\Omega}; \widehat{\Omega}_{1,1}^{\mathcal{E}}(t+1)) \geqslant \widehat{W}_{t+1}(\dot{\Omega}; \widehat{\Omega}_{0,1}^{\mathcal{E}}(t+1))$ 和 $\widehat{W}_{t+1}(\dot{\Omega}; \widehat{\Omega}_{1,0}^{\mathcal{E}}(t+1)) \geqslant \widehat{W}_{t+1}(\dot{\Omega}; \widehat{\Omega}_{0,0}^{\mathcal{E}}(t+1))$。考虑 F 是增函数，可得

$$\widehat{W}_t(\dot{\Omega}; (\widehat{\omega}_1, \cdots, 1, \cdots, \widehat{\omega}_n)) - \widehat{W}_t(\dot{\Omega}; (\widehat{\omega}_1, \cdots, 0, \cdots, \widehat{\omega}_n))$$

$$= F(\widehat{\omega}_1, \cdots, 1, \cdots, \widehat{\omega}_n) - F(\widehat{\omega}_1, \cdots, 0, \cdots, \widehat{\omega}_n)$$

$$+ \beta(1 - O_1) \sum_{\mathcal{E} \subseteq \mathcal{M}} \widehat{C}_{\mathcal{M}}^{\mathcal{E}} \widehat{W}_{t+1}(\dot{\Omega}; \widehat{\Omega}_{1,1}^{\mathcal{E}}(t+1)) + \beta O_1 \sum_{\mathcal{E} \subseteq \mathcal{M}} \widehat{C}_{\mathcal{M}}^{\mathcal{E}} \widehat{W}_{t+1}(\dot{\Omega}; \widehat{\Omega}_{1,0}^{\mathcal{E}}(t+1))$$

$$- \beta(1 - O_0) \sum_{\mathcal{E} \subseteq \mathcal{M}} \widehat{C}_{\mathcal{M}}^{\mathcal{E}} \widehat{W}_{t+1}(\dot{\Omega}; \widehat{\Omega}_{0,1}^{\mathcal{E}}(t+1)) - \beta O_0 \sum_{\mathcal{E} \subseteq \mathcal{M}} \widehat{C}_{\mathcal{M}}^{\mathcal{E}} \widehat{W}_{t+1}(\dot{\Omega}; \widehat{\Omega}_{0,0}^{\mathcal{E}}(t+1))$$

$$\geqslant \beta(1 - O_1) \sum_{\mathcal{E} \subseteq \mathcal{M}} \widehat{C}_{\mathcal{M}}^{\mathcal{E}} \widehat{W}_{t+1}(\dot{\Omega}; \widehat{\Omega}_{1,1}^{\mathcal{E}}(t+1)) + \beta O_1 \sum_{\mathcal{E} \subseteq \mathcal{M}} \widehat{C}_{\mathcal{M}}^{\mathcal{E}} \widehat{W}_{t+1}(\dot{\Omega}; \widehat{\Omega}_{1,0}^{\mathcal{E}}(t+1))$$

$$- \beta(1 - O_0) \sum_{\mathcal{E} \subseteq \mathcal{M}} \widehat{C}_{\mathcal{M}}^{\mathcal{E}} \widehat{W}_{t+1}(\dot{\Omega}; \widehat{\Omega}_{1,1}^{\mathcal{E}}(t+1)) - \beta O_0 \sum_{\mathcal{E} \subseteq \mathcal{M}} \widehat{C}_{\mathcal{M}}^{\mathcal{E}} \widehat{W}_{t+1}(\dot{\Omega}; \widehat{\Omega}_{1,0}^{\mathcal{E}}(t+1))$$

$$= \beta(O_0 - O_1) \sum_{\mathcal{E} \subseteq \mathcal{M}} \widehat{C}_{\mathcal{M}}^{\mathcal{E}} \left(\widehat{W}_{t+1}(\dot{\Omega}; \widehat{\Omega}_{1,1}^{\mathcal{E}}(t+1)) - \widehat{W}_{t+1}(\dot{\Omega}; \widehat{\Omega}_{1,0}^{\mathcal{E}}(t+1)) \right)$$

$$\geqslant 0$$

综合上述两种情况，引理得证。

4.5.4 引理 4.8 ∼ 引理 4.10 的证明

由于引理之间相互依赖，我们采用归纳法将其一同证明。

首先，证明引理 4.8 ∼ 引理 4.10 在时隙 T 成立。易证明引理 4.8 成立。

然后，证明引理 4.9 和引理 4.10。考虑 $p_{01} \leqslant \widehat{\omega}_N \leqslant \widehat{\omega}_k \leqslant p_{11} \leqslant 1$ 且 $p_{01} \leqslant \widehat{\omega}_N \leqslant \widehat{\omega}_1 \leqslant p_{11}$，则

$$\widehat{W}_T(\dot{\Omega}; (\widehat{\omega}_1, \cdots, \widehat{\omega}_N)) - \widehat{W}_T(\dot{\Omega}; (\widehat{\omega}_N, \widehat{\omega}_1, \cdots, \widehat{\omega}_{N-1}))$$

$$= F(\widehat{\omega}_1, \cdots, \widehat{\omega}_k) - F(\widehat{\omega}_N, \widehat{\omega}_1, \cdots, \widehat{\omega}_{k-1})$$

$$= (\widehat{\omega}_k - \widehat{\omega}_N)(F(\widehat{\omega}_1, \cdots, \widehat{\omega}_{k-1}, 1) - F(\widehat{\omega}_1, \cdots, \widehat{\omega}_{k-1}, 0))$$

$$\leqslant (1 - \widehat{\omega}_N)\Delta_{\max}$$

$$\widehat{W}_T(\dot{\Omega}; (\widehat{\omega}_1, \cdots, \widehat{\omega}_N)) - \widehat{W}_T(\dot{\Omega}; (\widehat{\omega}_N, \widehat{\omega}_2, \cdots, \widehat{\omega}_{N-1}, \widehat{\omega}_1))$$

$$= F(\widehat{\omega}_1, \cdots, \widehat{\omega}_k) - F(\widehat{\omega}_N, \widehat{\omega}_2, \cdots, \widehat{\omega}_{k-1})$$

$$= (\widehat{\omega}_1 - \widehat{\omega}_N)(F(1, \widehat{\omega}_2, \cdots, \widehat{\omega}_k) - F(0, \widehat{\omega}_2, \cdots, \widehat{\omega}_k))$$

$$\leqslant (p_{11} - p_{01})\Delta_{\max}$$

因此，引理 4.9 和引理 4.10 在时隙 T 成立。

假定引理 4.8 ∼ 引理 4.10 在时隙 $T-1, \cdots, t+1$ 均成立，我们证明其在时隙 t 亦成立。

下面证明引理 4.8。具体来讲，考虑 $l < m$，我们分三种情况分析。

情况 1，$l \geqslant k+1$。由引理 4.5 可得。

情况 2，$l \leqslant k$ 且 $m \geqslant k+1$。记 $\mathcal{M} \stackrel{\text{def}}{=\!=} \mathcal{N}(k) \setminus \{l\}$，我们有

$$W_t(\widehat{\omega}_1, \cdots, \widehat{\omega}_l, \cdots, \widehat{\omega}_m, \cdots, \widehat{\omega}_N) - W_t(\widehat{\omega}_1, \cdots, \widehat{\omega}_m, \cdots, \widehat{\omega}_l, \cdots, \widehat{\omega}_N)$$

$$= \widehat{W}_t(\widehat{\Omega}; (\widehat{\omega}_1, \cdots, \widehat{\omega}_l, \cdots, \widehat{\omega}_m, \cdots, \widehat{\omega}_N)) - \widehat{W}_t(\widehat{\Omega}; (\widehat{\omega}_1, \cdots, \widehat{\omega}_m, \cdots, \widehat{\omega}_l, \cdots, \widehat{\omega}_N))$$

$$= (\widehat{\omega}_l - \widehat{\omega}_m)(\widehat{W}_t(\widehat{\Omega}; (\widehat{\omega}_1, \cdots, 1, \cdots, 0, \cdots, \widehat{\omega}_N))$$

$$\quad - \widehat{W}_t(\widehat{\Omega}; (\widehat{\omega}_1, \cdots, 0, \cdots, 1, \cdots, \widehat{\omega}_N)))$$

$$= (\widehat{\omega}_l - \widehat{\omega}_m)\Big\{ F(\widehat{\omega}_1, \cdots, 1, \cdots, \widehat{\omega}_k) - F(\widehat{\omega}_1, \cdots, 0, \cdots, \widehat{\omega}_k) + \beta \sum_{\mathcal{E} \subseteq \mathcal{M}} \widehat{C}_{\mathcal{M}}^{\mathcal{E}}$$

$$\times \big[(1 - O_1)\widehat{W}_{t+1}(\dot{\Omega}; (\Phi^l(\mathcal{E}), p_{11}, \Phi_l(\mathcal{E}), \mathcal{T}(\widehat{\omega}_{k+1}), \cdots, p_{01}, \cdots,$$

$$\mathcal{T}(\widehat{\omega}_N), \Psi^l(\mathcal{M}, \mathcal{E}), \Psi_l(\mathcal{M}, \mathcal{E}))$$

$$+ O_1 \widehat{W}_{t+1}(\dot{\Omega}; (\Phi^l(\mathcal{E}), \Phi_l(\mathcal{E}), \mathcal{T}(\widehat{\omega}_{k+1}), \cdots, p_{01}, \cdots,$$

$$\mathcal{T}(\widehat{\omega}_N), \Psi^l(\mathcal{M}, \mathcal{E}), p_{11}, \Psi_l(\mathcal{M}, \mathcal{E}))$$

$$- (1 - O_0) \widehat{W}_{t+1}(\dot{\Omega}; (\Phi^l(\mathcal{E}), p_{01}, \Phi_l(\mathcal{E}), \mathcal{T}(\widehat{\omega}_{k+1}), \cdots, p_{11}, \cdots,$$

$$\mathcal{T}(\widehat{\omega}_N), \Psi^l(\mathcal{M}, \mathcal{E}), \Psi_l(\mathcal{M}, \mathcal{E}))$$

$$- O_0 \widehat{W}_{t+1}(\dot{\Omega}; (\Phi^l(\mathcal{E}), \Phi_l(\mathcal{E}), \mathcal{T}(\widehat{\omega}_{k+1}), \cdots, p_{11}, \cdots,$$

$$\mathcal{T}(\widehat{\omega}_N), \Psi^l(\mathcal{M}, \mathcal{E}), p_{01}, \Psi_l(\mathcal{M}, \mathcal{E}))]\}$$

$$\geqslant (\widehat{\omega}_l - \widehat{\omega}_m)\Big\{ F(\widehat{\omega}_1, \cdots, 1, \cdots, \widehat{\omega}_k) - F(\widehat{\omega}_1, \cdots, 0, \cdots, \widehat{\omega}_k) + \beta \sum_{\mathcal{E} \subseteq \mathcal{M}} \widehat{C}_{\mathcal{M}}^{\mathcal{E}}$$

$$\times \Big[(1 - O_1) \widehat{W}_{t+1}(\dot{\Omega}; (\Phi^l(\mathcal{E}), p_{11}, \Phi_l(\mathcal{E}), \mathcal{T}(\widehat{\omega}_{k+1}), \cdots, p_{01}, \cdots,$$

$$\mathcal{T}(\widehat{\omega}_N), \Psi^l(\mathcal{M}, \mathcal{E}), \Psi_l(\mathcal{M}, \mathcal{E}))$$

$$+ O_1 \widehat{W}_{t+1}(\dot{\Omega}; (\Phi^l(\mathcal{E}), \Phi_l(\mathcal{E}), \mathcal{T}(\widehat{\omega}_{k+1}), \cdots, p_{01}, \cdots,$$

$$\mathcal{T}(\widehat{\omega}_N), \Psi^l(\mathcal{M}, \mathcal{E}), p_{11}, \Psi_l(\mathcal{M}, \mathcal{E}))$$

$$- (1 - O_0) \widehat{W}_{t+1}(\dot{\Omega}; (\Phi^l(\mathcal{E}), p_{11}, \Phi_l(\mathcal{E}), \mathcal{T}(\widehat{\omega}_{k+1}), \cdots, p_{01}, \cdots,$$

$$\mathcal{T}(\widehat{\omega}_N), \Psi^l(\mathcal{M}, \mathcal{E}), \Psi_l(\mathcal{M}, \mathcal{E}))$$

$$- O_0 \widehat{W}_{t+1}(\dot{\Omega}; (\Phi^l(\mathcal{E}), \Phi_l(\mathcal{E}), \mathcal{T}(\widehat{\omega}_{k+1}), \cdots, p_{11}, \cdots,$$

$$\mathcal{T}(\widehat{\omega}_N), \Psi^l(\mathcal{M}, \mathcal{E}), p_{01}, \Psi_l(\mathcal{M}, \mathcal{E}))]\}$$

$$= (\widehat{\omega}_l - \widehat{\omega}_m)\Big\{ F(\widehat{\omega}_1, \cdots, 1, \cdots, \widehat{\omega}_k) - F(\widehat{\omega}_1, \cdots, 0, \cdots, \widehat{\omega}_k) + \beta \sum_{\mathcal{E} \subseteq \mathcal{M}} \widehat{C}_{\mathcal{M}}^{\mathcal{E}}$$

$$\times \Big[(O_0 - O_1) \widehat{W}_{t+1}(\dot{\Omega}; (\Phi^l(\mathcal{E}), p_{11}, \Phi_l(\mathcal{E}), \mathcal{T}(\widehat{\omega}_{k+1}), \cdots, p_{01}, \cdots,$$

$$\mathcal{T}(\widehat{\omega}_N), \Psi^l(\mathcal{M}, \mathcal{E}), \Psi_l(\mathcal{M}, \mathcal{E}))$$

$$+ O_1 \widehat{W}_{t+1}(\dot{\Omega}; (\Phi^l(\mathcal{E}), \Phi_l(\mathcal{E}), \mathcal{T}(\widehat{\omega}_{k+1}), \cdots, p_{01}, \cdots,$$

$$\mathcal{T}(\widehat{\omega}_N), \Psi^l(\mathcal{M}, \mathcal{E}), p_{11}, \Psi_l(\mathcal{M}, \mathcal{E}))$$

$$- O_0 \widehat{W}_{t+1}(\dot{\Omega}; (\Phi^l(\mathcal{E}), \Phi_l(\mathcal{E}), \mathcal{T}(\widehat{\omega}_{k+1}), \cdots, p_{11}, \cdots,$$

$$\mathcal{T}(\widehat{\omega}_N), \Psi^l(\mathcal{M}, \mathcal{E}), p_{01}, \Psi_l(\mathcal{M}, \mathcal{E}))]\}$$

$$
\geq (\widehat{\omega}_l - \widehat{\omega}_m)\Big\{\Delta_{\min} + \beta \sum_{\mathcal{E} \subseteq \mathcal{M}} \widehat{C}_{\mathcal{M}}^{\mathcal{E}}
$$

$$
\times \Big[(O_0 - O_1)\widehat{W}_{t+1}(\dot{\Omega}; (p_{01}, \Phi^l(\mathcal{E}), p_{11}, \Phi_l(\mathcal{E}), \mathcal{T}(\widehat{\omega}_{k+1}), \cdots,
$$

$$
\mathcal{T}(\widehat{\omega}_N), \Psi^l(\mathcal{M}, \mathcal{E}), \Psi_l(\mathcal{M}, \mathcal{E}))
$$

$$
+ O_1 \widehat{W}_{t+1}(\dot{\Omega}; (\Phi^l(\mathcal{E}), p_{01}, \Phi_l(\mathcal{E}), \mathcal{T}(\widehat{\omega}_{k+1}), \cdots,
$$

$$
\mathcal{T}(\widehat{\omega}_N), \Psi^l(\mathcal{M}, \mathcal{E}), \Psi_l(\mathcal{M}, \mathcal{E}), p_{11}))
$$

$$
- O_0 \widehat{W}_{t+1}(\dot{\Omega}; (\Phi^l(\mathcal{E}), p_{11}, \Phi_l(\mathcal{E}), \mathcal{T}(\widehat{\omega}_{k+1}), \cdots,
$$

$$
\mathcal{T}(\widehat{\omega}_N), \Psi^l(\mathcal{M}, \mathcal{E}), \Psi_l(\mathcal{M}, \mathcal{E}), p_{01})\Big]\Big\}
$$

$$
\geq (\widehat{\omega}_l - \widehat{\omega}_m)\Big(\Delta_{\min} - \beta \sum_{\mathcal{E} \subseteq \mathcal{M}} \widehat{C}_{\mathcal{M}}^{\mathcal{E}} \times \Big\{(O_0 - O_1)\frac{1 - p_{01}}{O_0}\Delta_{\max}
$$

$$
+ O_1(p_{11} - p_{01})\Delta_{\max}\frac{1 - [\beta(1 - O_1)(p_{11} - p_{01})]^{T-t}}{1 - \beta(1 - O_1)(p_{11} - p_{01})}\Big\}\Big)
$$

$$
\geq (\widehat{\omega}_l - \widehat{\omega}_m) \sum_{\mathcal{E} \subseteq \mathcal{M}} \widehat{C}_{\mathcal{M}}^{\mathcal{E}}
$$

$$
\times \Big\{\Delta_{\min} - \beta \cdot \Big[\Big(1 - \frac{O_1}{O_0}\Big)(1 - p_{01})\Delta_{\max} + \Delta_{\max}\frac{O_1(p_{11} - p_{01})}{1 - (1 - O_1)(p_{11} - p_{01})}\Big]\Big\}
$$

$$
\geq 0
$$

其中，第一个和第二个不等式按引理 4.8 的归纳假设可得；第三个不等式由引理 4.9 和引理 4.10 的归纳假设及推论 4.2 得到；第四个不等式根据引理的条件可得。

情况 3，$l, m \geq k$。由引理 4.5 可得。

综合上述三种情况，引理 4.8 在时隙 t 成立。

下面证明引理 4.9。根据引理 4.6，我们将函数 $\widehat{W}_t$ 在 $\widehat{\omega}_k$ 和 $\widehat{\omega}_N$ 上展开，即

$$
\widehat{W}_t(\dot{\Omega}; (\widehat{\omega}_1, \cdots, \widehat{\omega}_{k-1}, \widehat{\omega}_k, \cdots, \widehat{\omega}_{n-1}, \widehat{\omega}_n))
$$

$$
- \widehat{W}_t(\dot{\Omega}; (\widehat{\omega}_n, \widehat{\omega}_1, \cdots, \widehat{\omega}_{k-1}, \widehat{\omega}_k, \cdots, \widehat{\omega}_{n-1}))
$$

$$
= \widehat{\omega}_k \widehat{\omega}_n (\widehat{W}_t(\dot{\Omega}; (\widehat{\omega}_1, \cdots, \widehat{\omega}_{k-1}, 1, \widehat{\omega}_{k+1}, \cdots, \widehat{\omega}_{n-1}, 1))
$$

$$
- \widehat{W}_t(\dot{\Omega}; (1, \widehat{\omega}_1, \cdots, \widehat{\omega}_{k-1}, 1, \widehat{\omega}_{k+1}, \cdots, \widehat{\omega}_{n-1})))
$$

$$
+ \widehat{\omega}_k(1 - \widehat{\omega}_n)(\widehat{W}_t(\dot{\Omega}; (\widehat{\omega}_1, \cdots, \widehat{\omega}_{k-1}, 1, \widehat{\omega}_{k+1}, \cdots, \widehat{\omega}_{n-1}, 0))
$$

$$- \widehat{W}_t(\dot{\Omega}; (0, \widehat{\omega}_1, \cdots, \widehat{\omega}_{k-1}, 1, \widehat{\omega}_{k+1}, \cdots, \widehat{\omega}_{n-1})))$$

$$+ (1 - \widehat{\omega}_k)\widehat{\omega}_n(\widehat{W}_t(\dot{\Omega}; (\widehat{\omega}_1, \cdots, \widehat{\omega}_{k-1}, 0, \widehat{\omega}_{k+1}, \cdots, \widehat{\omega}_{n-1}, 1))$$

$$- \widehat{W}_t(\dot{\Omega}; (1, \widehat{\omega}_1, \cdots, \widehat{\omega}_{k-1}, 0, \widehat{\omega}_{k+1}, \cdots, \widehat{\omega}_{n-1})))$$

$$+ (1 - \widehat{\omega}_k)(1 - \widehat{\omega}_n)(\widehat{W}_t(\dot{\Omega}; (\widehat{\omega}_1, \cdots, \widehat{\omega}_{k-1}, 0, \widehat{\omega}_{k+1}, \cdots, \widehat{\omega}_{n-1}, 0))$$

$$- \widehat{W}_t(\dot{\Omega}; (0, \widehat{\omega}_1, \cdots, \widehat{\omega}_{k-1}, 0, \widehat{\omega}_{k+1}, \cdots, \widehat{\omega}_{n-1}))) \tag{4.20}$$

令 $\mathcal{M} = \{1, \cdots, k-1\}$，通过分析式 (4.20) 的四项上界来证明。

对第一项，有

$$\widehat{W}_t(\dot{\Omega}; (\widehat{\omega}_1, \cdots, \widehat{\omega}_{k-1}, 1, \widehat{\omega}_{k+1}, \cdots, \widehat{\omega}_{n-1}, 1))$$

$$- \widehat{W}_t(\dot{\Omega}; (1, \widehat{\omega}_1, \cdots, \widehat{\omega}_{k-1}, 1, \widehat{\omega}_{k+1}, \cdots, \widehat{\omega}_{n-1}))$$

$$= \beta \sum_{\mathcal{E} \subseteq \mathcal{M}} \widehat{C}_{\mathcal{M}}^{\mathcal{E}} \Big\{ (1 - O_1)\widehat{W}_{t+1}(\dot{\Omega}; (\Phi(\mathcal{E}), p_{11}, \Upsilon(k+1, N-1), p_{11}, \Psi(\mathcal{M}, \mathcal{E})))$$

$$+ O_1 \widehat{W}_{t+1}[\dot{\Omega}; (\Phi(\mathcal{E}), \Upsilon(k+1, N-1), p_{11}, \Psi(\mathcal{M}, \mathcal{E}), p_{11})]$$

$$- (1 - O_1)\widehat{W}_{t+1}[\dot{\Omega}; (p_{11}, \Phi(\mathcal{E}), p_{11}, \Upsilon(k+1, N-1), \Psi(\mathcal{M}, \mathcal{E}))]$$

$$- O_1 \widehat{W}_{t+1}(\dot{\Omega}; (\Phi(\mathcal{E}), p_{11}, \Upsilon(k+1, N-1), p_{11}, \Psi(\mathcal{M}, \mathcal{E}))) \Big\}$$

$$\leqslant 0$$

其中，第一个不等式可由引理 4.8 的归纳假设得到。

对第二项，有

$$\widehat{W}_t(\dot{\Omega}; (\widehat{\omega}_1, \cdots, \widehat{\omega}_{k-1}, 1, \widehat{\omega}_{k+1}, \cdots, \widehat{\omega}_{n-1}, 0))$$

$$- \widehat{W}_t(\dot{\Omega}; (0, \widehat{\omega}_1, \cdots, \widehat{\omega}_{k-1}, 1, \widehat{\omega}_{k+1}, \cdots, \widehat{\omega}_{n-1}))$$

$$= F(\widehat{\omega}_1, \cdots, \widehat{\omega}_{k-1}, 1) - F(0, \widehat{\omega}_1, \cdots, \widehat{\omega}_{k-1})$$

$$+ \beta \sum_{\mathcal{E} \subseteq \mathcal{M}} \widehat{C}_{\mathcal{M}}^{\mathcal{E}} \Big[(1 - O_1)\widehat{W}_{t+1}(\dot{\Omega}; (\Phi(\mathcal{E}), p_{11}, \Upsilon(k+1, N-1), p_{01}, \Psi(\mathcal{M}, \mathcal{E})))$$

$$+ O_1 \widehat{W}_{t+1}(\dot{\Omega}; (\Phi(\mathcal{E}), \Upsilon(k+1, N-1), p_{01}, \Psi(\mathcal{M}, \mathcal{E}), p_{11}))$$

$$- (1 - O_0)\widehat{W}_{t+1}(\dot{\Omega}; (p_{01}, \Phi(\mathcal{E}), p_{11}, \Upsilon(k+1, N-1), \Psi(\mathcal{M}, \mathcal{E})))$$

$$- O_0 \widehat{W}_{t+1}(\dot{\Omega}; (\Phi(\mathcal{E}), p_{11}, \Upsilon(k+1, N-1), p_{01}, \Psi(\mathcal{M}, \mathcal{E})))\Big]$$

$$= F(\widehat{\omega}_1, \cdots, \widehat{\omega}_{k-1}, 1) - F(0, \widehat{\omega}_1, \cdots, \widehat{\omega}_{k-1}) + \beta \sum_{\mathcal{E} \subseteq \mathcal{M}} \widehat{C}_{\mathcal{M}}^{\mathcal{E}} \cdot \big[(1 - O_0)$$

$$\times \big(\widehat{W}_{t+1}(\dot{\Omega}; (\Phi(\mathcal{E}), p_{11}, \Upsilon(k+1, N-1), p_{01}, \Psi(\mathcal{M}, \mathcal{E})))$$

$$- \widehat{W}_{t+1}(\dot{\Omega}; (p_{01}, \Phi(\mathcal{E}), p_{11}, \Upsilon(k+1, N-1), \Psi(\mathcal{M}, \mathcal{E}))))$$

$$+ O_1 \big(\widehat{W}_{t+1}(\dot{\Omega}; (\Phi(\mathcal{E}), \Upsilon(k+1, N-1), p_{01}, \Psi(\mathcal{M}, \mathcal{E}), p_{11}))$$

$$- \widehat{W}_{t+1}(\dot{\Omega}; (\Phi(\mathcal{E}), p_{11}, \Upsilon(k+1, N-1), p_{01}, \Psi(\mathcal{M}, \mathcal{E}))))\big]$$

$$\leqslant F(\widehat{\omega}_1, \cdots, \widehat{\omega}_{k-1}, 1) - F(0, \widehat{\omega}_1, \cdots, \widehat{\omega}_{k-1}) + \beta \sum_{\mathcal{E} \subseteq \mathcal{M}} \widehat{C}_{\mathcal{M}}^{\mathcal{E}} \cdot \big[(1 - O_0)$$

$$\times \big(\widehat{W}_{t+1}(\dot{\Omega}; (\Phi(\mathcal{E}), p_{11}, \Upsilon(k+1, N-1), \Psi(\mathcal{M}, \mathcal{E}), p_{01}))$$

$$- \widehat{W}_{t+1}(\dot{\Omega}; (p_{01}, \Phi(\mathcal{E}), p_{11}, \Upsilon(k+1, N-1), \Psi(\mathcal{M}, \mathcal{E}))))\big]$$

$$\leqslant \Delta_{\max} + \beta \cdot (1 - O_0) \cdot \frac{1 - p_{01}}{O_0} \Delta_{\max}$$

其中，最后的不等号可由引理 4.8 和引理 4.9 的归纳假设得到。

对第三项，有

$$\widehat{W}_t(\dot{\Omega}; (\widehat{\omega}_1, \cdots, \widehat{\omega}_{k-1}, 0, \widehat{\omega}_{k+1}, \cdots, \widehat{\omega}_{n-1}, 1))$$

$$- \widehat{W}_t(\dot{\Omega}; (1, \widehat{\omega}_1, \cdots, \widehat{\omega}_{k-1}, 0, \widehat{\omega}_{k+1}, \cdots, \widehat{\omega}_{n-1}))$$

$$= F(\widehat{\omega}_1, \cdots, \widehat{\omega}_{k-1}, 0) - F(1, \widehat{\omega}_1, \cdots, \widehat{\omega}_{k-1})$$

$$+ \beta \sum_{\mathcal{E} \subseteq \mathcal{M}} \widehat{C}_{\mathcal{M}}^{\mathcal{E}} \cdot \big[(1 - O_0) \widehat{W}_{t+1}(\dot{\Omega}; (\Phi(\mathcal{E}), p_{01}, \Upsilon(k+1, N-1), p_{11}, \Psi(\mathcal{M}, \mathcal{E})))$$

$$+ O_0 \widehat{W}_{t+1}(\dot{\Omega}; (\Phi(\mathcal{E}), \Upsilon(k+1, N-1), p_{11}, \Psi(\mathcal{M}, \mathcal{E}), p_{01}))$$

$$- (1 - O_1) \widehat{W}_{t+1}(\dot{\Omega}; (p_{11}, \Phi(\mathcal{E}), p_{01}, \Upsilon(k+1, N-1), \Psi(\mathcal{M}, \mathcal{E})))$$

$$- O_1 \widehat{W}_{t+1}(\dot{\Omega}; (\Phi(\mathcal{E}), p_{01}, \Upsilon(k+1, N-1), p_{11}, \Psi(\mathcal{M}, \mathcal{E})))\big]$$

$$\leqslant F(\widehat{\omega}_1, \cdots, \widehat{\omega}_{k-1}, 0) - F(1, \widehat{\omega}_1, \cdots, \widehat{\omega}_{k-1})$$

$$+ \beta \sum_{\mathcal{E} \subseteq \mathcal{M}} \widehat{C}_{\mathcal{M}}^{\mathcal{E}} \cdot \big[(1 - O_0) \widehat{W}_{t+1}(\dot{\Omega}; (p_{01}, p_{11}, \Phi(\mathcal{E}), \Upsilon(k+1, N-1), \Psi(\mathcal{M}, \mathcal{E})))$$

$$+ O_0 \widehat{W}_{t+1}(\dot{\Omega}; (p_{11}, \Phi(\mathcal{E}), \Upsilon(k+1, N-1), \Psi(\mathcal{M}, \mathcal{E}), p_{01}))$$

$$- (1 - O_1) \widehat{W}_{t+1}(\dot{\Omega}; (p_{01}, p_{11}, \Phi(\mathcal{E}), \Upsilon(k+1, N-1), \Psi(\mathcal{M}, \mathcal{E})))$$

$$- O_1 \widehat{W}_{t+1}(\dot{\Omega}; (p_{01}, \Phi(\mathcal{E}), \Upsilon(k+1, N-1), \Psi(\mathcal{M}, \mathcal{E}), p_{11}))]$$

$$\leqslant -\Delta_{\min} + \beta \sum_{\mathcal{E} \subseteq \mathcal{M}} \widehat{C}_{\mathcal{M}}^{\mathcal{E}} \cdot O_0 \cdot \left[\widehat{W}_{t+1}(\dot{\Omega}; (p_{11}, \Phi(\mathcal{E}), \Upsilon(k+1, N-1), \Psi(\mathcal{M}, \mathcal{E}), p_{01})) \right.$$

$$- \left(1 - \frac{O_1}{O_0}\right) \widehat{W}_{t+1}(\dot{\Omega}; (p_{01}, p_{11}, \Phi(\mathcal{E}), \Upsilon(k+1, N-1), \Psi(\mathcal{M}, \mathcal{E})))$$

$$\left. - \frac{O_1}{O_0} \widehat{W}_{t+1}(\dot{\Omega}; (p_{01}, \Phi(\mathcal{E}), \Upsilon(k+1, N-1), \Psi(\mathcal{M}, \mathcal{E}), p_{11})) \right]$$

$$\leqslant -\Delta_{\min} + \beta \sum_{\mathcal{E} \subseteq \mathcal{M}} \widehat{C}_{\mathcal{M}}^{\mathcal{E}} \cdot O_0$$

$$\times \left\{ \left(1 - \frac{O_1}{O_0}\right) \frac{1 - p_{01}}{O_0} \Delta_{\max} + \frac{O_1}{O_0} (p_{11} - p_{01}) \Delta_{\max} \frac{1 - [\beta(1 - O_1)(p_{11} - p_{01})]^{T-t}}{1 - \beta(1 - O_1)(p_{11} - p_{01})} \right\}$$

$$\leqslant \sum_{\mathcal{E} \subseteq \mathcal{M}} \widehat{C}_{\mathcal{M}}^{\mathcal{E}} \left\{ -\Delta_{\min} + \beta \left[\left(1 - \frac{O_1}{O_0}\right)(1 - p_{01}) + \frac{O_1(p_{11} - p_{01})}{1 - (1 - O_1)(p_{11} - p_{01})} \right] \Delta_{\max} \right\}$$

$$\leqslant 0$$

其中，第一个和第二个不等式可由引理 4.8 的归纳假设得到；第三个不等式可由引理 4.9 的归纳假设得到；第四个不等式可由引理 4.10 的条件得到。

对第四项，有

$$\widehat{W}_t(\dot{\Omega}; (\widehat{\omega}_1, \cdots, \widehat{\omega}_{k-1}, 0, \widehat{\omega}_{k+1}, \cdots, \widehat{\omega}_{n-1}, 0))$$

$$- \widehat{W}_t(\dot{\Omega}; (0, \widehat{\omega}_1, \cdots, \widehat{\omega}_{k-1}, 0, \widehat{\omega}_{k+1}, \cdots, \widehat{\omega}_{n-1}))$$

$$= \beta \sum_{\mathcal{E} \subseteq \mathcal{M}} \widehat{C}_{\mathcal{M}}^{\mathcal{E}} \cdot \left[(1 - O_0) \widehat{W}_{t+1}(\dot{\Omega}; (\Phi(\mathcal{E}), p_{01}, \Upsilon(k+1, N-1), p_{01}, \Psi(\mathcal{M}, \mathcal{E}))) \right.$$

$$+ O_0 \widehat{W}_{t+1}(\dot{\Omega}; (\Phi(\mathcal{E}), \Upsilon(k+1, N-1), p_{01}, \Psi(\mathcal{M}, \mathcal{E}), p_{01}))$$

$$- (1 - O_0) \widehat{W}_{t+1}(\dot{\Omega}; (p_{01}, \Phi(\mathcal{E}), p_{01}, \Upsilon(k+1, N-1), \Psi(\mathcal{M}, \mathcal{E})))$$

$$\left. - O_0 \widehat{W}_{t+1}(\dot{\Omega}; (\Phi(\mathcal{E}), p_{01}, \Upsilon(k+1, N-1), p_{01}, \Psi(\mathcal{M}, \mathcal{E}))) \right]$$

$$\leqslant \beta \sum_{\mathcal{E} \subseteq \mathcal{M}} \widehat{C}_{\mathcal{M}}^{\mathcal{E}} \left[(1 - O_0) \widehat{W}_{t+1}(\dot{\Omega}; (\Phi(\mathcal{E}), p_{01}, \Upsilon(k+1, N-1), \Psi(\mathcal{M}, \mathcal{E}), p_{01})) \right.$$

$$+ O_0 \widehat{W}_{t+1}(\dot{\Omega}; (\Phi(\mathcal{E}), \Upsilon(k+1, N-1), p_{01}, \Psi(\mathcal{M}, \mathcal{E}), p_{01}))$$

$$- (1 - O_0) \widehat{W}_{t+1}(\dot{\Omega}; (p_{01}, \Phi(\mathcal{E}), p_{01}, \Upsilon(k+1, N-1), \Psi(\mathcal{M}, \mathcal{E})))$$

$$\left. - O_0 \widehat{W}_{t+1}(\dot{\Omega}; (p_{01}, \Phi(\mathcal{E}), \Upsilon(k+1, N-1), p_{01}, \Psi(\mathcal{M}, \mathcal{E}))) \right]$$

$$\leqslant \beta(1 - O_0)\frac{1 - p_{01}}{O_0}\Delta_{\max} + \beta O_0 \frac{1 - p_{01}}{O_0}\Delta_{\max}$$

$$= \beta\frac{1 - p_{01}}{O_0}\Delta_{\max}$$

其中,第一个不等式可由引理 4.8 的归纳假设得到;第二个不等式可由引理 4.9 的归纳假设得到。

综合上述四项,我们有

$$\widehat{W}_t(\dot{\Omega}; (\widehat{\omega}_1, \cdots, \widehat{\omega}_N)) - \widehat{W}_t(\dot{\Omega}; (\widehat{\omega}_N, \widehat{\omega}_1, \cdots, \widehat{\omega}_{N-1}))$$

$$\leqslant \widehat{\omega}_k(1 - \widehat{\omega}_N)\left[1 + \beta(1 - O_0)\frac{1 - p_{01}}{O_0}\right]\Delta_{\max}$$

$$+ (1 - \widehat{\omega}_k)(1 - \widehat{\omega}_N)\beta\frac{1 - p_{01}}{O_0}\Delta_{\max}$$

$$\leqslant \widehat{\omega}_k(1 - \widehat{\omega}_N)\left[1 + (1 - O_0)\frac{1 - p_{01}}{O_0}\right]\Delta_{\max}$$

$$+ (1 - \widehat{\omega}_k)(1 - \widehat{\omega}_N)\frac{1 - p_{01}}{O_0}\Delta_{\max}$$

$$= \Delta_{\max}\frac{1 - \widehat{\omega}_N}{O_0}[\widehat{\omega}_k O_0 + (1 - p_{01})(1 - \widehat{\omega}_k O_0)]$$

$$\leqslant \Delta_{\max}\frac{1 - \widehat{\omega}_N}{O_0}[\widehat{\omega}_k O_0 + (1 - \widehat{\omega}_k O_0)]$$

$$\leqslant \frac{1 - \widehat{\omega}_N}{O_0}\Delta_{\max}$$

$$\leqslant \frac{1 - p_{01}}{O_0}\Delta_{\max}$$

引理 4.9 得证。

最后,证明引理 4.10。记 $\mathcal{M} \overset{\text{def}}{=\!=} \{2, \cdots, k\}$,我们有

$$\widehat{W}_t(\dot{\Omega}; (\widehat{\omega}_1, \widehat{\omega}_2 \cdots, \widehat{\omega}_{N-1}, \widehat{\omega}_N)) - \widehat{W}_t(\dot{\Omega}; (\widehat{\omega}_N, \widehat{\omega}_2, \cdots, \widehat{\omega}_{N-1}, \widehat{\omega}_1))$$

$$= (\widehat{\omega}_1 - \widehat{\omega}_N)[\widehat{W}_t(\dot{\Omega}; (1, \widehat{\omega}_2, \cdots, \widehat{\omega}_{N-1}, 0)) - \widehat{W}_t(\dot{\Omega}; (0, \widehat{\omega}_2, \cdots, \widehat{\omega}_{N-1}, 1))]$$

$$= (\widehat{\omega}_1 - \widehat{\omega}_N)\Big\{F(1, \widehat{\omega}_2, \cdots, \widehat{\omega}_k) - F(0, \widehat{\omega}_2, \cdots, \widehat{\omega}_k) + \beta \sum_{\mathcal{E} \subseteq \mathcal{M}} \widehat{C}_{\mathcal{M}}^{\mathcal{E}}$$

$$\times \big[(1 - O_1)\widehat{W}_{t+1}(\dot{\Omega}; (p_{11}, \Phi(\mathcal{E}), \Upsilon(k + 1, N - 1), p_{01}, \Psi(\mathcal{M}, \mathcal{E})))$$

$$+ O_1\widehat{W}_{t+1}(\dot{\Omega}; (\Phi(\mathcal{E}), \Upsilon(k + 1, N - 1), p_{01}, p_{11}, \Psi(\mathcal{M}, \mathcal{E})))$$

$$- (1 - O_0)\widehat{W}_{t+1}(\dot{\Omega}; (p_{01}, \Phi(\mathcal{E}), \Upsilon(k+1, N-1), p_{11}, \Psi(\mathcal{M}, \mathcal{E})))$$

$$- O_0 \widehat{W}_{t+1}(\dot{\Omega}; (\Phi(\mathcal{E}), \Upsilon(k+1, N-1), p_{11}, p_{01}, \Psi(\mathcal{M}, \mathcal{E})))]\}$$

$$\leqslant (\widehat{\omega}_1 - \widehat{\omega}_N)\Big\{F(1, \widehat{\omega}_2, \cdots, \widehat{\omega}_k) - F(0, \widehat{\omega}_2, \cdots, \widehat{\omega}_k) + \beta \sum_{\mathcal{E} \subseteq \mathcal{M}} \widehat{C}_{\mathcal{M}}^{\mathcal{E}}$$

$$\times \big[(1 - O_1)\widehat{W}_{t+1}(\dot{\Omega}; (p_{11}, \Phi(\mathcal{E}), \Upsilon(k+1, N-1), p_{01}, \Psi(\mathcal{M}, \mathcal{E})))$$

$$+ O_1 \widehat{W}_{t+1}(\dot{\Omega}; (\Phi(\mathcal{E}), \Upsilon(k+1, N-1), p_{01}, p_{11}, \Psi(\mathcal{M}, \mathcal{E})))$$

$$- (1 - O_0)\widehat{W}_{t+1}(\dot{\Omega}; (p_{01}, \Phi(\mathcal{E}), \Upsilon(k+1, N-1), p_{11}, \Psi(\mathcal{M}, \mathcal{E})))$$

$$- O_0 \widehat{W}_{t+1}(\dot{\Omega}; (\Phi(\mathcal{E}), \Upsilon(k+1, N-1), p_{01}, p_{11}, \Psi(\mathcal{M}, \mathcal{E})))]\}$$

$$= (\widehat{\omega}_1 - \widehat{\omega}_N)\Big\{F(1, \widehat{\omega}_2, \cdots, \widehat{\omega}_k) - F(0, \widehat{\omega}_2, \cdots, \widehat{\omega}_k) + \beta \sum_{\mathcal{E} \subseteq \mathcal{M}} \widehat{C}_{\mathcal{M}}^{\mathcal{E}}$$

$$\times \big[(1 - O_1)(\widehat{W}_{t+1}(\dot{\Omega}; (p_{11}, \Phi(\mathcal{E}), \Upsilon(k+1, N-1), p_{01}, \Psi(\mathcal{M}, \mathcal{E})))$$

$$- \widehat{W}_{t+1}(\dot{\Omega}; (p_{01}, \Phi(\mathcal{E}), \Upsilon(k+1, N-1), p_{11}, \Psi(\mathcal{M}, \mathcal{E}))))$$

$$+ (O_0 - O_1)(\widehat{W}_{t+1}(\dot{\Omega}; (p_{01}, \Phi(\mathcal{E}), \Upsilon(k+1, N-1), p_{11}, \Psi(\mathcal{M}, \mathcal{E})))$$

$$- \widehat{W}_{t+1}(\dot{\Omega}; (\Phi(\mathcal{E}), \Upsilon(k+1, N-1), p_{01}, p_{11}, \Psi(\mathcal{M}, \mathcal{E}))))]\}$$

$$\leqslant (\widehat{\omega}_1 - \widehat{\omega}_N)\Big\{F(1, \widehat{\omega}_2, \cdots, \widehat{\omega}_k) - F(0, \widehat{\omega}_2, \cdots, \widehat{\omega}_k) + \beta \sum_{\mathcal{E} \subseteq \mathcal{M}} \widehat{C}_{\mathcal{M}}^{\mathcal{E}}$$

$$\times \big[(1 - O_1)(\widehat{W}_{t+1}(\dot{\Omega}; (p_{11}, \Phi(\mathcal{E}), \Upsilon(k+1, N-1), p_{01}, \Psi(\mathcal{M}, \mathcal{E})))$$

$$- \widehat{W}_{t+1}(\dot{\Omega}; (\Phi(\mathcal{E}), p_{01}, \Upsilon(k+1, N-1), p_{11}, \Psi(\mathcal{M}, \mathcal{E}))))]\}$$

$$\leqslant (\widehat{\omega}_1 - \widehat{\omega}_N)\Big\{F(1, \widehat{\omega}_2, \cdots, \widehat{\omega}_k) - F(0, \widehat{\omega}_2, \cdots, \widehat{\omega}_k) + \beta \sum_{\mathcal{E} \subseteq \mathcal{M}} \widehat{C}_{\mathcal{M}}^{\mathcal{E}}$$

$$\times \big[(1 - O_1)(\widehat{W}_{t+1}(\dot{\Omega}; (p_{11}, \Phi(\mathcal{E}), \Upsilon(k+1, N-1), \Psi(\mathcal{M}, \mathcal{E}), p_{01}))$$

$$- \widehat{W}_{t+1}(\dot{\Omega}; (p_{01}, \Phi(\mathcal{E}), \Upsilon(k+1, N-1), \Psi(\mathcal{M}, \mathcal{E}), p_{11})))]\}$$

$$\leqslant (p_{11} - p_{01})\Big\{\Delta_{\max} + \sum_{\mathcal{E} \subseteq \mathcal{M}} \widehat{C}_{\mathcal{M}}^{\mathcal{E}}$$

$$\times \beta(1 - O_1)(p_{11} - p_{01}) \cdot \frac{1 - [\beta(1 - O_1)(p_{11} - p_{01})]^{T-t}}{1 - \beta(1 - O_1)(p_{11} - p_{01})} \Delta_{\max}\Big\}$$

$$= \sum_{\mathcal{E} \subseteq \mathcal{M}} \widehat{C}_{\mathcal{M}}^{\mathcal{E}} \left\{ 1 + \beta(1 - O_1)(p_{11} - p_{01}) \right.$$

$$\left. \cdot \frac{1 - [\beta(1 - O_1)(p_{11} - p_{01})]^{T-t}}{1 - \beta(1 - O_1)(p_{11} - p_{01})} \right\} (p_{11} - p_{01})\Delta_{\max}$$

$$= \frac{1 - [\beta(1 - O_1)(p_{11} - p_{01})]^{T-t+1}}{1 - \beta(1 - O_1)(p_{11} - p_{01})} (p_{11} - p_{01})\Delta_{\max}$$

其中，前三个不等式可由引理 4.8 的归纳假设迭代得到；第四个不等式可由引理 4.10 的归纳假设得到。

至此，引理 4.8 ~ 引理 4.10 得证。

4.6 本 章 小 结

本章主要研究认知射频机会通信系统中的信道调度问题，其中次级用户通过侦听主用户的反馈信息获得机会进行通信。由于不完美侦听带来非线性置信向量演化，我们引入策略置信向量和值置信向量，分别刻画策略和值对收益性能的演化影响，进而克服非线性的影响，得到保证短视访问策略优化性的闭式条件。

参 考 文 献

[1] Papadimitriou C H, Tsitsiklis J N. The complexity of optimal queueing network control. Mathematics of Operations Research, 1999, 24(2): 293–305.

[2] Guha S, Munagala K. Approximation algorithms for partial-information based stochastic control with Markovian rewards// Proceedings of IEEE Symposium on Foundations of Computer Science, Providence, 2011: 483–493.

[3] Guha S, Munagala K. Approximation algorithms for restless bandit problems// Proceedings of ACM-SIAM Symposium on Discrete Algorithms, New York, 2009: 629–637.

[4] Bertsimas D, Nino-Mora J E. Restless bandits, linear programming relaxations, and a primal-dual heuristic. Operations Research, 2000, 48(1): 80–90.

[5] Zhao Q, Krishnamachari B, Liu K. On myopic sensing for multi-channel opportunistic access: structure, optimality, and performance. IEEE Transactions on Wireless Communications, 2008, 7(3): 5413–5440.

[6] Ahmad S H A, Liu M, Javidi T, et al. Optimality of myopic sensing in multichannel opportunistic access. IEEE Transactions on Information Theory, 2009, 55(9): 4040–4050.

[7] Ahmad S H A, Liu M. Multi-channel opportunistic access: a case of restless bandits with multiple plays// Proceedings of Allerton Conference Communication Control Computing, Monticello, 2011: 1361–1368.

[8] Liu K, Zhao Q, Krishnamachari B. Dynamic multichannel access with imperfect chan-
     nel state detection. IEEE Transactions on Signal Processing, 2010, 58(5): 2795–2807.

[9] Wang K, Chen L. On optimality of myopic policy for restless multi-armed bandit
     problem: an axiomatic approach. IEEE Transactions on Signal Processing, 2012, 60(1):
     300–309.

[10] Lapiccirella F E, Liu K, Ding Z. Multi-channel opportunistic access based on primary
     ARQ messages overhearing // Proceedings of IEEE International Conference on Com-
     munications, Kyoto, 2011: 261–272.

第 5 章　同构两态非完美观测多臂机：
第二高策略及性能

5.1　引　　言

本章考虑由一个发射器、一个接收器和 N 个信道组成的通用认知机会通信系统。在该系统中，每个信道具有两个状态，由独立同分布的马尔可夫过程刻画。发射器首先探测一个信道，然后获得被探测信道的状态。基于信道状态和其他知识，如探测历史和访问历史，发射器选择一个信道发送数据并获得一定的收益。在资源受限的情况下，频繁探测信道会消耗大量资源，因此假设发射器在相对较长的固定时间间隔内探测信道来减少资源消耗。研究的目标是为发射器设计一种联合的探测和访问策略，实现在有限时间范围内期望累积收益最大化。一般来说，该问题是一个 POMDP 问题[1,2] 或 RMAB 问题[3]。

在实际情况下，由于变化的信道条件和探测能力的限制，不完美探测信道状态不可避免，但相关文献 [4] ~ [6] 及第 3 章并未考虑不完美探测的情况。因此，本章重点研究不完美探测条件对联合探测和访问策略性能的影响。具体来说，本章研究混合尺度决策问题，提出一种联合探测和访问策略，实现根据不同的信道条件探测最佳或次佳信道。

本章的主要贡献有如下两个方面。

① 探测最佳或次佳信道策略一般来说并不是最优的。在此基础上，本章推导几组闭式充分条件保证提出的策略在正相关信道情况下是最优的。

② 最优策略与频谱检测器的参数、信道的初始置信信息，以及信道状态转换矩阵的非平凡特征值紧密相关。

5.2　系统模型和优化问题

5.2.1　系统模型

本章研究的机会通信系统由一个传输器、一个接收器和 N 个信道组成，记为 $\mathcal{N} = \{1, 2, \cdots, N\}$。系统工作在同步时隙方式，时隙索引号为 t $(t = 0, 1, \cdots, T - 1)$，这里 T 为总时隙数。N 个信道中每个信道服从两态的马尔可夫演化规则。其

两态转换矩阵为

$$P = \begin{bmatrix} 1 - p_{01} & p_{01} \\ 1 - p_{11} & p_{11} \end{bmatrix} = \begin{bmatrix} 1 - p_{11} + \lambda & p_{01} \\ 1 - p_{11} & p_{01} + \lambda \end{bmatrix} \tag{5.1}$$

其中，$\lambda \overset{\text{def}}{=\!=} p_{11} - p_{01}$ 为矩阵 P 的非平凡特征值。

考虑传输器谱检测器的实际属性，总是存在漏检和误警，因此我们引入观测矩阵 Q 来刻画漏检和误警，即

$$Q = \begin{bmatrix} \zeta & 1 - \zeta \\ \epsilon & 1 - \epsilon \end{bmatrix}, \quad \zeta > \epsilon \tag{5.2}$$

其中，ϵ 为漏检率；$1 - \zeta$ 为误警率。

传输器通过选择 N 个信道中的一个信道与接收器通信。考虑实际限制，如探测代价和时延等，传输器每个时隙仅允许探测和访问一个信道。为了进一步减少检测代价，传输器在检测信道后，在后续的 $K - 1$ 个时隙内均不允许再检测信道。换言之，传输器实际上是在更大的尺度上，如每 K 个时隙上探测信道。反之，传输器在每个时隙上均需确定访问哪个信道，即访问决策需在小尺度上进行。如果成功访问信道传输数据，则获得单位收益。为了减少 K 个时隙内频繁切换访问信道的代价，假定在连续 K 个时隙内传输器只需选择一个信道并持续访问 K 个时隙。进一步，考虑接收器的反馈延时，假定传输器不使用先前时隙的反馈信息。

令 $s_i(t)$ 表示信道 i 在时隙 t 开始时刻的状态，$b(tK)$ 为在时隙 tK 探测的信道，$o(tK)$ 为探测信道 $b(tK)$ 获得的观测态，$a(t)$ 为在时隙 t 访问的信道。令 $a_t \overset{\text{def}}{=\!=} (a(0), a(1), \cdots, a(t-1))$ 表示访问历史，$o_t \overset{\text{def}}{=\!=} \left(o(0), o(K), \cdots, o\left(\left\lfloor \dfrac{l}{K} \right\rfloor K \right) \right)$ 表示观测历史，$b_t \overset{\text{def}}{=\!=} \left(b(0), b(K), \cdots, b\left(\left\lfloor \dfrac{l}{K} \right\rfloor K \right) \right)$ 为探测历史，记 $s_0 \overset{\text{def}}{=\!=} [s_1(0), s_2(0), \cdots, s_N(0)]$。

在时隙 t，若信道 $b(t)$ 的观测结果 $o(t) = 1$，传输器访问信道 $a(t)$ $(a(t) = b(t))$ 并得到单位收益；否则，传输器按照特定策略访问另一个信道。

在每个探测时刻，仅被探测信道的状态能直接被观测到，而其他信道状态需要从历史探测、观测和访问决策历史信息中推断得到。因此，我们引入 $\omega_i(t)$ $(0 \leqslant \omega_i(t) \leqslant 1)$ 刻画信道 i 在时隙 t 的开始时刻处于好状态的条件概率。特别地，若没有初始可用信息，则令 $\omega_i(0) = \dfrac{p_{01}}{p_{01} + 1 - p_{11}}$。所有 N 个信道的可用概率组成置信向量，表征系统的信息态，即

$$w(t) \overset{\text{def}}{=\!=} [\omega_1(t), \omega_2(t), \cdots, \omega_N(t)] \tag{5.3}$$

根据信道的马尔可夫属性，信道的置信信息是上一时隙置信信息的函数。

① 当 $t \% K = 0$ 时，在大尺度上探测，则

$$
\omega_i(t+1) = \begin{cases} \tau(\phi(\omega_i(t))), & i = b(t), o(t) = 1 \\ \tau(\psi(\omega_i(t))), & i = b(t), o(t) = 0 \\ \tau(\omega_i(t)), & i \neq b(t) \end{cases} \tag{5.4}
$$

② 当 $t \% K \neq 0$ 时，在小尺度上不探测，则

$$
\omega_i(t+1) = \tau(\omega_i(t)), \quad i \in \mathcal{N} \tag{5.5}
$$

其中

$$
\phi(\omega) = \frac{(1-\epsilon)\omega}{(1-\epsilon)\omega + (1-\zeta)(1-\omega)} \tag{5.6}
$$

$$
\psi(\omega) = \frac{\epsilon\omega}{1 - (1-\epsilon)\omega - (1-\zeta)(1-\omega)} \tag{5.7}
$$

$$
\tau(\omega) = p_{11}\omega + p_{01}(1-\omega) \tag{5.8}
$$

为便于分析，假定当 $t \% K \neq 0$ 时，有 $b_t = 0, o_t = \frac{1}{2}$，采用下述探测集合和观测集合，即

$$
b_t = \big(b(0), b(1), \cdots, b(t)\big)
$$

$$
o_t = \big(o(0), o(1), \cdots, o(t)\big)
$$

则式 (5.4) 和式 (5.5) 统一如下，即

$$
\omega_i(t+1) = \begin{cases} \tau(\phi(\omega_i(t))), & i = b(t), o(t) = 1 \\ \tau(\psi(\omega_i(t))), & i = b(t), o(t) = 0 \\ \tau(\omega_i(t)), & i \neq b(t) \end{cases} \tag{5.9}
$$

5.2.2 混合尺度决策问题

记 $\pi = (\pi_0, \pi_1, \cdots, \pi_{T-1})$ 为探测策略，其中 π_t 是时隙 t 从 $w(t)$ 到探测动作 $b(t)$ 的映射，即

$$
\pi_t: \quad w(t) \longmapsto b(t)
$$

令 $\rho = (\rho_0, \rho_1, \cdots, \rho_{T-1})$ 为访问策略，其中 ρ_t 是时隙 t 从 $w(t)$ 和 $o(t)$ 到访问动作 $a(t)$ 的映射，即

$$\rho_t : \Big(w(t), b(t), o(t) \Big) \longmapsto a(t)$$

进而，我们有如下优化问题，即

$$(\mathcal{P}1) : (\pi^*, \rho^*) = \underset{(\pi, \rho)}{\arg\max} E \left\{ \sum_{t=0}^{T-1} R_{\pi_t, \rho_t}(w(t)) \middle| w(0) \right\} \qquad (5.10)$$

其中，$R_{\pi_t, \rho_t}(w(t))$ 为时隙 t 的收益，即在映射 (π_t, ρ_t) 和初值 $w(0)$ 下的时隙收益；π^* 和 ρ^* 为最佳的探测策略和访问策略。

备注 5.1　求解问题 $(\mathcal{P}1)$ 的主要挑战有两点。

① 在整个决策周期 T 内非线性置信信息非线性传播，即 $\psi(\omega)$ 和 $\phi(\omega)$ 是 ω 的非线性函数。

② 动态规划的递归计算形式。

5.3　小尺度与大尺度问题

本节将混合尺度决策问题分解成两阶段的决策问题。在小时间尺度上，我们分析优化访问策略；在大时间尺度上，分析探测策略。为了方便分析问题 $(\mathcal{P}1)$，我们对系统参数做如下假设。

假设 5.1　假定下面任一条件成立，即 $\psi(p_{11}) \leqslant p_{01} \leqslant p_{11} \leqslant \phi(p_{01})$、$\psi(p_{01}) \leqslant p_{11} < p_{01} \leqslant \phi(p_{11})$。

备注 5.2　该假设保证置信向量是有序结构，这样可以保证问题性能分析简单进行。特别地，我们引入如下定义，即

$$\Pi_{\epsilon, \zeta}^{\lambda} \overset{\text{def}}{=\!=\!=} \left\{ (\lambda, \epsilon, \zeta) : \psi(p_{11}) \leqslant p_{01} \leqslant p_{11} \leqslant \phi(p_{01}) \right\}$$

$$\tilde{\Pi}_{\epsilon, \zeta}^{\lambda} \overset{\text{def}}{=\!=\!=} \left\{ (\lambda, \epsilon, \zeta) : \psi(p_{01}) \leqslant p_{11} < p_{01} \leqslant \phi(p_{11}) \right\}$$

5.3.1　小尺度决策

命题 5.1 (小尺度决策)　每个时隙 t 的优化访问策略为

$$a^*(t) = \begin{cases} b(t), & o(t) = 1 \\ \underset{\{i \in \mathcal{N} \backslash \{b(t)\}\}}{\arg\max} \omega_i(t), & o(t) = 0 \\ \underset{i \in \mathcal{N}}{\arg\max} \omega_i(t), & o(t) = \dfrac{1}{2} \end{cases} \qquad (5.11)$$

证明 考虑访问一个信道不能获得系统的任何信息，例如不会对置信向量 $w(t)$ 有任何影响，因此优化策略是访问置信信息值最大的信道。下面分三种情况证明该命题。

① $o(t) = 1$ 表明，$t \% K = 0$ 且信道 $b(t)$ 处于好状态，因此访问信道 $b(t)$ 最大收益。

② $o(t) = 0$ 表明，$t \% K = 0$ 且信道 $b(t)$ 处于坏状态，因此优化访问策略是访问集合 $\mathcal{N} - \{b(t)\}$ 中最好的信道。

③ $o(t) = \frac{1}{2}$ 表明，$t \bmod K \neq 0$，因此访问集合 $\mathcal{N}$ 中最好的信道。 $\square$

备注 5.3 考虑来自接收器反馈信息的时延，因此传输器忽略该反馈信息。这使访问策略可以看作一种不能探索信息的策略。为了获得尽可能多的收益，从利用与探索的角度来看，访问策略应当充分利用系统信息，如贪婪利用。

记 $V_t(w(t))$ 为时隙 t 的值函数。基于命题 5.1，我们以动态规划的方式重写问题 ($\mathcal{P}1$)，即

$$
(\mathcal{P}2): \begin{cases} V_{T-1}(w(T-1)) = \max_{b(T-1)} \left\{ F(\omega_{\bar{a}(T-1)}(T-1), \omega_{b(T-1)}(T-1)) \right\} \\ V_t\ (w(t)\ ) = \max_{b(t)} \Big\{ F(\omega_{\bar{a}(t)}(t), \omega_{b(t)}(t)) \\ \qquad\qquad + \bar{q}(\omega_{b(t)}(t)) V_{t+1}(\tau(w_{-b(t)}(t)), \tau(\psi(\omega_{b(t)}(t)))) \\ \qquad\qquad + q(\omega_{b(t)}(t)) V_{t+1}(\tau(\phi(\omega_{b(t)}(t))), \tau(w_{-b(t)}(t))) \Big\} \end{cases}
$$
(5.12)

其中

$$F(\omega_a, \omega_b) \stackrel{\text{def}}{=\!=} q(\omega_b) + \bar{q}(\omega_b)\omega_a$$

$$\tau(w_{-b(t)}(t)) \stackrel{\text{def}}{=\!=} \left(\tau(\omega_{1:b(t)-1}(t)), \tau(\omega_{b(t)+1:N}(t)) \right)$$

$$\tau(\omega_{i:i+j}) \stackrel{\text{def}}{=\!=} \left(\tau(\omega_i), \cdots, \tau(\omega_{i+j}) \right)$$

$$q(\omega_i) \stackrel{\text{def}}{=\!=} \begin{cases} (1-\epsilon)\omega + (1-\zeta)(1-\omega), & i \in \mathcal{N} \\ 0, & i = 0 \end{cases}$$

$$\bar{q}(\omega_i) = 1 - q(\omega_i)$$

令 $q(\omega_0) = 0$ 仅为了同假设的时隙 t ($t \% K \neq 0$) 的 $b(t) = 0$ 保持一致，对于时隙 t ($t \% K \neq 0$)，立即收益 $F(\omega_a, \omega_b) = \omega_a$ 且 $V_{t+1}(\Gamma(w_{-b(t)}(t)), \Psi(\omega_{b(t)}(t))) = V_{t+1}(\Phi(\omega_{b(t)}(t)), \Gamma(w_{-b(t)}(t))) = V_{t+1}(\Gamma(w_{1:N}(t)))$。

基于给定的假设，我们有如下关于邻近时隙置信向量结构的结论。

命题 5.2　给定 $(\lambda, \epsilon, \zeta) \in \Pi_{\epsilon,\zeta}^{\lambda}$，则

$$\omega_{\sigma_1}(t) \geqslant \cdots \geqslant \omega_{\sigma_N}(t) \Longrightarrow \omega_{\sigma_1}(t+1) \geqslant \cdots \geqslant \omega_{\sigma_N}(t+1)$$

给定 $(\lambda, \epsilon, \zeta) \in \tilde{\Pi}_{\epsilon,\zeta}^{\lambda}$，则

$$\omega_{\sigma_1}(t) \geqslant \cdots \geqslant \omega_{\sigma_N}(t) \Longrightarrow \omega_{\sigma_1}(t+1) \leqslant \cdots \leqslant \omega_{\sigma_N}(t+1)$$

证明　情况 1，对于 $(\lambda, \epsilon, \zeta) \in \Pi_{\epsilon,\zeta}^{\lambda}$，$\lambda \geqslant 0$ 和 $\tau(\cdot)$ 为增函数，因此 $\omega_{\sigma_i}(t) \geqslant \omega_{\sigma_{i+1}}(t) \Rightarrow \omega_{\sigma_i}(t+1) = \tau(\omega_{\sigma_i}(t)) \geqslant \tau(\omega_{\sigma_{i+1}}(t)) = \omega_{\sigma_{i+1}}(t+1)$。

情况 2，对于 $(\lambda, \epsilon, \zeta) \in \tilde{\Pi}_{\epsilon,\zeta}^{\lambda}$，$\lambda < 0$ 和 $\tau(\cdot)$ 是减函数，因此 $\omega_{\sigma_i}(t) \geqslant \omega_{\sigma_{i+1}}(t) \Rightarrow \omega_{\sigma_i}(t+1) = \tau(\omega_{\sigma_i}(t)) < \tau(\omega_{\sigma_{i+1}}(t)) = \omega_{\sigma_{i+1}}(t+1)$。　□

基于命题 5.2，我们有如下小尺度上的优化访问策略。

引理 5.1　对于 $t \% K \neq 0$，有如下结论。

① 当 $(\lambda, \epsilon, \zeta) \in \Pi_{\epsilon,\zeta}^{\lambda}$ 时，有

$$a^*(t) = \begin{cases} b\left(\left\lfloor \dfrac{t}{K} \right\rfloor K\right), & o\left(\left\lfloor \dfrac{t}{K} \right\rfloor K\right) = 1 \\ \underset{i \in \mathcal{N} \backslash \{b(\lfloor \frac{t}{K} \rfloor K)\}}{\mathrm{argmax}} \ \omega_i\left(\left\lfloor \dfrac{t}{K} \right\rfloor K\right), & o\left(\left\lfloor \dfrac{t}{K} \right\rfloor K\right) = 0 \end{cases}$$

② 当 $(\lambda, \epsilon, \zeta) \in \tilde{\Pi}_{\epsilon,\zeta}^{\lambda}$ 和 $o\left(\left\lfloor \dfrac{t}{K} \right\rfloor K\right) = 1$ 时，有

$$a^*(t) = \begin{cases} b\left(\left\lfloor \dfrac{t}{K} \right\rfloor K\right), & (t \% K) \% 2 = 0 \\ \underset{i \in \mathcal{N} \backslash \{b(\lfloor \frac{t}{K} \rfloor K)\}}{\mathrm{argmin}} \ \omega_i\left(\left\lfloor \dfrac{t}{K} \right\rfloor K\right), & (t \% K) \% 2 = 1 \end{cases}$$

③ 当 $(\lambda, \epsilon, \zeta) \in \tilde{\Pi}_{\epsilon,\zeta}^{\lambda}$ 和 $o\left(\left\lfloor \dfrac{t}{K} \right\rfloor K\right) = 0$ 时，有

$$a^*(t) = \begin{cases} b\left(\left\lfloor \dfrac{t}{K} \right\rfloor K\right), & (t \% K) \% 2 = 1, \\ \underset{i \in \mathcal{N} \backslash \{b(\lfloor \frac{t}{K} \rfloor K)\}}{\mathrm{argmax}} \ \omega_i\left(\left\lfloor \dfrac{t}{K} \right\rfloor K\right), & (t \% K) \% 2 = 0 \end{cases}$$

其中

$$\bar{a}_{\lfloor \frac{t}{K} \rfloor K} \overset{\text{def}}{=\!=\!=} \underset{i \in \mathcal{N} \setminus \{b(\lfloor \frac{t}{K} \rfloor K)\}}{\text{argmax}} \omega_i \left(\left\lfloor \frac{t}{K} \right\rfloor K \right)$$

$$\underline{a}_{\lfloor \frac{t}{K} \rfloor K} \overset{\text{def}}{=\!=\!=} \underset{i \in \mathcal{N} \setminus \{b(\lfloor \frac{t}{K} \rfloor K)\}}{\text{argmin}} \omega_i \left(\left\lfloor \frac{t}{K} \right\rfloor K \right)$$

证明 基于命题 5.2，引理得证。 □

备注 5.4 在小时间尺度上，传输器最多访问两个不同的信道，并且其中一个信道为 $b\left(\left\lfloor \frac{t}{K} \right\rfloor K \right)$。例如，当 $(\lambda, \epsilon, \zeta) \in \Pi_{\epsilon, \zeta}^{\lambda}$ 时，访问一个信道，而在 $(\lambda, \epsilon, \zeta) \in \tilde{\Pi}_{\epsilon, \zeta}^{\lambda}$ 时，访问两个信道。

5.3.2 大尺度决策

基于引理 5.1，我们能简化混合尺度决策问题 ($\mathcal{P}2$) 为一个大尺度决策问题。特别地，令 $L = \left\lfloor \frac{T}{K} \right\rfloor$、$\bar{a}_l = \bar{a}(lK)$、$\underline{a}_l = \underline{a}(lK)$、$b_l = b(lK)$、$v(l) = w(lK)$ $(0 \leqslant l \leqslant L-1)$，$u(v_{\bar{a}_l}(l), v_{\underline{a}_l}(l), v_{b_l}(l))$ 为大尺度周期内的期望累积收集，如 K 个连续时隙的收益，我们能简化问题 ($\mathcal{P}2$) 为下述优化问题，即

$$(\mathcal{P}3): \begin{cases} U_{L-1}(v(L-1)) = \max_{b_{L-1}} \left\{ u(v_{\bar{a}_{L-1}}(L-1), v_{\underline{a}_{L-1}}(L-1), v_{b_{L-1}}(L-1)) \right\} \\ U_l\,(v(l)\,) = \max_{b_l} \left\{ u(v_{\bar{a}_l}(l), v_{\underline{a}_l}(l), v_{b_l}(l)) \right. \\ \qquad\qquad + \bar{q}(v_{b_l}(l)) U_{l+1}(\Gamma(v_{-b_l}(l)), \Psi(v_{b_l}(l))) \\ \qquad\qquad \left. + q(v_{b_l}(l)) U_{l+1}(\Phi(v_{b_l}(l)), \Gamma(v_{-b_l}(l))) \right\} \end{cases}$$

$$(5.13)$$

其中

$$\Gamma(w_{-b(t)}(t)) \overset{\text{def}}{=\!=\!=} \left(\Gamma(\omega_{1:b(t)-1}(t)), \Gamma(\omega_{b(t)+1:N}(t)) \right)$$

$$\Gamma(\omega_{i:i+j}) \overset{\text{def}}{=\!=\!=} \left(\Gamma(\omega_i), \cdots, \Gamma(\omega_{i+j}) \right)$$

$$\Gamma(\omega) \overset{\text{def}}{=\!=\!=} \tau^K(\omega) = \tau^{K-1}(\tau(\omega))$$

$$\Phi(w) \overset{\text{def}}{=\!=\!=} \Gamma(\phi(\omega))$$

$$\Psi(w) \overset{\text{def}}{=\!=\!=} \Gamma(\psi(\omega))$$

对于问题 ($\mathcal{P}3$)，求解优化探测策略的计算复杂度依旧很高。

5.3.3 启发式策略

为了规避 ($\mathcal{P}3$) 中的巨大计算复杂度，我们研究启发式策略而不是优化策略 π^*。本章提出的启发式策略充分利用系统信息最大化立即收益，即

$$\bar{b}_l := \underset{b_l \in \mathcal{N}}{\operatorname{argmax}} \{u(v_{\bar{a}_l}(l), v_{\underline{a}_l}(l), v_{b_l}(l))\} \tag{5.14}$$

5.4　优化性分析：信道正相关 ($p_{11} \geqslant p_{01}$)

5.4.1 伪值函数

为便于分析，$v(l)$ 在每个时隙 l 均降序排列，如 $v_1(l) \geqslant v_2(l) \geqslant \cdots \geqslant v_N(l)$。

根据引理 5.1，访问信道是第一个信道，或者第二个信道。进而，贪婪探测策略就是探测第一个信道或第二个信道。考虑 $u(v_{\bar{a}}, v_b)$ 是 v_a 和 v_b 的增函数，如

$$
\begin{aligned}
u(v_{\bar{a}_l}, v_{\underline{a}_l}, v_{b_l}) &= u(v_{\bar{a}_l}, v_{b_l}) \\
&= \sum_{k=0}^{K-1} \left[q(v_{b_l}) \tau^k(\phi(v_{b_l})) + \bar{q}(v_{b_l}) \tau^k(v_{\bar{a}_l}) \right]
\end{aligned} \tag{5.15}
$$

其中，$q(v_{b_l}) \tau^k(\phi(v_{b_l}))$ 表示信道 b_l 探测为好状态时的收益；$\bar{q}(v_{b_l}) \tau^k(v_{\bar{a}_l})$ 表示 b_l 探测为坏状态时的收益。

为了区分 $(v_{\bar{a}_l}, v_{b_l}) = (v_1(l), v_2(l))$ 和 $(v_2(l), v_1(l))$，我们有

$$u(v_1(l), v_2(l)) - u(v_2(l), v_1(l)) = (1 - \epsilon - \zeta)(v_2(l) - v_1(l)) \frac{1 - \lambda^K}{1 - \lambda}$$

因此，贪婪策略如下。

① 若 $\zeta + \epsilon < 1$，则探测第一个信道，访问第二个信道。

② 若 $\zeta + \epsilon \geqslant 1$，则探测第二个信道，访问第一个信道。

5.4.2 场景 $\zeta + \epsilon < 1$

按照引理 5.1，访问信道是第二信道，探测信道为第一信道。因此，我们引入如下伪值函数，即

$$(\text{VF1}): \begin{cases} U_{L-1}(v(L-1)) = u(v_2(L-1), v_1(L-1)) \\ U_l(v(r)) = u(v_2(r), v_1(r)) \\ \qquad\quad + q(v_1(r))U_{r+1}(\varPhi(v_1(r)), w_{-1}(r+1)) \\ \qquad\quad + \bar{q}(v_1(r))U_{r+1}(v_{-1}(r+1), \varPsi(v_1(r))) \\ U_l^{b_l}(v(l)) = u(v_{\bar{a}_l}(l), v_{b_l}(l)) \\ \qquad\quad + q(v_{b_l}(l))U_{l+1}(\varPhi(v_{b_l}(l)), v_{-b_l}(l+1)) \\ \qquad\quad + \bar{q}(v_{b_l}(l))U_{l+1}(v_{-b_l}(l+1), \varPsi(v_{b_l}(l))) \end{cases}$$

其中，$l < r \leqslant L-1$。

备注 5.5 $U_l^{b_l}(v(l))$ 从时隙 l 到 $L-1$ 获得期望累积收益，在时隙 l 探测信道 b_l，从时隙 $l+1$ 到 L 探测最好信道。若 $b_l = 1$，则 $U_l^{b_l}(v(l))$ 表示从时隙 l 到 $L-1$ 均探测最好信道而获得的全部累积收益。

引理 5.2[7] 对于 $\forall i \in \mathcal{N}$ 和 $l = 0, 1, \cdots, L-1$，有

$$U_l^{b_l}(v_1, \cdots, v_i, \cdots, v_N) = (1 - v_i)U_l^{b_l}(v_1, \cdots, 0, \cdots, v_N) \\ + v_i U_l^{b_l}(v_1, \cdots, 1, \cdots, v_N)$$

命题 5.3 $u(v_a, 1) - u(v_a, 0)$ 是 v_a 的减函数，$u(1, v_b) - u(0, v_b)$ 是 v_b 的减函数。

证明

$$u(v_a, 1) - u(v_a, 0) = \sum_{k=0}^{K-1} \left[(1 - \epsilon)\tau^k(1) - (1 - \zeta)\tau^k(0) - (\zeta - \epsilon)\tau^k(v_a) \right]$$

它随着 v_a 而减小。

$$u(1, v_b) - u(0, v_b) = \sum_{k=0}^{K-1} [\zeta - (\zeta - \epsilon)v_b](\tau^k(1) - \tau^k(0))$$

它随着 v_b 而减小。 $\square$

令 $\Delta \stackrel{\text{def}}{=\!=} \sum_{k=0}^{K-1} \left(\tau^k(1) - \tau^k(0) \right) = \dfrac{1 - \lambda^K}{1 - \lambda}$，有

$$u(1, 1) - u(0, 0) = \Delta$$

$$u(0, 1) - u(0, 0) = (1 - \epsilon)\Delta$$

$$u(1,1) - u(1,0) = (1-\zeta)\Delta$$

$$u(0,1) - u(1,0) = (1-\epsilon-\zeta)\Delta$$

引理 5.3　给定 $(\lambda,\epsilon,\zeta) \in \Pi_{\epsilon,\zeta}^{\lambda}$, $p_{01} \leqslant v_i \leqslant p_{11}$ $(1 \leqslant i \leqslant n)$，参数耦合条件为

$$1-\epsilon-\zeta \geqslant \frac{\zeta-\epsilon}{\zeta}(1-p_{01}) + \frac{\epsilon(1-\epsilon)\lambda^K}{1-(1-\epsilon)\lambda^K} \tag{5.16}$$

对于 $0 \leqslant l \leqslant L-1$，有如下结论。

① 若 $v_i \geqslant v_{i+1}$ $(2 \leqslant i \leqslant N-1)$，则

$$U_l^{v_1}(\cdots, v_i, v_{i+1}, \cdots) \geqslant U_l^{v_1}(\cdots, v_{i+1}, v_i, \cdots) \tag{5.17}$$

② 若 $v_1 \geqslant v_2$，则

$$U_l^{v_1}(v_1, v_2, v_{3:N}) - U_l^{v_2}(v_2, v_1, v_{3:N}) \geqslant 0 \tag{5.18}$$

③ 若 $v_1 \geqslant v_2 \geqslant \cdots \geqslant v_N$，则

$$U_l^{v_1}(v_{1:N-1}, v_N) - U_l^{v_N}(v_N, v_{1:N-1}) \leqslant \frac{\Delta}{\zeta}(1-v_N) \tag{5.19}$$

④ 若 $v_1 \geqslant v_2 \geqslant \cdots \geqslant v_N$，则

$$U_l^{v_1}(v_1, v_{2:N-1}, v_N) - U_l^{v_N}(v_N, v_{2:N-1}, v_1) \leqslant (v_1 - v_N)\frac{(1-\epsilon)\Delta}{1-(1-\epsilon)\lambda^K} \tag{5.20}$$

定理 5.1　给定 $(\lambda,\epsilon,\zeta) \in \Pi_{\epsilon,\zeta}^{\lambda}$ 和 $p_{01} \leqslant v_i \leqslant p_{11}$ $(1 \leqslant i \leqslant N)$，如果式 (5.16) 成立，则优化的策略是探测最好的信道。

证明　基于式 (5.17) 和式 (5.18)，容易通过冒泡算法证明 $W_l^{v_1}(v_1, v_2, \cdots, v_N)$ 达到最大值。□

推论 5.1　若 $\epsilon = 0$, $\zeta \leqslant \min\left\{p_{01}, \dfrac{p_{11} - p_{01}}{p_{11}(1-p_{01})}\right\}$, $p_{01} \leqslant v_i \leqslant p_{11}(1 \leqslant i \leqslant N)$，则优化策略是探测最好的信道。

证明　考虑 $(\lambda,\epsilon,\zeta) \in \Pi_{\epsilon,\zeta}^{\lambda}$ 和 $\epsilon = 0$，可知 $\zeta \leqslant \dfrac{p_{11} - p_{01}}{p_{11}(1-p_{01})}$，将 $\epsilon = 0$ 代入式 (5.16)，可得 $\zeta \leqslant p_{01}$。进而，有 $\zeta \leqslant \min\left\{p_{01}, \dfrac{p_{11} - p_{01}}{p_{11}(1-p_{01})}\right\}$，结合定理 5.1，推论得证。□

5.4.3 场景 $\zeta + \epsilon \geqslant 1$

相似地，我们引入如下伪值函数，与 $\zeta + \epsilon < 1$ 的情况比，仅交换了探测与访问信道，即

$$
\text{(VF2)}: \begin{cases}
U_{L-1}(v(L-1)) = u(v_1(L-1), v_2(L-1)), \\
\begin{cases}
U_r(\ v(r)) = u(v_1(r), v_2(r)) \\
\qquad + q(v_2(r))U_{r+1}(\Phi(v_2(r)), v_{-2}(r+1)) \\
\qquad + \bar{q}(v_2(r))U_{r+1}(v_{-2}(r+1), \Psi(v_2(r))) \\
U_l^{b_l}(\ v(l)) = u(v_{\bar{a}_l}(l), v_{b_l}(l)) \\
\qquad + q(v_{b_l}(l))U_{l+1}(\Phi(v_{b_l}(l)), v_{-b_l}(l+1)) \\
\qquad + \bar{q}(v_{b_l}(l))U_{l+1}(v_{-b_l}(l+1), \Psi(v_{b_l}(l)))
\end{cases}
\end{cases}
$$

其中，$l < r \leqslant L-1$。

相似地，如果 $U_l^{b_l}(v(l))$ 在 $b_l = 2$ 时达到最大值，探测第二好信道策略是最优的。

引理 5.4 给定 $(\lambda, \epsilon, \zeta) \in \Pi_{\epsilon, \zeta}^\lambda$，$p_{01} \leqslant v_i \leqslant p_{11}\ (1 \leqslant i \leqslant N)$ 和

$$
\begin{cases}
\zeta + \epsilon \geqslant 1 \\
\dfrac{1 - \zeta + (\zeta - \epsilon)(1 - p_{11})}{\zeta} \geqslant \dfrac{\epsilon \lambda^K + (1 - p_{01})(\zeta - \epsilon)(1 - \epsilon \lambda^K)}{1 - \lambda^K}
\end{cases}
\tag{5.21}
$$

对于 $0 \leqslant l \leqslant L-1$，有如下结论。

① 若 $v_i \geqslant v_{i+1}\ (3 \leqslant i \leqslant N-1)$，则

$$
U_l^{v_2}(\cdots, v_i, v_{i+1}, \cdots) \geqslant U_l^{v_2}(\cdots, v_{i+1}, v_i, \cdots)
\tag{5.22}
$$

② 若 $v_2 \geqslant v_3$，则

$$
U_l^{v_2}(v_1, v_2, v_3, v_{4:N}) \geqslant U_l^{v_3}(v_1, v_3, v_2, v_{4:N})
\tag{5.23}
$$

③ 若 $v_1 \geqslant v_2$，则

$$
U_l^{v_2}(v_1, v_2, v_{3:N}) \geqslant U_l^{v_1}(v_2, v_1, v_{3:N})
\tag{5.24}
$$

④ 若 $v_1 \geqslant v_2 \geqslant \cdots \geqslant v_N$，则

$$
U_l^{v_2}(v_1, v_{2:N-1}, v_N) - U_l^{v_N}(v_1, v_N, v_{2:N-1}) \leqslant (1 - p_{01})\frac{1 - \epsilon \lambda^K}{1 - \lambda^K}\zeta \Delta
\tag{5.25}
$$

⑤ 若 $v_1 \geqslant v_2 \geqslant \cdots \geqslant v_N$, 则

$$U_l^{v_2}(v_1, v_{2:N-1}, v_N) - U_l^{v_2}(v_N, v_{2:N-1}, v_1) \leqslant \frac{(v_1 - v_N)\zeta\Delta}{1 - \lambda^K} \qquad (5.26)$$

据定理 5.1 的相似推导, 我们有针对 $\zeta + \epsilon \geqslant 1$ 情况的优化性定理 5.2.

定理 5.2　给定 $(\lambda, \epsilon, \zeta) \in \Pi_{\epsilon,\zeta}^{\lambda}$ 和 $p_{01} \leqslant v_i \leqslant p_{11}$ $(1 \leqslant i \leqslant N)$, 如果式 (5.21) 成立, 那么优化策略是探测次好的信道.

5.5　引理 5.3 $(\epsilon + \zeta < 1,\ \lambda \geqslant 0)$ 的证明

我们采用后向推导方式证明该引理, 其中后向推导是解决动态规划问题的经典方法. 具体来说, 我们分三步来证明.

步骤 1, 容易证明此引理在最终时隙 $L-1$ 时成立, 时隙收益为 $U_{L-1}(v(L)) = u(v(L-1))$.

对于引理 5.3 的①, 有

$$U_{L-1}(\cdots, v_i, v_{i+1}, \cdots) - U_{L-1}(\cdots, v_{i+1}, v_i, \cdots)$$
$$= u(v_1, v_2) - u(v_1, v_2)$$
$$= 0$$

对于引理 5.3 的②, 有

$$U_{L-1}(v_1, v_2, v_3, \cdots, v_N) - U_{L-1}(v_2, v_1, v_3, \cdots, v_N)$$
$$= u(v_1, v_2) - u(v_2, v_1)$$
$$= 0$$

对于引理 5.3 的③, 有

$$U_{L-1}(v_1, v_2, \cdots, v_{N-1}, v_N) - U_{L-1}(v_1, v_N, v_2, \cdots, v_{N-1})$$
$$= u(v_1, v_2) - u(v_1, v_N)$$
$$= (v_2 - v_N)(u(v_1, 1) - u(v_1, 0))$$
$$\leqslant (u(v_1, 1) - u(v_1, 0))$$

其中, 第二个等式可由引理 5.2 得到.

对于引理 5.3 的④，有

$$U_{L-1}(v_1, v_2, \cdots, v_{N-1}, v_N) - U_{L-1}(v_N, v_2, \cdots, v_{N-1}, v_1)$$

$$= u(v_2, v_1) - u(v_2, v_N)$$

$$= (v_1 - v_N)(u(v_2, 1) - u(v_2, 0))$$

$$\leqslant (v_1 - v_N)(u(0, 1) - u(0, 0))$$

步骤 2，假定引理 5.3 从时隙 $L-1$ 到 $l+1$ 成立，令 IH1 $\sim$ IH4 分别指示引理 5.3 的① $\sim$ ④。

步骤 3，证明引理 5.3 在时隙 l 成立。

步骤 3.1，对于引理 5.3 的①，有

$$U_l(\cdots, v_i, v_{i+1}, \cdots) - U_l(\cdots, v_{i+1}, v_i, \cdots)$$

$$= (v_i - v_{i+1})U_l(v_1, \cdots, v_{i-1}, 1, 0, v_{i+2}, \cdots, v_N)$$

$$\quad - (v_i - v_{i+1})U_l(v_1, \cdots, v_{i-1}, 0, 1, v_{i+2}, \cdots, v_N)$$

$$= (v_i - v_{i+1})(1 - \zeta + (\zeta - \epsilon)v_1)$$

$$\quad \times \big(U_{l+1}(\Phi(v_1), \Gamma(v_{2:i-1}), \Gamma(1), \Gamma(0), \Gamma(v_{i+2:N}))$$

$$\quad - U_{l+1}(\Phi(v_1), \Gamma(v_2: i - 1), \Gamma(0), \Gamma(1), \Gamma(v_{i+2:N})))$$

$$\quad + (v_i - v_{i+1})(\zeta - (\zeta - \epsilon)v_1)$$

$$\quad \times \big(U_{l+1}(\Gamma(v_{2:i-1}), \Gamma(1), \Gamma(0), \Gamma(v_{i+2:N}), \Phi(v_1))$$

$$\quad - U_{l+1}(\Gamma(v_{2:i-1}), \Gamma(0), \Gamma(1), \Gamma(v_{i+2:N}), \Phi(v_1)))$$

$$\overset{\text{IH1,2}}{\geqslant} 0$$

步骤 3.2，对于引理 5.3 的②，有

$$U_l(v_1, v_2, v_3, \cdots, v_N) - U_l(v_2, v_1, v_3, \cdots, v_N)$$

$$= (v_1 - v_2)(U_l(1, 0, v_3, \cdots, v_N) - U_l(0, 1, v_3, \cdots, v_N))$$

$$= (v_1 - v_2)[u(0, 1) - u(1, 0)$$

$$\quad + (1 - \epsilon)U_{l+1}(\Gamma(1), \Gamma(0), \Gamma(v_3), \cdots, \Gamma(v_N))$$

$$\quad + \epsilon U_{l+1}(\Gamma(0), \Gamma(v_3), \cdots, \Gamma(v_N), \Gamma(1))$$

$$- (1 - \zeta)U_{l+1}(\Gamma(0), \Gamma(1), \Gamma(v_3), \cdots, \Gamma(v_N))$$

$$- \zeta U_{l+1}(\Gamma(1), \Gamma(v_3), \cdots, \Gamma(v_N), \Gamma(0))]$$

$$\geqslant (v_1 - v_2)[u(0,1) - u(1,0)$$

$$+ (1 - \epsilon)U_{l+1}(\Gamma(1), \Gamma(0), \Gamma(v_3), \cdots, \Gamma(v_N))$$

$$+ \epsilon U_{l+1}(\Gamma(0), \Gamma(v_3), \cdots, \Gamma(v_N), \Gamma(1))$$

$$- (1 - \zeta)U_{l+1}(\Gamma(1), \Gamma(0), \Gamma(v_3), \cdots, \Gamma(v_N))$$

$$- \zeta U_{l+1}(\Gamma(1), \Gamma(v_3), \cdots, \Gamma(v_N), \Gamma(0))]$$

$$= (v_1 - v_2)[u(0,1) - u(1,0)$$

$$+ (\zeta - \epsilon)U_{l+1}(\Gamma(1), \Gamma(0), \Gamma(v_3), \cdots, \Gamma(v_N))$$

$$+ \epsilon U_{l+1}(\Gamma(0), \Gamma(v_3), \cdots, \Gamma(v_N), \Gamma(1))$$

$$- \zeta U_{l+1}(\Gamma(1), \Gamma(v_3), \cdots, \Gamma(v_N), \Gamma(0))]$$

$$= (v_1 - v_2)[u(0,1) - u(1,0)$$

$$+ (\zeta - \epsilon)U_{l+1}(\Gamma(1), \Gamma(0), \Gamma(v_3), \cdots, \Gamma(v_N))$$

$$+ \epsilon U_{l+1}(\Gamma(0), \Gamma(v_3), \cdots, \Gamma(v_N), \Gamma(1))$$

$$- (\zeta - \epsilon)U_{l+1}(\Gamma(1), \Gamma(v_3), \cdots, \Gamma(v_N), \Gamma(0))$$

$$- \epsilon U_{l+1}(\Gamma(1), \Gamma(v_3), \cdots, \Gamma(v_N), \Gamma(0))]$$

$$\geqslant (v_1 - v_2)\Big[u(0,1) - u(1,0)$$

$$+ (\zeta - \epsilon)U_{l+1}(\Gamma(0), \Gamma(1), \Gamma(v_3), \cdots, \Gamma(v_N))$$

$$- (\zeta - \epsilon)U_{l+1}(\Gamma(1), \Gamma(v_3), \cdots, \Gamma(v_N), \Gamma(0))$$

$$+ \epsilon U_{l+1}(\Gamma(0), \Gamma(v_3), \cdots, \Gamma(v_N), \Gamma(1))$$

$$- \epsilon U_{l+1}(\Gamma(1), \Gamma(v_3), \cdots, \Gamma(v_N), \Gamma(0))\Big]$$

$$\geqslant (v_1 - v_2)\left[u(0,1) - u(1,0) - (\zeta - \epsilon)\frac{1}{\zeta}(1 - p_{01})\Delta - \epsilon\frac{\Delta\lambda^K}{1 - (1 - \epsilon)\lambda^K}\right]$$

$$= (v_1 - v_2)\Delta\left[1 - \epsilon - \zeta - \frac{\zeta - \epsilon}{\zeta}(1 - p_{01}) - \frac{\epsilon\lambda^K}{1 - (1 - \epsilon)\lambda^K}\right]$$

$\geqslant 0$

步骤 3.3，对于引理 5.3 的①，由引理 5.2，有

$$U_l(v_1, \cdots, v_{N-1}, v_N) - U_l(v_N, v_1, \cdots, v_{N-1})$$

$$= v_1 v_N [U_l(1, v_{2:N-1}, 1) - U_l(1, 1, v_{2:N-1})]$$

$$+ v_1(1 - v_N)[U_l(1, v_{2:N-1}, 0) - U_l(0, 1, v_{2:N-1})]$$

$$+ (1 - v_1)v_N[U_l(0, v_{2:N-1}, 1) - U_l(1, 0, v_{2:N-1})]$$

$$+ (1 - v_1)(1 - v_N)[U_l(0, v_{2:N-1}, 0) - U_l(0, 0, v_{2:N-1})] \tag{5.27}$$

下面将式 (5.27) 中的每一项分别定界。

步骤 3.3.1，式 (5.27) 中的第一项定界如下，即

$$U_l(1, v_2, v_3, \cdots, v_{N-1}, 1) - U_l(1, 1, v_2, v_3, \cdots, v_{N-1})$$

$$= u(v_2, 1) - u(1, 1)$$

$$+ (1 - \epsilon)U_{l+1}(\Gamma(1), \Gamma(v_2), \cdots, \Gamma(v_{N-1}), \Gamma(1))$$

$$+ \epsilon U_{l+1}(\Gamma(v_2), \cdots, \Gamma(v_{N-1}), \Gamma(1), \Gamma(1))$$

$$- (1 - \epsilon)U_{l+1}(\Gamma(1), \Gamma(1), \Gamma(v_2), \cdots, \Gamma(v_{N-1}))$$

$$- \epsilon U_{l+1}(\Gamma(1), \Gamma(v_2), \cdots, \Gamma(v_{N-1}), \Gamma(1))$$

$$= u(v_2, 1) - u(1, 1)$$

$$+ (1 - \epsilon)U_{l+1}(\Gamma(1), \Gamma(v_2), \cdots, \Gamma(v_{N-1}), \Gamma(1))$$

$$- (1 - \epsilon)U_{l+1}(\Gamma(1), \Gamma(1), \Gamma(v_2), \cdots, \Gamma(v_{N-1}))$$

$$+ \epsilon U_{l+1}(\Gamma(v_2), \cdots, \Gamma(v_{N-1}), \Gamma(1), \Gamma(1))$$

$$- \epsilon U_{l+1}(\Gamma(1), \Gamma(v_2), \cdots, \Gamma(v_{N-1}), \Gamma(1))$$

$$\leqslant u(v_2, 1) - u(1, 1)$$

步骤 3.3.2，式 (5.27) 中的第二项定界如下，即

$$U_l(1, v_2, v_3, \cdots, v_{N-1}, 0) - U_l(0, 1, v_2, v_3, \cdots, v_N)$$

$$= u(v_2, 1) - u(1, 0)$$

$$+ (1 - \epsilon)U_{l+1}(\Gamma(1), \Gamma(v_2), \cdots, \Gamma(v_{N-1}), \Gamma(0))$$

$$+ \epsilon U_{l+1}(\Gamma(v_2), \cdots, \Gamma(v_{N-1}), \Gamma(0), \Gamma(1))$$

$$- (1 - \zeta)U_{l+1}(\Gamma(0), \Gamma(1), \Gamma(v_2), \cdots, \Gamma(v_{N-1}))$$

$$- \zeta U_{l+1}(\Gamma(1), \Gamma(v_2), \cdots, \Gamma(v_{N-1}), \Gamma(0))$$

$$= u(v_2, 1) - u(1, 0)$$

$$+ (1 - \zeta)U_{l+1}(\Gamma(1), \Gamma(v_2), \cdots, \Gamma(v_{N-1}), \Gamma(0))$$

$$- (1 - \zeta)U_{l+1}(\Gamma(0), \Gamma(1), \Gamma(v_2), \cdots, \Gamma(v_{N-1}))$$

$$+ \epsilon U_{l+1}(\Gamma(v_2), \cdots, \Gamma(v_{N-1}), \Gamma(0), \Gamma(1))$$

$$- \epsilon U_{l+1}(\Gamma(1), \Gamma(v_2), \cdots, \Gamma(v_{N-1}), \Gamma(0))$$

$$\leqslant u(v_2, 1) - u(1, 0)$$

$$+ (1 - \zeta)U_{l+1}(\Gamma(1), \Gamma(v_2), \cdots, \Gamma(v_{N-1}), \Gamma(0))$$

$$- (1 - \zeta)U_{l+1}(\Gamma(0), \Gamma(1), \Gamma(v_2), \cdots, \Gamma(v_{N-1}))$$

$$\leqslant u(v_2, 1) - u(1, 0) + \frac{1 - \zeta}{\zeta}(1 - p_{01})\Delta$$

步骤 3.3.3，式 (5.27) 中的第三项定界如下，即

$$U_l(0, v_2, v_3, \cdots, v_{N-1}, 1) - U_l(1, 0, v_2, v_3, \cdots, v_{N-1})$$

$$= u(v_2, 0) - u(0, 1)$$

$$+ (1 - \zeta)U_l(\Gamma(0), \Gamma(v_2), \cdots, \Gamma(v_{N-1}), \Gamma(1))$$

$$+ \zeta U_l(\Gamma(v_2), \cdots, \Gamma(v_{N-1}), \Gamma(1), \Gamma(0))$$

$$+ (1 - \epsilon)U_l(\Gamma(1), \Gamma(0), \Gamma(v_2), \cdots, \Gamma(v_{N-1}))$$

$$+ \epsilon U_l(\Gamma(0), \Gamma(v_2), \cdots, \Gamma(v_{N-1}), \Gamma(1))$$

$$\leqslant u(v_2, 0) - u(0, 1)$$

$$+ (1 - \zeta)U_l(\Gamma(0), \Gamma(1), \Gamma(v_2), \cdots, \Gamma(v_{N-1}))$$

$$+ \zeta U_l(\Gamma(1), \Gamma(v_2), \cdots, \Gamma(v_{N-1}), \Gamma(0))$$

$$- (1 - \epsilon)U_l(\Gamma(0), \Gamma(1), \Gamma(v_2), \cdots, \Gamma(v_{N-1}))$$

$$- \epsilon U_l(\Gamma(0), \Gamma(v_2), \cdots, \Gamma(v_{N-1}), \Gamma(1))$$

$$= u(v_2, 0) - u(0, 1)$$

$$+ (\zeta - \epsilon) U_l(\Gamma(1), \Gamma(v_2), \cdots, \Gamma(v_{N-1}), \Gamma(0))$$

$$- (\zeta - \epsilon) U_l(\Gamma(0), \Gamma(1), \Gamma(v_2), \cdots, \Gamma(v_{N-1}))$$

$$+ \epsilon U_l(\Gamma(1), \Gamma(v_2), \cdots, \Gamma(v_{N-1}), \Gamma(0))$$

$$- \epsilon U_l(\Gamma(0), \Gamma(v_2), \cdots, \Gamma(v_{N-1}), \Gamma(1))$$

$$\leqslant u(v_2, 0) - u(0, 1) + \frac{(\zeta - \epsilon)(1 - p_{01})}{\zeta} \Delta + \frac{\epsilon \Delta \lambda^K}{1 - (1 - \epsilon)\lambda^K}$$

$$= u(1, 0) - u(0, 1) + \frac{(\zeta - \epsilon)(1 - p_{01})}{\zeta} \Delta + \frac{\epsilon \Delta \lambda^K}{1 - (1 - \epsilon)\lambda^K}$$

$$+ u(v_2, 0) - u(1, 0)$$

$$\leqslant u(v_2, 0) - u(1, 0)$$

步骤 3.3.4，式 (5.27) 中的第四项定界如下，即

$$U_l(0, v_2, v_3, \cdots, v_{N-1}, 0) - U_l(0, 0, v_2, v_3, \cdots, v_{N-1})$$

$$= u(v_2, 0) - u(0, 0)$$

$$+ (1 - \zeta) U_l(\Gamma(0), \Gamma(v_2), \cdots, \Gamma(v_{N-1}), \Gamma(0))$$

$$+ \zeta U_l(\Gamma(v_2), \cdots, \Gamma(v_{N-1}), \Gamma(0), \Gamma(0))$$

$$- (1 - \zeta) U_l(\Gamma(0), \Gamma(0), \Gamma(v_2), \cdots, \Gamma(v_{N-1}))$$

$$- \zeta U_l(\Gamma(0), \Gamma(v_2), \cdots, \Gamma(v_{N-1}), \Gamma(0))$$

$$\leqslant u(v_2, 0) - u(0, 0) + \frac{1 - \zeta}{\zeta}(1 - p_{01})\Delta + \frac{\zeta}{\zeta}(1 - p_{01})\Delta$$

$$= u(v_2, 0) - u(0, 0) + \frac{1}{\zeta}(1 - p_{01})\Delta$$

据步骤 3.3.1 ~ 步骤 3.3.4，联合上述四项定界结果，可得

$$U_l(v_1, v_2, \cdots, v_{N-1}, v_N) - U_l(v_N, v_1, v_2, \cdots, v_{N-1})$$

$$\leqslant v_1 v_N (u(v_2, 1) - u(1, 1))$$

$$+ v_1(1 - v_N)\left[u(v_2, 1) - u(1, 0) + (1 - \zeta)\frac{1}{\zeta}(1 - p_{01})\Delta\right]$$

$$+ (1 - v_1)v_N(u(v_2, 0) - u(1, 0))$$

$$+ (1 - v_1)(1 - v_N)\left[u(v_2, 0) - u(0, 0) + \frac{1}{\zeta}(1 - p_{01})\Delta\right]$$

$$= v_N(u(v_2, v_1) - u(1, v_1))$$

$$+ v_1(1 - v_N)\left[u(v_2, 1) - u(1, 0) + (1 - \zeta)\frac{1}{\zeta}(1 - p_{01})\Delta\right]$$

$$+ (1 - v_1)(1 - v_N)\left[u(v_2, 0) - u(0, 0) + \frac{1}{\zeta}(1 - p_{01})\Delta\right]$$

$$= v_N(u(v_2, v_1) - u(1, v_1)) + v_1(1 - v_N)$$

$$\times \left[u(v_2, 1) - u(0, 1) + u(0, 1) - u(1, 0) + \frac{1 - \zeta}{\zeta}(1 - p_{01})\Delta\right]$$

$$+ (1 - v_1)(1 - v_N)\left[u(v_2, 0) - u(0, 0) + \frac{1}{\zeta}(1 - p_{01})\Delta\right]$$

$$= v_N(u(v_2, v_1) - u(1, v_1))$$

$$+ (1 - v_N)(u(v_2, v_1) - u(0, v_1))$$

$$+ v_1(1 - v_N)\left[u(0, 1) - u(1, 0) + (1 - \zeta)\frac{1}{\zeta}(1 - p_{01})\Delta\right]$$

$$+ (1 - v_1)(1 - v_N)\frac{1}{\zeta}(1 - p_{01})\Delta$$

$$= (1 - v_2)v_N(u(0, v_1) - u(1, v_1))$$

$$+ v_2(1 - v_N)(u(1, v_1) - u(0, v_1))$$

$$+ v_1(1 - v_N)\left[u(0, 1) - u(1, 0) + (1 - \zeta)\frac{1}{\zeta}(1 - p_{01})\Delta\right]$$

$$+ (1 - v_1)(1 - v_N)\frac{1}{\zeta}(1 - p_{01})\Delta$$

$$= (v_2 - v_N)(u(1, v_1) - u(0, v_1))$$

$$+ v_1(1 - v_N)\left[u(0, 1) - u(1, 0) + (1 - \zeta)\frac{1}{\zeta}(1 - p_{01})\Delta\right]$$

$$+ (1 - v_1)(1 - v_N)\frac{1}{\zeta}(1 - p_{01})\Delta$$

$$= v_1(v_2 - v_N)(u(1,1) - u(0,1))$$

$$+ (1 - v_1)(v_2 - v_N)(u(1,0) - u(0,0))$$

$$+ v_1(1 - v_N)\left[u(0,1) - u(1,0) + (1 - \zeta)\frac{1}{\zeta}(1 - p_{01})\Delta\right]$$

$$+ (1 - v_1)(1 - v_N)\frac{1}{\zeta}(1 - p_{01})\Delta$$

$$\leqslant v_1(1 - v_N)(u(1,1) - u(0,1))$$

$$+ (1 - v_n)v_1(u(1,0) - u(0,0))$$

$$+ v_1(1 - v_N)\left[u(0,1) - u(1,0) + (1 - \zeta)\frac{1}{\zeta}(1 - p_{01})\Delta\right]$$

$$+ (1 - v_1)(1 - v_N)\frac{1}{\zeta}(1 - p_{01})\Delta$$

$$= v_1(1 - v_N)\left[u(1,1) - u(0,0) + (1 - \zeta)\frac{1}{\zeta}(1 - p_{01})\Delta\right]$$

$$+ (1 - v_1)(1 - v_N)\frac{1}{\zeta}(1 - p_{01})\Delta$$

$$= \frac{(1 - v_N)(u(1,1) - u(0,0))}{\zeta}$$

$$\times [v_1\zeta + v_1(1 - \zeta)(1 - p_{01}) + (1 - v_1)(1 - p_{01})]$$

$$= \frac{(1 - v_N)(u(1,1) - u(0,0))}{\zeta}\left[v_1\zeta + (1 - \zeta v_1)(1 - p_{01})\right]$$

$$< \frac{1}{\zeta}(1 - v_N)(u(1,1) - u(0,0))$$

$$= \frac{1}{\zeta}(1 - v_N)\Delta$$

步骤 3.4, 对于引理 5.3 的①, 可得

$$U_l(v_1, v_2, \cdots, v_{N-1}, v_N) - U_l(v_N, v_2, \cdots, v_{N-1}, v_1)$$

$$= (v_1 - v_N)(U_l(1, v_2, \cdots, v_{N-1}, 0) - U_l(0, v_2, \cdots, v_{N-1}, 1))$$

$$= (v_1 - v_N)[u(v_2, 1) - u(v_2, 0)$$

$$+ (1 - \epsilon)U_l(\Gamma(1), \Gamma(v_2), \cdots, \Gamma(v_{N-1}), \Gamma(0))$$

$$+ \epsilon U_l(\Gamma(v_2), \cdots, \Gamma(v_{N-1}), \Gamma(0), \Gamma(1))$$

$$- (1 - \zeta)U_l(\Gamma(0), \Gamma(v_2), \cdots, \Gamma(v_{N-1}), \Gamma(1))$$

$$- \zeta U_l(\Gamma(v_2), \cdots, \Gamma(v_{N-1}), \Gamma(1), \Gamma(0))]$$

$$\leqslant (v_1 - v_N)[u(v_2, 1) - u(v_2, 0)$$

$$+ (1 - \epsilon)U_l(\Gamma(1), \Gamma(v_2), \cdots, \Gamma(v_{N-1}), \Gamma(0))$$

$$+ \epsilon U_l(\Gamma(v_2), \cdots, \Gamma(v_{N-1}), \Gamma(0), \Gamma(1))$$

$$- (1 - \zeta)U_l(\Gamma(0), \Gamma(v_2), \cdots, \Gamma(v_{N-1}), \Gamma(1))$$

$$- \zeta U_l(\Gamma(v_2), \cdots, \Gamma(v_{N-1}), \Gamma(0), \Gamma(1))]$$

$$= (v_1 - v_N)[u(v_2, 1) - u(v_2, 0)$$

$$+ (1 - \epsilon)U_l(\Gamma(1), \Gamma(v_2), \cdots, \Gamma(v_{N-1}), \Gamma(0))$$

$$- (1 - \epsilon)U_l(\Gamma(0), \Gamma(v_2), \cdots, \Gamma(v_{N-1}), \Gamma(1))$$

$$+ (\zeta - \epsilon)U_l(\Gamma(0), \Gamma(v_2), \cdots, \Gamma(v_{N-1}), \Gamma(1))$$

$$- (\zeta - \epsilon)U_l(\Gamma(v_2), \cdots, \Gamma(v_{N-1}), \Gamma(0), \Gamma(1))]$$

$$\leqslant (v_1 - v_N)[u(v_2, 1) - u(v_2, 0)$$

$$+ (1 - \epsilon)U_l(\Gamma(1), \Gamma(v_2), \cdots, \Gamma(v_{N-1}), \Gamma(0))$$

$$- (1 - \epsilon)U_l(\Gamma(0), \Gamma(v_2), \cdots, \Gamma(v_{N-1}), \Gamma(1))]$$

$$\leqslant (v_1 - v_N)\left[u(v_2, 1) - u(v_2, 0) + (1 - \epsilon)(\Gamma(1) - \Gamma(0))\frac{u(0, 1) - u(0, 0)}{1 - (1 - \epsilon)\lambda^K}\right]$$

$$\leqslant (v_1 - v_N)\left[u(0, 1) - u(0, 0) + (1 - \epsilon)\lambda^K\frac{u(0, 1) - u(0, 0)}{1 - (1 - \epsilon)\lambda^K}\right]$$

$$= (v_1 - v_N)\frac{u(0, 1) - u(0, 0)}{1 - (1 - \epsilon)\lambda^K}$$

$$= (v_1 - v_N)\frac{(1 - \epsilon)\Delta}{1 - (1 - \epsilon)\lambda^K}$$

至此，引理 5.3 得证。

5.6 本 章 小 结

本章研究机会通信系统中的混合尺度序列决策问题。在该系统中，在较大的时间尺度内进行探测，而在较小的时间尺度内进行访问决策。通过理论分析，我们将这个混合尺度决策问题简化为一个简单的大尺度决策问题。对于正相关信道，我们提出两组充分条件，分别确保第一高和第二高探测策略在不同场景下分别是最优的。

参 考 文 献

[1] Zhao Q, Tong L, Swami A, et al. Decentralized cognitive MAC for opportunistic spectrum access in Ad hoc networks: a POMDP framework. IEEE Journal on Selected Areas in Communications, 2007, 25(3): 589–600.

[2] Liu K, Zhao Q. Indexability of restless bandit problems and optimality of whittle index for dynamic multichannel access. IEEE Transactions on Information Theory, 2010, 56(11): 5547–5567.

[3] Whittle P. Restless bandits: activity allocation in a changing world. Journal of Applied Probability, 1988, 24: 287–298.

[4] Johnston M, Keslassy I, Modiano E. Channel probing in opportunistic communication systems. IEEE Transactions on Information Theory, 2017, 63(11): 7535–7552.

[5] Wang K, Liu Q, Fan Q, et al. Optimally probing channel in opportunistic spectrum access. IEEE Communications Letters, 2018, 22(7): 1426–1429.

[6] Wang K. Optimally myopic scheduling policy for downlink channels with imperfect state observation. IEEE Transactions on Vehicular Technology, 2018, 67(7): 5856–5867.

[7] Wang K, Chen L. On optimality of myopic policy for restless multi-armed bandit problem: an axiomatic approach. IEEE Transactions on Signal Processing, 2012, 60(1): 300–309.

第 6 章　异构两态非完美观测多臂机：
因子策略及性能

6.1　引　　言

6.1.1　背景简介

本章研究机会多信道通信系统，其由一个发送用户、一个接收用户、多个异构的 Gilbert-Elliot 信道[1]组成。由于感知能力有限，用户每次只能在一个信道上感知和传输数据。需要强调的是，本章分析技术可以方便地扩展到允许用户感知固定数目信道的情况。考虑实际系统中不完美的信道检测存在误警和漏检，本章要解决的基本问题是用户如何利用不完美的检测结果和信道的随机特性机会地在信道之间切换最大化系统收益，如最大化期望吞吐量。

6.1.2　主要结果和贡献

利用怀特因子策略解决序列决策问题的关键是建立问题的可因子性，并计算相应的因子。对于本章研究的问题，在特定参数空间的某些场景[2,3]中，怀特因子策略退化为短视策略。除此之外，基于因子策略的结构一直没有得到解决，因此本章主要研究该问题的因子策略。相关工作对比如表 6.1 所示。

表 6.1　相关工作对比

参数域	策略	优化性
$p_{11} \geqslant p_{01}, \epsilon \leqslant \dfrac{p_{01}(1-p_{11})}{p_{11}(1-p_{01})}$	短视策略	全局优化[2]
$p_{11} \leqslant p_{01}, \epsilon \leqslant \dfrac{p_{11}(1-p_{01})}{p_{01}(1-p_{11})}$	短视策略	全局优化[3]
$\epsilon_i \leqslant \dfrac{(1-\max\{p_{11}^{(i)}, p_{01}^{(i)}\}) \cdot \min\{p_{11}^{(i)}, p_{01}^{(i)}\}}{(1-\min\{p_{11}^{(i)}, p_{01}^{(i)}\}) \cdot \max\{p_{11}^{(i)}, p_{01}^{(i)}\}}$	因子策略	局部优化

本章采用怀特策略建立可因子性的主要技术挑战在于信道不完美感知。特别是，误警率与信道置信信息传播紧密相关，并使值函数呈现非线性特征。这与现有研究中的值函数线性特征不同。因此，传统计算怀特因子的方法不能简单套用到不完美感知的场合。据我们所知，对于非线性情况，现有的工作不存在闭式的怀特因子，并且只在假设可因子性的严格条件下对怀特因子进行数值模拟[4]。

为了解决非线性带来的挑战，我们研究置信函数非线性演化的不动点，在此基础上建立动态系统的系列周期结构。然后，通过分段线性方法将值函数在各分段区间内线性化，证明怀特因子的可因子性并导出闭式的怀特因子。因此，本章通过建立可因子性并构造相应的因子策略，解决信道感知不完美情况下的多信道机会调度问题。本章的研究方法和结果可广泛用于优化问题能转化为 RMAB 的工程领域。

6.2 相 关 工 作

一般而言，针对参数空间的某些特殊子空间，我们可以证明短视策略是最优化策略[2,3,5-9]。除了这些特殊子参数空间外，我们还需要研究更为一般的策略，即怀特因子策略[10]。怀特因子策略一直都被认为是针对 RMAB 问题的非常通用的启发式算法，尽管它通常不是最优的策略，但在渐近意义上是最优的[11,12]，并且具有良好的实际性能。怀特因子策略及其变体已广泛应用于各种工程问题，如传感器调度[4,13]、多无人机协调[14]、网页爬虫[15]、无线通信的信道分配[16,17] 和作业调度[18-20]。感兴趣的读者可以在文献 [21] ~ [23] 中找到关于 RMAB 的更多介绍。

6.3 系统模型和优化问题

本章考虑一个时隙同步的多通道机会通信系统，一个用户可以访问信道集合 $\mathcal{N} = \{1, 2, \cdots, N\}$ 中的信道，每个独立信道有两种状态，即好 (1) 和坏 (0)。信道 i $(i \in \mathcal{N})$ 的状态转换矩阵 $P^{(i)}$ 为

$$P^{(i)} = \begin{bmatrix} 1 - p_{01}^{(i)} & p_{01}^{(i)} \\ 1 - p_{11}^{(i)} & p_{11}^{(i)} \end{bmatrix}$$

其中，$p_{11}^{(i)}$ 为信道 i 从状态 1 转换到状态 1 的概率；$p_{01}^{(i)}$ 为信道 i 从状态 0 转换到状态 1 的概率。

两态马尔可夫信道模型如图 6.1 所示。

假定通信系统工作在同步时隙方式，时隙索引号为 t $(t = 0, 1, \cdots)$，并且在每个时隙的开始时刻进行状态转换。由于功耗、硬件限制等，用户每个时隙仅能感知 N 个信道中的一个信道。假定用户在每个时隙的开始时刻且状态转换后进行感知决策。一旦某个信道 i 被选择，用户检测该信道状态 $S_i(t)$，检测假设如下，即

$$\mathcal{H}_0 : S_i(t) = 1, \quad 好$$

$$\mathcal{H}_1 : S_i(t) = 0, \quad 坏$$

信道 i 的状态检测性能由误警率 ϵ_i 和漏检率 δ_i 确定，ϵ_i 表示 $\mathcal{H}_0$ 判决为 $\mathcal{H}_1$ 的概率；δ_i 表示 $\mathcal{H}_1$ 判决为 $\mathcal{H}_0$ 的概率。

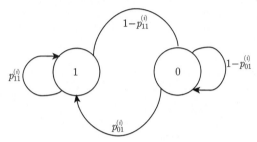

图 6.1　两态马尔可夫信道模型

基于时隙 t 的不完美检测结果，用户决定是否利用信道 i 进行传输。令 $a_n(t)$ 表示用户在时隙 t 是否选择信道 n，若时隙 t 选择信道 n，则 $a_n(t) = 1$；否则，$a_n(t) = 0$。对于任意时隙 t，$\sum_{n=1}^{N} a_n(t) = 1$ 表明每个时隙仅有一个信道被选择。

由于传输可能不成功，因此需要利用应答信号 (ACK) 指示是否传输成功。特别地，当接收者成功地从某信道收到一个包后，其在同一信道上在时隙尾给传输者发送应答信号；否则，接收者不发送信息，即 NAK 信号，对应于没有 ACK，用来表明传输器在此时隙上不能在该信道上传输或者信道忙导致传输器传输数据不成功。这里假定信道信号 ACK 总是无错误地被接收，因为 ACK 信号一般总是在空闲信道上传输。

显然，由于感知 N 个信道中的一个信道不准确，用户不能观测到整个系统的状态信息，因此用户必须从观测和决策历史中推断信道状态信息以便为将来决策。至此，我们引入信道状态置信向量 $\Omega(t) := \{\omega_i(t), i \in \mathcal{N}\}$，其中 $0 \leqslant \omega_i(t) \leqslant 1$ 是信道 i 处于好状态的条件概率，即在给定观测和决策历史信息下 $S_i(t) = 1$ 的概率。

为了确保用户和相应的接收者在每个时隙都能调整到相同信道，信道选择在每个时隙必须依据共同观测信号，即 $K(t) \in \{0\ (\text{NAK}), 1\ (\text{ACK})\}$，而不是传输器的检测结果。

给定感知动作 $\{a_i(t)\}_{i \in \mathcal{N}}$ 和观测 $K(t)$，时隙 $t+1$ 的置信向量可以使用式 (6.1) 的贝叶斯更新规则进行递归计算，即

$$\omega_i(t+1) = \begin{cases} p_{11}^{(i)}, & a_i(t) = 1, K(t) = 1 \\ \Psi_i(\omega_i(t)), & a_i(t) = 1, K(t) = 0 \\ \Gamma_i(\omega_i(t)), & a_i(t) = 0 \end{cases} \tag{6.1}$$

其中

$$\Gamma_i(\omega_i(t)) \stackrel{\text{def}}{=\!=} \omega_i(t)p_{11}^{(i)} + (1 - \omega_i(t))p_{01}^{(i)} \tag{6.2}$$

$$\varphi_i(\omega_i(t)) \stackrel{\text{def}}{=\!=} \frac{\epsilon_i\omega_i(t)}{1 - (1 - \epsilon_i)\omega_i(t)} \tag{6.3}$$

$$\Psi_i(\omega_i(t)) \stackrel{\text{def}}{=\!=} \Gamma_i(\varphi_i(\omega_i(t))) \tag{6.4}$$

需要强调的是，感知错误导致非线性 $\varphi_i(\omega_i(t))$，进而导致系统动态复杂性。因此，关于完美感知场景的方法和结果 [5,24,25] 不能直接套用在非完美感知场景。

记 $\pi = \{\pi(t)\}_{t \geqslant 0}$ 为感知策略，$\pi(t)$ 将置信向量 $\Omega(t)$ 映射为时隙 t 选择感知一个信道，即

$$\pi(t): \ \Omega(t) \mapsto \{1, 2, \cdots, N\}, \quad t = 0, 1, 2, \cdots \tag{6.5}$$

记 $a_n^\pi(t)$ 为策略 $\pi(t)$ 下是否选择信道 n。若策略 $\pi(t)$ 下信道 n 被选择，$a_n^\pi(t) = 1$；否则，$a_n^\pi(t) = 0$。令 $\Pi_n \stackrel{\text{def}}{=\!=} \{a_n^\pi(t): \ t \geqslant 0\}$ 为信道 n 在感知策略 π 下的策略空间，那么 $\Pi = \bigcup_{n=1}^{N} \Pi_n$ 为联合策略空间。

用户的目标是寻找优化感知策略 π^*，最大化有限时间内的期望累积折旧收益，即

$$\text{OrigP:} \ \max_{\pi \in \Pi} E\left\{\sum_{t=0}^{\infty} \beta^t \sum_{n=1}^{N} \left[a_n^\pi(t)(1 - \epsilon_n)\omega_n(t)\right]\right\} \tag{6.6}$$

$$\text{s.t.} \quad \sum_{n=1}^{N} a_n^\pi(t) = 1, \quad t = 0, 1, \cdots, \infty \tag{6.7}$$

式 (6.7) 表示每个时隙只能选择一个信道。

我们将原始问题 OrigP 转换成 N 个相似的子问题。对于松弛约束 (6.7)，有

$$1 = \frac{\sum_{t=0}^{\infty} \beta^t \sum_{n=1}^{N} a_n^\pi(t)}{\sum_{t=0}^{\infty} \beta^t} = \frac{\sum_{n=1}^{N} \sum_{t=0}^{\infty} \beta^t a_n^\pi(t)}{\sum_{t=0}^{\infty} \beta^t} = \sum_{n=1}^{N} \frac{\sum_{t=0}^{\infty} \beta^t a_n^\pi(t)}{\sum_{t=0}^{\infty} \beta^t} \tag{6.8}$$

除以 $\sum_{t=0}^{\infty} \beta^t$，我们将问题 OrigP 转换为松弛问题 RelxP，即

$$\text{RelxP:}\quad \max_{\pi \in \Pi} E \sum_{n=1}^{N} \left\{ \frac{\displaystyle\sum_{t=0}^{\infty} \beta^t \left[a_n^{\pi}(t)(1-\epsilon_n)\omega_n(t) \right]}{\displaystyle\sum_{t=0}^{\infty} \beta^t} \right\} \qquad (6.9)$$

$$\text{s.t.}\quad \sum_{n=1}^{N} \frac{\displaystyle\sum_{t=0}^{\infty} \beta^t a_n^{\pi}(t)}{\displaystyle\sum_{t=0}^{\infty} \beta^t} = 1 \qquad (6.10)$$

引入拉格朗日乘子 ν, 可以将式 (6.9) 写为如下形式，即

$$\max_{\pi \in \Pi} E \sum_{n=1}^{N} \left\{ \frac{\displaystyle\sum_{t=0}^{\infty} \beta^t \left[a_n^{\pi}(t)(1-\epsilon_n)\omega_n(t) + \nu(1-a_n^{\pi}(t)) \right]}{\displaystyle\sum_{t=0}^{\infty} \beta^t} \right\} \qquad (6.11)$$

进一步，将式 (6.11) 分解成 N 个子问题，即

$$\max_{\pi_n \in \Pi_n} E \left\{ \frac{\displaystyle\sum_{t=0}^{\infty} \beta^t \left[a_n^{\pi_n}(t)(1-\epsilon_n)\omega_n(t) + \nu(1-a_n^{\pi_n}(t)) \right]}{\displaystyle\sum_{t=0}^{\infty} \beta^t} \right\} \qquad (6.12)$$

考虑 β $(0 \leqslant \beta < 1)$ 为常数, 我们有如下子问题 subP-n，即

$$\max_{\pi_n \in \Pi_n} E \left\{ \sum_{t=0}^{\infty} \beta^t \left[a_n^{\pi_n}(t)(1-\epsilon_n)\omega_n(t) + \nu(1-a_n^{\pi_n}(t)) \right] \right\} \qquad (6.13)$$

为了解决原始优化问题 OrigP, 首先寻求子问题 subP-n $(n \in \mathcal{N})$ 的优化策略 π_n^*, 进一步构建原始问题 OrigP 的可行近似策略 $\pi = (\pi_1^*, \pi_2^*, \cdots, \pi_N^*)$。

6.4　怀特因子及可行性简介

令 $V_{\beta,\nu}(\omega)$ 为子问题 (6.13) 对应的值函数，表示在初始置信值 $\omega(0)$ 下从 ν 补

助的单臂机过程中收集的最大折旧收益。考虑每个时隙有两个可能的动作，我们有

$$
\begin{cases}
V_{\beta,\nu}(\omega) = \max\Big\{ V_{\beta,\nu}(\omega; a=0), V_{\beta,\nu}(\omega; a=1) \Big\} \\
V_{\beta,\nu}(\omega; a=0) = \nu + \beta V_{\beta,\nu}(\varGamma(\omega)) \\
V_{\beta,\nu}(\omega; a=1) = (1-\epsilon)\omega + \beta\Big\{ (1-\epsilon)\omega V_{\beta,\nu}(p_{11}) + [1-(1-\epsilon)\omega] V_{\beta,\nu}(\varPsi(\omega)) \Big\}
\end{cases}
\tag{6.14}
$$

其中，$V_{\beta,\nu}(\omega; a=1)$ 表示在当前时隙采用动作 $a=1$ 时，后续时隙中采用最优策略获得的收益；$V_{\beta,\nu}(\omega; a=0)$ 表示在当前时隙不采用动作 (即 $a=0$) 获得补助 ν 与后续折旧收益 $\beta V_{\beta,\nu}(\varGamma(\omega))$ 之和。

备注 6.1 在无限时间内，每个时隙都作出决策，而不同的决策会导致置信信息 ω 不同的演化，因此在不至混淆的情况下我们称式 (6.14) 为动态系统。

备注 6.2 $V_{\beta,\nu}(\varPsi(\omega))$ (特别是 $\varphi(\omega)$) 导致动态系统 (6.14) 的置信信息的非线性更新，进而导致怀特因子具有特别复杂的属性。因此，如何消除非线性是本章的重点。

令补助 ν 下置信量 ω 对应的优化动作为 a^*，即

$$
a^* = \begin{cases}
1, & V_{\beta,\nu}(\omega; a=1) > V_{\beta,\nu}(\omega; a=0) \\
0, & V_{\beta,\nu}(\omega; a=1) \leqslant V_{\beta,\nu}(\omega; a=0)
\end{cases}
\tag{6.15}
$$

定义补助 ν 下的非激活集合 $\mathcal{P}(\nu)$，即

$$
\mathcal{P}(\nu) \xlongequal{\text{def}} \Big\{ \omega : V_{\beta,\nu}(\omega; a=1) \leqslant V_{\beta,\nu}(\omega; a=0) \Big\}
\tag{6.16}
$$

下面介绍怀特因子和可因子性方面的几个概念。

定义 6.1 (可因子性) 式 (6.13) 是可因子的，如果对应的带补助 ν 的单臂机过程的非激活集 $\mathcal{P}(\nu)$，随着 ν 从 $-\infty$ 增加到 $+\infty$，单调从空集 $\emptyset$ 增加到全状态空间 $[0,1]$。

具备可因子性的情况下，怀特因子定义如下。

定义 6.2 (怀特因子[10]) 如果问题 (6.13) 是可因子的，其置信量 ω 对应的怀特因子 $W(\omega)$ 是补助 ν 的下确界，使在置信量 ω 时不激活臂是优化策略。换句话说，怀特因子是使激活和非激活动作产生相同收益的补助 ν 的下确界，即

$$
W(\omega) = \inf\Big\{ \nu : V_{\beta,\nu}(\omega; a=1) \leqslant V_{\beta,\nu}(\omega; a=0) \Big\}
\tag{6.17}
$$

定义 6.3 (门限策略) 给定 ν，存在 ω^* $(0 \leqslant \omega^* \leqslant 1)$ 使 $V_{\beta,\nu}(\omega^*; 1) = V_{\beta,\nu}(\omega^*; 0)$，其中门限策略定义如下。

① 对于任意 ω $(\omega^* < \omega \leqslant 1)$, 有 $a^* = 1$; 对于任意 ω $(0 \leqslant \omega < \omega^*)$, 有 $a^* = 0$。

② 对于任意 ω $(\omega^* < \omega \leqslant 1)$, 有 $a^* = 0$; 对于任意 ω $(0 \leqslant \omega < \omega^*)$, 有 $a^* = 1$。

定义 6.4　子问题 (6.13) 是可因子的, 如果通过门限策略计算得到的补助 ν 是 ω 的连续单调增函数。

6.5　怀特因子和调度策略

6.5.1　怀特因子

定理 6.1　给定 $\epsilon_i \leqslant \dfrac{(1 - \max\{p_{11}^{(i)}, p_{01}^{(i)}\}) \cdot \min\{p_{11}^{(i)}, p_{01}^{(i)}\}}{(1 - \min\{p_{11}^{(i)}, p_{01}^{(i)}\}) \cdot \max\{p_{11}^{(i)}, p_{01}^{(i)}\}}$ $(i \in \mathcal{N})$, 子问题 (6.13) 是可因子的。

为了证明问题的可因子性, 我们需要证明 ν 是 ω 的单调连续增函数。因此, 首先计算 ν 的闭式形式, 然后证明 ν 是 ω 的单调连续增函数。

基于门限策略的定义, 可以得到如下怀特因子。

定理 6.2　信道 i 的怀特因子 $W_\beta(\omega)$ 如下。

① 信道负相关, 即 $p_{11}^{(i)} \leqslant p_{01}^{(i)}$ 时, 有

$W_\beta(\omega)$

$$= \begin{cases} \dfrac{(1-\epsilon_i)[\beta p_{01}^{(i)} + (\omega - \beta \Gamma_i(\omega))]}{1 + \beta(p_{01}^{(i)} - \epsilon_i p_{11}^{(i)}) - \beta^2(1-\epsilon_i)\Gamma_i(p_{11}^{(i)}) - \beta(1-\epsilon_i)(\omega - \Gamma_i(\omega))}, \\ \quad p_{11}^{(i)} \leqslant \omega < \omega_0^{(i)} \\[2mm] \dfrac{(1-\epsilon_i)[\beta p_{01}^{(i)} + (1-\beta)\omega]}{1 + \beta(p_{01}^{(i)} - \epsilon_i p_{11}^{(i)}) - \beta^2(1-\epsilon_i)\Gamma_i(p_{11}^{(i)}) - \beta(1-\beta)(1-\epsilon_i)\omega}, \\ \quad \omega_0^{(i)} < \omega < \Gamma_i(p_{11}^{(i)}) \\[2mm] \dfrac{(1-\epsilon_i)[\beta p_{01}^{(i)} + (1-\beta)\omega]}{1 + \beta(p_{01}^{(i)} - \epsilon_i p_{11}^{(i)}) - \beta(1-\epsilon_i)\omega}, \quad \Gamma_i(p_{11}^{(i)}) \leqslant \omega < \bar{\omega}_0^{(i)} \\[2mm] (1-\epsilon_i)\omega, \quad \bar{\omega}_0^{(i)} \leqslant \omega \leqslant p_{01}^{(i)} \end{cases} \tag{6.18}$$

② 信道正相关, 即 $p_{11}^{(i)} \geqslant p_{01}^{(i)}$ 时, 有

$W_\beta(\omega)$

$$
=\begin{cases}
(1-\epsilon_i)\omega, & p_{01}^{(i)} \leqslant \omega \leqslant \underline{\omega}_0^{1,(i)} \\[2mm]
W_\beta(\underline{\omega}_0^{n,(i)}) + (\omega - \underline{\omega}_0^{n,(i)})\dfrac{W_\beta(\overline{\omega}_0^{n,(i)}) - W_\beta(\underline{\omega}_0^{n,(i)})}{\overline{\omega}_0^{n,(i)} - \underline{\omega}_0^{n,(i)}}, & \underline{\omega}_0^{n,(i)} < \omega < \overline{\omega}_0^{n,(i)}, \ n > 0 \\[2mm]
\dfrac{(1-\epsilon_i)(1-\beta^{n+1})(\omega - \beta\Gamma_i(\omega)) + C_6}{C_0(\omega - \beta\Gamma_i(\omega)) + C_7}, & \overline{\omega}_0^{n,(i)} \leqslant \omega < \Gamma_i^n(\varphi(p_{11}^{(i)})), \ n > 0 \\[2mm]
\dfrac{(1-\epsilon_i)(1-\beta^{n+1})(\omega - \beta\Gamma_i(\omega)) + C_6}{(1-\epsilon_i)(\beta - \beta^{n+1})(\omega - \beta\Gamma_i(\omega)) + C_9}, & \Gamma_i^n(\varphi(p_{11}^{(i)})) \leqslant \omega < \underline{\omega}_0^{n+1,(i)}, \ n > 0 \\[2mm]
\dfrac{(1-\epsilon_i)\omega}{1 - \beta(1-\epsilon_i)(p_{11}^{(i)} - \omega)}, & \omega_0^{(i)} \leqslant \omega \leqslant p_{11}^{(i)}
\end{cases}
\tag{6.19}
$$

$W(\omega)$

$$
=\begin{cases}
\dfrac{(1-\epsilon_i)(p_{01}^{(i)} + \omega - \Gamma_i(\omega))}{1 + p_{01}^{(i)} - \epsilon_i p_{11}^{(i)} - (1-\epsilon_i)\Gamma_i(p_{11}^{(i)}) - (1-\epsilon_i)(\omega - \Gamma_i(\omega))}, & p_{11}^{(i)} \leqslant \omega < \omega_0^{(i)} \\[2mm]
\dfrac{(1-\epsilon_i)p_{01}^{(i)}}{1 + p_{01}^{(i)} - \epsilon_i p_{11}^{(i)} - (1-\epsilon_i)\Gamma_i(p_{11}^{(i)})}, & \omega_0^{(i)} \leqslant \omega < \Gamma_i(p_{11}^{(i)}) \\[2mm]
\dfrac{(1-\epsilon_i)p_{01}^{(i)}}{1 + p_{01}^{(i)} - \epsilon_i p_{11}^{(i)} - (1-\epsilon_i)\omega}, & \Gamma_i(p_{11}^{(i)}) \leqslant \omega < \bar{\omega}_0^{(i)} \\[2mm]
(1-\epsilon_i)\omega, & \bar{\omega}_0^{(i)} \leqslant \omega \leqslant p_{01}^{(i)}
\end{cases}
\tag{6.20}
$$

$W(\omega)$

$$
=\begin{cases}
(1-\epsilon_i)\omega, & p_{01}^{(i)} \leqslant \omega \leqslant \underline{\omega}_0^{1,(i)} \\[2mm]
W(\underline{\omega}_0^{n,(i)}) + (\omega - \underline{\omega}_0^{n,(i)})\dfrac{W(\overline{\omega}_0^{n,(i)}) - W(\underline{\omega}_0^{n,(i)})}{\overline{\omega}_0^{n,(i)} - \underline{\omega}_0^{n,(i)}}, & \underline{\omega}_0^{n,(i)} < \omega < \overline{\omega}_0^{n,(i)}, \ n > 0 \\[2mm]
\dfrac{(1-\epsilon_i)(n+1)(\Gamma_i(\omega) - \omega) - (1-\epsilon)\Gamma_i^n(p_{01}^{(i)})}{(1-\epsilon_i)[n+1-(1-\epsilon)p_{11}^{(i)}](\Gamma_i(\omega) - \omega) + C_7'}, & \overline{\omega}_0^{n,(i)} \leqslant \omega < \Gamma_i^n(\varphi(p_{11}^{(i)})), \ n > 0 \\[2mm]
\dfrac{(1-\epsilon)(n+1)(\Gamma_i(\omega) - \omega) - (1-\epsilon)\Gamma_i^n(p_{01}^{(i)})}{(1-\epsilon)[n(\Gamma_i(\omega) - \omega) + p_{11}^{(i)}] - 1 - \Gamma_i^n(p_{01}^{(i)}) + \epsilon\Gamma_i^n(p_{11}^{(i)})}, \\
\qquad \Gamma_i^n(\varphi(p_{11}^{(i)})) \leqslant \omega < \underline{\omega}_0^{n+1,(i)}, \ n > 0 \\[2mm]
\dfrac{(1-\epsilon_i)\omega}{1 - (1-\epsilon_i)(p_{11}^{(i)} - \omega)}, & \omega_0^{(i)} \leqslant \omega \leqslant p_{11}^{(i)}
\end{cases}
\tag{6.21}
$$

其中

$$C_0 = (1 - \epsilon_i)\beta\{1 - \beta^n p_{11}^{(i)}(1 - \epsilon_i) - \beta^{n+1}[1 - (1 - \epsilon_i)p_{11}^{(i)}]\}$$

$$C_6 = (1 - \epsilon_i)(1 - \beta)\beta^{n+1}\Gamma_i^n(p_{01}^{(i)})$$

$$\begin{aligned}
C_7 = &- \epsilon_i(1 - \beta)\beta^{n+1}[1 - \beta(1 - \epsilon_i)p_{11}^{(i)}]\Gamma_i^n(p_{11}^{(i)}) \\
&+ (1 - \beta)\beta^{n+1}[1 + \beta(1 - \epsilon_i)(1 - p_{11}^{(i)})]\Gamma_i^n(p_{01}^{(i)}) \\
&- \epsilon_i(1 - \epsilon_i)(1 - \beta)\beta^{n+1}p_{11}^{(i)}\Gamma_i^{n-1}(p_{11}^{(i)}) \\
&- (1 - \epsilon_i)(1 - \beta)\beta^{n+1}(1 - p_{11}^{(i)})\Gamma_i^{n-1}(p_{01}^{(i)}) \\
&+ (1 - \beta)[1 - \beta(1 - \epsilon_i)p_{11}^{(i)}]
\end{aligned}$$

$$\begin{aligned}
C_7' = &\epsilon_i[1 - (1 - \epsilon_i)p_{11}^{(i)}]\Gamma_i^n(p_{11}^{(i)}) - [1 + (1 - \epsilon_i)(1 - p_{11}^{(i)})]\Gamma_i^n(p_{01}^{(i)}) \\
&+ \epsilon_i(1 - \epsilon_i)p_{11}^{(i)}\Gamma_i^{n-1}(p_{11}^{(i)}) + (1 - \epsilon_i)(1 - p_{11}^{(i)})\Gamma_i^{n-1}(p_{01}^{(i)}) + (1 - \epsilon_i)p_{11}^{(i)} - 1
\end{aligned}$$

$$C_9 = (1 - \beta)[1 - \beta(1 - \epsilon_i)p_{11}^{(i)}] + (1 - \beta)\beta^{n+1}(\Gamma_i^n(p_{01}^{(i)}) - \epsilon_i\Gamma_i^n(p_{11}^{(i)}))$$

对于平均收益情况，即 $\beta = 1$，我们可以得到怀特因子 $W(\omega) = \lim\limits_{\beta \to 1} W_\beta(\omega)$。

定理 6.3　信道 i 的 $W(\omega)$ 如下。

① 信道负相关，即 $p_{11}^{(i)} \leqslant p_{01}^{(i)}$ 时，参见式 (6.20)。

② 信道正相关，即 $p_{11}^{(i)} \geqslant p_{01}^{(i)}$ 时，参见式 (6.21)。

下面的推论建立了短视策略与怀特因子的关系，特别是信道随机相似的情况下，怀特因子策略退化为短视策略。

推论 6.1　$W_\beta(\omega)$ 是 ω 的单调非减函数，因此对于每个信道具有相同的状态转换矩阵的 RMAB 问题，怀特因子策略与短视策略是相同的。

6.5.2　调度策略

基于怀特因子，我们构建原始问题 OrigP 的基于因子的策略。

① 对于折旧收益情况 $(\beta < 1)$，每个时隙选择 $i^* = \mathop{\arg\max}\limits_{i \in \mathcal{N}} W_\beta(\omega_i)$ 的信道。

② 对于平均收益情况 $(\beta = 1)$，每个时隙选择 $i^* = \mathop{\arg\max}\limits_{i \in \mathcal{N}} W(\omega_i)$ 的信道。

6.5.3　技术挑战

在研究可因子性的过程中，非线性算子 $\Psi_i(\cdot)$ 带来如下技术挑战。

① 在动态系统的演化过程中，非线性算子 $\Psi_i(\cdot)$ 带来置信信息的非线性传播。

② 非线性算子 $\Psi_i(\cdot)$ 导致值函数 $V_{\beta,\nu}(\omega)$ 呈现非线性特征而难以计算。

为解决上述挑战，我们分析算子 Γ_i、Ψ_i 及其组合算子的不动点，并利用这些不动点将置信信息空间分割成一系列子区间。然后，我们建立非线性动态系统的一系列周期结构，并设计每个子区间的线性化方案。

6.6 线性化分析：基于不动点理论

此节推导算子 $\Gamma_i(\cdot)$ 和 $\Psi_i(\cdot)$ 的不动点，并给出与其相关的结构属性。为便于分析，我们忽略信道索引号 i。

引理 6.1 ($\Gamma(\cdot)$ 的不动点: $p_{01} \leqslant p_{11}$) 给定 $p_{01} \leqslant p_{11}$, $\Gamma(\omega(t))$ 具有如下属性。

① $\Gamma(\omega(t))$ 是 $\omega(t)$ 的单调增函数。

② $p_{01} \leqslant \Gamma(\omega(t)) \leqslant p_{11}$, $\forall\, 0 \leqslant \omega(t) \leqslant 1$。

③ 随着 $k \to \infty$, $\Gamma^k(\omega(t)) = \Gamma(\Gamma^{k-1}(\omega(t)))$ 单调收敛于 $\omega_0 = \dfrac{p_{01}}{1-(p_{11}-p_{01})}$。

$\Gamma^k(\omega)$ 随 k 的演化图 $(p_{11} \geqslant p_{01})$ 如图 6.2 所示。

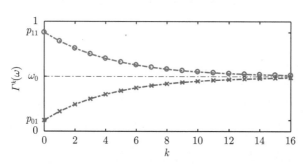

图 6.2 $\Gamma^k(\omega)$ 随 k 的演化图 $(p_{11} \geqslant p_{01})$

证明 由于 $\Gamma(\omega(t)) = (p_{11} - p_{01})\omega(t) + p_{01}$, 引理 6.1 成立。 $\square$

引理 6.2 ($\Gamma^k(\cdot)$ 的不动点: $p_{01} > p_{11}$) 令 $\Gamma^0(\omega) = \omega$, $\Gamma^k(\omega) = \Gamma(\Gamma^{k-1}(\omega))$, 则随着 $k \to \infty$, $\Gamma^{2k}(\omega)$ 和 $\Gamma^{2k+1}(\omega)$ ($\omega \in [p_{11}, p_{01}]$) 从相反的方向收敛于 $\omega_0 = \dfrac{p_{01}}{1-(p_{11}-p_{01})}$ (图 6.3)。特别地，有如下属性。

① 如果 $p_{11} \leqslant \omega < \omega_0$, 则 $\Gamma^k(\omega) > \omega$。

② $\Gamma^k(\omega_0) = \omega_0$。

③ 如果 $\omega_0 \leqslant \omega < p_{01}$, 则 $\Gamma^k(\omega) \leqslant \omega$。

证明 由于 $\Gamma(\omega) = (p_{11} - p_{01})\omega + p_{01}$ 并且 $-1 < p_{11} - p_{01} < 0$, 易证引理。 $\square$

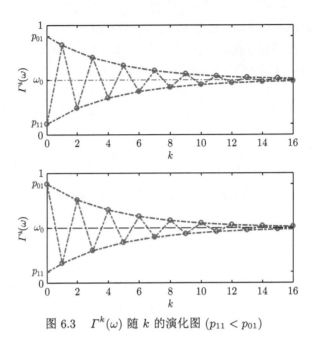

图 6.3　$\Gamma^k(\omega)$ 随 k 的演化图 $(p_{11} < p_{01})$

引理 6.3　当 $\epsilon \leqslant \dfrac{(1 - \max\{p_{11}, p_{01}\}) \cdot \min\{p_{11}, p_{01}\}}{(1 - \min\{p_{11}, p_{01}\}) \cdot \max\{p_{11}, p_{01}\}}$ 时, 有如下属性。

① $\varphi(\omega(t))$ 是 $\omega(t)$ 的单调增函数。

② $\varphi(\omega(t)) \leqslant \min\{p_{11}, p_{01}\}, \forall \min\{p_{11}, p_{01}\} \leqslant \omega(t) \leqslant \max\{p_{11}, p_{01}\}$。

③ $\varphi(0) = 0, \varphi(1) = 1$。

证明　根据式 (6.3) 和式 (6.4), 易证引理。　　　　　　　　　　　　　　□

引理 6.4　给定 $p_{01} > p_{11}$, 存在 $\bar{\omega}_0 \in [\Gamma(p_{11}), p_{01}]$ (图 6.4)。

① 如果 $\Gamma(p_{11}) \leqslant \omega < \bar{\omega}_0$, 则 $\Psi(\omega) > \omega$。

② $\Psi(\bar{\omega}_0) = \bar{\omega}_0$。

③ 如果 $\bar{\omega}_0 \leqslant \omega < p_{01}$, 则 $\Psi(\omega) < \omega$。

证明　当 $p_{11} < p_{01}$ 时, 由于 $\varphi(\omega)$ 随 ω 单调增加, 而 $\Gamma(\omega)$ 随 ω 单调减小, 我们有 $\Psi(\omega) = \Gamma(\varphi(\omega))$ 随 ω 单调减小, 且 $\Psi(\omega)$ 是 ω 的凹函数, 这是因为

$$\begin{cases} \dfrac{\partial[\Psi(\omega)]}{\partial[\omega]} = -\dfrac{\epsilon(p_{01} - p_{11})}{[1 - (1 - \epsilon)\omega]^2} < 0 \\[4mm] \dfrac{\partial^2[\Psi(\omega)]}{\partial^2[\omega]} = -\dfrac{2\epsilon(1 - \epsilon)(p_{01} - p_{11})}{[1 - (1 - \epsilon)\omega]^3} < 0 \end{cases}$$

接下来, 证明存在 $\bar{\omega}_0 \in [\Gamma(p_{11}), p_{01}]$, 使 $\Psi(\bar{\omega}_0) = \bar{\omega}_0$。由于下面两个不等式

在端点 $\Gamma(p_{11})$ 和 p_{01} 处成立，即

$$\begin{cases} \Psi(\Gamma(p_{11})) = \Gamma(\varphi(\Gamma(p_{11}))) > \Gamma(p_{11}) \\ \Psi(p_{01}) = \Gamma(\varphi(p_{01})) < \Gamma(\varphi(0)) = \Gamma(0) = p_{01} \end{cases}$$

我们知道 $\Psi(\omega)$ 和 ω 必有唯一交点 $\bar{\omega}_0$，如图 6.4 所示。这是因为 $\Psi(\omega)$ 的凹性和 ω 的线性表明，当 $\Gamma(p_{11}) \leqslant \omega < \bar{\omega}_0$ 时，$\Psi(\omega) > \bar{\omega}_0 > \omega$；当 $\bar{\omega}_0 \leqslant \omega < p_{01}$ 时，$\Psi(\omega) \leqslant \bar{\omega}_0 \leqslant \omega$。 $\quad\square$

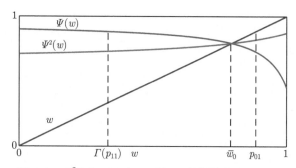

图 6.4　$\Psi^2(\omega)$、$\Psi(\omega)$、ω 随 ω 变化图 ($p_{11} < p_{01}$)

引理 6.5 ($\Psi(\cdot)$ 的不动点：$p_{01} > p_{11}$)　记 $\Psi^0(\omega) = \omega$，$\Psi^k(\omega) = \Psi(\Psi^{k-1}(\omega))$，随着 $k \to \infty$，$\Psi^{2k}(\omega)$ 和 $\Psi^{2k+1}(\omega)$ ($\omega \in [\Gamma(p_{11}), p_{01}]$) 分别从相反方向收敛于 $\bar{\omega}_0$ (图 6.5)。特别地，有如下属性。

① 如果 $\bar{\omega}_0 \leqslant \omega < p_{01}$，则 $\Psi^k(\omega) \leqslant \omega$。

② $\Psi^k(\bar{\omega}_0) = \bar{\omega}_0$。

③ 如果 $\Gamma(p_{11}) \leqslant \omega < \bar{\omega}_0$，$\Psi^k(\omega) > \omega$。

证明　我们分两种情况证明该引理。

情况 1，当 $\bar{\omega}_0 \leqslant \omega < p_{01}$ 时，为了证明 $\Psi^i(\omega) \leqslant \omega$，我们证明下式即可，即

$$\begin{cases} \omega \geqslant \Psi^0(\omega) > \cdots > \Psi^{2k}(\omega) > \Psi^{2k+2}(\omega) > \cdots > \bar{\omega}_0 \\ \Psi^1(\omega) < \cdots < \Psi^{2k+1}(\omega) < \Psi^{2k+3}(\omega) < \cdots < \bar{\omega}_0 \leqslant \omega \end{cases} \quad (6.22)$$

为证明式 (6.22)，我们证明对于 $k = 0, 1, 2, \cdots$ 成立即可。

① 当 $\Psi^{2k}(\omega) > \bar{\omega}_0$ 时，$\Psi^{2k+2}(\omega) > \bar{\omega}_0$。

② 当 $\Psi^{2k+1}(\omega) < \bar{\omega}_0$ 时，$\Psi^{2k+3}(\omega) < \bar{\omega}_0$。

③ 当 $\Psi^{2k}(\omega) > \bar{\omega}_0$ 时，$\Psi^{2k}(\omega) > \Psi^{2k+2}(\omega)$。

④ 当 $\Psi^{2k+1}(\omega) < \bar{\omega}_0$ 时，$\Psi^{2k+1}(\omega) < \Psi^{2k+3}(\omega)$。

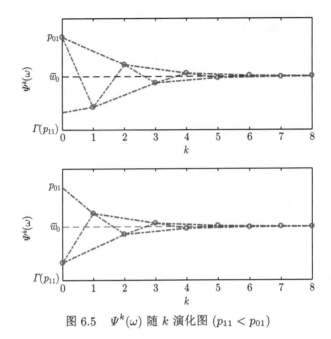

图 6.5　$\Psi^k(\omega)$ 随 k 演化图 $(p_{11} < p_{01})$

首先, 证明 ①。根据引理 6.4, $\Psi^0(\omega) \geqslant \bar{\omega}_0 \geqslant \Psi^1(\omega)$ 对于 $k = 0$ 成立。当 $\Psi^{2k}(\omega) > \bar{\omega}_0$ 时, 根据引理 6.4, $\Psi^{2k+1}(\omega) = \Psi(\Psi^{2k}(\omega)) < \bar{\omega}_0$, 进而 $\Psi^{2k+2}(\omega) = \Psi(\Psi^{2k+1}(\omega)) > \bar{\omega}_0$。

其次, 证明 ②。根据引理 6.4, $\Psi^0(\omega) \geqslant \bar{\omega}_0 \geqslant \Psi^1(\omega)$ 对于 $k = 0$ 成立。当 $\Psi^{2k+1}(\omega) < \bar{\omega}_0$ 时, 根据引理 6.4, $\Psi^{2k+2}(\omega) = \Psi(\Psi^{2k+1}(\omega)) > \bar{\omega}_0$, 进而 $\Psi^{2k+3}(\omega) = \Psi(\Psi^{2k+2}(\omega)) < \bar{\omega}_0$。

最后, 证明 ③ 和 ④。我们仅需证明 $\Psi^2(\omega) < \omega$ 对于任意 $\omega \in (\bar{\omega}_0, p_{01}]$ 成立, 且 $\Psi^2(\omega) > \omega$ 对于 $\omega \in [\Gamma(p_{11}), \bar{\omega}_0)$ 成立。

一方面, 由于

$$
\begin{aligned}
\frac{\partial[\Psi^2(\omega)]}{\partial[\omega]} &= \frac{\partial[\Psi(x)]}{\partial[x]}\bigg|_{x=\Psi(\omega)} \cdot \frac{\partial[\Psi(\omega)]}{\partial[\omega]} \\
&= \frac{\epsilon(p_{01} - p_{11})}{[1 - (1-\epsilon)\Psi(\omega)]^2} \cdot \frac{\epsilon(p_{01} - p_{11})}{[1 - (1-\epsilon)\omega]^2} \\
&= \frac{\epsilon^2(p_{01} - p_{11})^2}{\{1 - (1-\epsilon)[(1 - p_{01} + \epsilon p_{11})\omega + p_{01}]\}^2} > 0
\end{aligned}
\tag{6.23}
$$

$$
\frac{\partial^2[\Psi^2(\omega)]}{\partial^2[\omega]} = \frac{2(1-\epsilon)\epsilon^2(p_{01} - p_{11})^2(1 - p_{01} + \epsilon p_{11})}{\{1 - (1-\epsilon)[(1 - p_{01} + \epsilon p_{11})\omega + p_{01}]\}^3} > 0
\tag{6.24}
$$

我们有 $\Psi^2(\omega)$ 是 ω 的凸增函数。

另一方面, 对于三个端点, 我们有如下不等式, 即

$$\begin{cases} \Psi^2(\Gamma(p_{11})) = \Psi(\Psi(\Gamma(p_{11}))) > \Psi(\Gamma(p_{11})) > \Gamma(p_{11}) \\ \Psi^2(\bar{\omega}_0) = \Psi(\Psi(\bar{\omega}_0)) = \Psi(\bar{\omega}_0) = \bar{\omega}_0 \\ \Psi^2(p_{01}) = \Psi(\Psi(p_{01})) < \Psi(0) = p_{01} \end{cases} \tag{6.25}$$

因此, 结合式 (6.23) $\sim$ 式 (6.25), 可知 $\Psi^2(\omega)$ 和 ω 有唯一的交点 $\bar{\omega}_0$, 如图 6.4 所示。进而, $\Psi^2(\omega) < \omega$ 对于任意 $\omega \in (\bar{\omega}_0, p_{01}]$ 成立, 而 $\Psi^2(\omega) > \omega$ 对于任意 $\omega \in [\Gamma(p_{11}), \bar{\omega}_0)$ 成立。

情况 2, 当 $\Gamma(p_{11}) \leqslant \omega < \bar{\omega}_0$ 时, 我们需要证明

$$\begin{cases} \omega = \Psi^0(\omega) < \cdots < \Psi^{2k}(\omega) < \Psi^{2k+2}(\omega) < \cdots < \bar{\omega}_0, \\ \Psi(\omega) > \cdots > \Psi^{2k+1}(\omega) > \Psi^{2k+3}(\omega) > \cdots > \bar{\omega}_0 > \omega \end{cases}$$

这能通过上述相似步骤证明。

综合上述两种情况, 引理得证。 $\square$

6.7 门限策略和伴随动态系统

6.7.1 门限策略

令 $L(\omega, \omega')$ 为非激活臂从 ω 开始到穿越 ω' 的最小时间, 即

$$L(\omega, \omega') \stackrel{\text{def}}{=\!=} \min \left\{ k : \Gamma^k(\omega) > \omega' \right\} \tag{6.26}$$

根据引理 6.1, 对于 $p_{11} \geqslant p_{01}$, 有

$$L(\omega, \omega') = \begin{cases} 0, & \omega > \omega' \\ \left\lfloor \log_{p_{11}-p_{01}}^{\frac{\omega_0-\omega'}{\omega_0-\omega}} \right\rfloor + 1, & \omega \leqslant \omega' < \omega_0 \\ \infty, & \omega \leqslant \omega', \omega' \geqslant \omega_0 \end{cases} \tag{6.27}$$

对于 $p_{11} < p_{01}$, 有

$$L(\omega, \omega') = \begin{cases} 0, & \omega > \omega' \\ 1, & \omega \leqslant \omega', \Gamma(\omega) > \omega' \\ \infty, & \omega \leqslant \omega', \Gamma(\omega) \leqslant \omega' \end{cases} \tag{6.28}$$

在门限策略下，如果臂对应的置信状态穿越某特定门限 ω'，则该臂被激活。换言之，从任意置信态 ω 开始，经过 $L(\omega, \omega')$ 时隙后，臂第一次被激活。

基于门限策略结构，$V_{\beta,\nu}(\omega)$ 能由 $V_{\beta,\nu}(\Gamma^{t_0-1}(\omega); a=1)$ 和某特定 $t_0 \in \{1, 2, \cdots, \infty\}$ 描述，其中 $t_0 = L(\omega, \omega^*)+1$ 是置信态 ω 第一次到达 ω^* 的时间。特别地，在开始的 $L(\omega, \omega^*)$ 时隙，每个时隙得到补助 ν。在时隙 $t_0 = L(\omega, \omega^*)+1$，置信态达到门限 ω^*，臂被激活。后续的整个收益为 $V_{\beta,\nu}(\Gamma^{L(\omega, \omega^*)}(\omega); a=1)$。考虑 β，我们有

$$V_{\beta,\nu}(\omega) = \frac{1-\beta^{L(\omega, \omega^*)}}{1-\beta}\nu + \beta^{L(\omega, \omega^*)}V_{\beta,\nu}(\Gamma^{L(\omega, \omega^*)}(\omega); a=1) \tag{6.29}$$

6.7.2　伴随动态系统

在动态系统 (6.14) 中，置信信息 ω 代表如下两类信息。

① 策略信息，例如动作 a 依赖 ω。

② 值信息，例如动态系统收益值 (或值函数) 依赖 ω。

为了更好地描述动态系统 (6.14) 的演化，我们将 ω 的两个角色分离。数学上，我们让 ω 仅代表值，引入 $\lfloor \omega \rceil$ 表示策略信息。该策略信息可用来辅助做决策。

特别地，我们引入如下伴随动态系统，即

$$\begin{cases} V_{\beta,\nu}(\omega; \lfloor \omega' \rceil) = \max\left\{V_{\beta,\nu}(\omega; \lfloor \omega', 0 \rceil), V_{\beta,\nu}(\omega; \lfloor \omega', 1 \rceil)\right\} \\ V_{\beta,\nu}(\omega; \lfloor \omega', 0 \rceil) = \nu + \beta V_{\beta,\nu}(\Gamma(\omega); \lfloor \Gamma(\omega') \rceil) \\ V_{\beta,\nu}(\omega; \lfloor \omega', 1 \rceil) = (1-\epsilon)\omega + \beta\big\{(1-\epsilon)\omega V_{\beta,\nu}(p_{11}; \lfloor p_{11} \rceil) \\ \qquad\qquad + [1-(1-\epsilon)\omega]V_{\beta,\nu}(\Psi(\omega)); \lfloor \Psi(\omega') \rceil)\big\} \end{cases} \tag{6.30}$$

其中，$\lfloor \omega', a \rceil$ 为给定策略信息 ω' 下的动作 a $(a=0,1)$。

命题 6.1　给定 ν，$V_{\beta,\nu}(\omega; a=1)$ 和 $V_{\beta,\nu}(\omega; a=0)$ 是 ω 的分段线性和凹函数。

证明　在时隙 T，我们有 $V_{\beta,\nu}^T(\omega; a=0) = \nu$ 和 $V_{\beta,\nu}^T(\omega; a=1) = (1-\epsilon)\omega$。这是因为 $V_{\beta,\nu}^T(\omega) = \max\{V_{\beta,\nu}^T(\omega; a=0), V_{\beta,\nu}^T(\omega, a=1)\}$ 是 ω 的分段线性和凹函数。

假定 $V_{\beta,\nu}^{t+1}(\omega; a=1)$ 和 $V_{\beta,\nu}^{t+1}(\omega; a=0)$ 是 ω 的分段线性和凹函数。由式 (6.14) 易证，$V_{\beta,\nu}^t(\omega; a=1)$ 和 $V_{\beta,\nu}^t(\omega; a=0)$ 是 ω 的分段线性和凹函数。

令 $T \to \infty$，命题得证。　　　　　　　　　　　　　　　　　　　　　　　□

推论 6.2　$V_{\beta,\nu}^t(\omega; \lfloor \omega' \rceil)$ 是 ω 的分段线性函数。

证明　依据命题 6.1可知，$V_{\beta,\nu}^t(\omega; \lfloor \omega \rceil)$ 是 ω 的分段线性函数。在 $V_{\beta,\nu}^t(\omega; \lfloor \omega' \rceil)$ 中，ω 表示值信息，ω' 表示策略信息，因此 $V_{\beta,\nu}^t(\omega; \lfloor \omega' \rceil)$ 是值信息 ω 的分段线性函数。　　　　　　　　　　　　　　　　　　　　　　　□

引理 6.6 $V_{\beta,\nu}(\omega; \lfloor \omega', 1 \rceil)$ 关于 ω 可解耦，即

$$V_{\beta,\nu}(\omega; \lfloor \omega', 1 \rceil) = (1-\epsilon)\omega + \beta[(1-\epsilon)\omega V_{\beta,\nu}(p_{11}; \lfloor p_{11} \rceil)$$
$$+ \epsilon\omega V_{\beta,\nu}(p_{11}; \lfloor \Psi(\omega') \rceil) + (1-\omega)V_{\beta,\nu}(p_{01}; \lfloor \Psi(\omega') \rceil)]$$

证明

$$V_{\beta,\nu}(\omega; \lfloor \omega', 1 \rceil) = (1-\epsilon)\omega + \beta\{(1-\epsilon)\omega V_{\beta,\nu}(p_{11}; \lfloor p_{11} \rceil)$$
$$+ [1-(1-\epsilon)\omega]V_{\beta,\nu}(\Psi(\omega); \lfloor \Psi(\omega') \rceil)\}$$
$$\overset{(a)}{=} (1-\epsilon)\omega + \beta\{(1-\epsilon)\omega V_{\beta,\nu}(p_{11}; \lfloor p_{11} \rceil)$$
$$+ (1-\omega)[1-(1-\epsilon)0]V_{\beta,\nu}(\Psi(0); \lfloor \Psi(\omega') \rceil)$$
$$+ \omega[1-(1-\epsilon)1]V_{\beta,\nu}(\Psi(1); \lfloor \Psi(\omega') \rceil)\}$$
$$= (1-\epsilon)\omega + \beta[(1-\epsilon)\omega V_{\beta,\nu}(p_{11}; \lfloor p_{11} \rceil)$$
$$+ (1-\omega)V_{\beta,\nu}(p_{01}; \lfloor \Psi(\omega') \rceil) + \epsilon\omega V_{\beta,\nu}(p_{11}; \lfloor \Psi(\omega') \rceil)] \quad (6.31)$$

其中，(a) 表示可由推论 6.2 得到。　　　　　　　　　　　　　　　　　　　□

备注 6.3 在式 (6.31) 中，对于 $V_{\beta,\nu}(p_{11}; \lfloor p_{11} \rceil)$ 和 $V_{\beta,\nu}(p_{11}; \lfloor \Psi(\omega') \rceil)$，它们有相同的值信息 p_{11}，以及不同的策略信息，如 $\lfloor p_{11} \rceil$ 和 $\lfloor \Psi(\omega') \rceil$。因此，$V_{\beta,\nu}(p_{11}; \lfloor p_{11} \rceil) \neq V_{\beta,\nu}(p_{11}; \lfloor \Psi(\omega') \rceil)$，除非 $\lfloor p_{11} \rceil$ 和 $\lfloor \Psi(\omega') \rceil$ 在动态系统中能导致相同的动作。

6.8　值函数线性化：信道负相关

本节主要研究信道负相关 $(p_{11}^{(i)} < p_{01}^{(i)})$ 情况下值函数 $V_{\beta,\nu}(\omega; \lfloor \omega, 1 \rceil)$ 的线性化。在许多实际系统中，初始置信信息 ω 通常设置为 ω_0[8]，因此 $\min\{p_{01}, p_{11}\} \leqslant \omega \leqslant \max\{p_{01}, p_{11}\}$。即使初始置信息不在 $[\min\{p_{01}, p_{11}\}, \max\{p_{01}, p_{11}\}]$ 范围内，按照引理 6.1，所有置信值从下一个时隙起将位于上述范围内。因此，为方便，我们将第一个时隙与后续时隙分开，总是假定在初始时隙内有 $\min\{p_{01}, p_{11}\} \leqslant \omega \leqslant \max\{p_{01}, p_{11}\}$。通过 $\Gamma(p_{11})$ 和两个不动点 $(\omega_0$、$\bar{\omega}_0)$ 将区间 $[p_{11}, p_{01}]$ 分成四个子区间，即

$$[p_{11}, p_{01}] = [p_{11}, \omega_0) \cup [\omega_0, \Gamma(p_{11})) \cup [\Gamma(p_{11}), \bar{\omega}_0) \cup [\bar{\omega}_0, p_{01}] \quad (6.32)$$

下面推导各个子区间内值函数 $V_{\beta,\nu}(\omega; \lfloor \omega, 1 \rceil)$ 的线性化方案。

6.8.1　区间 1 $[p_{11}, \omega_0)$ 和区间 2 $[\omega_0, \Gamma(p_{11}))$

命题 6.2　当 $p_{11} \leqslant \omega^* < \Gamma(p_{11})$ 时，如果 $\omega \in [p_{11}, p_{01}]$，则 $L(\Gamma(\varphi(\omega)), \omega^*) = 0$。

证明　给定 $p_{11} < p_{01}$，$\varphi(\omega)$ 随 ω 单调增而 $\Gamma(\omega)$ 随 ω 单调减。当 $0 \leqslant \epsilon \leqslant \dfrac{p_{11}(1 - p_{01})}{p_{01}(1 - p_{11})}$ 时，$\Gamma(\varphi(\omega)) \geqslant \Gamma(p_{11}) > \omega^*$ 对于 $\omega \in [p_{11}, p_{01}]$ 成立。因此，$L(\Gamma(\varphi(\omega)), \omega^*) = 0$。　　　　□

引理 6.7　当 $p_{11} \leqslant \omega^* < \Gamma(p_{11})$ 时，对于 $\omega \in [p_{11}, p_{01}]$，$V_{\beta,\nu}(\omega; \lfloor \omega, 1 \rfloor)$ 的线性化方式为

$$
\begin{aligned}
V_{\beta,\nu}(\omega; \lfloor \omega, 1 \rfloor) =& (1 - \epsilon)\omega + \beta[(1 - \epsilon)\omega V_{\beta,\nu}(p_{11}; \lfloor p_{11} \rfloor) \\
&+ \epsilon\omega V_{\beta,\nu}(p_{11}; \lfloor \Psi(\omega) \rfloor) + (1 - \omega)V_{\beta,\nu}(p_{01}; \lfloor \Psi(\omega) \rfloor)]
\end{aligned}
\tag{6.33}
$$

其中

$$
\begin{aligned}
V_{\beta,\nu}(p_{11}; \lfloor p_{11} \rfloor) \overset{(e1)}{=}& V_{\beta,\nu}(p_{11}; \lfloor p_{11}, 0 \rfloor) \\
\overset{(e2)}{=}& \nu + \beta V_{\beta,\nu}(\Gamma(p_{11}); \lfloor \Gamma(p_{11}) \rfloor) \\
\overset{(e3)}{=}& \nu + \beta(1 - \epsilon)\Gamma(p_{11}) + \beta^2\{(1 - \epsilon)\Gamma(p_{11})V_{\beta,\nu}(p_{11}; \lfloor p_{11} \rfloor) \\
&+ [1 - (1 - \epsilon)\Gamma(p_{11})]V_{\beta,\nu}(\Psi(\Gamma(p_{11})); \lfloor \Psi(\Gamma(p_{11})) \rfloor)\} \\
\overset{(e4)}{=}& \nu + \beta(1 - \epsilon)\Gamma(p_{11}) + \beta^2\{(1 - \epsilon)\Gamma(p_{11})V_{\beta,\nu}(p_{11}; \lfloor p_{11} \rfloor) \\
&+ [1 - (1 - \epsilon)\Gamma(p_{11})]V_{\beta,\nu}(\Psi(\Gamma(p_{11})); \lfloor \Psi(\omega) \rfloor)\} \\
\overset{(e5)}{=}& \nu + \beta(1 - \epsilon)\Gamma(p_{11}) \\
&+ \beta^2[(1 - \epsilon)\Gamma(p_{11})V_{\beta,\nu}(p_{11}; \lfloor p_{11} \rfloor) \\
&+ \epsilon\Gamma(p_{11})V_{\beta,\nu}(p_{11}; \lfloor \Psi(\omega) \rfloor) \\
&+ (1 - \Gamma(p_{11}))V_{\beta,\nu}(p_{01}; \lfloor \Psi(\omega) \rfloor)]
\end{aligned}
\tag{6.34}
$$

$$
\begin{aligned}
V_{\beta,\nu}(p_{11}; \lfloor \Psi(\omega) \rfloor) =& V_{\beta,\nu}(p_{11}; \lfloor \Psi(\omega), 1 \rfloor) \\
\overset{(e6)}{=}& (1 - \epsilon)p_{11} + \beta[(1 - \epsilon)p_{11}V_{\beta,\nu}(p_{11}; \lfloor p_{11} \rfloor) \\
&+ \epsilon p_{11}V_{\beta,\nu}(p_{11}; \lfloor \Psi(\omega) \rfloor) + (1 - p_{11})V_{\beta,\nu}(p_{01}; \lfloor \Psi(\omega) \rfloor)]
\end{aligned}
\tag{6.35}
$$

$$
V_{\beta,\nu}(p_{01}; \lfloor \Psi(\omega) \rfloor) = V_{\beta,\nu}(p_{01}; \lfloor \Psi(\omega), 1 \rfloor)
$$

$$\overset{(e7)}{=}(1-\epsilon)p_{01}+\beta[(1-\epsilon)p_{01}V_{\beta,\nu}(p_{11};\lfloor p_{11}\rfloor)$$

$$+\epsilon p_{01}V_{\beta,\nu}(p_{11};\lfloor\Psi(\omega)\rfloor)+(1-p_{01})V_{\beta,\nu}(p_{01};\lfloor\Psi(\omega)\rfloor)]$$

$$(6.36)$$

证明 (e1) 是因为 $p_{11}\leqslant\omega^*\Rightarrow a=0$。(e2) 是因为 $a=0$。(e3) 是因为 $\Gamma(p_{11})>\omega^*\Rightarrow a=1$。(e4) 是因为根据命题 6.2，有 $L(\Psi(\Gamma(p_{11})),\omega^*)=0$ 和 $L(\Psi(\omega),\omega^*)=0$。(e5) $\sim$ (e7) 是因为引理 6.6。 $\qquad\square$

备注 6.4 基于式 (6.34) $\sim$ 式 (6.36)，可以计算 $V_{\beta,\nu}(p_{11};\lfloor p_{11}\rfloor)$、$V_{\beta,\nu}(p_{11};\lfloor\Psi(\omega)\rfloor)$ 和 $V_{\beta,\nu}(p_{01};\lfloor\Psi(\omega)\rfloor)$，进而 $V_{\beta,\nu}(\omega;\lfloor\omega,1\rfloor)$ 通过式 (6.33) 线性化。

6.8.2 区间 3

基于引理 6.5，有如下重要推论。

推论 6.3 当 $\Gamma(p_{11})\leqslant\omega^*<p_{01}$ 时。

① 当 $\Gamma(p_{11})\leqslant\omega^*<\bar{\omega}_0$ 时，非线性置信信息 $\Psi^i(\omega^*)$ $(i=1,2,\cdots)$ 在演化过程中首次越过门限 ω^* 的时间为 0，即 $L(\Psi^i(\omega^*),\omega^*)=0$；

② 当 $\bar{\omega}_0\leqslant\omega^*<p_{01}$ 时，非线性置信信息 $\Gamma^i(\Psi(\omega^*))$ $(i=0,1,2,\cdots)$ 在演化过程中首次越过门限 ω^* 的时间为 ∞，即 $L(\Gamma^i(\Psi(\omega^*)),\omega^*)=\infty$。

证明 (1) 根据引理 6.5，当 $\Gamma(p_{11})\leqslant\omega^*<\bar{\omega}_0$ 时，我们有 $\Psi^i(\omega^*)>\omega^*$，进一步有 $L(\Psi^i(\omega^*),\omega^*)=0$。

(2) 根据引理 6.5，当 $\bar{\omega}_0\leqslant\omega^*<p_{01}$ 时，有 $\omega_0<\Psi(\omega^*)\leqslant\omega^*$。根据引理 6.2，有 $\Gamma^i(\Psi(\omega^*))\leqslant\omega^*$，进而 $L(\Gamma^i(\Psi(\omega^*)),\omega^*)=\infty$。 $\qquad\square$

推论 6.4 当 $\Gamma(p_{11})\leqslant\omega^*<\bar{\omega}_0$ 时，$V_{\beta,\nu}(\omega^*;\lfloor\omega^*,1\rfloor)$ 能通过下式线性化，即

$$V_{\beta,\nu}(\omega^*;\lfloor\omega^*,1\rfloor)\overset{(e1)}{=}(1-\epsilon)\omega^*+\beta\{(1-\epsilon)\omega^*V_{\beta,\nu}(p_{11},\lfloor p_{11}\rfloor)$$

$$+[1-(1-\epsilon)\omega^*]V_{\beta,\nu}(\Psi(\omega^*);\lfloor\Psi(\omega^*)\rfloor)\}$$

$$\overset{(e2)}{=}(1-\epsilon)\omega^*+\beta[(1-\epsilon)\omega^*V_{\beta,\nu}(p_{11};\lfloor p_{11}\rfloor)$$

$$+\epsilon\omega^*V_{\beta,\nu}(p_{11};\lfloor\Psi(\omega^*)\rfloor)+(1-\omega^*)V_{\beta,\nu}(p_{01};\lfloor\Psi(\omega^*)\rfloor)]$$

其中

$$V_{\beta,\nu}(p_{11};\lfloor p_{11}\rfloor)\overset{(e3)}{=}\frac{\nu}{1-\beta}$$

$$V_{\beta,\nu}(p_{11};\lfloor\Psi(\omega^*)\rfloor)\overset{(e4)}{=}V_{\beta,\nu}(p_{11};\lfloor\Psi(\omega^*),1\rfloor)$$

$$\overset{(e5)}{=}(1-\epsilon)p_{11}+\beta\{(1-\epsilon)p_{11}V_{\beta,\nu}(p_{11};\lfloor p_{11}\rfloor)$$

$$+ [1 - (1-\epsilon)p_{11}]V_{\beta,\nu}(\Psi(p_{11}); \lfloor \Psi^2(\omega^*) \rfloor)\}$$

$$\overset{(e6)}{=} (1-\epsilon)p_{11} + \beta\{(1-\epsilon)p_{11}V_{\beta,\nu}(p_{11}; \lfloor p_{11} \rfloor)$$

$$+ [1 - (1-\epsilon)p_{11}]V_{\beta,\nu}(\Psi(p_{11}); \lfloor \Psi(\omega^*) \rfloor)\}$$

$$\overset{(e7)}{=} (1-\epsilon)p_{11} + \beta[(1-\epsilon)p_{11}V_{\beta,\nu}(p_{11}; \lfloor p_{11} \rfloor)$$

$$+ \epsilon p_{11}V_{\beta,\nu}(p_{11}; \lfloor \Psi(\omega^*) \rfloor)$$

$$+ (1 - p_{11})V_{\beta,\nu}(p_{01}; \lfloor \Psi(\omega^*) \rfloor)]$$

$$V_{\beta,\nu}(p_{01}; \lfloor \Psi(\omega^*) \rfloor) \overset{(e8)}{=} (1-\epsilon)p_{01} + \beta[(1-\epsilon)p_{01}V_{\beta,\nu}(p_{11}; \lfloor p_{11} \rfloor)$$

$$+ \epsilon p_{01}V_{\beta,\nu}(p_{11}; \lfloor \Psi(\omega^*) \rfloor)$$

$$+ (1 - p_{01})V_{\beta,\nu}(p_{01}; \lfloor \Psi(\omega^*) \rfloor)]$$

证明　(e1) 是因为 $a = 1$。(e2) 是因为引理 6.6。(e3) 是因为对于 $\Gamma(p_{11}) \leqslant \omega^* < \bar{\omega}_0$，有 $L(p_{11}, \omega^*) = \infty \Rightarrow a = 0$ 和 $V_{\beta,\nu}(p_{11}; \lfloor p_{11} \rfloor) = \nu + \beta\nu + \beta^2\nu^2 + \cdots = \dfrac{\nu}{1-\beta}$。(e4) 是因为据推论 6.3 有 $L(\Psi(\omega^*), \omega^*) = 0 \Rightarrow a = 1$。(e6) 是因为 $L(\Psi^2(\omega^*), \omega^*) = L(\Psi(\omega^*), \omega^*)$。(e7) 是因为推论 6.2。(e8) 是因为根据推论 6.3 有 $a = 1 \Leftarrow L(\Psi(\omega^*), \omega^*) = 0$。　$\square$

6.8.3　区间 4

当 $\bar{\omega}_0 \leqslant \omega^* < p_{01}$ 时，根据推论 6.3 有 $L(\Gamma^i(\Psi(\omega^*)), \omega^*) = \infty$，进而 $V_{\beta,\nu}(\Psi(\omega^*); \lfloor \Psi(\omega^*) \rfloor) = \dfrac{\nu}{1-\beta}$。因此

$$V_{\beta,\nu}(\omega^*; \lfloor \omega^*, 1 \rfloor) = (1-\epsilon)\omega^* + \beta\{(1-\epsilon)\omega^*V_{\beta,\nu}(p_{11}; \lfloor p_{11} \rfloor)$$

$$+ [1 - (1-\epsilon)\omega^*]V_{\beta,\nu}(\Psi(\omega^*); \lfloor \Psi(\omega^*) \rfloor)\}$$

$$= (1-\epsilon)\omega^* + \beta\left\{(1-\epsilon)\omega^*V_{\beta,\nu}(p_{11}; \lfloor p_{11} \rfloor) + [1 - (1-\epsilon)\omega^*]\dfrac{\nu}{1-\beta}\right\}$$

这表明，$V_{\beta,\nu}(\omega^*; \lfloor \omega^*, 1 \rfloor)$ 已线性化。

6.9　值函数线性化：信道正相关

针对信道正相关情况，即 $p_{11} \geqslant p_{01}$，我们线性化值函数 $V_{\beta,\nu}(\omega; \lfloor \omega, 1 \rfloor)$。按照不动点 ω_0，我们将区间 $[p_{01}, p_{11}]$ 分成 $[p_{01}, \omega_0)$ 和 $[\omega_0, p_{11}]$。按照引理 6.1 和引理

6.3, $[p_{01}, \omega_0)$ 能进一步分为 $[p_{01}, \Gamma(\varphi(p_{01})))$ 和 $[\Gamma^n(\varphi(p_{01})), \Gamma^{n+1}(\varphi(p_{01})))$，这里 $n = 1, 2, \cdots, \infty$。下面以 $[\Gamma^n(\varphi(p_{01})), \Gamma^{n+1}(\varphi(p_{01})))$ 为例分析置信信息的演化。

引理 6.8 (不动点) 如果 $p_{11} \geqslant p_{01}$，对于 n $(n = 1, 2, \cdots, \infty)$ 存在 $\underline{\omega}_0^n$ 和 $\overline{\omega}_0^n$，满足 $\Gamma^n(\varphi(p_{01})) < \underline{\omega}_0^n < \overline{\omega}_0^n < \Gamma^n(\varphi(p_{11}))$。

① 当 $p_{01} \leqslant \omega < \overline{\omega}_0^n$ 时，$\varphi(\Gamma(\omega)) > \Gamma^{-n}(\omega)$。

② $\varphi(\Gamma(\overline{\omega}_0^n)) = \Gamma^{-n}(\overline{\omega}_0^n)$。

③ 当 $\overline{\omega}_0^n < \omega \leqslant \omega_0$ 时，$\varphi(\Gamma(\omega)) < \Gamma^{-n}(\omega)$。

并且

① 当 $p_{01} \leqslant \omega < \underline{\omega}_0^n$ 时，$\varphi(\omega) > \Gamma^{-n}(\omega)$。

② $\varphi(\underline{\omega}_0^n) = \Gamma^{-n}(\underline{\omega}_0^n)$。

③ 当 $\underline{\omega}_0^n < \omega \leqslant \omega_0$ 时，$\varphi(\omega) < \Gamma^{-n}(\omega)$。

证明 由

$$\frac{\partial[\varphi(\Gamma(\omega))]}{\partial[\omega]} = \frac{\epsilon(p_{11} - p_{01})}{[1 - (1-\epsilon)\omega]^2} > 0$$

$$\frac{\partial^2[\varphi(\Gamma(\omega))]}{\partial^2[\omega]} = \frac{2\epsilon(1-\epsilon)(p_{11} - p_{01})}{[1 - (1-\epsilon)\omega]^3} > 0$$

可知 $\varphi(\Gamma(\omega))$ 是 ω 的凸函数。由于 $\varphi(\omega)$ 是 ω 的单调增函数，我们有下述的不等式在端点 $\Gamma^n(\varphi(p_{01}))$ 和 $\Gamma^n(\varphi(p_{11}))$ 处成立，即

$$\begin{cases} \varphi(\Gamma(\Gamma^n(\varphi(p_{01})))) > \varphi(p_{01}) = \Gamma^{-n}(\Gamma^n(\varphi(p_{01}))) \\ \varphi(\Gamma(\Gamma^n(\varphi(p_{11})))) < \varphi(p_{11}) = \Gamma^{-n}(\Gamma^n(\varphi(p_{11}))) \end{cases}$$

考虑 $\Gamma^{-n}(\omega) = (p_{11} - p_{01})\omega_0 + \dfrac{\omega - (p_{11} - p_{01})\omega_0}{(p_{11} - p_{01})^n}$ 是 ω 的线性函数和 $\varphi(\Gamma(\omega))$ 为 ω 凸函数，必然存在唯一点 $\overline{\omega}_0^n$ $(\Gamma^n(\varphi(p_{01})) < \overline{\omega}_0^n < \Gamma^n(\varphi(p_{11})))$，使 $\overline{\omega}_0^n \leqslant \omega \leqslant \omega_0$ 时有 $\varphi(\Gamma(\omega)) \leqslant \Gamma^{-n}(\omega)$，并且在 $p_{01} \leqslant \omega < \overline{\omega}_0^n$ 时有 $\varphi(\Gamma(\omega)) > \Gamma^{-n}(\omega)$。

类似地，存在唯一点 $\underline{\omega}_0^n$ $(\Gamma^n(\varphi(p_{01})) < \underline{\omega}_0^n < \Gamma^n(\varphi(p_{11})))$，使 $\underline{\omega}_0^n \leqslant \omega \leqslant \omega_0$ 时有 $\varphi(\omega) \leqslant \Gamma^{-n}(\omega)$，并且在 $p_{01} \leqslant \omega < \underline{\omega}_0^n$ 时有 $\varphi(\omega) > \Gamma^{-n}(\omega)$。

接下来，通过反证法证明 $\underline{\omega}_0^n < \overline{\omega}_0^n$。假定 $\underline{\omega}_0^n \geqslant \overline{\omega}_0^n$，考虑 $\Gamma^{-n}(\omega)$ 随 ω 单调增，我们有

$$\varphi(\Gamma(\overline{\omega}_0^n)) = \Gamma^{-n}(\overline{\omega}_0^n) \leqslant \Gamma^{-n}(\underline{\omega}_0^n) = \varphi(\underline{\omega}_0^n) \tag{6.37}$$

由于 $\Gamma(\overline{\omega}_0^n) > \Gamma(\Gamma^n(\varphi(p_{01}))) > \Gamma^n(\varphi(p_{11})) > \underline{\omega}_0^n$，根据 $\varphi(\omega)$ 的单调性，我们有 $\varphi(\Gamma(\overline{\omega}_0^n)) > \varphi(\underline{\omega}_0^n)$，这与式 (6.37) 矛盾，因此 $\underline{\omega}_0^n < \overline{\omega}_0^n$。 □

基于引理 6.8 中的两个不动点 $\underline{\omega}_0^n$ 和 $\overline{\omega}_0^n$，我们将区间 $[\Gamma^n(\varphi(p_{01})),$ $\Gamma^{n+1}(\varphi(p_{01})))$ 进一步分成四个子区间，即

$$
\begin{aligned}
\left[\Gamma^n(\varphi(p_{01})), \Gamma^{n+1}(\varphi(p_{01}))\right) = & \left[\Gamma^n(\varphi(p_{01})), \underline{\omega}_0^n\right) \\
& \cup \left[\underline{\omega}_0^n, \overline{\omega}_0^n\right) \\
& \cup \left[\overline{\omega}_0^n, \Gamma^n(\varphi(p_{11}))\right) \\
& \cup \left[\Gamma^n(\varphi(p_{11})), \Gamma^{n+1}(\varphi(p_{01}))\right)
\end{aligned}
$$

下面分析置信信息在每个子区间的演化规则，并通过推导相应的特征矩阵来刻画演化规律，进而推导值函数 $V_{\beta,\nu}(\omega)$ 的闭式表达来破解非线性难题。

6.9.1　区间 $n-1$：$\left[\Gamma^n(\varphi(p_{11})), \Gamma^{n+1}(\varphi(p_{01}))\right)$

下面的命题量化了需要多少个时隙才能将置信值恢复到给定的门限 ω^*。

命题 6.3　当 $\Gamma^n(\varphi(p_{11})) \leqslant \omega^* < \Gamma^{n+1}(\varphi(p_{01}))$ 时，对于 $\omega \in [p_{01}, p_{11}]$ 有 $L(\Gamma(\varphi(\omega)), \omega^*) = L(\varphi(p_{11}), \omega^*) - 1 = n$。

证明　因为 $\Gamma^n(\varphi(p_{11})) \leqslant \omega^*$，我们有

$$
L(\varphi(p_{11}), \omega^*) \geqslant L(\varphi(p_{11}), \Gamma^n(\varphi(p_{11}))) = n + 1 \tag{6.38}
$$

另外，考虑 $\omega^* < \Gamma^{n+1}(\varphi(p_{11}))$，我们有

$$
L(\varphi(p_{11}), \omega^*) < L(\varphi(p_{11}), \Gamma^{n+1}(\varphi(p_{11}))) = n + 2 \tag{6.39}
$$

综合式 (6.38) 和式 (6.39)，可知 $L(\varphi(p_{11}), \omega^*) = n + 1$。

由于 $\Gamma(\varphi(\omega)) \geqslant \Gamma(\varphi(p_{01}))$，那么

$$
L(\Gamma(\varphi(\omega)), \omega^*) \leqslant L(\Gamma(\varphi(p_{01})), \omega^*) = n
$$

进一步，我们有 $L(\Gamma(\varphi(\omega)), \omega^*) = n$。命题得证。　　　　□

根据命题 6.3，有如下引理线性化值函数 $V_{\beta,\nu}(\omega; \lfloor\omega, 1\rfloor)$。

引理 6.9　若 $\Gamma^n(\varphi(p_{11})) \leqslant \omega^* < \Gamma^{n+1}(\varphi(p_{01}))$，则对于 $\omega \in [p_{01}, p_{11}]$，有

$$
\begin{aligned}
V_{\beta,\nu}(\omega; \lfloor\omega, 1\rfloor) = & (1 - \epsilon)\omega + \beta\big[(1 - \epsilon)\omega V_{\beta,\nu}(p_{11}; \lfloor p_{11}\rfloor) \\
& + \epsilon\omega V_{\beta,\nu}(p_{11}; \lfloor\Psi(\omega)\rfloor) + (1 - \omega)V_{\beta,\nu}(p_{01}; \lfloor\Psi(\omega)\rfloor)\big]
\end{aligned} \tag{6.40}
$$

其中，$L(\Psi(\omega), \omega^*) = n$。

$$
V_{\beta,\nu}(p_{11}; \lfloor p_{11}\rfloor) \stackrel{\text{(e1)}}{=} V_{\beta,\nu}(p_{11}; \lfloor\omega, 1\rfloor) \tag{6.41}
$$

$$V_{\beta,\nu}(p_{01}; \lfloor\Psi(\omega)\rceil) \overset{(e2)}{=} \frac{1-\beta^n}{1-\beta}\nu + \beta^n V_{\beta,\nu}(\Gamma^n(p_{01}); \lfloor\omega,1\rceil) \tag{6.42}$$

$$V_{\beta,\nu}(p_{11}; \lfloor\Psi(\omega)\rceil) \overset{(e3)}{=} \frac{1-\beta^n}{1-\beta}\nu + \beta^n V_{\beta,\nu}(\Gamma^n(p_{11}); \lfloor\omega,1\rceil) \tag{6.43}$$

$$V_{\beta,\nu}(p_{11}; \lfloor\omega,1\rceil)$$
$$\overset{(e4)}{=}(1-\epsilon)p_{11} + \beta(1-\epsilon)p_{11}V_{\beta,\nu}(p_{11}; \lfloor p_{11}\rceil)$$
$$+ \beta(1-p_{11})V_{\beta,\nu}(p_{01}; \lfloor\Psi(\omega)\rceil) + \epsilon\beta p_{11}V_{\beta,\nu}(p_{11}; \lfloor\Psi(\omega)\rceil) \tag{6.44}$$

$$V_{\beta,\nu}(\Gamma^n(p_{01}); \lfloor\omega,1\rceil)$$
$$\overset{(e5)}{=}(1-\epsilon)\Gamma^n(p_{01}) + \beta(1-\epsilon)\Gamma^n(p_{01})V_{\beta,\nu}(p_{11}; \lfloor p_{11}\rceil)$$
$$+ \beta(1-\Gamma^n(p_{01}))V_{\beta,\nu}(p_{01}; \lfloor\Psi(\omega)\rceil) + \beta\epsilon\Gamma^n(p_{01})V_{\beta,\nu}(p_{11}; \lfloor\Psi(\omega)\rceil) \tag{6.45}$$

$$V_{\beta,\nu}(\Gamma^n(p_{11}); \lfloor\omega,1\rceil)$$
$$\overset{(e6)}{=}(1-\epsilon)\Gamma^n(p_{11}) + \beta(1-\epsilon)\Gamma^n(p_{11})V_{\beta,\nu}(p_{11}; \lfloor p_{11}\rceil)$$
$$+ \beta(1-\Gamma^n(p_{11}))V_{\beta,\nu}(p_{01}; \lfloor\Psi(\omega)\rceil) + \beta\epsilon\Gamma^n(p_{11})V_{\beta,\nu}(p_{11}; \lfloor\Psi(\omega)\rceil) \tag{6.46}$$

证明 (e1) 由 $L(\Psi(p_{11}),\omega^*) = L(\Psi(\omega),\omega^*)$ 按命题 6.3 得到。(e2)(e3) 由命题 6.3 可得。(e4) ~ (e6) 由引理 6.6 可得。 $\square$

备注 6.5 根据式 (6.41) ~ 式 (6.46)，我们有 $V_{\beta,\nu}(p_{11}; \lfloor p_{11}\rceil)$、$V_{\beta,\nu}(p_{01}; \lfloor\Psi(\omega)\rceil)$ 和 $V_{\beta,\nu}(p_{11}; \lfloor\Psi(\omega)\rceil)$，因此 $V_{\beta,\nu}(\omega; \lfloor\omega,1\rceil)$ 可以通过式 (6.9) 线性化。

6.9.2 区间 $n-2$：$\lceil\overline{\omega}_0^n, \Gamma^n(\varphi(p_{11})))$

命题 6.4 若 $\overline{\omega}_0^n \leqslant \omega^* < \Gamma^n(\varphi(p_{11}))$，则

$$L(\Gamma(\varphi(\omega)),\omega^*) = \begin{cases} L(\varphi(p_{11}),\omega^*) = n, & \omega \in [p_{01},\Gamma(\omega^*)] \\ L(\varphi(p_{11}),\omega^*) - 1 = n-1, & \omega = p_{11} \end{cases}$$

证明 根据引理 6.8，有 $\varphi(\Gamma(\omega^*)) \leqslant \Gamma^{-n}(\omega^*)$。下面通过两种情况证明此引理。

① 当 $\omega \in [p_{01},\Gamma(\omega^*)]$ 时，有 $\varphi(\omega) \leqslant \varphi(\Gamma(\omega^*)) \leqslant \Gamma^{-n}(\omega^*)$，进一步有 $L(\Gamma(\varphi(\omega)),\omega^*) \geqslant L(\Gamma^{-n+1}(\omega^*),\omega^*) = n$。考虑 $L(\varphi(p_{11}),\omega^*) = n$，我们有 $L(\Gamma(\varphi(\omega)),\omega^*) = L(\varphi(p_{11}),\omega^*) = n$。

② 当 $\omega = p_{11}$ 时，有 $L(\Gamma(\varphi(p_{11})), \omega^*) = L(\varphi(p_{11}), \omega^*) - 1 = n - 1$。

综合上述两情况，引理得证。 □

引理 6.10　若 $\overline{\omega}_0^n \leqslant \omega^* < \Gamma^n(\varphi(p_{11}))$，对于 $\omega \in [p_{01}, \Gamma(\omega^*)]$，有

$$
\begin{aligned}
V_{\beta,\nu}(p_{11}; \lfloor p_{11} \rceil) =& (1 - \epsilon)p_{11} + \beta[(1 - \epsilon)p_{11}V_{\beta,\nu}(p_{11}; \lfloor p_{11} \rceil) \\
& + \epsilon p_{11}V_{\beta,\nu}(p_{11}; \lfloor \Psi(p_{11}) \rceil) + (1 - p_{11})V_{\beta,\nu}(p_{01}; \lfloor \Psi(p_{11}) \rceil)]
\end{aligned}
\tag{6.47}
$$

$$
\begin{aligned}
V_{\beta,\nu}(\omega; \lfloor \omega, 1 \rceil) =& (1 - \epsilon)\omega + \beta[(1 - \epsilon)\omega V_{\beta,\nu}(p_{11}; \lfloor p_{11} \rceil) \\
& + \epsilon \omega V_{\beta,\nu}(p_{11}; \lfloor \Psi(\omega) \rceil) + (1 - \omega)V_{\beta,\nu}(p_{01}; \lfloor \Psi(\omega) \rceil)]
\end{aligned}
\tag{6.48}
$$

$$
V_{\beta,\nu}(p_{01}; \lfloor \Psi(\omega) \rceil) \overset{(e1)}{=} \frac{1 - \beta^n}{1 - \beta}\nu + \beta^n V_{\beta,\nu}(\Gamma^n(p_{01}); \lfloor \omega^*, 1 \rceil)
\tag{6.49}
$$

$$
V_{\beta,\nu}(p_{11}; \lfloor \Psi(\omega) \rceil) \overset{(e2)}{=} \frac{1 - \beta^n}{1 - \beta}\nu + \beta^n V_{\beta,\nu}(\Gamma^n(p_{11}); \lfloor \omega^*, 1 \rceil)
\tag{6.50}
$$

$$
V_{\beta,\nu}(p_{01}; \lfloor \Psi(p_{11}) \rceil) \overset{(e3)}{=} \frac{1 - \beta^{n-1}}{1 - \beta}\nu + \beta^{n-1} V_{\beta,\nu}(\Gamma^{n-1}(p_{01}); \lfloor \omega^*, 1 \rceil)
\tag{6.51}
$$

$$
V_{\beta,\nu}(p_{11}; \lfloor \Psi(p_{11}) \rceil) \overset{(e4)}{=} \frac{1 - \beta^{n-1}}{1 - \beta}\nu + \beta^{n-1} V_{\beta,\nu}(\Gamma^{n-1}(p_{11}); \lfloor \omega^*, 1 \rceil)
\tag{6.52}
$$

$$
V_{\beta,\nu}(\Gamma^n(p_{01}); \lfloor \omega^*, 1 \rceil)
$$

$$
\begin{aligned}
\overset{(e5)}{=}& (1 - \epsilon)\Gamma^n(p_{01}) + \beta(1 - \epsilon)\Gamma^n(p_{01})V_{\beta,\nu}(p_{11}; \lfloor p_{11} \rceil) \\
& + \beta(1 - \Gamma^n(p_{01}))V_{\beta,\nu}(p_{01}; \lfloor \Psi(\omega^*) \rceil) + \beta\epsilon\Gamma^n(p_{01})V_{\beta,\nu}(p_{11}; \lfloor \Psi(\omega^*) \rceil)
\end{aligned}
\tag{6.53}
$$

$$
V_{\beta,\nu}(\Gamma^n(p_{11}); \lfloor \omega^*, 1 \rceil)
$$

$$
\begin{aligned}
\overset{(e6)}{=}& (1 - \epsilon)\Gamma^n(p_{11}) + \beta(1 - \epsilon)\Gamma^n(p_{11})V_{\beta,\nu}(p_{11}; \lfloor p_{11} \rceil) \\
& + \beta(1 - \Gamma^n(p_{11}))V_{\beta,\nu}(p_{01}; \lfloor \Psi(\omega^*) \rceil) + \beta\epsilon\Gamma^n(p_{11})V_{\beta,\nu}(p_{11}; \lfloor \Psi(\omega^*) \rceil)
\end{aligned}
\tag{6.54}
$$

$$
V_{\beta,\nu}(\Gamma^{n-1}(p_{01}); \lfloor \omega^*, 1 \rceil)
$$

$$
\begin{aligned}
\overset{(e7)}{=}& (1 - \epsilon)\Gamma^{n-1}(p_{01}) + \beta(1 - \epsilon)\Gamma^{n-1}(p_{01})V_{\beta,\nu}(p_{11}; \lfloor p_{11} \rceil) \\
& + \beta(1 - \Gamma^{n-1}(p_{01}))V_{\beta,\nu}(p_{01}; \lfloor \Psi(\omega^*) \rceil) + \beta\epsilon\Gamma^{n-1}(p_{01})V_{\beta,\nu}(p_{11}; \lfloor \Psi(\omega^*) \rceil)
\end{aligned}
\tag{6.55}
$$

$$V_{\beta,\nu}(\Gamma^{n-1}(p_{11}); \lfloor\omega^*, 1\rfloor)$$

$$\overset{(e8)}{=}(1-\epsilon)\Gamma^{n-1}(p_{11}) + \beta(1-\epsilon)\Gamma^{n-1}(p_{11})V_{\beta,\nu}(p_{11}; \lfloor p_{11}\rfloor)$$

$$+ \beta(1-\Gamma^{n-1}(p_{11}))V_{\beta,\nu}(p_{01}; \lfloor\Psi(\omega^*)\rfloor) + \beta\epsilon\Gamma^{n-1}(p_{11})V_{\beta,\nu}(p_{11}; \lfloor\Psi(\omega^*)\rfloor) \tag{6.56}$$

证明 (e1)(e2) 可由命题 6.4 对于任意 $\omega \in [p_{01}, \Gamma(\omega^*)]$ 有 $L(\Psi(\omega),\omega^*) = L(\Psi(\omega^*),\omega^*) = n$ 成立得到；(e3)(e4) 可由命题 6.4 $L(\Psi(p_{11}),\omega^*) = L(\Psi(\omega^*),\omega^*) - 1 = n-1$ 成立得到；(e5) $\sim$ (e8) 可由引理 6.6 得到。 $\square$

备注 6.6 由式 (6.47)、式(6.51)、式(6.52)、式(6.55) 和式(6.56)，我们有 $V_{\beta,\nu}(p_{11}; \lfloor p_{11}\rfloor)$、$V_{\beta,\nu}(p_{01}; \lfloor\Psi(\omega^*)\rfloor)$ 和 $V_{\beta,\nu}(p_{11}; \lfloor\Psi(\omega^*)\rfloor)$。将其代入式 (6.53)、式 (6.54)、式 (6.49)、式 (6.50)，我们有 $V_{\beta,\nu}(p_{01}; \lfloor\Psi(\omega)\rfloor)$ 和 $V_{\beta,\nu}(p_{11}; \lfloor\Psi(\omega)\rfloor)$，进而得到线性化 $V_{\beta,\nu}(\omega; \lfloor\omega, 1\rfloor)$。

6.9.3 区间 $n-4$：$\left[\Gamma^n(\varphi(p_{01})), \underline{\omega}_0^n\right)$

命题 6.5 若 $\Gamma^n(\varphi(p_{01})) \leqslant \omega^* < \underline{\omega}_0^n$，则有

$$L(\Gamma(\varphi(\omega)),\omega^*) = L(\varphi(p_{11}),\omega^*) - 1 = n-1$$

对 $\omega \in [\omega^*, p_{11}]$ 成立。

证明 由 $\varphi(\omega)$ 的单调性，按照引理 6.8，我们有 $\varphi(\omega) \geqslant \varphi(\omega^*)$，对于 $\omega \in [\omega^*, p_{11}]$ 和 $\varphi(\omega^*) > \Gamma^{-n}(\omega^*)$ 成立。因此，$\varphi(\omega) > \Gamma^{-n}(\omega^*)$ 且 $L(\Gamma(\varphi(\omega)),\omega^*) < L(\Gamma^{1-n}(\omega^*),\omega^*) = n$。考虑 $L(\varphi(p_{11}),\omega^*) = n$，我们有 $L(\Gamma(\varphi(\omega)),\omega^*) = n-1$，命题 6.5 得证。 $\square$

引理 6.11 若 $\Gamma^n(\varphi(p_{01})) \leqslant \omega^* < \underline{\omega}_0^n$，对于 $\omega \in [\omega^*, p_{11}]$，可得

$$V_{\beta,\nu}(\omega; \lfloor\omega, 1\rfloor) = (1-\epsilon)\omega + \beta[(1-\epsilon)\omega V_{\beta,\nu}(p_{11}; \lfloor p_{11}\rfloor)$$

$$+ \epsilon\omega V_{\beta,\nu}(p_{11}; \lfloor\Psi(\omega)\rfloor) + (1-\omega)V_{\beta,\nu}(p_{01}; \lfloor\Psi(\omega)\rfloor)] \tag{6.57}$$

其中

$$V_{\beta,\nu}(p_{11}; \lfloor p_{11}\rfloor) \overset{(e1)}{=} V_{\beta,\nu}(p_{11}; \lfloor\omega, 1\rfloor) \tag{6.58}$$

$$V_{\beta,\nu}(p_{01}; \lfloor\Psi(\omega)\rfloor) \overset{(e2)}{=} \frac{1-\beta^{n-1}}{1-\beta}\nu + \beta^{n-1}V_{\beta,\nu}(\Gamma^{n-1}(p_{01}); \lfloor\omega, 1\rfloor) \tag{6.59}$$

$$V_{\beta,\nu}(p_{11}; \lfloor\Psi(\omega)\rfloor) \overset{(e3)}{=} \frac{1-\beta^{n-1}}{1-\beta}\nu + \beta^{n-1}V_{\beta,\nu}(\Gamma^{n-1}(p_{11}); \lfloor\omega, 1\rfloor) \tag{6.60}$$

$$V_{\beta,\nu}(p_{11}; \lfloor \omega, 1 \rceil)$$

$$\overset{(e4)}{=} (1-\epsilon)p_{11} + \beta(1-\epsilon)p_{11}V_{\beta,\nu}(p_{11}; \lfloor p_{11} \rceil)$$

$$+ \beta(1-p_{11})V_{\beta,\nu}(p_{01}; \lfloor \Psi(\omega) \rceil) + \epsilon\beta p_{11}V_{\beta,\nu}(p_{11}; \lfloor \Psi(\omega) \rceil) \qquad (6.61)$$

$$V_{\beta,\nu}(\Gamma^{n-1}(p_{01}); \lfloor \omega, 1 \rceil)$$

$$\overset{(e5)}{=} (1-\epsilon)\Gamma^{n-1}(p_{01}) + \beta(1-\epsilon)\Gamma^{n-1}(p_{01})V_{\beta,\nu}(p_{11}; \lfloor p_{11} \rceil)$$

$$+ \beta(1-\Gamma^{n-1}(p_{01}))V_{\beta,\nu}(p_{01}; \lfloor \Psi(\omega) \rceil) + \beta\epsilon\Gamma^{n-1}(p_{01})V_{\beta,\nu}(p_{11}; \lfloor \Psi(\omega) \rceil) \qquad (6.62)$$

$$V_{\beta,\nu}(\Gamma^{n-1}(p_{11}); \lfloor \omega, 1 \rceil)$$

$$\overset{(e6)}{=} (1-\epsilon)\Gamma^{n-1}(p_{11}) + \beta(1-\epsilon)\Gamma^{n-1}(p_{11})V_{\beta,\nu}(p_{11}; \lfloor p_{11} \rceil)$$

$$+ \beta(1-\Gamma^{n-1}(p_{11}))V_{\beta,\nu}(p_{01}; \lfloor \Psi(\omega) \rceil) + \beta\epsilon\Gamma^{n-1}(p_{11})V_{\beta,\nu}(p_{11}; \lfloor \Psi(\omega) \rceil) \qquad (6.63)$$

证明　(e1) $\sim$ (e3) 可由 $L(\Psi(\omega), \omega^*) = n - 1$，根据命题 6.5，对于任意的 $\omega \in [\omega^*, p_{11}]$ 成立得到；(e4) $\sim$ (e6) 可由引理 6.6得到。　　　　　□

备注 6.7　根据式 (6.58) $\sim$ 式 (6.63)，有 $V_{\beta,\nu}(p_{11}; \lfloor p_{11} \rceil)$、$V_{\beta,\nu}(p_{01}; \lfloor \Psi(\omega) \rceil)$ 和 $V_{\beta,\nu}(p_{11}; \lfloor \Psi(\omega) \rceil)$，将其代入式 (6.57)，最终可得线性化 $V_{\beta,\nu}(\omega; \lfloor \omega, 1 \rceil)$。

6.9.4　区间 $n-3$：$[\underline{\omega}_0^n, \bar{\omega}_0^n)$

对于区间 $[\underline{\omega}_0^n, \bar{\omega}_0^n)$，由理论分析可知，存在无数个不动点，因此该区间能进一步被分成无限个子区域。对于每个子区域，我们能通过以上相似的方式计算 ν。

考虑计算代价，我们采用简单的线性插值法近似求解子区间的因子值，主要原因如下。

① 本质上怀特因子方法是近似方法。

② 非线性体现计算精度和计算代价之间的平衡。

6.9.5　区间 5：$[\omega_0, p_{11})$

对于 $\omega_0 < \omega^* < p_{11}$，有 $L(p_{11}, \omega^*) = 0$ 且 $L(\Gamma(\varphi(\omega)), \omega^*) = \infty$，对于 $\omega \in [p_{01}, p_{11}]$ 成立，因此 $V_{\beta,\nu}(\Gamma(\varphi(\omega); \lfloor \Gamma(\varphi(\omega)) \rceil) = \dfrac{\nu}{1-\beta}$。

6.10　因子计算：信道负相关

考虑不同区间的非线性部分 $V_{\beta,\nu}(\omega^*; \lfloor \omega^*, 1 \rceil)$ 已被线性化，通过下面的平衡方程计算怀特因子，即

$$V_{\beta,\nu}(\omega^*; \lfloor \omega^*, 0 \rceil) = V_{\beta,\nu}(\omega^*; \lfloor \omega^*, 1 \rceil) \qquad (6.64)$$

6.10.1 区间 1

当 $p_{11} \leqslant \omega^* < \omega_0$ 时, 由命题 6.2, 我们有 $L(\Gamma(\varphi(\omega)), \omega^*) = 0$ 对于任意的 $\omega \in [p_{11}, p_{01}]$ 成立, 因此

$$V_{\beta,\nu}(\omega^*; \lfloor \omega^*, 0 \rfloor)$$

$$= \nu + \beta V_{\beta,\nu}(\Gamma(\omega^*); \lfloor \Gamma(\omega^*) \rfloor)$$

$$= \nu + \beta(1-\epsilon)\Gamma(\omega^*) + \beta^2 \{ (1-\epsilon)\Gamma(\omega^*) V_{\beta,\nu}(p_{11}; \lfloor p_{11} \rfloor)$$

$$+ [1 - (1-\epsilon)\Gamma(\omega^*)] V_{\beta,\nu}(\Psi(\Gamma(\omega^*)); \lfloor \Psi(\Gamma(\omega^*)) \rfloor) \}$$

$$= \nu + \beta(1-\epsilon)\Gamma(\omega^*) + \beta^2 [(1-\epsilon)\Gamma(\omega^*) V_{\beta,\nu}(p_{11}; \lfloor p_{11} \rfloor)$$

$$+ \epsilon\Gamma(\omega^*) V_{\beta,\nu}(p_{11}; \lfloor \Psi(\Gamma(\omega^*)) \rfloor) + (1 - \Gamma(\omega^*)) V_{\beta,\nu}(p_{01}; \lfloor \Psi(\Gamma(\omega^*)) \rfloor)]$$

$$= \nu + \beta(1-\epsilon)\Gamma(\omega^*) + \beta^2 [(1-\epsilon)\Gamma(\omega^*) V_{\beta,\nu}(p_{11}; \lfloor p_{11} \rfloor)$$

$$+ \epsilon\Gamma(\omega^*) V_{\beta,\nu}(p_{11}; \lfloor \Psi(\omega^*) \rfloor) + (1 - \Gamma(\omega^*)) V_{\beta,\nu}(p_{01}; \lfloor \Psi(\omega^*) \rfloor)] \tag{6.65}$$

由引理 6.7, 有

$$V_{\beta,\nu}(\omega^*; \lfloor \omega^*, 1 \rfloor) = (1-\epsilon)\omega^* + \beta[(1-\epsilon)\omega^* V_{\beta,\nu}(p_{11}; \lfloor p_{11} \rfloor)$$

$$+ \epsilon\omega^* V_{\beta,\nu}(p_{11}; \lfloor \Psi(\omega^*) \rfloor) + (1 - \omega^*) V_{\beta,\nu}(p_{01}; \lfloor \Psi(\omega^*) \rfloor)] \tag{6.66}$$

由式 (6.64), 联合式 (6.65) 和式(6.66) , 令 $\omega = \omega^*$, 我们有下面矩阵形式的线性方程组, 即

$$M_1 \cdot \begin{bmatrix} V_{\beta,\nu}(p_{11}; \lfloor p_{11} \rfloor) \\ V_{\beta,\nu}(p_{11}; \lfloor \Psi(\omega^*) \rfloor) \\ V_{\beta,\nu}(p_{01}; \lfloor \Psi(\omega^*) \rfloor) \\ \nu \end{bmatrix} = \begin{bmatrix} \beta(\epsilon-1)\Gamma(p_{11}) \\ (\epsilon-1)p_{11} \\ (\epsilon-1)p_{01} \\ (\epsilon-1)(\omega^* - \beta\Gamma(\omega^*)) \end{bmatrix} \tag{6.67}$$

其中

$$M_1 =$$

$$\begin{bmatrix} \beta^2(1-\epsilon)\Gamma(p_{11}) - 1 & \beta^2\epsilon\Gamma(p_{11}) & \beta^2(1-\Gamma(p_{11})) & 1 \\ \beta(1-\epsilon)p_{11} & \beta\epsilon p_{11} - 1 & \beta(1-p_{11}) & 0 \\ \beta(1-\epsilon)p_{01} & \beta\epsilon p_{01} & \beta(1-p_{01}) - 1 & 0 \\ \beta(1-\epsilon)(\omega^* - \beta\Gamma(\omega^*)) & \beta\epsilon(\omega^* - \beta\Gamma(\omega^*)) & \beta[(1-\beta) - (\omega^* - \beta\Gamma(\omega^*))] & -1 \end{bmatrix}$$

$$\tag{6.68}$$

对于区间 $p_{11} \leqslant \omega^* < \omega_0$，通过计算可得怀特因子 ν，即

$$\nu = \frac{\beta(1-\epsilon)p_{01} + (1-\epsilon)(\omega^* - \beta\Gamma(\omega^*))}{1 + \beta(p_{01} - \epsilon p_{11}) - \beta(1-\epsilon)(\beta\Gamma(p_{11}) + \omega^* - \beta\Gamma(\omega^*))} \tag{6.69}$$

6.10.2　区间 2

当 $\omega_0 < \omega^* < \Gamma(p_{11})$ 时，我们有 $L(\Gamma(\varphi(\omega)), \omega^*) = 0$，对于任意的 $\omega \in [p_{11}, p_{01}]$ 成立，因此

$$\begin{aligned} V_{\beta,\nu}(\omega^*; \lfloor\omega^*, 0\rceil) &= \nu + \beta V_{\beta,\nu}(\Gamma(\omega^*); \lfloor\Gamma(\omega^*)\rceil) \\ &= \nu + \beta\nu + \beta^2 V_{\beta,\nu}(\Gamma^2(\omega^*); \lfloor\Gamma^2(\omega^*)\rceil) \\ &= \frac{\nu}{1-\beta} \end{aligned}$$

同时，由推论 6.4，我们有 $V_{\beta,\nu}(\omega^*; \lfloor\omega^*, 1\rceil)$。进而，联合在 ω^* 点的平衡方程，我们有如下矩阵形式，即

$$M_2 \cdot \begin{bmatrix} V_{\beta,\nu}(p_{11}; \lfloor p_{11}\rceil) \\ V_{\beta,\nu}(p_{11}; \lfloor\Psi(\omega^*)\rceil) \\ V_{\beta,\nu}(p_{01}; \lfloor\Psi(\omega^*)\rceil) \\ \nu \end{bmatrix} = \begin{bmatrix} -\beta(1-\epsilon)\Gamma(p_{11}) \\ -(1-\epsilon)p_{11} \\ -(1-\epsilon)p_{01} \\ -(1-\epsilon)\omega^* \end{bmatrix} \tag{6.70}$$

其中

$$M_2 = \begin{bmatrix} \beta^2(1-\epsilon)\Gamma(p_{11}) - 1 & \beta^2\epsilon\Gamma(p_{11}) & \beta^2(1-\Gamma(p_{11})) & 1 \\ \beta(1-\epsilon)p_{11} & \beta\epsilon p_{11} - 1 & \beta(1-p_{11}) & 0 \\ \beta(1-\epsilon)p_{01} & \beta\epsilon p_{01} & \beta(1-p_{01}) - 1 & 0 \\ \beta(1-\epsilon)\omega^* & \beta\epsilon\omega^* & \beta(1-\omega^*) & -\dfrac{1}{1-\beta} \end{bmatrix} \tag{6.71}$$

因此，对于区间 $\omega_0 < \omega^* < \Gamma(p_{11})$，我们有如下怀特因子，即

$$\nu = \frac{\beta(1-\epsilon)p_{01} + (1-\epsilon)(1-\beta)\omega^*}{1 + \beta(p_{01} - \epsilon p_{11}) - \beta(1-\epsilon)[\beta\Gamma(p_{11}) + (1-\beta)\omega^*]} \tag{6.72}$$

6.10.3　区间 3

对于 $\Gamma(p_{11}) \leqslant \omega^* < \bar{\omega}_0$，有如下命题。

命题 6.6　当 $\Gamma(p_{11}) \leqslant \omega^* < p_{01}$ 时，$L(\Gamma(\omega), \omega^*) = \infty$ 对于 $\omega \in [p_{11}, p_{01}]$ 成立。

证明 基于 $\Gamma(\omega)$ 的单调减性质，$\Gamma(\omega) \leqslant \Gamma(p_{11}) \leqslant \omega^*$ 对于任意的 $\omega \in [p_{11}, p_{01}]$ 成立。考虑 $\Gamma(\omega) \in [p_{11}, p_{01}]$，我们有 $\Gamma^2(\omega) \leqslant \Gamma(p_{11}) \leqslant \omega^*$，继而 $L(\Gamma(\omega), \omega^*) = \infty$。 $\qquad\square$

当 $\Gamma(p_{11}) \leqslant \omega^* < \bar{\omega}_0$ 时，计算如下矩阵方程，即

$$
M_3 \cdot \begin{bmatrix} V_{\beta,\nu}(p_{11}; \lfloor p_{11} \rceil) \\ V_{\beta,\nu}(p_{11}; \lfloor \Psi(\omega^*) \rceil) \\ V_{\beta,\nu}(p_{01}; \lfloor \Psi(\omega^*) \rceil) \\ \nu \end{bmatrix} = \begin{bmatrix} 0 \\ -(1-\epsilon)p_{11} \\ -(1-\epsilon)p_{01} \\ -(1-\epsilon)\omega^* \end{bmatrix} \tag{6.73}
$$

其中

$$
M_3 = \begin{bmatrix} -1 & 0 & 0 & \dfrac{1}{1-\beta} \\ \beta(1-\epsilon)p_{11} & \beta\epsilon p_{11} - 1 & \beta(1-p_{11}) & 0 \\ \beta(1-\epsilon)p_{01} & \beta\epsilon p_{01} & \beta(1-p_{01}) - 1 & 0 \\ \beta(1-\epsilon)\omega^* & \beta\epsilon\omega^* & \beta(1-\omega^*) & -\dfrac{1}{1-\beta} \end{bmatrix} \tag{6.74}
$$

因此，对于 $\Gamma(p_{11}) \leqslant \omega^* < \bar{\omega}_0$，我们有如下怀特因子 ν，即

$$
\nu = \frac{\beta(1-\epsilon)p_{01} + (1-\beta)(1-\epsilon)\omega^*}{1 + \beta(p_{01} - \epsilon p_{11}) - \beta(1-\epsilon)\omega^*} \tag{6.75}
$$

6.10.4 区间 4

当 $\bar{\omega}_0 \leqslant \omega^* < p_{01}$ 时，由推论 6.3，有 $L(\Psi(\omega), \omega^*) = \infty$ 和 $L(p_{11}, \omega^*) = \infty$。进而，$V_{\beta,\nu}(p_{11}; \lfloor p_{11} \rceil) = \dfrac{\nu}{1-\beta}$ 且 $V_{\beta,\nu}(\Psi(\omega^*); \lfloor \Psi(\omega^*) \rceil) = \dfrac{\nu}{1-\beta}$。

$$
\begin{aligned}
V_{\beta,\nu}(\omega^*; \lfloor \omega^*, 0 \rceil) &= \nu + \beta V_{\beta,\nu}(\Gamma(\omega^*); \lfloor \Gamma(\omega^*) \rceil) \\
&= \nu + \beta m + \beta^2 V_{\beta,\nu}(\Gamma^2(\omega^*); \lfloor \Gamma^2(\omega^*) \rceil) \\
&= \frac{\nu}{1-\beta}
\end{aligned}
$$

$$
\begin{aligned}
V_{\beta,\nu}(\omega^*; \lfloor \omega^*, 1 \rceil) &= (1-\epsilon)\omega^* + \beta[(1-\epsilon)\omega^* V_{\beta,\nu}(p_{11}; \lfloor p_{11} \rceil) \\
&\quad + [1 - (1-\epsilon)\omega^*] V_{\beta,\nu}(\Psi(\omega^*); \lfloor \Psi(\omega^*) \rceil) \\
&= (1-\epsilon)\omega^* + \beta \left\{ (1-\epsilon)\omega^* \frac{\nu}{1-\beta} + [1 - (1-\epsilon)\omega^*] \frac{\nu}{1-\beta} \right\} \\
&= (1-\epsilon)\omega^* + \beta \frac{\nu}{1-\beta}
\end{aligned}
$$

因此，由平衡方程 $V_{\beta,\nu}(\omega^*; \lfloor\omega^*, 0\rfloor) = V_{\beta,\nu}(\omega^*; \lfloor\omega^*, 1\rfloor)$，我们有如下怀特因子，即

$$\nu = (1 - \epsilon)\omega^* \tag{6.76}$$

综合式 (6.69)、式(6.72)、式 (6.75) 和式 (6.76)，可得信道负相关情况下的怀特因子。

6.11　因子计算：信道正相关

6.11.1　区间 1

当 $\Gamma^n(\varphi(p_{11})) \leqslant \omega_\beta^*(m) < \Gamma^{n+1}(\varphi(p_{01}))$ 时，由引理 6.9，对于式 (6.40) ～ 式(6.46)，令 $\omega = \omega^*$，联合 ω^* 点的平衡方程 $V_{\beta,\nu}(\omega^*; \lfloor\omega^*, 0\rfloor) = V_{\beta,\nu}(\omega^*; \lfloor\omega^*, 1\rfloor)$ 和式 (6.77)，我们有

$$V_{\beta,\nu}(\omega^*; \lfloor\omega^*, 0\rfloor)$$

$$= \nu + \beta V_{\beta,\nu}(\Gamma(\omega^*); \lfloor\Gamma(\omega^*)\rfloor)$$

$$= \nu + \beta V_{\beta,\nu}(\Gamma(\omega^*); \lfloor\omega^*, 1\rfloor)$$

$$= \nu + \beta(1-\epsilon)\Gamma(\omega^*) + \beta[(1-\epsilon)\Gamma(\omega^*)V_{\beta,\nu}(p_{11}; \lfloor p_{11}\rfloor)$$

$$\quad + (1 - \Gamma(\omega^*))V_{\beta,\nu}(p_{01}; \lfloor\Psi(\omega^*)\rfloor) + \epsilon\Gamma(\omega^*)V_{\beta,\nu}(p_{11}; \lfloor\Psi(\omega^*)\rfloor)] \tag{6.77}$$

最终，我们得到式 (6.78) 的线性方程组，即

$$M_4 \cdot \begin{bmatrix} V_{\beta,\nu}(p_{11}; \lfloor p_{11}\rfloor) \\ V_{\beta,\nu}(p_{11}; \lfloor\Psi(\omega^*)\rfloor) \\ V_{\beta,\nu}(p_{01}; \lfloor\Psi(\omega^*)\rfloor) \\ \nu \end{bmatrix} = \begin{bmatrix} -(1-\epsilon)p_{11} \\ -\beta^n(1-\epsilon)\Gamma^n(p_{11}) \\ -\beta^n(1-\epsilon)\Gamma^n(p_{01}) \\ (1-\epsilon)(\omega^* - \beta\Gamma(\omega^*)) \end{bmatrix} \tag{6.78}$$

其中

M_4

$$= \begin{bmatrix} \beta(1-\epsilon)p_{11} - 1 & \beta\epsilon p_{11} & \beta(1-p_{11}) & 0 \\ \beta^{n+1}(1-\epsilon)\Gamma^n(p_{11}) & \beta^{n+1}\epsilon\Gamma^n(p_{11}) - 1 & \beta^{n+1}(1-\Gamma^n(p_{11})) & \dfrac{1-\beta^n}{1-\beta} \\ \beta^{n+1}(1-\epsilon)\Gamma^n(p_{01}) & \beta^{n+1}\epsilon\Gamma^n(p_{01}) & \beta^{n+1}(1-\Gamma^n(p_{01})) - 1 & \dfrac{1-\beta^n}{1-\beta} \\ \beta(1-\epsilon)(\omega^* - \beta\Gamma(\omega^*)) & \beta\epsilon(\omega^* - \beta\Gamma(\omega^*)) & \beta(1-\omega^*) - \beta^2(1-\Gamma(\omega^*)) & -1 \end{bmatrix}$$

$$\tag{6.79}$$

通过解方程组 (6.78)，可得

$$\nu = \frac{(1-\epsilon)(1-\beta^{n+1})(\omega^* - \beta\Gamma(\omega^*)) + C_6}{(1-\epsilon)(\beta - \beta^{n+1})(\omega^* - \beta\Gamma(\omega^*)) + C_9} \tag{6.80}$$

6.11.2 区间 2

当 $\overline{\omega}_0^n \leqslant \omega_\beta^*(m) < \Gamma^n(\varphi(p_{11}))$ 时，对于式 (6.47) $\sim$ 式(6.56)，令 $\omega = \omega^*$，联合式 (6.77) 和点 ω^* 处的平衡方程，可得

$$M_5 \cdot \begin{bmatrix} V_{\beta,\nu}(p_{11}; \lfloor p_{11} \rceil) \\ V_{\beta,\nu}(p_{11}; \lfloor \Psi(\omega^*) \rceil) \\ V_{\beta,\nu}(p_{01}; \lfloor \Psi(\omega^*) \rceil) \\ V_{\beta,\nu}(p_{11}; \lfloor \Psi(p_{11}) \rceil) \\ V_{\beta,\nu}(p_{01}; \lfloor \Psi(p_{11}) \rceil) \\ \nu \end{bmatrix} = \begin{bmatrix} -(1-\epsilon)p_{11} \\ -\beta^{n-1}(1-\epsilon)\Gamma^{n-1}(p_{11}) \\ -\beta^{n-1}(1-\epsilon)\Gamma^{n-1}(p_{01}) \\ -\beta^n(1-\epsilon)\Gamma^n(p_{11}) \\ -\beta^n(1-\epsilon)\Gamma^n(p_{01}) \\ (1-\epsilon)(\omega^* - \beta\Gamma(\omega^*)) \end{bmatrix} \tag{6.81}$$

其中

$M_5 =$

$$\begin{bmatrix} \beta(1-\epsilon)p_{11} - 1 & \beta\epsilon p_{11} & \beta(1-p_{11}) & 0 & 0 & 0 \\ \beta^n(1-\epsilon)\Gamma^{n-1}(p_{11}) & -1 & 0 & \beta^n\epsilon\Gamma^{n-1}(p_{11}) & \beta^n(1-\Gamma^{n-1}(p_{11})) & \frac{1-\beta^{n-1}}{1-\beta} \\ \beta^n(1-\epsilon)\Gamma^{n-1}(p_{01}), & 0 & -1 & \beta^n\epsilon\Gamma^{n-1}(p_{01}) & \beta^n(1-\Gamma^{n-1}(p_{01})) & \frac{1-\beta^{n-1}}{1-\beta} \\ \beta^{n+1}(1-\epsilon)\Gamma^n(p_{11}) & 0 & 0 & \beta^{n+1}\epsilon\Gamma^n(p_{11}) - 1 & \beta^{n+1}(1-\Gamma^n(p_{11})) & \frac{1-\beta^n}{1-\beta} \\ \beta^{n+1}(1-\epsilon)\Gamma^n(p_{01}) & 0 & 0 & \beta^{n+1}\epsilon\Gamma^n(p_{01}) & \beta^{n+1}(1-\Gamma^n(p_{01})) - 1 & \frac{1-\beta^n}{1-\beta} \\ \beta(1-\epsilon)(\omega^* - \beta\Gamma(\omega^*)) & 0 & 0 & \beta\epsilon(\omega^* - \beta\Gamma(\omega^*)) & \beta(1-\omega^*) - \beta^2(1-\Gamma(\omega^*)) & -1 \end{bmatrix}$$

$$\tag{6.82}$$

那么

$$\nu = \frac{(1-\epsilon)(1-\beta^{n+1})(\omega^* - \beta\Gamma(\omega^*)) + C_6}{C_0(\omega^* - \beta\Gamma(\omega^*)) + C_7} \tag{6.83}$$

6.11.3 区间 3

当 $\Gamma^{n+1}(\varphi(p_{01})) \leqslant \omega_\beta^*(m) < \underline{\omega}_0^{n+1}$ 时，我们有

$$M_4 \cdot \begin{bmatrix} V_{\beta,\nu}(p_{11}; \lfloor p_{11} \rceil) \\ V_{\beta,\nu}(p_{11}; \lfloor \omega^* \rceil) \\ V_{\beta,\nu}(p_{01}; \lfloor \omega^* \rceil) \\ \nu \end{bmatrix} = \begin{bmatrix} -(1-\epsilon)p_{11} \\ -\beta^{L-1}(1-\epsilon)\Gamma^{L-1}(p_{11}) \\ -\beta^{L-1}(1-\epsilon)\Gamma^{L-1}(p_{01}) \\ (1-\epsilon)(\omega^* - \beta\Gamma(\omega^*)) \end{bmatrix} \tag{6.84}$$

那么

$$\nu = \frac{(1-\epsilon)(1-\beta^{n+1})(\omega^* - \beta\Gamma(\omega^*)) + C_6}{(1-\epsilon)(\beta - \beta^{n+1})(\omega^* - \beta\Gamma(\omega^*)) + C_9} \tag{6.85}$$

6.11.4　区间 4

当 $p_{01} \leqslant \omega^* < \underline{\omega}_0^1$ 时，我们有 $L(\Psi(\omega^*), \omega^*) = 0$，由引理 6.8 有 $\Psi(\omega^*) > \omega^*$，根据 $p_{11} > \Gamma(\omega^*) > \omega^*$ 有 $L(p_{11}, \omega^*) = L(\Gamma(\omega^*), \omega^*) = 0$，那么

$$\begin{aligned} V_{\beta,\nu}(\omega^*; \lfloor\omega^*, 0\rfloor) &= \nu + \beta V_{\beta,\nu}(\Gamma(\omega^*); \lfloor\Gamma(\omega^*)\rfloor) \\ &= \nu + \beta[\omega^* V_{\beta,\nu}(\Gamma(1); \lfloor p_{11}\rfloor) + (1-\omega^*)V_{\beta,\nu}(\Gamma(0); \lfloor p_{11}\rfloor)] \\ &= \nu + \beta[\omega^* V_{\beta,\nu}(p_{11}; \lfloor p_{11}\rfloor) + (1-\omega^*)V_{\beta,\nu}(p_{01}; \lfloor p_{11}\rfloor)] \end{aligned}$$

$$\begin{aligned} V_{\beta,\nu}(\omega^*; \lfloor\omega^*, 1\rfloor) &= (1-\epsilon)\omega^* + \beta\{(1-\epsilon)\omega^* V_{\beta,\nu}(p_{11}; \lfloor p_{11}\rfloor) \\ &\quad + [1 - (1-\epsilon)\omega^*]V_{\beta,\nu}(\Psi(\omega^*); \lfloor\Psi(\omega^*)\rfloor)\} \\ &= (1-\epsilon)\omega^* + \beta[(1-\epsilon)\omega^* V_{\beta,\nu}(p_{11}; \lfloor p_{11}\rfloor) \\ &\quad + \epsilon\omega^* V_{\beta,\nu}(p_{11}; \lfloor p_{11}\rfloor) + (1-\omega^*)V_{\beta,\nu}(p_{01}; \lfloor p_{11}\rfloor)] \\ &= (1-\epsilon)\omega^* + \beta[\omega^* V_{\beta,\nu}(p_{11}; \lfloor p_{11}\rfloor) + (1-\omega^*)V_{\beta,\nu}(p_{01}; \lfloor p_{11}\rfloor)] \end{aligned}$$

进而，基于 $V_{\beta,\nu}(\omega^*; \lfloor\omega^*, 0\rfloor) = V_{\beta,\nu}(\omega^*; \lfloor\omega^*, 1\rfloor)$，可得

$$\nu = (1-\epsilon)\omega^* \tag{6.86}$$

6.11.5　区间 5

当 $\underline{\omega}_0^n \leqslant \omega^* < \overline{\omega}_0^n$ 时，我们通过两个端点 $\nu(\underline{\omega}_0^n)$ 和 $\nu(\overline{\omega}_0^n)$ 处的线性插值得到 ν，即

$$\nu = \nu(\underline{\omega}_0^n) + (\omega - \underline{\omega}_0^n)\frac{\nu(\overline{\omega}_0^n) - \nu(\underline{\omega}_0^n)}{\overline{\omega}_0^n - \underline{\omega}_0^n} \tag{6.87}$$

6.11.6　区间 6

当 $\omega_0 \leqslant \omega^* \leqslant p_{11}$ 时，对于 $i \geqslant 1$，我们有 $L(\Gamma^i(\omega^*), \omega^*) = \infty$、$L(\Psi(p_{11}), \omega^*) = \infty$，并且 $L(\Psi(\omega^*), \omega^*) = \infty$，因此

$$\begin{aligned} V_{\beta,\nu}(p_{11}; \lfloor p_{11}\rfloor) &= (1-\epsilon)p_{11} + \beta\{(1-\epsilon)p_{11}V_{\beta,\nu}(p_{11}; \lfloor p_{11}\rfloor) \\ &\quad + [1 - (1-\epsilon)p_{11}]V_{\beta,\nu}(\Psi(p_{11}); \lfloor\Psi(p_{11})\rfloor)\} \\ &= (1-\epsilon)p_{11} + \beta\{(1-\epsilon)p_{11}V_{\beta,\nu}(p_{11}; \lfloor p_{11}\rfloor) \end{aligned}$$

$$+ [1 - (1-\epsilon)p_{11}]V_{\beta,\nu}(\Psi(p_{11}); \lfloor \omega^*, 0 \rceil)\}$$

$$= (1-\epsilon)p_{11} + \beta\Big\{(1-\epsilon)p_{11}V_{\beta,\nu}(p_{11}; \lfloor p_{11} \rceil)$$

$$+ [1 - (1-\epsilon)p_{11}]\frac{\nu}{1-\beta}\Big\} \tag{6.88}$$

$$V_{\beta,\nu}(\omega^*; \lfloor \omega^*, 0 \rceil) = \nu + \beta V_{\beta,\nu}(\Gamma(\omega^*); \lfloor \Gamma(\omega^*) \rceil)$$

$$= \nu + \beta V_{\beta,\nu}(\Gamma(\omega^*); \lfloor \omega^*, 0 \rceil)$$

$$= \nu + \beta[\nu + \beta V_{\beta,\nu}(\Gamma^2(\omega^*); \lfloor \omega^*, 0 \rceil)]$$

$$= \frac{\nu}{1-\beta} \tag{6.89}$$

$$V_{\beta,\nu}(\omega^*; \lfloor \omega^*, 1 \rceil) = (1-\epsilon)\omega^* + \beta\{(1-\epsilon)\omega^* V_{\beta,\nu}(p_{11}; \lfloor p_{11} \rceil)$$

$$+ [1 - (1-\epsilon)\omega^*]V_{\beta,\nu}(\Psi(\omega^*); \lfloor \Psi(\omega^*) \rceil)\}$$

$$= (1-\epsilon)\omega^* + \beta\{(1-\epsilon)\omega^* V_{\beta,\nu}(p_{11}; \lfloor p_{11} \rceil)$$

$$+ [1 - (1-\epsilon)\omega^*]V_{\beta,\nu}(\Psi(\omega^*); \lfloor \omega^*, 0 \rceil)\}$$

$$= (1-\epsilon)\omega^* + \beta\Big\{(1-\epsilon)\omega^* V_{\beta,\nu}(p_{11}; \lfloor p_{11} \rceil)$$

$$+ [1 - (1-\epsilon)\omega^*]\frac{\nu}{1-\beta}\Big\} \tag{6.90}$$

最终, 可得

$$\nu = \frac{(1-\epsilon)\omega^*}{1 - \beta(1-\epsilon)(p_{11} - \omega^*)} \tag{6.91}$$

联合式 (6.80)、式(6.83)、式(6.85) ~ 式 (6.87) 和式(6.91), 可得信道正相关情况下的怀特因子。

6.12 仿 真 实 验

下面通过比较优化策略、短视策略、怀特因子策略评估怀特因子策略的性能。

6.12.1 怀特因子策略和优化策略

在第一场景中, 设置 $N = 3$、$\epsilon_i = 0.01$、$\beta = 1$、$(p_{01}^{(1)}, p_{11}^{(1)}) = (0.3, 0.7)$、$(p_{01}^{(2)}, p_{11}^{(2)}) = (0.4, 0.8)$、$(p_{01}^{(3)}, p_{11}^{(3)}) = (0.5, 0.7)$。由图 6.6 可知, 怀特因子策略与优化策略具有几乎相同的性能。

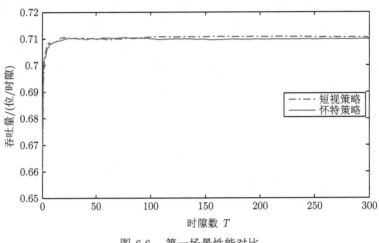

图 6.6   第一场景性能对比

在第二场景中，设置 $N = 3$、$\epsilon_i = 0.01$、$\beta = 1$、$\{(p_{01}^{(i)}, p_{11}^{(i)})\}_{i=1}^{3} = \{(0.3, 0.7),$ $(0.8, 0.4), (0.3, 0.6)\}$。由图 6.7 可知，怀特因子策略与优化策略相比有 1% 的性能损失。联合图 6.6 和图 6.7，我们有如下直观结果，即随着信道间异构性的增加，怀特因子策略性能相对变差。

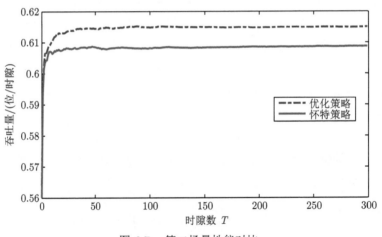

图 6.7   第二场景性能对比

6.12.2   怀特因子策略和短视策略

在此场景中，设置 $N = 10$、$\{(p_{01}^{(i)}, p_{11}^{(i)})\}_{i=1}^{10}, = \{(0.3, 0.9), (0.8, 0.1), (0.3, 0.8),$ $(0.1, 0.9), (0.9, 0.1), (0.4, 0.8), (0.5, 0.3), (0.3, 0.3), (0.3, 0.6), (0.8, 0.1)\}$、$\epsilon_i = 0.01$、$\beta = 1$。由图 6.8 可知，在 $T \leqslant 18$ 时，怀特因子策略性能比短视策略差，但是在

此门限点之后，怀特因子策略性能更好。这一现象可以简单解释为短视策略在初始阶段性能要好，这是因为其仅利用信息而忽略探索信息，而怀特因子策略考虑探索信息与利用信息之间的平衡，因此在初始阶段之后，其性能更好。

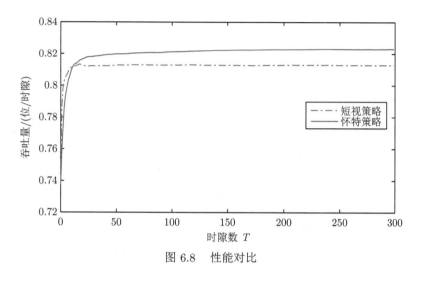

图 6.8　性能对比

6.13　本 章 小 结

本章研究多信道机会访问问题。在观测不完善的情况下，由于信道状态置信度的演化不再是线性的，因此传统的计算怀特因子策略的方法无法使用，从而使问题的可因子性一直没有得到解决。为了解决这一难题，我们在数学上建立可因子性，并求出闭式的怀特因子。本章技术主要是基于不动点理论，非线性算子的不动点将置信信息空间划分为一系列区间，建立非线性动态演化系统的一系列的周期结构。在此基础上，对每个区间设计线性化方案，并证明其可因子性。

参 考 文 献

[1] Gilbert E N. Capacity of a burst-noise channel. Bell System Technical Journal, 1960, 39(5): 1253–1265.

[2] Wang K, Chen L, Liu Q, et al. On optimality of myopic sensing policy with imperfect sensing in multi-channel opportunistic access. IEEE Transactions on Communications, 2013, 61(9): 3854–3862.

[3] Wang K, Liu Q, Li F, et al. Myopic policy for opportunistic access in cognitive radio networks by exploiting primary user feedbacks. IET Communications, 2015, 9(7): 1017–1025.

[4]　Niño-Mora J, Villar S S. Sensor scheduling for hunting elusive hiding targets via whittle's restless bandit index policy//Proceedings of 5th International Conference on Network Games, Control and Optimization, Paris, 2011: 1–8.

[5]　Ahmad S H A, Liu M, Javidi T, et al. Optimality of myopic sensing in multichannel opportunistic access. IEEE Transactions on Information Theory, 2009, 55(9): 4040–4050.

[6]　Liu Y, Liu M, Ahmad S H A. Sufficient conditions on the optimality of myopic sensing in opportunistic channel access: a unifying framework. IEEE Transactions on Information Theory, 2014, 60(8): 4922–4940.

[7]　Ouyang Y, Teneketzis D. On the optimality of myopic sensing in multi-state resources. IEEE Transactions on Information Theory, 2014, 60(1): 681–696.

[8]　Liu K, Zhao Q, Krishnamachari B. Dynamic multichannel access with imperfect channel state detection. IEEE Transactions on Signal Processing, 2010, 58(5): 2795–2807.

[9]　Wang K, Chen L, Liu Q. Opportunistic spectrum access by exploiting primary user feedbacks in underlay cognitive radio systems: an optimality analysis. IEEE Journal of Selected Topics in Signal Processing, 2013, 7(5): 869–882.

[10]　Whittle P. Restless bandits: activity allocation in a changing world. Journal of Applied Probability, 1988, 24: 287–298.

[11]　Verloop I M. Asymptotically optimal priority policies for indexable and non-indexable restless bandits. Annals of Applied Probability, 2016, 26(4): 1947–1995.

[12]　Weber R R, Weiss G. On an index policy for restless bandits. Journal of Applied Probability, 1990, 27(3): 637–648.

[13]　Singh P R, Guo X. Index policies for optimal mean-variance trade-off of inter-delivery times in real-time sensor networks//Proceedings of IEEE Conference on Computer Communications, Hongkong, 2015: 505–512.

[14]　Ny J L, Dahleh M, Feron E. Multi-UAV dynamic routing with partial observations using restless bandit allocation indices//Proceeding of American Control Conference, Seattle, 2008: 4220–4225.

[15]　Avrachenkov K E, Borkar V S. Whittle index policy for crawling ephemeral content//Proceedings of 2015 IEEE 54th Annual Conference on Decision and Control, Osaka, 2008: 6755–6760.

[16]　Liu K, Zhao Q. Indexability of restless bandit problems and optimality of whittle index for dynamic multichannel access. IEEE Transactions on Information Theory, 2010, 56(11): 5547–5567.

[17]　Ouyang W, Murugesan S, Eryilmaz A, et al. Exploiting channel memory for joint estimation and scheduling in downlink networks–a whittle's indexability analysis. IEEE Transactions on Information Theory, 2015, 61(4): 1702–1719.

[18]　Cecchi F, Jacko P. Scheduling of users with markovian time-varying transmission rates//Proceeding of ACM Sigmetrics, Pittsburgh, 2013: 129–140.

[19] Aalto S, Lassila P, Osti P. Whittle index approach to size-aware scheduling with time-varying channels//Proceedings of ACM Sigmetrics, Portland, 2015: 57–69.

[20] Aalto S, Lassila P, Osti P. Whittle index approach to size-aware scheduling for time-varying channels with multiple states. Queueing Systems, 2016, 83: 195–225.

[21] Gittins J, Glazebrook K, Weber R R. Multi-Armed Bandit Allocation Indices. New York: John Wiley & Sons, 2011.

[22] Hernandez D R. Indexable Restless Bandits. New York: VDM Verlag, 2008.

[23] Jacko P. Dynamic Priority Allocation in Restless Bandit Models. New York: LAP Lambert Academic, 2010.

[24] Wang K, Chen L. On optimality of myopic policy for restless multi-armed bandit problem: an axiomatic approach. IEEE Transactions on Signal Processing, 2012, 60(1): 300–309.

[25] Ahmad S H A, Liu M. Multi-channel opportunistic access: a case of restless bandits with multiple players//Proceedings of Allerton Conference Communication Control Computing, Monticello, 2009: 1361–1368.

第 7 章　异构两态非完美观测多臂机：
前看策略及性能

7.1　引　　言

7.1.1　背景简介

近年来，随着无线通信的迅速发展，几乎所有方便利用的频谱均已分配给各种无线应用。通过测量无线频谱的使用情况，观察到某些时间或位置存在频谱利用不足的情况[1,2]。这种现象使工业界和学界大力研究机会频谱访问 (opportunistic spectrum access, OSA) 技术。在 OSA 机制中，未许可的次级用户可以利用授权用户占用的频谱。作为实现 OSA 范式的一种技术，认知无线电[3-6]允许次级用户探测频谱、分析频谱统计，并根据时变环境调整其传输，因此认知无线电被认为是解决频谱需求增长和频谱利用不足之间矛盾的一种有前途的解决方案[7-10]。

为了利用授权用户的信道机会，次级用户应该在传输之前探测信道，以便确定授权用户是否正在通过信道进行传输。实际上，由于资源限制，如硬件能力、能耗、探测成本，次级用户不能每次都探测所有信道，因此次级用户应该决定在每个时隙中探测哪些信道，以便尽可能充分地利用频谱机会。如果充分利用信道的相关统计信息，则可以增强频谱选择的决策过程。例如，具有探测时隙中的多个信道的能力，次级用户可以根据一定的探测顺序 (如信道的可用性概率的降序) 有序地探测信道、收集信息，决定何时停止探测信道 (如成功获得可用信道时) 进入数据传输阶段。考虑有限的时隙长度，为最大化平均长期吞吐量，次级用户应该采用合适的探测顺序和停止标准。

在现有文献中，大量相关工作涉及探测顺序和最佳停止问题，例如次级用户连续探测一组选定的信道，直到确定一个信道未被占用止。这方面的工作大多假定无记忆的信道模型。文献 [11] 在"回忆"和"猜测"的假设下，得出单用户的最佳信道感知策略，其中"回忆"允许次级用户访问先前感知的信道，"猜测"允许次级用户访问尚未感知的信道。文献 [12] 的研究结果表明，获得最佳感知策略的计算极其复杂，进而提出多项式复杂度算法来确保获得的收益最多比最佳策略少 ε。文献 [13] 研究了单用户情况下的最佳感知顺序问题，例如在某些特殊情况下使用既不允许回忆，也不允许猜测的简单感知顺序。文献 [14] 考虑认知无线电网络中的机会信道感知和接入，当感知不完美且次级用户每次可以访问有限数量的信道时, 可以得到不同情况下的渐近对数阶的性能。文献 [15] 通过推导具有一致容量信道的最优信道感知顺序, 指出具有异构容量的信道的最优信道感知问题是 NP 难的。文献 [16] 提出一种基于超阈值随机共振的新型顺序感知方案, 减少单个感知节点中的平均样本数。文献 [17] 着重于在授权信道上进行主动数据传输期间找到合适的感知频率, 提出针对信道状态变化和异常数据的检测方案, 以促进短期感知适应变化。文献 [18] 研究了顺序信道感知和探测来解决频谱不确定性问题, 通过最佳停止理论为认知网络中的实时流量寻找传输机会。文献 [19] 提出一种新颖的信道感知和访问策略, 以平衡信道统计数据探索和多信道分集利用, 使性能在时间的对数阶和信道数的多项式上都是最优的。

在文献 [20] ~ [26] 和前述章节中, 均假定每个时隙检测或探测固定数量的信道。若每个信道的探测或检测代价相同, 则在每个时隙中检测或探测总代价是固定不变的, 进而在这些模型中忽略探测代价而不会影响性能。实际上, 次级用户可以感知的信道数量, 根据其需求和能力而有所不同, 并且受其资源约束或探测限制。在这种情况下, 探测成本在每个时隙中不会保持恒定, 并且在探测过程中不能被忽略。因此, 我们需要考虑一个自然的问题, 即考虑探测代价, 次级用户每次应探测多少个信道? 换而言之, 次级用户在每次探测过程中应该何时停止探测? 显然, 解决这个问题的关键是取得 "利用" 和 "探索" 之间的平衡。具体来说, 利用指在探测状态为可用的信道立即开始传输, 而不再探测其他信道, 以便为数据传输留出更多时间。探索要求在探知可用信道后, 依旧通过探测其他信道来学习系统状态, 进而获得信道信息并在将来的决策中获益。

7.1.2　主要贡献

次级用户在每个时隙只能探测 N 个通道中的 k 个 $(k < N)$, 因此只能获得系统的部分信息。在实际场景中, 由于噪声、衰落、信道占用等, 信道条件复杂多变, 探测误差不可避免 (如漏检和误警), 因此次级用户仅能获得系统的不完美信息。

本章开发一个决策框架, 在系统状态部分和不完美探测情况下, 分析信道探测数目可变的信道探测问题。具体来说, 首先提出一种启发式信道探测策略, 称为 ν 步前看策略, 其中次级用户根据未来 ν 个时隙系统状态的预测做出决策。然后, 对 ν 步前看策略的结构进行分析研究, 指出如何根据系统中的信道数以线性复杂度实现该策略。从性能上看, 与短视探测策略相比, 该启发式策略具有如下优势。

① 现有关于短视策略优化性的结果均建立在每个时隙探测固定数量信道的基础上。本节通过松弛探测固定数目信道的约束, 研究次级用户每次最多可以探测 k 个信道的问题, 但是该松弛使信道探测问题变得更加困难。

② 现有的短视策略只能最大化即时期望收益，而在我们提出的启发式算法中，用户可以灵活地最大化 ν 个时隙内的平均累积收益，通过调整参数 ν，次级用户可以实现最优性和复杂性之间的平衡。

7.2　系统模型和优化问题

7.2.1　系统模型

考虑一个认知通信系统，其中一对次级用户访问 N 个主信道集合 $\mathcal{N}$。每个信道 $k \in \mathcal{N}$ 由一个两态 (0/占用，1/空闲) 马尔可夫链描述，并且状态转换概率为 $\{p_{ij}^{(k)}\}_{i,j=0,1}$。假定通信系统工作在同步时隙方式，时隙索引号为 t $(1 \leqslant t \leqslant T)$，这里 T 为工作时长 (到次级用户放弃访问系统)。特别地，假定信道状态在每个时隙的开始时刻变化。每个时隙长度记为 Δ，进一步分为探测阶段和传输阶段。令 $\delta = \alpha \Delta$ 表示探测一个信道所需时长，若次级用户探测 n 个信道，则探测阶段持续 $n\alpha\Delta$，传输阶段剩余时长为 $(1 - n\alpha)\Delta$。

次级用户的目标是通过选择合适的信道集并按照一定的顺序探测，以最大化其吞吐量。令 $\mathcal{A}(t)$ 和 $\mathcal{O}_A(t)$ 表示次级用户在时隙 t 探测的信道集合和相应的探测结果，如 $\mathcal{O}_A(t) \stackrel{\text{def}}{=\joinrel=} \{O_i(t) \in \{1, 0\}, i \in \mathcal{A}(t)\}$。由于硬件限制和探测代价，次级用户假定每个时隙最多探测 M $(1 \leqslant M < N)$ 个信道，这里 $\alpha \leqslant \dfrac{1}{M}$ 用来保证存在传输阶段。如果至少一个信道被探测为空闲，那么次级用户成功传输一个数据包。

令 $S_i(t)$ 为信道 i 在时隙 t 的状态，考虑非完美探测，其由漏检率 ζ_i 和误警率 ϵ_i 描述。显然，在时隙 t 不完美探测 N 个信道中的 $|\mathcal{A}(t)|$ 个信道，次级用户不能观测到系统完整的状态信息。因此，次级用户需要从决策和探测历史信息中推断信道状态信息用于后续决策，而且当前探测结果进一步作为未来决策的统计信息。至此，我们定义信道状态置信向量 $\Omega(t) \stackrel{\text{def}}{=\joinrel=} \{\omega_i(t), i \in \mathcal{N}\}$，其中 $0 \leqslant \omega_i(t) \leqslant 1$ 为信道 i 空闲态的条件概率。

给定探测集 $\mathcal{A}(t)$ 和探测结果 $\mathcal{O}_A(t)$，$t + 1$ 时隙的置信向量由式 (7.1) 的贝叶斯规则递归更新，即

$$\omega_i(t+1) = \begin{cases} p_{11}^{(i)}, & i \in \mathcal{A}(t), O_i(t) = 1 \\ \mathcal{T}_i(\varphi_i(\omega_i(t))), & i \in \mathcal{A}(t), O_i(t) = 0 \\ \mathcal{T}_i(\omega_i(t)), & i \notin \mathcal{A}(t) \end{cases} \tag{7.1}$$

其中

$$\mathcal{T}_i(\omega_i(t)) \stackrel{\text{def}}{=\!=} \omega_i(t)p_{11}^{(i)} + (1-\omega_i(t))p_{01}^{(i)} \tag{7.2}$$

$$\varphi_i(\omega_i(t)) \stackrel{\text{def}}{=\!=} \frac{\epsilon_i\omega_i(t)}{1-(1-\epsilon_i)\omega_i(t)} \tag{7.3}$$

在 $O_i(t)=0$ 情况下，置信向量更新规则来自如下事实，即接收器不能区分传输失败 (如以概率 $\zeta_i(1-\omega_i(t))$ 和主用户流量冲突) 和没有传输的情况 (如没有传输的概率为 $\epsilon_i\omega_i(t) + (1-\zeta_i)(1-\omega_i(t))$)[23]。

7.2.2 优化探测序和停止问题

本章感兴趣的是次级用户如何找到一个信道探测策略 $\pi = (\pi_1, \cdots, \pi_T)$ 来最大化有限时长 T 内的期望累计折旧收益。这里时隙 t 的探测策略 π_t 定义为从置信向量 $\Omega(t)$ 到动作 $\mathcal{A}(t)$ 的映射，即

$$\pi_t : \Omega(t) \mapsto \mathcal{A}(t), 1 \leqslant |\mathcal{A}(t)| \leqslant M, \quad t = 1, 2, \cdots, T$$

因此，优化的探测问题定义为

$$\mathcal{P}: \ \pi^* = \underset{\pi}{\text{argmax}}\, E\left\{ \sum_{t=1}^{T} \beta^{t-1} R\Big(\pi_t(\Omega(t)), \mathcal{O}_A(t)\Big) \Bigg| \Omega(1) \right\} \tag{7.4}$$

其中，$R\big(\pi_t(\Omega(t)), \mathcal{O}_A(t)\big)$ 为给定初始置信向量 $\Omega(1)$，在探测策略 π_t 且探测结果集合 $\mathcal{O}_A(t)$ 的情况下，次级用户在时隙 t 的收益；$0 \leqslant \beta \leqslant 1$ 为折旧因子；若没有系统初始状态信息，$\Omega(1)$ 中的每个元素可以设置为稳态分布 $\omega_0^{(i)} = \frac{p_{01}^{(i)}}{1+p_{01}^{(i)}-p_{11}^{(i)}}$, $1 \leqslant i \leqslant N$。

一般来说，每个时隙激活固定数目臂的 RMAB 问题被证明是 PSPACE-Hard[27]。本章提出的问题是一个特殊的 RMAB 问题，其每个时隙激活臂数目是可变的。因此，本章提出的问题比激活固定数目臂的问题更复杂。另外，可变的激活臂数目又反过来影响信道探测。

7.2.3 停止探测决策

考虑求解探测优化问题的指数复杂性，一种自然的方式是研究简单短视策略的性能，如最大化当前时隙的立即收益[20-24]。从探测序的角度看，其相当于仅考虑利用信息而忽略探索信息。换言之，在给定短视探测序的情况下，例如按照信道状态置信信息降序依次探测信道，每个时隙需要探测多少个信道。事实上，每个时隙探测信道数量不同，依旧从某种程度上反映利用信息与探索信息的内在平

衡。考虑短视探测序的动因有两个方面，即短视探测策略在温和条件下是最优策略[20-26]；短视策略简单、鲁棒性好且易于实现。

然而，大部分关于 RMAB 短视策略的工作均假定每个时隙激活臂数目固定，对应于每个时隙探测固定数目的信道。实际上，由于探测代价，如能耗或延迟等，假定每个时隙次级用户探测固定数目的信道不切实际，因此次级用户的目标在采用短视探测序的情况下，确定每个时隙探测多少个信道来最大化期望累积收益。

为方便表述，假定 $\Omega(t)$ 在每个时隙 t 排序成 $\omega_1(t) \geqslant \omega_2(t) \geqslant \cdots \geqslant \omega_N(t)$，记信号索引号信道列表为 $l^0(t) \stackrel{\text{def}}{=\!=} (1, 2, \cdots, N)$。初始信道列表由初始信道状态确定，即 $\omega_1(1) \geqslant \omega_2(1) \geqslant \cdots \geqslant \omega_N(1) \Rightarrow l^0(1) = (1, 2, \cdots, N)$。

因此，每个时隙探测信道的优化问题可表示为

$$\mathcal{P}_1 : \phi^* = \underset{\phi}{\operatorname{argmax}} E \left\{ \left. \sum_{t=1}^{T} \beta^{t-1} R(n_t, \mathcal{O}_n(t)) \right| \Omega(1) \right\} \tag{7.5}$$

其中, $\phi \stackrel{\text{def}}{=\!=} [n_1, n_2, \cdots, n_T]$ 为在时隙 t 探测信道列表中最开始的 n_t 个信道, 如 $\mathcal{A}(t) = \{1, 2, \cdots, n_t\}$。

备注 7.1　关于优化探测信道数目的问题 $\mathcal{P}_1$ 与利用和探索平衡紧密相关。探测更多信道可以帮助次级用户学习和预测未来的信道状态，从而有利于增加长期收益，但是牺牲了当前时隙的立即收益，因为探测更多信道必然减少数据传输时间，所以会降低当前时隙的吞吐量。

不失一般性，考虑下述归一化的单时隙收益函数 $R(n_t, \mathcal{O}_n(t))$ ，即

$$R(n_t, \mathcal{O}_n(t)) = \begin{cases} 1 - C(n_t), & \displaystyle\prod_{i=1}^{n_t}(1 - O_i(t)) = 0 \\ 0, & \displaystyle\prod_{i=1}^{n_t}(1 - O_i(t)) \neq 0 \end{cases} \tag{7.6}$$

其中，$C(\cdot)$ 为单调增的代价函数，反映信道探测的时间代价和信道切换代价。

特别地，式 (7.6) 第一行表明，如果开始的 n_t 个信道中至少一个探测为空闲，则次级用户得到收益 $1 - C(n_t)$；第二行表明，若开始的 n_t 个信道中没有一个信道探测为空闲，则次级用户得不到收益。令 $\Delta = 1$，则 $C(n_t) = \alpha n_t$。

引入伪代价函数，即

$$q(n_t, \mathcal{O}_n(t)) \stackrel{\text{def}}{=\!=} 1 - R(n_t, \mathcal{O}_n(t))$$

$$= \begin{cases} C(n_t) = \alpha n_t, & \prod_{i=1}^{n_t}(1 - O_i(t)) = 0 \\ C_0 = 1, & \prod_{i=1}^{n_t}(1 - O_i(t)) \neq 0 \end{cases} \tag{7.7}$$

优化问题 $\mathcal{P}_1$ 可以写成如下优化问题 $\mathcal{P}_2$, 即

$$\mathcal{P}_2 : \phi^* = \operatorname*{argmin}_\phi E\left\{ \sum_{t=1}^{T} \beta^{t-1} q(n_t, \mathcal{O}_n(t)) \,\middle|\, \Omega(1) \right\} \tag{7.8}$$

备注 7.2 不完美探测导致置信向量非线性传播, 如式 (7.1), 使文献 [28]、[29] 中针对完美感知的线性松弛方法不能为非完美探测提供近似算法。

7.3 ν 步前看策略

上述章节表明, 对于提出的优化问题, 寻找优化数量的探测信道是 PSPACE-Hard。因此, 作为代替方案, 我们先分析提出问题的上下界, 基于短视策略提出 ν 步前看启发式策略及其相应算法。然后, 以 $\nu = 1$ 为例说明如何计算提出算法的相关量。

7.3.1 上下界

在给出上下界之前, 我们先给出关于探测策略结构。

引理 7.1 在每个时隙, 如果之前的信道均探测为占用状态, 那么次级用户继续探测新信道。

证明 此引理容易证明, 因为探测一个新信道, 有以下结论。

① 按式 (7.7), 如果新信道探测为占用状态, 当前时隙 t 的代价仍旧为 1; 如果新信道探测为空闲, 则代价小于 1。

② 探测新信道, 次级用户能在未来能获得更好的收益, 因为探测新信道相当于探索系统信息。 □

因此, 按引理 7.1, 次级用户在每个时隙应该至少探测 1 个信道。为了建立性能上界, 我们构建一个精灵辅助系统。在精灵帮助下, 次级用户知道所有信道的实际状态, 进而仅探测一个空闲信道以最大化收益或者在所有信道均为占用状态时不探测任何信道。我们记有限时间 T 内精灵辅助系统的期望累积收益为 U_g, 显然有 $U_g \leqslant (1-\alpha)T$, 进而可知问题 $\mathcal{P}$ 的期望累积收益的上界为 U_g。

对于问题 $\mathcal{P}$, 如果每个时隙探测信道数目为常数, 如 $|\mathcal{A}(t)| = \kappa \ (\kappa \in [1, M])$, 则短视探测策略在某些温和条件下是最优的 [25, 26]。

引理 7.2　若次级用户在每个时隙探测固定数目的信道，则短视探测策略是最优的，如果对于同构信道情况[25,26]，有

$$\epsilon_{\max} \xlongequal{\text{def}} \max_{i \in \mathcal{N}} \{\epsilon_i\} \leqslant \frac{p_{01}(1 - p_{11})}{p_{11}(1 - p_{01})}$$

给定引理 7.2 中的温和条件，问题 $\mathcal{P}$ 的可行下界 U_d 可以设置为次级用户每次访问固定数目信道的性能，记为 $U_d = \max\{U_\kappa : \kappa \in [1, M]\}$，这里 $|\mathcal{A}(t)| = \kappa$ 且

$$U_\kappa = \max_\pi E\left\{\sum_{t=1}^{T} \beta^{t-1} R\Big(\pi_t(\Omega(t)), \mathcal{O}_A(t)\Big) \Bigg| \Omega(1)\right\} \tag{7.9}$$

因此，我们称策略 χ 是一个好策略。如果策略 χ 达到性能 U_χ，其满足 $U_d \leqslant U_\chi \leqslant U_g \leqslant (1 - \alpha)T$。换言之，策略 χ 提供了问题 $\mathcal{P}$ 的一个下界。

备注 7.3　确定性的下界 U_d 是在短视策略下得到的，因此为了保障性能，我们应该考虑短视策略的一个变种；否则，提出的策略不能确保界。

7.3.2　ν 步前看策略的结构

考虑求解问题 $\mathcal{P}_2$ 优化解的指数复杂性，我们转向下述启发式策略，称为 ν 步前看策略。

① (探测) 在时隙 t，次级用户按照 $\Omega(t)$ 中元素值的降序对应的信道索引号探测信道，评估后续 ν 个时隙 (从 $t+1$ 到 $t+\nu$，$t+\nu \leqslant T$) 的期望累积收益。假定在后续的 ν 个时隙内，一旦探测到某个可用信道或者最大 M 个信道被探测，则次级用户停止探测新信道。

② (停止) 在时隙 t，当时隙 t 的收益与后续 ν 个时隙收益之和开始减少时，次级用户停止探测新信道。

令 $l^k(t)$ 和 $\Omega^k(t)$ ($k \leqslant M$) 分别表示在时隙 t 探测 k 个最好信道后且按照 $\omega_i(t)$ ($1 \leqslant i \leqslant N$) 降序排列得到的信道索引号列表和置信向量，$l_j^k(t)$ 表示列表 $l^k(t)$ 中的第 j 个信道，给定初始置信向量 $\Omega^0(t+1)$，那么相应的信道列表 $l^0(t+1)$ 也同时确定。

一旦某个信道被探测为空闲态或者最大 M 个信道被探测，则次级用户停止探测，并从后续 ν 个时隙收集期望累积伪代价 $Q_{t+1}^{t+\nu}\Big(\Omega^0(t+1)\Big)$，即

$$Q_{t+1}^{t+\nu}\Big(\Omega^0(t+1)\Big)$$

$$\xlongequal{\text{def}} \underbrace{\prod_{j=1}^{M} \big[1 - \omega_{l_j^0(t+1)}(t+1)\big] \Big[C_0 + \beta \cdot Q_{t+2}^{t+\nu}\Big(T(\Omega_0^M(t+1))\Big)\Big]}_{\text{项 } B}$$

$$+ \sum_{i=1}^{M} \omega_{l_i^0(t+1)}(t+1) \prod_{j=1}^{i-1} [1 - \omega_{l_j^0(t+1)}(t+1)] \underbrace{\left[C(i) + \beta \cdot Q_{t+2}^{t+\nu}\Big(T\big(\Omega_1^i(t+1)\big) \Big) \right]}_{\text{项 } A}$$

其中，项 A 为当信道 $l_i^0(t+1)$ 探测为空闲而信道 $l_1^0(t+1), \cdots, l_{i-1}^0(t+1)$ 探测为占用态时的伪代价；项 B 为当列表 $l^0(t+1)$ 中起始的 M 个信道探测为占用态时的伪代价；$\Omega_1^i(t+1)$ 和 $\Omega_0^i(t+1)$ 为两置信向量，信道 $l_i^0(t+1)$ 分别探测为占用态和空闲态；T 为从 $\Omega^k(t)$ 到 $\Omega^0(t+1)$ 的映射，即在时隙 $t+1$ 的开始时刻按照式 (7.1) 映射，如 $T: \Omega^k(t) \mapsto \Omega^0(t+1)$。

在每个时隙 t，ν 步前看策略能以一种启发式的方式实现，通过将其转化为一个优化停止问题。例如，当立即收益与后续 ν 个时隙的收益和减少时，停止探测新信道。从数学上看，ν 步前看策略中的探测信道数，记为 $\overline{n}_t$，可以近似地表示为

$$\overline{n}_t = \inf \Big\{ n_t : C(n_t) + \beta Q_{t+1}^{t+\nu}\big(T(\Omega^{n_t}(t)) \big)$$

$$< C(n_t + 1) + \beta \hat{Q}_{t+1}^{t+\nu}\big(\Omega^{n_t}(t) \big), 1 \leqslant n_t \leqslant M \Big\} \tag{7.10}$$

其中，$\varsigma \overset{\text{def}}{=\!=} l_{n_t+1}^0(t)$ 为列表 $l^0(t)$ 中的第 n_t+1 个信道；$Q_{t+1}^{t+\nu}\big(T(\Omega^{n_t}(t)) \big)$ 为探测列表 $l^0(t)$ 中起始 n_t 个信道后从时隙 $t+1$ 到 $t+\nu$ 的期望累积伪代价；$\hat{Q}_{t+1}^{t+\nu}(\Omega^{n_t}(t))$ 为信道 ς 以概率 $(1 - \epsilon_\varsigma)\omega_\varsigma(t)$ 探测为空闲而以概率 $1 - (1 - \epsilon_\varsigma)\omega_\varsigma(t)$ 探测为占用时，从时隙 $t+1$ 到 $t+\nu$ 的期望累积伪代价，即

$$\hat{Q}_{t+1}^{t+\nu}\big(\Omega^{n_t}(t) \big) \overset{\text{def}}{=\!=} (1 - \epsilon_\varsigma)\omega_\varsigma(t) Q_{t+1}^{t+\nu}\big(T(\Omega_1^{n_t+1}(t)) \big)$$

$$+ [1 - (1 - \epsilon_\varsigma)\omega_\varsigma(t)] Q_{t+1}^{t+\nu}\big(T(\Omega_0^{n_t+1}(t)) \big) \tag{7.11}$$

7.3.3 ν 步前看策略实现

下面通过一个优化停止算法刻画 ν 步前看策略的结构，并基于代价函数的结构将 ν 步前看策略中紧密耦合的利用探索部分分离成非耦合的利用阶段和探索阶段，方便 ν 步前看策略的实现。

引理 7.3 ν 步前看策略由算法 1 实现，其计算复杂性为 $O(M^{\nu+1})$。

证明 求解式 (7.10) 中的 $\overline{n}_t$，需要证明次级用户应该继续探测新信道 (记为动作 1)，如果所有信道被探测为占用态；停止探测新信道 (记为动作 2)，如果至少一个信道探测为空闲且探测一个新信道会增加期望累积代价。

动作 1 可以通过引理 7.2 得到。下面证明动作 2。如果次级用户停止在当前信道，则总代价可以写为 $C(n_t) + \beta Q_{t+1}^{t+\nu}\big(T(\Omega^{n_t}(t)) \big)$；否则，假设次级用户探测

算法 1　ν 步前看策略 (每个时隙 t 执行)

　输入: $\Omega^0(t)$, $l^0(t)$

　输出: n_t

　初始化: $n_t = 0$

　while $n_t < M$ **do**

　　探索列表 $l^0(t)$ 中的第 $(n_t + 1)$ 个信道;

　　增加探测信道数目, 如 $n_t = n_t + 1$;

　　if 前 n_t 个信道中有一个信道探测为空闲, 且下式成立, 即

$$C(n_t) + \beta Q_{t+1}^{t+\nu}\Big(T\big(\Omega^{n_t}(t)\big)\Big) < C(n_t + 1) + \beta \hat{Q}_{t+1}^{t+\nu}\Big(\Omega^{n_t}(t)\Big) \qquad (7.12)$$

　　then

　　　终止算法, 输出 n_t;

　　end if

　end while

一个新信道, 期望伪代价为 $l_{n_t+1}^0(t) = C(n_t + 1) + \beta \hat{Q}_{t+1}^{t+\nu}\Big(\Omega^{n_t}(t)\Big)$。式 (7.10) 与算法 1 中的下述条件等价, 即

$$C(n_t) + \beta Q_{t+1}^{t+\nu}\Big(T\big(\Omega^{n_t}(t)\big)\Big) < C(n_t + 1) + \beta \hat{Q}_{t+1}^{t+\nu}\Big(\Omega^{n_t}(t)\Big)$$

算法 1 的复杂性在于计算式 (7.12), 因此其随着 ν 而指数增加, 即 $O(M^{\nu+1})$。
　　　　　　　　　　　　　　　　　　　　　　　　　　　　　　　　　$\Box$

备注 7.4　需要注意的是, ν 步前看策略可以分离成两步, 即先是利用阶段, 后是探索阶段。

① 利用。次级用户以贪婪方式利用当前可用信息 $\Omega(t)$, 已达到尽快找到空闲信道的目的。

② 探索。次级用户在探测到一个空闲信道后, 为了长期收益继续探索系统, 探索阶段可以忽略, 如果所有 M 个信道均被探测为占用或者探测不能增加长远收益, 例如算法 1 中的条件不再成立。

需要强调的是, 算法 1 的复杂性在于计算式 (7.12), 因此随 ν 指数增加。另外, 大的 ν 带来更好的前看策略性能。因此, 参数 ν 可以调节计算效率与计算复杂性之间的平衡。

7.3.4　低复杂性实现：一步前看策略

算法 1 可以指数复杂度实现 ν 步前看策略。本节主要研究独立相似分布信道模型, 并对最简单的一步 ($\nu = 1$) 前看策略进行分析, 明晰如何计算前向策略中

的相关量。研究简单的一步前看策略能为如何计算期望累积伪代价提供指引,为分析 ν 步前看策略奠定基础。

在进入分析细节之前,我们给出如下引理,揭示信道列表在某一新信道被探测后的更新机制。

引理 7.4 对于信道正相关的独立相似分布信道,若 $0 \leqslant \epsilon \leqslant \dfrac{p_{01}(1-p_{11})}{p_{11}(1-p_{01})}$,则探测为空闲的新信道移到信道列表的头部,而探测为占用的信道则移动信道列表尾部。

证明 假定时隙 t 的信道列表为 $l^k(t) = (\sigma_1, \cdots, \sigma_N)$,我们有 $p_{11} \geqslant \omega_{\sigma_1}(t) \geqslant \cdots \geqslant \omega_{\sigma_N}(t) \geqslant p_{01}$。若信道 σ_{k+1} 探测为空闲,则 $\omega_{\sigma_{k+1}}(t) = 1$。进而,按照 ω 的降序有 $l^{k+1}(t) = (\sigma_{k+1}, \sigma_1, \cdots, \sigma_k, \sigma_{k+2}, \cdots, \sigma_N)$。若信道 σ_{k+1} 探测为占用态,则 $\omega_{\sigma_{k+1}}(t) = \varphi(\omega_{\sigma_{k+1}}(t)) \leqslant p_{01}$,进而 $l^{k+1}(t) = (\sigma_1, \cdots, \sigma_k, \sigma_{k+2}, \cdots, \sigma_N, \sigma_{k+1})$。 $\square$

给定 7.2.1 节的系统模型,假定次级用户已经探测了 k 个信道,并且至少有一个信道是空闲的,则算法 1 是否探测第 $k+1$ 个信道的条件可以写为

$$\alpha > \beta \Big(Q_{t+1}^{t+1}(T(\Omega^k(t))) - \hat{Q}_{t+1}^{t+1}(\Omega^k(t)) \Big) \tag{7.13}$$

在不混淆的情况下,我们混用 $Q_{t+1}^{t+1}(\cdot)$ ($\hat{Q}_{t+1}^{t+1}(\cdot)$) 和 $Q(\cdot)$ ($\hat{Q}(\cdot)$),并展示在信道同构情况下如何有效地计算 $Q\Big(T(\Omega^k(t))\Big)$ 和 $\hat{Q}\Big(\Omega^k(t)\Big)$。

假定时隙 t 开始时刻的信道列表为 $l^0(t) = (1, 2, \cdots, N)$,对应于相应信道的置信值按降序排列,在 k 个探测信道 $\{1, 2, \cdots, k\}$ 中,m ($1 \leqslant m < k$) 个信道探测为空闲,$k - m$ 个探测为占用。由引理 7.4 可知,m 个信道移到信道列表头部,其他 $k - m$ 个移到信道列表尾部,进而形成新的信道列表 $l^k(t)$。

前向策略的关键点是,确定是否探测第 $k+1$ 个信道。为方便,我们引入如下辅助向量 $X\Big(T(\Omega^k(t)), m\Big)$,即

$$X\Big(T(\Omega^k(t)), m\Big) \stackrel{\text{def}}{=\!\!=} \begin{bmatrix} 1 \\ X_1\Big(T(\Omega^k(t)), m\Big) \\ X_2\Big(T(\Omega^k(t)), m\Big) \\ X_3\Big(T(\Omega^k(t)), m+2\Big) \\ X_4\Big(T(\Omega^k(t)), m+2\Big) \end{bmatrix}$$

$$\stackrel{\text{def}}{=\!=\!=}\begin{bmatrix}1\\ \prod\limits_{j=1}^{m}\left(1-\omega_{l_j^k(t)}(t+1)\right)\\ 1+\sum\limits_{i=1}^{m}\prod\limits_{j=1}^{i}\left(1-\omega_{l_j^k(t)}(t+1)\right)\\ \prod\limits_{j=m+2}^{M}\left(1-\omega_{l_j^k(t)}(t+1)\right)\\ \sum\limits_{i=m+2}^{M}\prod\limits_{j=m+2}^{i}\left(1-\omega_{l_j^k(t)}(t+1)\right)\end{bmatrix}$$

下面的引理建立了 $X\Big(T(\Omega^k(t)),m\Big)$ 的一个重要结构属性，使 $X\Big(T(\Omega^{k+1}(t)),m+1\Big)$ 能递归计算，而不论第 $k+1$ 个信道的状态。

引理 7.5　令 $\varsigma=l_{m+2}^k(t)$、$\varrho=l_{M+1}^k(t)$、$\eta=1-(1-\epsilon)p_{11}$，关于辅助向量的下述递归计算式成立。

① 若 $k+1$ 信道探测为空闲，则 $X\Big(T(\Omega_1^{k+1}(t)),m+1\Big)=H_1\cdot X\Big(T(\Omega^k(t)),m\Big)$。

② 若 $k+1$ 信道探测为占用，则 $X\Big(T(\Omega_0^{k+1}(t)),m+1\Big)=H_2\cdot X\Big(T(\Omega^k(t)),m\Big)$。

$$H_1=\begin{bmatrix}1 & 0 & 0 & 0 & 0\\ 0 & \eta & 0 & 0 & 0\\ 1 & 0 & \eta & 0 & 0\\ 0 & 0 & 0 & \dfrac{1}{1-\omega_\varsigma(t+1)} & 0\\ -1 & 0 & 0 & 0 & \dfrac{1}{1-\omega_\varsigma(t+1)}\end{bmatrix}$$

$$H_2=\begin{bmatrix}1 & 0 & 0 & 0 & 0\\ 0 & 1 & 0 & 0 & 0\\ 0 & 0 & 1 & 0 & 0\\ 0 & 0 & 0 & \dfrac{1-\omega_\varrho(t+1)}{1-\omega_\varsigma(t+1)} & 0\\ -1 & 0 & 0 & \dfrac{1-\omega_\varrho(t+1)}{1-\omega_\varsigma(t+1)} & \dfrac{1}{1-\omega_\varsigma(t+1)}\end{bmatrix}$$

证明　我们分两种情况证明此引理。

情况 1，当信道 $l_{m+1}^k(t)$ 探测为空闲时，由引理 7.1 可得 $\omega_{l_{m+1}^k(t)}(t+1)=(1-\epsilon)p_{11}$。按照 $X_i\ (i=1,2,3,4)$ 的定义，可得

$$\begin{cases} X_1(T(\Omega_1^{k+1}(t)), m+1) = [1 - \omega_{l_{m+1}^k(t)}(t+1)]X_1(T(\Omega^k(t)), m) \\ X_2(T(\Omega_1^{k+1}(t)), m+1) = 1 + [1 - \omega_{l_{m+1}^k(t)}(t+1)]X_2(T(\Omega^k(t)), m) \\ X_3(T(\Omega_1^{k+1}(t)), m+3) = \dfrac{X_3(T(\Omega^k(t)), m+2)}{1 - \omega_{l_{m+2}^k(t)}(t+1)} \\ X_4(T(\Omega_1^{k+1}(t)), m+3) = \dfrac{X_4(T(\Omega^k(t)), m+2)}{1 - \omega_{l_{m+2}^k(t)}(t+1)} - 1 \end{cases}$$

进而，我们直接得到 $X(T(\Omega_1^{k+1}(t)), m+1) = H_1 \cdot X(T(\Omega^k(t)), m)$。

情况 2，当信道 $l_{m+1}^k(t)$ 探测为占用，由引理 7.1 可得 $\omega_{l_{m+1}^k(t)}(t+1) = (1 - \epsilon)\mathcal{T}(\varphi(\omega_{l_{m+1}^k(t)}(t)))$。注意，若 $M = N$，由引理 7.4 可得 $\omega_{l_{M+1}^k(t)}(t+1) = \omega_{l_{m+1}^k(t)}(t+1)$。按照 X_i ($i = 1, 2, 3, 4$) 的定义，可得

$$\begin{cases} X_1(T(\Omega_0^{k+1}(t)), m) = X_1(T(\Omega^k(t)), m) \\ X_2(T(\Omega_0^{k+1}(t)), m) = X_2(T(\Omega^k(t)), m) \\ X_3(T(\Omega_0^{k+1}(t)), m+2) = X_3(T(\Omega^k(t)), m+2)\dfrac{1 - \omega_{l_{M+1}^k(t)}(t+1)}{1 - \omega_{l_{m+2}^k(t)}(t+1)} \\ X_4(T(\Omega_0^{k+1}(t)), m+2) = \dfrac{X_4(T(\Omega^k(t)), m+2)}{1 - \omega_{l_{m+2}^k(t)}(t+1)} - 1 \\ \qquad\qquad\qquad\qquad + X_3(T(\Omega^k(t)), m+2)\dfrac{1 - \omega_{l_{M+1}^k(t)}(t+1)}{1 - \omega_{l_{m+2}^k(t)}(t+1)} \end{cases}$$

进而，有 $X(T(\Omega_0^{k+1}(t)), m+1) = H_2 \cdot X(T(\Omega^k(t)), m)$。 □

得到辅助向量更新规则后，$Q\big(T(\Omega^k(t))\big)$，$Q\big(T(\Omega_1^{k+1}(t))\big)$ 和 $Q\big(T(\Omega_0^{k+1}(t))\big)$ 能通过辅助向量有效计算，具体见如下引理。

引理 7.6 $Q\big(T(\Omega^k(t))\big)$、$Q\big(T(\Omega_1^{k+1}(t))\big)$ 和 $Q\big(T(\Omega_0^{k+1}(t))\big)$ 由下式更新，即

$$Q\big(T(\Omega^k(t))\big) = \alpha\Big[A_2 X(T(\Omega^k(t)), m)A_3 X(T(\Omega^k(t)), m) + A_1 X(T(\Omega^k(t)), m)\Big] \tag{7.14}$$

$$Q\big(T(\Omega_1^{k+1}(t))\big) = \alpha\Big[A_5 X(T(\Omega^k(t)), m)A_6 X(T(\Omega^k(t)), m) + A_4 X(T(\Omega^k(t)), m)\Big] \tag{7.15}$$

$$Q\big(T(\Omega_0^{k+1}(t))\big) = \alpha\Big[A_7 X(T(\Omega^k(t)), m)A_8 X(T(\Omega^k(t)), m) + A_1 X(T(\Omega^k(t)), m)\Big] \tag{7.16}$$

其中

$$A_1 = [0, 0, 1, 0, 0]$$

$$A_2 = [0, 1 - \omega_{l_{m+1}^k(t)}(t+1), 0, 0, 0]$$

$$A_3 = \left[1, 0, 0, \frac{1}{\alpha} - M - 1, 1\right]$$

$$A_4 = [1, 0, 1 - (1-\epsilon)p_{11}, 0, 0]$$

$$A_5 = [0, 1 - (1-\epsilon)p_{11}, 0, 0, 0]$$

$$A_6 = \left[0, 0, 0, \frac{1}{\alpha} - M - 1, 1\right]$$

$$A_7 = [0, 1, 0, 0, 0]$$

$$A_8 = \left[0, 0, 0, \left(\frac{1}{\alpha} - M\right)[1 - (1-\epsilon)\mathcal{T}(\varphi(\omega_{l_{m+1}^k(t)}(t)))], 0\right]$$

证明　假定 k 个信道中的 k 个探测为空闲，其他的 $k-m$ 个信道探测为占用，因此可得 $l^k(t)$。

情况 1，若次级用户不探测信道 $l_{m+1}^k(t)$，令 $f_n^{t+1} = 1 - \omega_n(t+1)$ 且将信道 $l_{m+1}^k(t)$ 与其他分离，即

$$Q\Big(T(\Omega^k(t))\Big)$$

$$= \sum_{i=1}^M C(i)\omega_{l_i^k(t)}(t+1) \prod_{j=1}^{i-1} f_{l_j^k(t)}^{t+1} + \prod_{j=1}^M f_{l_j^k(t)}^{t+1}$$

$$= \alpha \sum_{i=1}^m i\omega_{l_i^k(t)}(t+1) \prod_{j=1}^{i-1} f_{l_j^k(t)}^{t+1} + \prod_{j=1}^M f_{l_j^k(t)}^{t+1}$$

$$\quad + \alpha f_{l_{m+1}^k(t)}^{t+1} \prod_{j=1}^m f_{l_j^k(t)}^{t+1} \sum_{i=m+2}^M i\omega_{l_i^k(t)}(t+1) \prod_{j=m+2}^{i-1} f_{l_j^k(t)}^{t+1}$$

$$\quad + \alpha(m+1)\omega_{l_{m+1}^k(t)}(t+1) \prod_{j=1}^m f_{l_j^k(t)}^{t+1}$$

$$= \alpha\left(1 + f_{l_1^k(t)}^{t+1} + \cdots + f_{l_1^k(t)}^{t+1} + \cdots + f_{l_{m-1}^k(t)}^{t+1} - m f_{l_1^k(t)}^{t+1} + \cdots + f_{l_m^k(t)}^{t+1}\right)$$

$$\quad + \alpha(m+1)\omega_{l_{m+1}^k(t)}(t+1) \prod_{j=1}^m f_{l_j^k(t)}^{t+1} + \prod_{j=1}^M f_{l_j^k(t)}^{t+1}$$

$$
+ \alpha f_{l_{m+1}^k(t)}^{t+1} \prod_{j=1}^{m} f_{l_j^k(t)}^{t+1} \times \Big[(m+2) + f_{l_{m+2}^k(t)}^{t+1}
$$

$$
+ f_{l_{m+2}^k(t)}^{t+1} + \cdots + f_{l_{M-1}^k(t)}^{t+1} - M f_{l_{m+2}^k(t)}^{t+1} - \cdots - f_{l_M^k(t)}^{t+1} \Big]
$$

$$
= \alpha X_2(T(\Omega^k(t)), m) + \alpha(m+1)[\omega_{l_{m+1}^k(t)}(t+1) - 1] \prod_{j=1}^{m} f_{l_j^k(t)}^{t+1}
$$

$$
+ \alpha f_{l_{m+1}^k(t)}^{t+1} \prod_{j=1}^{m} f_{l_j^k(t)}^{t+1} \times \Big[(m+2) + X_4(T(\Omega^k(t)), m+2)
$$

$$
+ (\alpha - M - 1) X_3(T(\Omega^k(t)), m+2) \Big]
$$

$$
= \alpha X_2(T(\Omega^k(t)), m) - \alpha(m+1) f_{l_{m+1}^k(t)}^{t+1} X_1(T(\Omega^k(t)), m)
$$

$$
+ \alpha f_{l_{m+1}^k(t)}^{t+1} X_1(T(\Omega^k(t)), m) \Big[(m+2) + X_4(T(\Omega^k(t)), m+2)
$$

$$
+ (\alpha - M - 1) X_3(T(\Omega^k(t)), m+2) \Big]
$$

$$
= \alpha X_2(T(\Omega^k(t)), m) + \alpha f_{l_{m+1}^k(t)}^{t+1} X_1(T(\Omega^k(t)), m) \Big[1
$$

$$
+ X_4(T(\Omega^k(t)), m+2) + (a - M - 1) X_3(T(\Omega^k(t)), m+2) \Big]
$$

$$
= \alpha \Big\{ A_1 \cdot X(T(\Omega^k(t)), m) + A_2 \cdot X(T(\Omega^k(t)), m) \cdot A_3 \cdot X(T(\Omega^k(t)), m) \Big\}
$$

情况 2, 若信道 $l_{m+1}^k(t)$ (对应 $l_{k+1}^0(t)$) 探测为空闲, 则将信道 $l_{m+1}^k(t)$ 与其他信道分离, 即

$$
Q\Big(T(\Omega_1^{k+1}(t)) \Big) = \alpha \Big(A_4 \cdot X(T(\Omega^k(t)), m)
$$
$$
+ A_5 \cdot X(T(\Omega^k(t)), m) \cdot A_6 \cdot X(T(\Omega^k(t)), m) \Big)
$$

情况 3, 若信道 $l_{m+1}^k(t)$ 探测为占用, 可得

$$
Q\Big(T(\Omega_0^{k+1}(t)) \Big) = \alpha \Big(A_1 \cdot X(T(\Omega^k(t)), m)
$$
$$
+ A_7 \cdot X(T(\Omega^k(t)), m) \cdot A_8 \cdot X(T(\Omega^k(t)), m) \Big)
$$

$\square$

备注 7.5 由算法 1 和式 (7.14) ~ 式 (7.16) 可知, 一步前看算法的计算复杂度为 $O(M^2)$。

7.4　仿 真 实 验

本节通过一组数值实验对提出的 ν 步前看策略及其性能进行仿真分析。具体来说，我们仿真两种典型的场景，即同构信道和异构信道。在这两种场景下，我们对以下策略的平均收益 (如吞吐量) 性能进行比较分析。

① ν 步前看策略。

② 精灵辅助策略，给出平均收益的上界。

③ 短视策略 ($k = 1, 2, 3$)，给出平均收益的下界。

④ 贪婪策略，次级用户贪婪地探测信道，并停止在第一个可用信道上或探测到没有信道可用。

⑤ 随机策略，次级用户随机地探测信道，并停止在第一个可用信道上或探测到没有信道可用。

本节的数字仿真结果可以弥补此前章节缺乏对 ν 步前看策略性能分析的情况。

7.4.1　同构信道

考虑同构信道的认知射频通信系统，其有 $N = 8$ 个独立相似分布信道，一个次级用户每个时隙只允许探测最多 $M = 3$ 个信道，$\epsilon = 0.02$、$\alpha = 0.02$。考虑两个典型场景，分别对应强相关和弱相关的信道模型。

① 场景 1，$p_{11} = 0.8, p_{01} = 0.2$。

② 场景 2，$p_{11} = 0.5, p_{01} = 0.4$。

如图 7.1 所示，在平均收益标准下，对比一步前看策略、随机策略、贪婪策略和性能上下界。可以看出，在性能稳定后，同下界 (对应于短视策略在 $k = 3$ 的情况) 相比，一步前看策略可以进一步提升近似 5% 的吞吐量。因此，一步前看策略是一个好策略，保证性能下界。另一个观测结果是，一步前看策略比贪婪策略性能好。正如此前章节的分析，其性能提升是因为一步前看策略，相对于贪婪策略，可达到利用信息与探索信息之间合理的平衡。考虑一步前看策略的低复杂性，吞吐量的提升特别有吸引力。对于随机策略，其性能比性能下界低，因此不是一个好策略。

如图 7.2 所示，策略在场景 2 与场景 1 具有相似性能。需要特别注意的是，场景 2 的性能提升比场景 1 差。这可以解释为场景 2 的信道相关性没有场景 1 的相关性强，进而预测效果不明显，因此一步前看策略中的探测系统功能不显著。

进一步，我们研究 $\nu > 1$ 时，ν 步前看策略的性能。图 7.3 给出了场景 1 和场景 2 下 $\nu = 1, 2, 3$ 的平均收益性能。由此可知，ν 的增加不能明显地提升策略

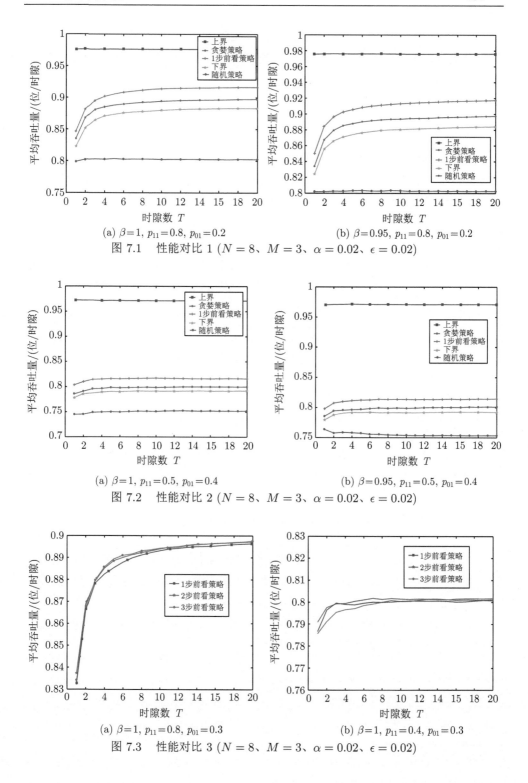

(a) $\beta=1$, $p_{11}=0.8$, $p_{01}=0.2$ (b) $\beta=0.95$, $p_{11}=0.8$, $p_{01}=0.2$

图 7.1 性能对比 1 ($N=8$、$M=3$、$\alpha=0.02$、$\epsilon=0.02$)

(a) $\beta=1$, $p_{11}=0.5$, $p_{01}=0.4$ (b) $\beta=0.95$, $p_{11}=0.5$, $p_{01}=0.4$

图 7.2 性能对比 2 ($N=8$、$M=3$、$\alpha=0.02$、$\epsilon=0.02$)

(a) $\beta=1$, $p_{11}=0.8$, $p_{01}=0.3$ (b) $\beta=1$, $p_{11}=0.4$, $p_{01}=0.3$

图 7.3 性能对比 3 ($N=8$、$M=3$、$\alpha=0.02$、$\epsilon=0.02$)

收益性能。这也证明，我们重点研究一步前看策略的合理性。一般来说，在大量参数设置下，考虑计算复杂性，我们一般设置 $\nu = 1$。

7.4.2　异构信道

下面进一步评估 ν 步前看策略在异构信道认知射频通信系统中的性能。为此，我们随机产生 100 个异构信道通信系统，其参数设置为 $N = 8$、$M = 3$、$\alpha = 0.02$、$\epsilon_i \in [0.01, 0.02]$、$p_{11}^{(i)} > p_{01}^{(i)}$ $(1 \leqslant i \leqslant N)$。在图 7.4 中，我们主要画出平均收益性能曲线，并得到与同构信道通信系统相似的性能。换而言之，ν 步前看策略在统计上比贪婪策略和短视策略 $(k = 1, 2, 3)$ 要好。

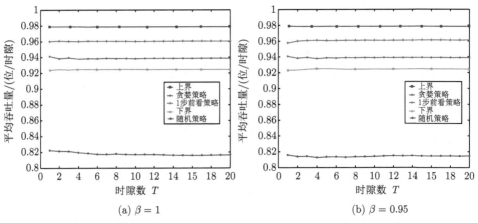

(a) $\beta = 1$　　　　　　　　　　　　(b) $\beta = 0.95$

图 7.4　性能对比 $(N = 8$、$M = 3$、$\alpha = 0.02$、$\epsilon_i \in [0.01, 0.02])$

7.5　本 章 小 结

在认知射频通信网络中，一个主要的目标是最小化每个时隙中的探测时间，进而达到更高的谱效率。本章主要研究信道探测数量的决策优化问题，提出探测到一个可用信道后继续探测信道获取系统信息的前向策略框架。特别地，提出 ν 步前看策略缩短信道探测时间并提升谱效率，并且策略中的参数 ν 可以灵活设置，达到计算效率与计算复杂性之间的平衡。

参 考 文 献

[1] Lopez-Benitez M, Casadevall F, Umbert A, et al. Spectral occupation measurements and blind standard recognition sensor for cognitive radio networks// Proceedings of

2009 4th International Conference on Cognitive Radio Oriented Wireless Networks and Communications, Hanover, 2009: 1–9.

[2] Hythy M, Mmmel A, Eskola M, et al. Spectrum occupancy measurements. http://www.sharedspectrum. com/measurements [2005-6-9].

[3] Mitola J. Cognitive radio for flexible mobile multimedia communications//Proceedings of IEEE International Workshop on Mobile Multimedia Communications, San Diego, 1999: 3-10.

[4] Singh A, Bhatnagar M R, Mallik R K. Cooperative spectrum sensing in multiple antenna based cognitive radio network using an improved energy detector. IEEE Communications Letters, 2012, 16(1): 64–67.

[5] Singh A, Bhatnagar M R, Mallik R K. Optimization of cooperative spectrum sensing with an improved energy detector over imperfect reporting channels//Proceedings of IEEE Vehicular Technology Conference, San Francisco, 2011: 19-27.

[6] Singh A, Bhatnagar M R, Mallik R K. Performance analysis of multiple sample based improved energy detector in collaborative CR networks//Proceedings of IEEE 24th Annual International Symposium on Personal, Indoor, and Mobile Radio Communications, London, 2013: 2728-2732.

[7] Akyildiz I F, Lee W Y, Vuran M C, et al. A survey on spectrum management in cognitive radio networks. IEEE Communications Magazine, 2008, 46(4): 40–48.

[8] Wang B, Liu K R. Advances in cognitive radio networks: a survey. IEEE Journal of Selected Topics in Signal Processing, 2011, 5(1): 5–23.

[9] Masonta M T, Mzyece M, Ntlatlapa N. Spectrum decision in cognitive radio networks: a survey. IEEE Communications Surveys and Tutorials, 2013, 15(3): 1088–1107.

[10] Tragos E Z, Zeadally S, Fragkiadakis A G, et al. Spectrum assignment in cognitive radio networks: a comprehensive survey. IEEE Communications Surveys and Tutorials, 2013, 15(3): 1108–1135.

[11] Chang N B, Liu M. Optimal channel probing and transmission scheduling for opportunistic spectrum access//Proceeding of 13th ACM Annual International Conference Mobile Computing, Québec, 2007: 27–38.

[12] Guha S, Munagala K, Sarkar S. Approximation schemes for information acquisition and exploitation in multichannel wireless networks//Proceedings of Allerton Conference Communication Control Computing, Monticello, 2009: 1361–1368.

[13] Jiang H, Lai L, Fan R, et al. Optimal selection of channel sensing order in cognitive radio. IEEE Transactions on Wireless Communications, 2009, 8(1): 297–307.

[14] Zhang Z, Jiang H, Tan P, et al. Channel exploration and exploitation with imperfect spectrum sensing in cognitive radio networks. IEEE Journal on Selected Areas in Communications, 2013, 31(3): 429–441.

[15] Kim H, Shin K G. Fast discovery of spectrum opportunities in cognitive radio networks//Proceeding of the 3rd IEEE Symposium on New Frontiers in Dynamic Spectrum Access Networks, Chicago, 2008: 1–12.

[16]　Li Q, Li Z. A novel sequential spectrum sensing method in cognitive radio using suprathreshold stochastic resonance. IEEE Transactions on Vehicular Technology, 2014, 63(4): 1717–1725.

[17]　Liu Q, Wang X, Cui Y. Robust and adaptive scheduling of sequential periodic sensing for cognitive radios. IEEE Journal on Selected Areas in Communications, 2014, 32(3): 503–515.

[18]　Shu T, Li H. QoS-compliant sequential channel sensing for cognitive radios. IEEE Journal on Selected Areas in Communications, 2014, 32(11): 2013–2025.

[19]　Li B, Yang P, Wang J, et al. Almost optimal dynamically-ordered channel sensing and accessing for cognitive networks. IEEE Transactions on Mobile Computing, 2014, 13(10): 2215–2228.

[20]　Zhao Q, Krishnamachari B, Liu K. On myopic sensing for multi-channel opportunistic access: structure, optimality, and performance. IEEE Transactions on Wireless Communications, 2008, 7(3): 5413–5440.

[21]　Ahmad S H A, Liu M, Javidi T, et al. Optimality of myopic sensing in multichannel opportunistic access. IEEE Transactions on Information Theory, 2009, 55(9): 4040–4050.

[22]　Ahmad S H A, Liu M. Multi-channel opportunistic access: a case of restless bandits with multiple plays//Proceedings of Allerton Conference Communication Control Computing, Monticello, 2009: 1361–1368.

[23]　Liu K, Zhao Q, Krishnamachari B. Dynamic multichannel access with imperfect channel state detection. IEEE Transactions on Signal Processing, 2010, 58(5): 2795–2807.

[24]　Wang K, Chen L. On optimality of myopic policy for restless multi-armed bandit problem: an axiomatic approach. IEEE Transactions on Signal Processing, 2012, 60(1): 300–309.

[25]　Wang K, Chen L, Liu Q, et al. On optimality of myopic sensing policy with imperfect sensing in multi-channel opportunistic access. IEEE Transactions on Communications, 2013, 61(9): 3854–3862.

[26]　Wang K, Chen L, Liu Q. On optimality of myopic policy for opportunistic access with nonidentical channels and imperfect sensing. IEEE Transactions on Vehicular Technology, 2014, 63(5): 2478–2483.

[27]　Papadimitriou C H, Tsitsiklis J N. The complexity of optimal queueing network control. Mathematics of Operations Research, 1999, 24(2): 293–305.

[28]　Guha S, Munagala K. Approximation algorithms for partial-information based stochastic control with markovian rewards//Proceedings of IEEE Symposium on Foundations of Computer Science, Providence, 2007: 483-493.

[29]　Guha S, Munagala K. Approximation algorithms for restless bandit problems//Proceedings of ACM-SIAM Symposium on Discrete Algorithms, New York, 2009: 627-639.

第 8 章　同构多态完美观测多臂机：短视策略及性能

8.1　引　　言

RMAB 在制造系统、经济系统、统计、生物医学工程、信息系统[1,2] 和无线通信系统[3-7] 等领域取得广泛应用。但是，一般的 RMAB 问题是 PSPACE-Hard 问题，需要指数计算内存和时间获得最优策略[8]。

对于某些状态和动作空间较小的特殊情况，数值方法可用于任何状态转换矩阵和收益过程。但是，数值方法不能提供有关最优策略有意义的解释。另外，对于涉及数百个或更多状态的问题，数值方法因计算量过大而不实用。

考虑上述因素，我们研究一般 RMAB 的一些实例，其最优策略具有简单的结构，仅需要线性内存和时间复杂度。特别是，我们识别并构造关于过程状态转换矩阵的充分条件，以确保最佳策略就是短视策略，即在每个决策时隙内调度能最大化即时收益的过程。

8.1.1　研究简介

多臂机是运筹学领域的经典主题之一，现有众多关于多臂机的文献。根据多臂机问题的过程数、过程状态数和动作来梳理相关文献，引入四元组 (nP, nS, nA, bR) 来区分不同类型的多臂机。在 (nP, nS, nA, bR) 中，前缀 n 表示进程、状态、动作的数量 $(n \geqslant 1)$，$bR(b = 0, 1)$ 表示臂是否 "休息"。例如，1R 表示如果臂未激活，其状态保持冻结。特别的，过程、状态、动作中的前缀 m，即 mP、mS、mA 中的 m 表示相应的数字不少于 $3(m \geqslant 3)$。另外，1S 或 1A 是没有实际意义的简单情况。

对于只有唯一进程的多臂机系列问题，记为 $(1P, mS, mA, 0R)$。文献 [9] ~ [11] 给出的充分条件指出最大化收益的最优策略的低界由某短视策略确定。文献 [12] 给出一组更有效的条件，在这些条件下可以通过合理选择的短视策略来确定最优策略的上下界。

对于另一类有多个进程的多臂机问题，记为 (mP, mS, mA, bR)，根据是否有 "休息" 状态，可以进一步分为两种模型。

第一种模型是 "休息" 的多臂机 $(mP, mS, mA, 1R)$，其中已激活的过程的状态演化，其他过程的状态保持冻结。文献 [13]、[14] 解决了完美观测的多臂机 $(mP, mS, mA, 1R)$，主要是将多过程优化问题分解为有限数量的单过程优化问题。

进一步，证明最优策略具有因子结构且最优动作是激活具有最高 Gittens 因子的过程。对于不完美观测的多臂机 $(mP, mS, mA, 1R)$，文献 [15] 的研究表明，可以通过在每个过程中使用值迭代算法计算最佳调度策略的 Gittins 因子，从而简化计算代价。对于完全二阶正序 (totally positive of order 2, TP2) 状态转换矩阵和单调似然率 (monotonic likelihood ratio, MLR)[16] 有序的观察概率的情况，Gittins 因子的信息状态是 MLR 递增的，进而提出基于这种结构的近似算法。

第二种模型是无休的多臂机 $(mP, mS, mA, 0R)$，其中所有过程的状态都在变化，无论每个时隙是否激活它们。我们主要考虑部分可观察的无休多臂机 $(mP, mS, mA, 0R)$，并区分 mS 和 2S 两种情况。$m \geqslant 3$ 的情况会导致随机序问题，这不是通常意义上的全序问题。

对于同构进程部分可观察的无休多臂机 $(mP, 2S, mA, 0R)$，文献 [17] 提出一组严格的条件，并表明对于共享一条到基站单无线链路的多个用户情况，短视策略在给定的条件下是最优的。文献 [18] 对 $(2P, 2S, 2A, 0R)$ 推导得出同构信道情况下短视策略的最优性。文献 [19] 的研究表明，在正相关状态转换及每次访问一个通道的情况下，具有同构信道系统的短视感知策略是最优的，并进一步扩展到访问多个同构信道的情况 [20]。对于具有不完美或间接观测的情况，文献 [21] 考虑只有两个过程的简单情况，即 $(2P, 2S, 2A, 0R)$，并在对系统参数有一定约束的情况下获得短视策略的最优性。文献 [22] 研究每次调度多个同构信道的一般情况 $(mP, 2S, mA, 0R)$，得到确保短视策略最优性的闭式条件。

对于部分可观察的无休多臂机 $(mP, mS, mA, 0R)$ 和同构进程，文献 [23] 提出一组非平凡假设，建立短视感知策略最优性的充分条件。对于相同的模型，文献 [24] 指出在不使用文献 [23] 第四个条件的情况下，访问 N 个信道中的 $N-1$ 个信道的短视策略是最优的。进一步，文献 [25] 研究了在一系列充分条件下短视策略的最优性问题。

需要特别强调，短视策略并不是唯一在空间和时间复杂度上均低的策略。一般来说，文献 [1] 提出的怀特因子策略被公认为是一种渐近最优且复杂度低的策略。关于怀特因子策略及其变体的可行性 (或可因子性) 和渐近最优性的文献很多，如文献 [26] ~ [35]。由于短视策略是最简单的具有线性复杂度的策略之一，因此本章主要考虑短视策略及其性能。

8.1.2　技术贡献

本节主要考虑部分可观察的无休多臂机 $(mP, mS, mA, 0R)$ 和时隙异构的过程，相应的工作填补了现有研究的空白。具体来说，与已有工作的不同之处在于考虑时间范围内某个过程的异构性，即一个过程在当前时隙的状态转移矩阵与先前时隙的状态转移矩阵可能不同。

本节研究的异构马尔可夫过程对于优化预期累积折旧 (或平均) 收益，主要带来两个方面的重大困难，即评估不同策略的性能，例如如何获得多元收益下的非平凡性能，因为其主要依赖异构状态转换矩阵；当随机矩阵在时间范围内异构时，如何确定表征所有过程可用概率信息状态的随机顺序。

本节主要通过以下方式解决上述两个挑战。

① 将一阶随机占优 (first order stochastic dominance, FOSD) 序[16] 推广到扩展一阶随机占优 (extended first order stochastic dominance, eFOSD) 序。

② 引入 FOSD 矩阵和 eFOSD 矩阵，然后将 FOSD 矩阵分解成特征值和特征向量构成的一系列特征矩阵。

③ 根据特征值的递减顺序，确定每个特征矩阵是 eFOSD 矩阵还是反 eFOSD 矩阵。

本章的主要工作是得到在期望累积折旧收益和期望平均收益标准下短视策略的最优条件。具体来说，本章的主要技术贡献如下。

① 研究在时间尺度上具有异构状态转换矩阵的 RMAB 问题。

② 将 FOSD 序推广到 eFOSD 序，方便更好地分析系统性能中的多元收益。

③ 根据本章提出的规则将转换矩阵表示为由其特征值和特征向量构造的一系列特征矩阵，可以简单地求得多元累积期望收益的上界。

④ 针对状态转换矩阵的特征值和特征矩阵构造两组充分条件，确保两种情况下短视策略的最优性。

8.2 系统模型和优化问题

8.2.1 系统模型

考虑 N 个独立过程，记 $\mathcal{N} = \{1, 2, \cdots, N\}$，每个过程由时间异构不可约非周期可重入的 X 态马尔可夫链刻画，其在每个时隙 t ($t = 0, 1, \cdots, T$) 的状态转换矩阵为

$$P(t) = \begin{bmatrix} P_{11}(t) & P_{12}(t) & \cdots & P_{1X}(t) \\ P_{21}(t) & P_{22}(t) & \cdots & P_{2X}(t) \\ \vdots & \vdots & & \vdots \\ P_{X1}(t) & P_{X2}(t) & \cdots & P_{XX}(t) \end{bmatrix}$$

记 $s_n(t)$ 为过程 n 在时隙 t 的状态，$s(t) = [s_1(t), \cdots, s_N(t)]$ 为时隙 t 的状态向量。在每个时隙 t，选择 M 个过程观测其状态并调度工作。令 $\mathcal{A}(t)$ 为时隙

t 的决策，即所选的过程集合 $\mathcal{A}(t) \subseteq \mathcal{N}$ 且 $|\mathcal{A}(t)| = M$，为避免简单情况，假定 $M \leqslant N - 1$。

假定在时隙 t，调度过程 n 所得的收益依赖该过程在时隙 t 的状态，即

$$r(s_n(t) = i) = r_i \tag{8.1}$$

记 $r \overset{\text{def}}{=\!=} [r_1, \cdots, r_X]^{\mathsf{T}}$ 是 X 维的向量，其中 $r_1 \leqslant r_2 \leqslant \cdots \leqslant r_X$。

8.2.2　信息态

假定一个决策者知道每个过程在时隙 $t = 0$ 的状态空间 $\mathcal{X} \overset{\text{def}}{=\!=} \{1, 2, \cdots, X\}$ 的概率分布函数，即

$$\Omega(0) \overset{\text{def}}{=\!=} [w_1(0), w_2(0), \cdots, w_N(0)]^{\mathsf{T}}$$

$$w_n(0) \overset{\text{def}}{=\!=} [w_{n1}(0), w_{n2}(0), \cdots, w_{nX}(0)]^{\mathsf{T}}, \quad n \in \mathcal{N}$$

$$w_{nx}(0) \overset{\text{def}}{=\!=} \mathbb{P}\{s_n(0) = x\}, \quad x \in \mathcal{X}, \quad n \in \mathcal{N}$$

基于初始信息状态 $\Omega(0)$，决策者作出初始决策 $\mathcal{A}(0)$。依据观测历史、决策历史和信息状态作出决策，即

$$\mathcal{A}(t) = \begin{cases} \rho_t\big(\Omega(0)\big), & t = 0 \\ \rho_t\big(\mathcal{O}_{t-1}, \mathcal{A}_{t-1}, \Omega(0)\big), & t \geqslant 1 \end{cases}$$

其中，ρ_t 为映射策略，即

$$\rho_t: \quad \big(\Omega(0)\big) \mapsto \mathcal{A}(0), \quad t = 0$$
$$\big(\mathcal{O}_{t-1}, \mathcal{A}_{t-1}, \Omega(0)\big) \mapsto \mathcal{A}(t), \quad t > 0$$

其将观测历史 $\mathcal{O}_{t-1}$、决策历史 $\mathcal{A}_{t-1}$ 和初始信息状态映射为当前时隙 t 的决策，即

$$\mathcal{A}_{t-1} \overset{\text{def}}{=\!=} (\mathcal{A}(0), \mathcal{A}(1), \cdots, \mathcal{A}(t-1))$$

$$\mathcal{O}_{t-1} \overset{\text{def}}{=\!=} (\mathcal{O}(0), \mathcal{O}(1), \cdots, \mathcal{O}(t-1))$$

$$\mathcal{O}(\tau) \overset{\text{def}}{=\!=} (O_{\sigma_1}(\tau), \cdots, O_{\sigma_M}(\tau)), \quad 0 \leqslant \tau < t$$

其中，$O_{\sigma_m}(\tau) = s_{\sigma_m}(\tau)\ (\sigma_m \in \mathcal{A}(\tau))$ 为 σ_m 在 τ 时隙的观测状态。

8.2.3 优化问题

调度器的目标是寻找优化策略 ρ^* 最大化有限时长内的期望累积折旧收益，即

$$\rho^* = \underset{\rho}{\arg\max}\, E\left\{\sum_{t=0}^{T}\beta R_{\rho_t}(\Omega(t))\,\middle|\,\Omega(0)\right\} \tag{8.2}$$

其中，$R_{\rho_t}(\Omega(t))$ 为采用策略 ρ_t 的时隙 t 收益；β 为折旧因子 $(0 \leqslant \beta \leqslant 1)$；$\rho \overset{\text{def}}{=\!=} (\rho_0, \rho_1, \cdots, \rho_T)$；$\Omega(t) = [w_1(t), w_2(t), \cdots, w_N(t)]^{\mathsf{T}}$；$w_n(t) = [w_{n1}(t), w_{n2}(t), \cdots, w_{nX}(t)]^{\mathsf{T}}$，$\forall n \in \mathcal{N}$；$w_{ni}(t) = \mathbb{P}\{s_n(t) = i|\mathcal{O}_{t-1}, \mathcal{A}_{t-1}\}, \forall i \in \mathcal{X}$；$\mathcal{A}(t) = \rho_t(\Omega(t))$，$t = 0, 1, \cdots, T$。

其中，

$w_n(t+1)$ 按规则 (8.3) 进行更新，即

$$w_n(t+1) = \begin{cases} (P_i(t))^{\mathsf{T}}, & n \in \mathcal{A}(t), O_n(t) = i \\ (P(t))^{\mathsf{T}} w_n(t), & n \notin \mathcal{A}(t) \end{cases} \tag{8.3}$$

数学上，式 (8.2) 可写为如下动态规划形式，即

$$\begin{cases} V_T(\Omega(T)) = \underset{\mathcal{A}(T)}{\max}\, E\left\{\sum_{n\in\mathcal{A}(T)} r^{\mathsf{T}} w_n(T)\right\} \\[2mm] V_t(\Omega(t)) = \underset{\mathcal{A}(t)}{\max}\, E\left\{\sum_{n\in\mathcal{A}(t)} r^{\mathsf{T}} w_n(t) + \beta \Sigma_{\mathcal{A}(t)} \Psi_{\mathcal{A}_{1:X}(t)}^{\Omega(t)} V_{t+1}(\Gamma(\mathcal{A}_{1:X}(t), \Omega(t)))\right\} \\[2mm] \qquad = \underset{\mathcal{A}(t)}{\max}\, E\left\{\sum_{n\in\mathcal{A}(t)} r^{\mathsf{T}} w_n(t) + \beta \underbrace{\sum_{\substack{\cap_{x=1}^{X}\mathcal{A}_x(t)=\emptyset}}^{\cup_{x=1}^{X}\mathcal{A}_x(t)=\mathcal{A}(t)}}_{\Sigma_{\mathcal{A}(t)}} \right. \\[2mm] \qquad\qquad \left. \times \underbrace{\prod_{i_1\in\mathcal{A}_1(t)} w_{i_1 1}(t) \cdots \prod_{i_X\in\mathcal{A}_x(t)} w_{i_X X}(t)}_{\Psi_{\mathcal{A}_{1:X}(t)}^{\Omega(t)}} V_{t+1}(\Gamma(\mathcal{A}_{1:X}(t), \Omega(t)))\right\} \end{cases} \tag{8.4}$$

其中，$\mathcal{A}_x(t)$ $(x \in \mathcal{X})$ 为在时隙 t 被观测为状态 x 的过程集合，即 $\mathcal{A}_x(t) \overset{\text{def}}{=\!=} \{i:\ i \in \mathcal{A}(t),\ O_i(t) = x\}$；$\mathcal{A}_{1:X}(t) \overset{\text{def}}{=\!=} (\mathcal{A}_1(t), \cdots, \mathcal{A}_X(t))$；$\bigcup_{x=1}^{X} \mathcal{A}_x(t) = \mathcal{A}(t)$；

$$\bigcap_{x=1}^{X} \mathcal{A}_x(t) = \emptyset 。$$

$$\Gamma(\mathcal{A}_{1:X}(t), \Omega(t)) \stackrel{\text{def}}{=\!=} \Big(\sum_{x \in \mathcal{X}} \mathbb{1}_{1 \in \mathcal{A}_x(t)} \big(P_x(t)\big)^{\mathsf{T}} + \prod_{x \in \mathcal{X}} \mathbb{1}_{1 \notin \mathcal{A}_x(t)} \big(P(t)\big)^{\mathsf{T}} w_1(t),$$

$$\cdots,$$

$$\sum_{x \in \mathcal{X}} \mathbb{1}_{n \in \mathcal{A}_x(t)} \big(P_x(t)\big)^{\mathsf{T}} + \prod_{x \in \mathcal{X}} \mathbb{1}_{n \notin \mathcal{A}_x(t)} \big(P(t)\big)^{\mathsf{T}} w_n(t),$$

$$\cdots,$$

$$\sum_{x \in \mathcal{X}} \mathbb{1}_{N \in \mathcal{A}_x(t)} \big(P_x(t)\big)^{\mathsf{T}} + \prod_{x \in \mathcal{X}} \mathbb{1}_{N \notin \mathcal{A}_x(t)} \big(P(t)\big)^{\mathsf{T}} w_N(t) \Big)^{\mathsf{T}}$$

① $V_t(\Omega(t))$ 为值函数，表示从时隙 t 到 T $(0 \leqslant t \leqslant T)$ 的最大收益。

② $\Gamma(\mathcal{A}_{1:X}(t), \Omega(t))$ 指示 $\Omega(t)$ 按式 (8.3) 进行演化，给定集合 $\mathcal{A}_x(t)$ $(x \in \mathcal{X})$ 中的过程在时隙 t 被观测为状态 x。特别地，在不需要强调 $\Omega(t+1)$ 依赖 $\mathcal{A}_{1:X}(t)$ 的情况下，我们混用 $\Omega(t+1)$ 和 $\Gamma(\mathcal{A}_{1:X}(t), \Omega(t))$。

8.2.4　短视策略和部分序

从理论上看，优化策略可以通过求解动态规划 (8.4) 得到。但是，由于当前决策与未来收益紧密相关，求解上述动态规划非常困难。实际上，直接通过式 (8.4) 的递归形式求优化策略在计算上几乎不可能。因此，一个非常自然的代替方式是探索简单短视策略的性能。由于该短视策略仅最大化立即收益而忽略当前策略对后续收益的影响，因此容易实现和计算，其定义为

$$\hat{\mathcal{A}}(t) = \underset{\mathcal{A}(t)}{\operatorname{argmax}} \sum_{n \in \mathcal{A}(t)} r^{\mathsf{T}} w_n(t) \tag{8.5}$$

为便于分析，我们引入偏序概念。

定义 8.1(FOSD[16])　记 $\Pi(X) \stackrel{\text{def}}{=\!=} \{(w_1, \cdots, w_X) : \sum_{i=1}^{X} w_i = 1, w_1, \cdots, w_X \geqslant 0\}$。对于 $w_1, w_2 \in \Pi(X)$，w_1 一阶随机占优 w_2，记为 $w_1 \geqslant_s w_2$，如果下式对于 $j = 1, 2, \cdots, X$ 成立，即

$$\sum_{i=j}^{X} w_{1i} \geqslant \sum_{i=j}^{X} w_{2i}$$

定义 8.2 (FOSD 矩阵和反 FOSD 矩阵) 令 $w_1, \cdots, w_X \in \Pi(X)$ 为 X 个向量, 矩阵 $Q = [w_1 \cdots w_X]^\mathsf{T}$ 是 FOSD 矩阵, 如果 $w_1 \leqslant_s w_2 \leqslant \cdots \leqslant_s w_X$; 矩阵 $Q = [w_1 \cdots w_X]^\mathsf{T}$ 是反 FOSD 矩阵, 如果 $w_1 \geqslant_s w_2 \geqslant \cdots \geqslant_s w_X$。

为更一般分析, 我们推广 FOSD 到扩展的 FOSD。

定义 8.3(eFOSD) 令 $\Pi(X,c) \stackrel{\text{def}}{=\!=} \{(w_1, \cdots, w_X): \sum\limits_{i=1}^{X} w_i = c, w_1, \cdots, w_X \in \mathbb{R}\}$, 这里 $c \in \mathbb{R}$ 为常数。对于 $w_1, w_2 \in \Pi(X,c)$, w_1 一阶扩展随机占优 w_2, 记为 $w_1 \geqslant_{sc} w_2$, 其中 sc 的后缀 c 指示常数 c, 如果下式对于 $j = 1, 2, \cdots, X$ 成立, 即

$$\sum_{i=j}^{X} w_{1i} \geqslant \sum_{i=j}^{X} w_{2i}$$

显然, FOSD 是 eFOSD 在 $c = 1$ 时的特例, 例如 $\Pi(X)$ 中的 $w_1 \geqslant_s w_2$ 能写成 $\Pi(X,1)$ 中的 $w_1 \geqslant_{s1} w_2$。

定义 8.4 (eFOSD 矩阵和反 eFOSD 矩阵) 令 $w_1, \cdots, w_X \in \Pi(X,c)$ 为 X 个向量, 如果 $w_1 \leqslant_{sc} w_2 \leqslant \cdots \leqslant_{sc} w_X$, 则矩阵 $Q = [w_1 \cdots w_X]^\mathsf{T}$ 是 eFOSD 矩阵; 如果 $w_1 \geqslant_{sc} w_2 \geqslant \cdots \geqslant_{sc} w_X$, 则矩阵 $Q = [w_1 \cdots w_X]^\mathsf{T}$ 是反 eFOSD 矩阵。

对于 eFOSD, 存在和 FOSD 相似的属性, 见命题 8.1。

命题 8.1 给定 $f \stackrel{\text{def}}{=\!=} [f_1, f_2, \cdots, f_X]^\mathsf{T}$ ($0 \leqslant f_1 \leqslant f_2 \leqslant \cdots \leqslant f_X$) 和 $g \stackrel{\text{def}}{=\!=} [g_1, g_2, \cdots, g_X]^\mathsf{T} = Qf$。

① 若 Q 是 eFOSD 矩阵, 则 $g_1 \leqslant g_2 \leqslant \cdots \leqslant g_X$。

② 若 Q 是反 eFOSD 矩阵, 则 $g_1 \geqslant \cdots \geqslant g_X$。

证明 对于 $2 \leqslant i \leqslant X$, 有

$$
\begin{aligned}
g_i - g_{i-1} &= g^\mathsf{T}(e_i - e_{i-1}) \\
&= f^\mathsf{T} Q^\mathsf{T}(e_i - e_{i-1}) \\
&= \sum_{j=1}^{X} f_j e_j^\mathsf{T} Q^\mathsf{T}(e_i - e_{i-1}) \\
&= \sum_{j=2}^{X}\sum_{k=j}^{X} e_k^\mathsf{T} Q^\mathsf{T}(e_i - e_{i-1})(f_j - f_{j-1}) + 1^\mathsf{T} Q^\mathsf{T}(e_i - e_{i-1})f_1 \\
&= \sum_{j=2}^{X}\left(\sum_{k=j}^{X} e_k^\mathsf{T} Q^\mathsf{T} e_i - \sum_{k=j}^{X} e_k^\mathsf{T} Q^\mathsf{T} e_{i-1}\right)(f_j - f_{j-1})
\end{aligned}
$$

若 Q 是 eFOSD 矩阵，则 $\sum\limits_{k=j}^{X} e_k^{\mathsf{T}} Q^{\mathsf{T}} e_i - \sum\limits_{k=j}^{X} e_k^{\mathsf{T}} Q^{\mathsf{T}} e_{i-1} \geqslant 0$，进而 $g_i - g_{i-1} \geqslant 0$。

若 Q 是反 eFOSD 矩阵，则 $\sum\limits_{k=j}^{X} e_k^{\mathsf{T}} Q^{\mathsf{T}} e_i - \sum\limits_{k=j}^{X} e_k^{\mathsf{T}} Q^{\mathsf{T}} e_{i-1} \leqslant 0$，进而 $g_i - g_{i-1} \leqslant$ 0。 □

定义 8.5 (可比较信息态)　给定两信息态 $w_m, w_n \in \Pi(X)$，若 $w_m \geqslant_s w_n$ 或 $w_m \leqslant_s w_n$，则称为可比较。

备注 8.1　信息态的可比较性对于短视策略优化性分析来说是必须的；否则，在评估两不同策略的收益差时，将不得不计算策略的具体收益，进而不能得到任何结构化的结论。

基于 FOSD，根据式 (8.5)，短视策略具有命题 8.2 所述的简单结构属性。

命题 8.2 (短视策略结构)　短视策略 $\hat{\rho} \stackrel{\mathrm{def}}{=\!=} (\hat{\rho}_0, \hat{\rho}_1, \cdots, \hat{\rho}_T)$ 在每个时隙都选择关于 FOSD 序最好的 M 个过程。换言之，若 $w_{\sigma_1}(t) \geqslant \cdots \geqslant_s w_{\sigma_N}(t)$，在时隙 t 的短视策略选择 $\hat{A}(t) = \hat{\rho}_t(\Omega(t)) = \{\sigma_1, \cdots, \sigma_M\}$，这里 $\sigma_1, \sigma_2, \cdots, \sigma_N$ 为集合 $\mathcal{N}$ 的排列。

证明　为证此命题，只需证明

$$r^{\mathsf{T}} w_{\sigma_i}(t) \geqslant r^{\mathsf{T}} w_{\sigma_{i+1}}(t)$$

考虑

$$w_{\sigma_i}(t) = \sum_{j=2}^{X} \sum_{k=j}^{X} w_{\sigma_i k}(t)(e_i - e_{i-1}) + e_1$$

$$w_{\sigma_{i+1}}(t) = \sum_{j=2}^{X} \sum_{k=j}^{X} w_{\sigma_{i+1} k}(t)(e_i - e_{i-1}) + e_1$$

可得

$$r^{\mathsf{T}} w_{\sigma_i}(t) - r^{\mathsf{T}} w_{\sigma_{i+1}}(t)$$

$$= \sum_{j=2}^{X} \left(\sum_{k=j}^{X} w_{\sigma_i k}(t) - \sum_{k=j}^{X} w_{\sigma_{i+1} k}(t) \right) r^{\mathsf{T}} (e_i - e_{i-1})$$

$$= \sum_{j=2}^{X} \left(\sum_{k=j}^{X} w_{\sigma_i k}(t) - \sum_{k=j}^{X} w_{\sigma_{i+1} k}(t) \right) (r_i - r_{i-1})$$

$$\stackrel{\text{(a)}}{\geqslant} 0$$

其中，(a) 可由 $w_{\sigma_i}(t) \geqslant_s w_{\sigma_{i+1}}(t)$ 且 $r_1 \leqslant \ldots \leqslant r_X$ 得到。

至此，命题得证。 $\quad\square$

8.3　短视策略优化性分析

为了更好地刻画短视策略的结构特征，引入辅助值函数[22]，证明其重要的解耦性。然后，给出状态转换矩阵的一些结构属性，假定状态转换矩阵能分解成一系列 FOSD 或 eFOSD 矩阵，得到成对策略的性能界，并证明短视策略的优化性。

8.3.1　值函数及其解耦性

定义如下辅助值函数，即

$$
W_t^{\mathcal{A}}(\Omega(t)) = \begin{cases} \displaystyle\sum_{n \in \hat{\mathcal{A}}(T)} r^{\mathsf{T}} w_n(T), & t = T \\ \displaystyle\sum_{n \in \mathcal{A}(t)} r^{\mathsf{T}} w_n(t) + \beta \underbrace{\Sigma_{\mathcal{A}(t)} \Psi_{\mathcal{A}_{1:X}(t)}^{\Omega(t)} W_{t+1}^{\hat{\mathcal{A}}}(\Gamma(\mathcal{A}_{1:X}(t), \Omega(t)))}_{F(\mathcal{A}(t), \Omega(t))}, & t < T \end{cases}
$$

$$(8.6)$$

其中

$$
W_\tau^{\hat{\mathcal{A}}}(\Omega(\tau)) = \begin{cases} \displaystyle\sum_{n \in \hat{\mathcal{A}}(T)} r^{\mathsf{T}} w_n(T), & \tau = T \\ \displaystyle\sum_{n \in \hat{\mathcal{A}}(\tau)} r^{\mathsf{T}} w_n(\tau) + \beta \underbrace{\Sigma_{\hat{\mathcal{A}}(\tau)} \Psi_{\hat{\mathcal{A}}_{1:X}(\tau)}^{\Omega(\tau)} W_{\tau+1}^{\hat{\mathcal{A}}}(\Gamma(\hat{\mathcal{A}}_{1:X}(\tau), \Omega(\tau)))}_{F(\hat{\mathcal{A}}(\tau), \Omega(\tau))}, \\ \qquad\qquad\qquad\qquad\qquad\qquad\qquad t < \tau < T \end{cases}
$$

备注 8.2　① 对于仅有一个时隙 (如 $t = T$) 时，辅助值函数表示在短视策略 $\hat{\rho}_T$ 下的期望收益。

② 对于两个以上时隙，辅助值函数表示如下特别策略的期望累计收益，即在时隙 t，选择集合 $\mathcal{A}(t)$ 中的 M 个过程，从时隙 $t+1$ 到时隙 T，选择集合 $\hat{\mathcal{A}}(\tau)$ $(t+1 \leqslant \tau \leqslant T)$ 中的过程。简而言之，从时隙 t 到 T，策略为 $(\rho_t, \hat{\rho}_{t+1}, \cdots, \hat{\rho}_T)$。若 $\mathcal{A}(t) = \hat{\mathcal{A}}(t)$ (即 $\rho_t = \hat{\rho}_t$)，则 $W_t^{\mathcal{A}}(\Omega(t)) = W_t^{\hat{\mathcal{A}}}(\Omega(t))$ 表示在短视策略 $\hat{\rho}$ 下从时隙 t 到 T 的累计收益。

引理 8.1 (解耦性)　$W_t^{\mathcal{A}}(\Omega(t))$ 是可解耦的，对于 $t = 0, 1, \cdots, T$，可得

$$
W_t^{\mathcal{A}}(w_1, \cdots, w_i, \cdots, w_N) = \sum_{j=1}^{X} w_{ij} W_t^{\mathcal{A}}(w_1, \cdots, e_j, \cdots, w_N)
$$

证明　证明过程详见 8.6.1 节。 $\quad\square$

8.3.2　状态转换矩阵结构属性

下面给出状态转换矩阵的某些重要且基础的结构属性，并分析短视策略的优化性。

命题 8.3　假定状态转化矩阵 $P = V\Lambda U$, $U \overset{\text{def}}{=} V^{-1}$, $\Lambda = \text{diag}(\lambda_1, \lambda_2, \cdots, \lambda_X)$ $(\lambda_1 \geqslant \cdots \geqslant \lambda_X)$，及相应的特征向量 $v_1 = Ve_1, v_2 = Ve_2, \cdots, v_X = Ve_X$，则

① $\lambda_1 = 1$ 和 $v_1 = \dfrac{1}{\sqrt{X}}$。

② $\lambda_2 < 1$ 和 $-1 < \lambda_X$。

③ P 可以写为

$$P = \sum_{i=1}^{X} \lambda_i \left(Ve_k e_k^{\mathsf{T}} V^{-1} \right) \tag{8.7}$$

④ 若 $w_m, w_n \in \Pi(X)$，对于任意 $\lambda \in \mathbb{R}$，下式成立，即

$$\Lambda V^{\mathsf{T}}(w_m - w_n) = \bar{\Lambda} V^{\mathsf{T}}(w_m - w_n) \tag{8.8}$$

其中

$$\Lambda = \text{diag}(\lambda_1, \lambda_2, \cdots, \lambda_X)$$

$$\bar{\Lambda} = \text{diag}(\lambda, \ \lambda_2, \cdots, \lambda_X)$$

证明　证明过程详见 8.6.2 节。　　　　　　　　　　　　　　　　□

备注 8.3　该命题陈述了矩阵的以下特征。

① 最大特征值为 "1"，相应的特征向量为 $\dfrac{1}{\sqrt{X}}$。

② $1 = \lambda_1 > \lambda_2 \geqslant \cdots \geqslant \lambda_X > -1$。

③ 状态转换矩阵 P 能表示成 X 个特殊矩阵之和，这里 X 个特殊矩阵分别对应 $\lambda_1, \lambda_2, \cdots, \lambda_X$。

④ 涉及两个信息态差的一个结构等式成立，其中最大特征值能被任何值代替。

8.3.3　短视策略优化性

下面给出如下关于状态转换矩阵的重要条件，可以陈述特征矩阵的门限结构。

条件 8.1　对于矩阵 P，有以下条件。

① $P = V\Lambda V^{-1}$ 是 FOSD 矩阵，$\Lambda = \text{diag}(\underbrace{1}_{i_1}, \underbrace{\lambda_2, \cdots \lambda_2}_{i_2}, \cdots, \underbrace{\lambda_K, \cdots, \lambda_K}_{i_K})$。

② 存在门限 J $(2 \leqslant J \leqslant K)$，使 $\displaystyle\sum_{j=1}^{i_1 + \cdots + i_k} Ve_j e_j^{\mathsf{T}} V^{-1}$ 对于 $2 \leqslant k \leqslant J - 1$ 是反向 eFOSD 矩阵，并且 $\displaystyle\sum_{j=i_1 + \cdots + i_{J-1} + 1}^{i_1 + \cdots + i_k} Ve_j e_j^{\mathsf{T}} V^{-1}$ 对于 $J \leqslant k \leqslant K$ 是 eFOSD 矩阵。

命题 8.4 给定关于 P 的条件 8.1，若 $w_m, w_n \in \Pi(X)$ 和 $w_m \geqslant_s w_n$，则有以下结论。

① 如果 $2 \leqslant k \leqslant J-2$，那么

$$(\lambda_k - \lambda_{k-1}) \sum_{j=1}^{i_1+\cdots+i_k} V e_j e_j^\mathsf{T} V^{-1} (w_m - w_n)$$

$$\leqslant (\lambda_J - \lambda_{k-1}) \sum_{j=1}^{i_1+\cdots+i_k} V e_j e_j^\mathsf{T} V^{-1} (w_m - w_n)$$

② 如果 $2 \leqslant k = J-1$，那么

$$\lambda_k \sum_{j=1}^{i_1+\cdots+i_k} V e_j e_j^\mathsf{T} V^{-1} (w_m - w_n) \leqslant \lambda_J \sum_{j=1}^{i_1+\cdots+i_k} V e_j e_j^\mathsf{T} V^{-1} (w_m - w_n)$$

③ 如果 $J \leqslant k \leqslant K-1$，那么

$$(\lambda_k - \lambda_{k+1}) \sum_{j=i_1+\cdots+i_{J-1}+1}^{i_1+\cdots+i_k} V e_j e_j^\mathsf{T} V^{-1} (w_m - w_n)$$

$$\leqslant (\lambda_J - \lambda_{k+1}) \sum_{j=i_1+\cdots+i_{J-1}+1}^{i_1+\cdots+i_k} V e_j e_j^\mathsf{T} V^{-1} (w_m - w_n)$$

④ 如果 $J \leqslant k = K$，那么

$$\lambda_k \sum_{j=i_1+\cdots+i_{J-1}+1}^{i_1+\cdots+i_k} V e_j e_j^\mathsf{T} V^{-1} (w_m - w_n)$$

$$\leqslant \lambda_J \sum_{j=i_1+\cdots+i_{J-1}+1}^{i_1+\cdots+i_k} V e_j e_j^\mathsf{T} V^{-1} (w_m - w_n)$$

证明 按照条件 8.1，命题易证。 □

命题 8.5 给定关于 $P(t)$ $(t \geqslant 0)$ 的条件 8.1，若 $w_m, w_l \in \Pi(X)$ 且 $w_m \geqslant_s w_l$，则对于 $i = 1, 2, \cdots, \infty$，可得

$$0 \leqslant r^\mathsf{T} \prod_{\tau=t}^{t+i} \left(P(\tau) \right)^\mathsf{T} (w_m - w_l) \leqslant r^\mathsf{T} (w_m - w_l) \prod_{\tau=t}^{t+i} \lambda_{J_\tau}(\tau)$$

其中，J_τ 为 $P(\tau)$ 的特征门限；$\lambda_{J_\tau}(\tau)$ 为矩阵 $P(\tau)$ 的 i_K 个不同特质值中的第 J_τ 个最大特征值。

证明　证明过程详见 8.6.4 节。　　　　　　　　　　　　　　　　　　　□

引理 8.2　给定关于 $P(t)$ $(0 \leqslant t \leqslant T)$ 的条件 8.1，令 $\overline{\lambda} \stackrel{\text{def}}{=\!=\!=} \max\{\lambda_{J_t}(t) : 0 \leqslant t \leqslant T\}$，$\Omega_l \stackrel{\text{def}}{=\!=\!=} (\Omega_{-l}, w_l)$，$\Omega'_l \stackrel{\text{def}}{=\!=\!=} (\Omega_{-l}, \tilde{w}_l)$，$w_l \leqslant_s \tilde{w}_l$。若 N 个进程的信息态是 FOSD 可比较的，对于 $0 \leqslant t \leqslant T$，有以下结论。

① 若 $\mathcal{A}' = \mathcal{A}$、$l \in \mathcal{A}'$、$l \in \mathcal{A}$，则

$$r^\mathsf{T}(\tilde{w}_l - w_l) \leqslant W_t^{\mathcal{A}'}(\Omega'_l) - W_t^{\mathcal{A}}(\Omega_l) \leqslant \sum_{i=0}^{T-t}(\beta\overline{\lambda})^i r^\mathsf{T}(\tilde{w}_l - w_l)$$

② 若 $\mathcal{A}' = \mathcal{A}$、$l \notin \mathcal{A}'$、$l \notin \mathcal{A}$，则

$$0 \leqslant W_t^{\mathcal{A}'}(\Omega'_l) - W_t^{\mathcal{A}}(\Omega_l) \leqslant \sum_{i=1}^{T-t}(\beta\overline{\lambda})^i r^\mathsf{T}(\tilde{w}_l - w_l)$$

③ 若 $l \in \mathcal{A}'$、$l \notin \mathcal{A}$、$m \in \mathcal{A}$、$m \notin \mathcal{A}'$、$\mathcal{A}' \setminus \{l\} = \mathcal{A} \setminus \{m\}$、$w_l \leqslant_s w_m \leqslant_s \tilde{w}_l$，则

$$0 \leqslant W_t^{\mathcal{A}'}(\Omega'_l) - W_t^{\mathcal{A}}(\Omega_l) \leqslant \sum_{i=0}^{T-t}(\beta\overline{\lambda})^i r^\mathsf{T}(\tilde{w}_l - w_l)$$

证明　证明过程详见 8.6.5 节。　　　　　　　　　　　　　　　　　　　□

备注 8.4　在引理 8.2 中，我们分析了两个信息态 $\Omega_l = (\Omega_{-l}, w_l)$ 和 $\Omega'_l = (\Omega_{-l}, \tilde{w}_l)$ 的性能差别，这两个信息态仅有一个元素不同，如 $w_l \leqslant_s \tilde{w}_l$，并给出了上下界。

引理 8.3　$W_t^{\mathcal{A}^{(l)}}(\Omega) > W_t^{\mathcal{A}^{(m)}}(\Omega)$，若有以下条件。

① 关于 $P(t)$ $(0 \leqslant t \leqslant T)$ 的条件 8.1 成立。

② $l \in \mathcal{A}^{(l)} \subseteq \mathcal{N}$、$m \in \mathcal{A}^{(m)} \subseteq \mathcal{N}$、$|\mathcal{A}^{(m)}| = |\mathcal{A}^{(l)}| = M$、$\mathcal{A}^{(l)} \setminus \{l\} = \mathcal{A}^{(m)} \setminus \{m\}$、$w_l >_s w_m$。

③ $\sum_{i=1}^{T}(\beta\overline{\lambda})^i \leqslant 1$。

④ N 个过程的信息态是 FOSD 可比较的。

证明　令 Ω' 表示过程置信向量的集合，对于 $\forall i$ $(i \in \mathcal{N}, i \neq l)$，$w'_l = w_m$ 和 $w'_i = w_i$，则 $W_t^{\mathcal{A}^{(l)}}(\Omega') = W_t^{\mathcal{A}^{(m)}}(\Omega')$。由引理 8.2，可得

$$W_t^{\mathcal{A}^{(l)}}(\Omega) - W_t^{\mathcal{A}^{(m)}}(\Omega)$$

$$= (W_t^{\mathcal{A}^{(l)}}(\Omega) - W_t^{\mathcal{A}^{(l)}}(\Omega')) - (W_t^{\mathcal{A}^{(m)}}(\Omega) - W_t^{\mathcal{A}^{(m)}}(\Omega'))$$

$$\geqslant r^{\mathsf{T}}(w_l - w_m) - \sum_{i=1}^{T-t}(\beta\overline{\lambda})^i r^{\mathsf{T}}(w_l - w_m)$$

$$= r^{\mathsf{T}}(w_l - w_m)\left[1 - \sum_{i=1}^{T-t}(\beta\overline{\lambda})^i\right] > 0$$

□

定理 8.1 给出了关于折旧收益 $(0 \leqslant \beta < 1)$ 和平均收益 $(\beta = 1, T \to \infty)$ 的短视策略优化性。

定理 8.1 短视策略有最优的, 若以下条件成立。

① N 个过程的信息态是可比较的。

② 关于 $P(t)$ $(t \geqslant 0)$ 的条件 8.1 成立。

③ $T < \infty, \displaystyle\sum_{i=1}^{T}(\beta\overline{\lambda})^i \leqslant 1$, 或 $T \to \infty, \beta\overline{\lambda} \leqslant \dfrac{1}{2}$。

证明 当 $T < \infty$ 时, 我们通过归纳法证明。易证定理在时隙 T 成立, 假设定理在时隙 $T-1, \cdots, t+1$ 成立, 即最优策略是访问在置信向量随机占优序上的最好过程。下面证明此定理在时隙 t 亦成立。

假设在 $\Omega \overset{\text{def}}{=\!=\!=} \{w_{i_1}, \cdots, w_{i_N}\}$ 和 $w_1 >_s w_2 >_s \cdots >_s w_N$ 情况下, 最优策略是从时隙 $t+1$ 到 T 访问最好过程而在时隙 t 访问集合 $\mathcal{A}(t) = \{i_1, \cdots, i_M\} \neq \hat{\mathcal{A}}(t) = \{1, \cdots, M\}$ 中的过程。换言之, $W_t^{\{i_1, \cdots, i_M\}}(\Omega)$ 在 $\mathcal{A}(t) = \{i_1, \cdots, i_M\}$ 时达到最大值。考虑 $\hat{\mathcal{A}}(t)$ 由时隙 t 的 M 个最好过程组成, 则必然在时隙 t 存在 i_m 和 i_l, 使 $m \leqslant M < l$ 且 $w_{i_m} <_s w_{i_M} \leqslant_s w_{i_l}$。按照引理 8.3, 有 $W_t^{\{i_1, \cdots, i_M\}}(\Omega) < W_t^{\{i_1, \cdots, i_{m-1}, i_l, i_{m+1}, \cdots, i_M\}}(\Omega)$, 这与假设 $W_t^{\{i_1, \cdots, i_M\}}(\Omega)$ 在 $\mathcal{A}(t) = \{i_1, \cdots, i_M\}$ 时达到最大值矛盾, 因此定理在 $T < \infty$ 时成立。

当 $T \to \infty$ 时, 定理可得, 考虑对于任意 $\beta\overline{\lambda} \in (0,1)$ 有 $\displaystyle\sum_{i=1}^{\infty}(\beta\overline{\lambda})^i = \beta\overline{\lambda}/(1 - \beta\overline{\lambda})$, 这是因为 $0 \leqslant \beta \leqslant 1$ 和 $1 > \lambda_2 \geqslant \cdots \geqslant \lambda_X > -1$ (由命题 8.3 可知)。

至此, 命题得证。

□

8.4 短视策略优化性: 扩展情况

下面将短视策略优化性结果推广到状态转换矩阵是反 FOSD 矩阵的情况。

条件 8.2 对于 P。

① $P = V \Lambda V^{-1}$ 是反 FOSD 矩阵, 其中 $\Lambda = \text{diag}(\underbrace{1}_{i_1}, \underbrace{\lambda_2, \cdots, \lambda_2}_{i_2}, \cdots, \underbrace{\lambda_K, \cdots, \lambda_K}_{i_K})$。

② 存在门限 J $(2 \leqslant J \leqslant K)$, 使 $\displaystyle\sum_{j=i_1+i_2+\cdots+i_{k-1}+1}^{i_1+i_2+\cdots+i_{J-1}} V e_j e_j^\mathsf{T} V^{-1}$ 对于 $2 \leqslant k \leqslant$ $J-1$ 是 eFOSD 矩阵, 且 $\displaystyle\sum_{j=i_1+i_2+\cdots+i_{k-1}+1}^{i_1+i_2+\cdots+i_K} V e_j e_j^\mathsf{T} V^{-1}$ 对于 $J \leqslant k \leqslant K$ 是反 eFOSD 矩阵。

命题8.6 给定关于 $P(t)$ $(t \geqslant 0)$ 的条件 8.2 成立, $w_m, w_l \in \Pi(X)$, $w_m \geqslant_{\mathrm{s}} w_l$, 可得以下结论。

① 对于 $i = 1, 2, \cdots, \infty$, 有

$$\prod_{\tau=t}^{t+2i-1} \left(P(\tau)\right)^\mathsf{T} w_m \geqslant_{\mathrm{s}} \prod_{\tau=t}^{t+2i-1} \left(P(\tau)\right)^\mathsf{T} w_l \tag{8.9}$$

② 对于 $i = 0, 1, \cdots, \infty$, 有

$$\prod_{\tau=t}^{t+2i} \left(P(\tau)\right)^\mathsf{T} w_m \leqslant_{\mathrm{s}} \prod_{\tau=t}^{t+2i} \left(P(\tau)\right)^\mathsf{T} w_l \tag{8.10}$$

证明 证明过程详见 8.6.6 节。 □

命题8.7 给定关于 $P(t)$ $(t \geqslant 0)$ 的条件 8.2 成立, $w_m, w_l \in \Pi(X)$, $w_m \geqslant_{\mathrm{s}} w_l$, 可得以下结论。

① 对于 $i = 1, 2, \cdots, \infty$, 有

$$0 \leqslant r^\mathsf{T} \prod_{\tau=t}^{t+2i-1} \left(P(\tau)\right)^\mathsf{T} (w_m - w_l) \leqslant r^\mathsf{T}(w_m - w_l) \prod_{\tau=t}^{t+2i-1} \lambda_{J_\tau}(\tau) \tag{8.11}$$

② 对于 $i = 0, 1, \cdots, \infty$, 有

$$0 \geqslant r^\mathsf{T} \prod_{\tau=t}^{t+2i} \left(P(\tau)\right)^\mathsf{T} (w_m - w_l) \geqslant r^\mathsf{T}(w_m - w_l) \prod_{\tau=t}^{t+2i} \lambda_{J_\tau}(\tau) \tag{8.12}$$

证明 证明过程详见 8.6.7 节。 □

基于条件 8.2、命题 8.6 和命题 8.7, 可得引理 8.4。

引理8.4 给定关于 $P(t)$ $(0 \leqslant t \leqslant T)$ 的条件 8.2 成立。令 $\overline{\lambda} \stackrel{\text{def}}{=\!=} \max\{|\lambda_{J_t}(t)| : 0 \leqslant t \leqslant T\}$, $\Omega_l \stackrel{\text{def}}{=\!=} (\Omega_{-l}, w_l)$, $\Omega_l' \stackrel{\text{def}}{=\!=} (\Omega_{-l}, \tilde{w}_l)$, 且 $w_l \leqslant_{\mathrm{s}} \tilde{w}_l$。对于 $0 \leqslant t \leqslant T$, 如果以下条件成立。

① $\displaystyle\sum_{i=1}^{\lceil \frac{T-t}{2} \rceil} (\beta \overline{\lambda})^{2i-1} \leqslant 1$。

② N 个过程的信息态是 FOSD 可比较的。

若 $\mathcal{A}' = \mathcal{A}$、$l \in \mathcal{A}'$ 且 $l \in \mathcal{A}$, 则

$$\left[1 - \sum_{i=1}^{\lceil \frac{T-t}{2} \rceil} (\beta\overline{\lambda})^{2i-1}\right] r^\mathsf{T}(\tilde{w}_l - w_l) \leqslant W_t^{\mathcal{A}'}(\Omega_l') - W_t^{\mathcal{A}}(\Omega_l)$$

$$\leqslant \left[1 + \sum_{i=1}^{\lfloor \frac{T-t}{2} \rfloor} (\beta\overline{\lambda})^{2i}\right] r^\mathsf{T}(\tilde{w}_l - w_l)$$

若 $\mathcal{A}' = \mathcal{A}$、$l \notin \mathcal{A}'$ 且 $l \notin \mathcal{A}$, 则

$$-\sum_{i=1}^{\lceil \frac{T-t}{2} \rceil} (\beta\overline{\lambda})^{2i-1} r^\mathsf{T}(\tilde{w}_l - w_l) \leqslant W_t^{\mathcal{A}'}(\Omega_l') - W_t^{\mathcal{A}}(\Omega_l)$$

$$\leqslant \sum_{i=1}^{\lfloor \frac{T-t}{2} \rfloor} (\beta\overline{\lambda})^{2i} r^\mathsf{T}(\tilde{w}_l - w_l)$$

若 $l \in \mathcal{A}'$、$l \notin \mathcal{A}$、$m \in \mathcal{A}$、$m \notin \mathcal{A}'$、$\mathcal{A}' \setminus \{l\} = \mathcal{A} \setminus \{m\}$, 且 $w_l \leqslant_s w_m \leqslant_s \tilde{w}_l$, 则

$$-\sum_{i=1}^{\lceil \frac{T-t}{2} \rceil} (\beta\overline{\lambda})^{2i-1} r^\mathsf{T}(\tilde{w}_l - w_l) \leqslant W_t^{\mathcal{A}'}(\Omega_l') - W_t^{\mathcal{A}}(\Omega_l)$$

$$\leqslant \left[1 + \sum_{i=1}^{\lfloor \frac{T-t}{2} \rfloor} (\beta\overline{\lambda})^{2i}\right] r^\mathsf{T}(\tilde{w}_l - w_l)$$

证明　引理 8.4 的证明与引理 8.2 相似。　　　　　　　　　　　□

定理 8.2　短视策略是最优的, 若以下条件成立。

① N 个过程的信息态是可比较的,

② 关于 $P(t)$ ($t \geqslant 0$) 的条件 8.2 成立。

③ $T < \infty$, $\sum_{i=1}^{T} (\beta\overline{\lambda})^i \leqslant 1$, 或 $T \to \infty$, $\beta\overline{\lambda} \leqslant \dfrac{1}{2}$。

8.5　案例分析

为方便, 我们分析平均收益指标 (即 $\beta = 1$ 且累积折旧收益除以 T) 的性能。

三种比较策略分别为短视策略、随机策略、固定策略 (总是选择固定的过程)。简单的机会通信场景设置为 $X=3$、$N=3$、$M=1$、$\beta=1$、$r=[0.0\ 0.5\ 1.0]^{\mathsf{T}}$，且

$$P(t) = P = \begin{pmatrix} 0.40 & 0.20 & 0.40 \\ 0.20 & 0.24 & 0.56 \\ 0.15 & 0.25 & 0.60 \end{pmatrix}$$

显然，P 是 FOSD 矩阵，$\lambda_1=1$、$\lambda_2=0.24$、$\lambda_3=0$ 且 $\overline{\lambda}=0.24$。下面检查定理 8.1 中的条件。

① 因为 $P_1P=[0.260,0.228,0.512]\geqslant_s P_1$，$P_2P=[0.20,0.24,0.56]\leqslant_s P_2$，可知 N 个过程的信息态是可比较的。

② 存在 $J=2$，使

$$\sum_{j=2}^{2} Ve_j e_j^{\mathsf{T}} V^{-1} = \begin{bmatrix} 0.7675 & -0.1535 & -0.6140 \\ -0.0658 & 0.0132 & 0.0526 \\ -0.2741 & 0.0548 & 0.2193 \end{bmatrix}$$

$$\sum_{j=2}^{3} Ve_j e_j^{\mathsf{T}} V^{-1} = \begin{bmatrix} 0.7842 & -0.2368 & -0.5474 \\ -0.2158 & 0.7632 & -0.5474 \\ -0.2158 & -0.2368 & 0.4526 \end{bmatrix}$$

是 eFOSD 矩阵，因此条件 8.1 成立。

③ $\beta\overline{\lambda}=0.24<0.5$。

因此，按照定理 8.1，理论上短视策略是最优的。

图 8.1 表明，短视策略性能比随机策略和固定策略要好，并且短视策略性能曲线与最优策略曲线重合。这表明，定理 8.1 是成立的。

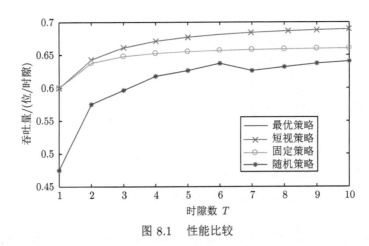

图 8.1　性能比较

8.6 引理和命题证明

8.6.1 引理 8.1 的证明

我们采用归纳法证明。在时隙 T, 有 $W_T^{\hat{A}}(\Omega) = \sum\limits_{n \in \hat{A}(T)} r^{\mathsf{T}} w_n$, 表明 w_i $(i \in \mathcal{N})$。假定命题在时隙 $T-1, \cdots, t+1$ 均成立, 我们证明其在时隙 t 亦成立, 具体分两种情况。

情况 1, $i \in \mathcal{A}(t)$。令 $\Omega_{-i}(\cdot) \stackrel{\text{def}}{=\!=} (w_1(\cdot), \cdots, w_{i-1}(\cdot), w_{i+1}(\cdot), \cdots, w_N(\cdot))$, 可得

$$W_t^{\mathcal{A}}(w_1, \cdots, w_i, \cdots, w_N)$$

$$= \sum_{n \in \mathcal{A}(t)} r^{\mathsf{T}} w_n + \beta \Sigma_{\mathcal{A}(t)} \Psi_{\mathcal{A}_{1:X}(t)}^{\Omega} W_{t+1}^{\hat{A}}(\Omega(t+1))$$

$$= \sum_{n \in \mathcal{A}(t)} r^{\mathsf{T}} w_n + \beta \Sigma_{\mathcal{A}(t) \setminus \{i\}} \Psi_{\mathcal{A}_{1:X}(t)}^{\Omega} \sum_{j \in \mathcal{X}} w_{ij} W_{t+1}^{\hat{A}}(\Omega_{-i}(t+1), (P(t))^{\mathsf{T}} e_j) \quad (8.13)$$

且

$$\sum_{j=1}^{X} w_{ij} W_t^{\mathcal{A}}(w_1, \cdots, e_j, \cdots, w_N)$$

$$= \sum_{j=1}^{X} w_{ij} \Big(\sum_{\substack{n \in \mathcal{A}(t) \\ n \neq i}} r^{\mathsf{T}} w_n + r^{\mathsf{T}} e_j + \beta \Sigma_{\mathcal{A}(t) \setminus \{i\}} \Psi_{\mathcal{A}_{1:X}(t)}^{\Omega} W_{t+1}^{\hat{A}}(\Omega_{-i}(t+1), (P(t))^{\mathsf{T}} e_j) \Big)$$

$$= \sum_{n \in \mathcal{A}(t)} r^{\mathsf{T}} w_n + \beta \Sigma_{\mathcal{A}(t) \setminus \{i\}} \Psi_{\mathcal{A}_{1:X}(t)}^{\Omega} \sum_{j \in \mathcal{X}} w_{ij} W_{t+1}^{\hat{A}}(\Omega_{-i}(t+1), (P(t))^{\mathsf{T}} e_j) \quad (8.14)$$

联合式 (8.13) 和式 (8.14), 可得

$$W_t^{\mathcal{A}}(w_1, \cdots, w_i, \cdots, w_N) = \sum_{j=1}^{X} w_{ij} W_t^{\mathcal{A}}(w_1, \cdots, e_j, \cdots, w_N)$$

情况 2, $i \notin \mathcal{A}(t)$。我们有

$$W_t^{\mathcal{A}}(w_1, \cdots, w_i, \cdots, w_N)$$

$$= \sum_{n \in \mathcal{A}(t)} r^{\mathsf{T}} w_n + \beta \Sigma_{\mathcal{A}(t)} \Psi_{\mathcal{A}_{1:X}(t)}^{\Omega} W_{t+1}^{\hat{A}}(\Omega(t+1))$$

$$= \sum_{n \in \mathcal{A}(t)} r^{\mathsf{T}} w_n + \beta \Sigma_{\mathcal{A}(t)} \Psi_{\mathcal{A}_{1:X}(t)}^{\Omega} W_{t+1}^{\hat{\mathcal{A}}}(\Omega_{-i}(t+1), (P(t))^{\mathsf{T}} w_i(t))$$

$$= \sum_{n \in \mathcal{A}(t)} r^{\mathsf{T}} w_n + \beta \Sigma_{\mathcal{A}(t)} \Psi_{\mathcal{A}_{1:X}(t)}^{\Omega} \sum_{j \in \mathcal{X}} e_j^{\mathsf{T}} (P(t))^{\mathsf{T}} w_i W_{t+1}^{\hat{\mathcal{A}}}(\Omega_{-i}(t+1), e_j) \qquad (8.15)$$

和

$$\sum_{j=1}^{X} w_{ij} W_t^{\mathcal{A}}(w_1, \cdots, e_j, \cdots, w_N)$$

$$= \sum_{j=1}^{X} w_{ij} \Big(\sum_{n \in \mathcal{A}(t)} r^{\mathsf{T}} w_n + \beta \Sigma_{\mathcal{A}(t)} \Psi_{\mathcal{A}_{1:X}(t)}^{\Omega} W_{t+1}^{\hat{\mathcal{A}}}(\Omega_{-i}(t+1), (P(t))^{\mathsf{T}} e_j) \Big)$$

$$= \sum_{n \in \mathcal{A}(t)} r^{\mathsf{T}} w_n + \beta \Sigma_{\mathcal{A}(t)} \Psi_{\mathcal{A}_{1:X}(t)}^{\Omega} \sum_{j \in \mathcal{X}} w_{ij} W_{t+1}^{\hat{\mathcal{A}}}(\Omega_{-i}(t+1), (P(t))^{\mathsf{T}} e_j)$$

$$= \sum_{n \in \mathcal{A}(t)} r^{\mathsf{T}} w_n + \beta \Sigma_{\mathcal{A}(t)} \Psi_{\mathcal{A}_{1:X}(t)}^{\Omega} \sum_{j \in \mathcal{X}} w_{ij} \sum_{k \in \mathcal{X}} e_k^{\mathsf{T}} e_j W_{t+1}^{\hat{\mathcal{A}}}(\Omega_{-i}(t+1), e_k)$$

$$= \sum_{n \in \mathcal{A}(t)} r^{\mathsf{T}} w_n + \beta \Sigma_{\mathcal{A}(t)} \Psi_{\mathcal{A}_{1:X}(t)}^{\Omega} \sum_{k \in \mathcal{X}} e_k^{\mathsf{T}} (P(t))^{\mathsf{T}} w_i W_{t+1}^{\hat{\mathcal{A}}}(\Omega_{-i}(t+1), e_k) \qquad (8.16)$$

联合式 (8.15) 和式 (8.16)，可得

$$W_t^{\mathcal{A}}(w_1, \cdots, w_i, \cdots, w_N) = \sum_{j=1}^{X} w_{ij} W_t^{\mathcal{A}}(w_1, \cdots, e_j, \cdots, w_N)$$

综合上述两种情况，引理得证。

8.6.2　命题 8.3 的证明

(1) 易验证命题 8.3的 ① ~ ③ 成立。

(2) 对于用任意值 λ 代替 λ_1 的性质，对于式 (8.8)，可得

$$\Lambda V^{\mathsf{T}}(w_m - w_n)$$

$$= \text{diag}(\lambda_1, \lambda_2, \cdots, \lambda_X)[v_1 \ \cdots \ v_X]^{\mathsf{T}}(w_m - w_n)$$

$$= [\lambda_1 v_1^{\mathsf{T}}(w_m - w_n) \ \ \lambda_2 v_2^{\mathsf{T}}(w_m - w_n) \ \ \cdots \ \ \lambda_X v_X^{\mathsf{T}}(w_m - w_n)]^{\mathsf{T}}$$

$$= \left[\frac{\lambda_1}{\sqrt{X}} 1^{\mathsf{T}}(w_m - w_n) \ \ \lambda_2 v_2^{\mathsf{T}}(w_m - w_n) \cdots \ \lambda_X v_X^{\mathsf{T}}(w_m - w_n) \right]^{\mathsf{T}}$$

$$= [0 \ \ \lambda_2 v_2^{\mathsf{T}}(w_m - w_n) \ \ \cdots \ \ \lambda_X v_X^{\mathsf{T}}(w_m - w_n)]^{\mathsf{T}} \qquad (8.17)$$

对于式 (8.8)的右边, 有

$$\bar{\Lambda} V^{\mathsf{T}}(w_m - w_n)$$

$$=\mathrm{diag}(\lambda, \lambda_2, \cdots, \lambda_X)[v_1 \; \cdots \; v_X]^{\mathsf{T}}(w_m - w_n)$$

$$=[\lambda v_1^{\mathsf{T}}(w_m - w_n) \; \lambda_2 v_2^{\mathsf{T}}(w_m - w_n) \; \cdots \; \lambda_X v_X^{\mathsf{T}}(w_m - w_n)]^{\mathsf{T}}$$

$$=\left[\frac{\lambda}{\sqrt{X}} 1^{\mathsf{T}}(w_m - w_n) \; \lambda_2 v_2^{\mathsf{T}}(w_m - w_n) \; \cdots \; \lambda_X v_X^{\mathsf{T}}(w_m - w_n)\right]^{\mathsf{T}}$$

$$=[0 \; \lambda_2 v_2^{\mathsf{T}}(w_m - w_n) \; \cdots \; \lambda_X v_X^{\mathsf{T}}(w_m - w_n)]^{\mathsf{T}} \tag{8.18}$$

联合式 (8.17) 和式 (8.18), 式 (8.8)得证。

8.6.3 命题 8.4 的证明

令 $C_{k-1} \stackrel{\mathrm{def}}{=\!=} \sum_{j=1}^{k-1} i_j$、$U \stackrel{\mathrm{def}}{=\!=} V^{-1}$、$Q(k) \stackrel{\mathrm{def}}{=\!=} Ve_k(e_k)^{\mathsf{T}}U$, 因为 w_m 和 w_n 可以写为

$$w_m = \sum_{i=2}^{X} \sum_{k=i}^{X} w_{mk}(e_i - e_{i-1}) + e_1$$

$$w_n = \sum_{i=2}^{X} \sum_{k=i}^{X} w_{nk}(e_i - e_{i-1}) + e_1$$

可得

$$\sum_{j=C_{k-1}+1}^{C_{k-1}+i_k} r^{\mathsf{T}}\left(U^{\mathsf{T}} e_j e_j^{\mathsf{T}} V^{\mathsf{T}}\right)(w_m - w_n)$$

$$= \sum_{j=C_{k-1}+1}^{C_{k-1}+i_k} r^{\mathsf{T}}\left(U^{\mathsf{T}} e_j e_j^{\mathsf{T}} V^{\mathsf{T}}\right) \sum_{i=2}^{X} \left(\sum_{l=i}^{X} w_{ml} - \sum_{l=i}^{X} w_{nl} \right) (e_i - e_{i-1})$$

$$= \sum_{i=2}^{X} \left(\sum_{l=i}^{X} w_{ml} - \sum_{l=i}^{X} w_{nl} \right) \sum_{j=C_{k-1}+1}^{C_{k-1}+i_k} r^{\mathsf{T}}(Q(j))^{\mathsf{T}}(e_i - e_{i-1})$$

$$\stackrel{\text{(a)}}{=\!=} \begin{cases} \leqslant 0, & 2 \leqslant k \leqslant J-1 \\ \geqslant 0, & J \leqslant k \leqslant K \end{cases}$$

其中，考虑 $w_m \geqslant_s w_n$，(a) 可由 $\sum\limits_{l=i}^{X} w_{ml} - \sum\limits_{l=i}^{X} w_{nl} \geqslant 0$ 得到；$\sum\limits_{j=C_{k-1}+1}^{C_{k-1}+i_k} r^{\mathsf{T}} (Q(j))^{\mathsf{T}} (e_i -$
$e_{i-1})$ 的符号可由条件 8.1.2 和命题 8.1 确定。

8.6.4　命题 8.5 的证明

(1) 连续使用命题 8.1 的结果 $i+1$ 次，可得

$$\bar{r}^{\mathsf{T}} = [\bar{r}_1 \quad \bar{r}_2 \quad \cdots \quad \bar{r}_X] = r^{\mathsf{T}} \prod_{\tau=t}^{t+i} \left(P(\tau)\right)^{\mathsf{T}}$$

其中，$\bar{r}_1 \leqslant \bar{r}_2 \leqslant \cdots \leqslant \bar{r}_X$。

那么

$$r^{\mathsf{T}} \prod_{\tau=t}^{t+i} \left(P(\tau)\right)^{\mathsf{T}} (w_m - w_l) = \bar{r}^{\mathsf{T}} (w_m - w_l) \geqslant 0$$

(2) 连续使用命题 8.1 的结果 i 次，可得

$$r^{\mathsf{T}} \prod_{\tau=t}^{t+i} \left(P(\tau)\right)^{\mathsf{T}} (w_m - w_l)$$

$$= \hat{r}^{\mathsf{T}} \left(P(t)\right)^{\mathsf{T}} (w_m - w_l)$$

$$\overset{(a)}{=} \sum_{i=1}^{X} \hat{\lambda}_i(t) \hat{r}^{\mathsf{T}} \left((U(t))^{\mathsf{T}} e_i e_i^{\mathsf{T}} (V(t))^{\mathsf{T}}\right) (w_m - w_l)$$

$$= \sum_{k=2}^{J-2} (\lambda_k - \lambda_{k-1}) \sum_{j=1}^{i_1+\cdots+i_k} V e_j e_j^{\mathsf{T}} V^{-1} (w_m - w_n)$$

$$+ \lambda_{J-1} \sum_{j=1}^{i_1+\cdots+i_k} V e_j e_j^{\mathsf{T}} V^{-1} (w_m - w_n)$$

$$+ \sum_{k=J+1}^{K-1} (\lambda_k - \lambda_{k+1}) \sum_{j=i_1+\cdots+i_{J-1}+1}^{i_1+\cdots+i_k} V e_j e_j^{\mathsf{T}} V^{-1} (w_m - w_n)$$

$$+ \lambda_K \sum_{j=i_1+\cdots+i_{J-1}+1}^{i_1+\cdots+i_k} V e_j e_j^{\mathsf{T}} V^{-1} (w_m - w_n)$$

$$\overset{(b)}{\leqslant} \sum_{k=2}^{J-2} (\lambda_{J_t} - \lambda_{k-1}) \sum_{j=1}^{i_1+\cdots+i_k} V e_j e_j^{\mathsf{T}} V^{-1} (w_m - w_n)$$

$$+ \lambda_{J_t} \sum_{j=1}^{i_1+\cdots+i_k} V e_j e_j^\mathsf{T} V^{-1}(w_m - w_n)$$

$$+ \sum_{k=J+1}^{K-1} (\lambda_{J_t} - \lambda_{k+1}) \sum_{j=i_1+\cdots+i_{J-1}+1}^{i_1+\cdots+i_k} V e_j e_j^\mathsf{T} V^{-1}(w_m - w_n)$$

$$+ \lambda_{J_t} \sum_{j=i_1+\cdots+i_{J-1}+1}^{i_1+\cdots+i_k} V e_j e_j^\mathsf{T} V^{-1}(w_m - w_n)$$

$$= \sum_{i=1}^{X} \lambda_{J_t}(t) \hat{r}^\mathsf{T} \left((U(t))^\mathsf{T} e_i e_i^\mathsf{T} (V(t))^\mathsf{T} \right) (w_m - w_l)$$

$$= \lambda_{J_t}(t) \hat{r}^\mathsf{T} (U(t))^\mathsf{T} \left(\sum_{i=1}^{X} e_i e_i^\mathsf{T} \right) (V(t))^\mathsf{T} (w_m - w_l)$$

$$= \lambda_{J_t}(t) \hat{r}^\mathsf{T} I (w_m - w_l)$$

$$= \lambda_{J_t}(t) \hat{r}^\mathsf{T} (w_m - w_l)$$

其中，$\hat{r} \overset{\text{def}}{=\!=} r^\mathsf{T} \prod_{\tau=t+1}^{t+i} \left(P(\tau) \right)^\mathsf{T}$；$U(t) = (V(t))^{-1}$；$C_{k-1} \overset{\text{def}}{=\!=} \sum_{j=1}^{k-1} i_j$；(a) 可由命题 8.3 得到；(b) 可由命题 8.4 得到。

相似地，进一步有

$$\lambda_{J_t}(t) \hat{r}^\mathsf{T} (w_m - w_l)$$

$$= \lambda_{J_t}(t) r^\mathsf{T} \prod_{\tau=t+1}^{t+i} \left(P(\tau) \right)^\mathsf{T} (w_m - w_l)$$

$$\leqslant \lambda_{J_t}(t) \lambda_{J_{t+1}}(t+1) r^\mathsf{T} \prod_{\tau=t+2}^{t+i} \left(P(\tau) \right)^\mathsf{T} (w_m - w_l)$$

$$\leqslant \cdots \leqslant r^\mathsf{T} (w_m - w_l) \prod_{\tau=t}^{t+i} \lambda_{J_\tau}(\tau)$$

命题得证。

8.6.5 引理 8.2 的证明

我们通过归纳法证明该引理。在时隙 T，有以下结论。

① 当 $l \in \mathcal{A}'$、$l \in \mathcal{A}$、$\mathcal{A} = \mathcal{A}'$ 时，有 $W_T^{\mathcal{A}'}(\Omega_l') - W_T^{\mathcal{A}}(\Omega_l) = r^\mathsf{T}(\tilde{w}_l - w_l)$。

② 当 $l \notin \mathcal{A}'$、$l \notin \mathcal{A}$、$\mathcal{A} = \mathcal{A}'$ 时，有 $W_T^{\mathcal{A}'}(\Omega_l') - W_T^{\mathcal{A}}(\Omega_l) = 0$。

③ 当 $l \in \mathcal{A}'$、$l \notin \mathcal{A}$、$m \in \mathcal{A}$、$\mathcal{A}' \setminus \{l\} \subset \mathcal{A}$ 时，有 $0 \leqslant W_T^{\mathcal{A}'}(\Omega_l') - W_T^{\mathcal{A}}(\Omega_l) = r^{\mathsf{T}}(\tilde{w}_l - w_m) \leqslant r^{\mathsf{T}}(\tilde{w}_l - w_l)$。

因此，引理 8.2 在时隙 T 成立。

假定引理 8.2 在时隙 $T-1, \cdots, t+1$ 均成立，我们证明其在时隙 t 也成立。

(1) $l \in \mathcal{A}'$，$l \in \mathcal{A}$，$\mathcal{A} = \mathcal{A}'$。

将 $\Omega(t+1)$ 中的 $w_l(t+1)$ 展开，按照引理 8.1，可得

$$F(\mathcal{A}', \Omega_l') = \Sigma_{\mathcal{A}' \setminus \{l\}} \Psi_{\mathcal{A}_{1:X}}^{\Omega_l'} \left[\sum_{j=1}^{X} \tilde{w}_{lj}(t) W_{t+1}^{\hat{\mathcal{A}}}(\Omega_{-l}, (P(t))^{\mathsf{T}} e_j) \right] \tag{8.19}$$

$$F(\mathcal{A}, \Omega_l) = \Sigma_{\mathcal{A} \setminus \{l\}} \Psi_{\mathcal{A}_{1:X}}^{\Omega_l} \left[\sum_{j=1}^{X} w_{lj}(t) W_{t+1}^{\hat{\mathcal{A}}}(\Omega_{-l}, (P(t))^{\mathsf{T}} e_j) \right] \tag{8.20}$$

进而，考虑 $\Sigma_{\mathcal{A}' \setminus \{l\}} \Psi_{\mathcal{A}_{1:X}}^{\Omega_l'} = \Sigma_{\mathcal{A} \setminus \{l\}} \Psi_{\mathcal{A}_{1:X}}^{\Omega_l}$，可得

$$F(\mathcal{A}', \Omega_l') - F(\mathcal{A}, \Omega_l)$$

$$= \Sigma_{\mathcal{A} \setminus \{l\}} \Psi_{\mathcal{A}_{1:X}}^{\Omega_l} \left(\sum_{j=1}^{X} \tilde{w}_{lj}(t) W_{t+1}^{\hat{\mathcal{A}}}(\Omega_{-l}, (P(t))^{\mathsf{T}} e_j) \right.$$

$$\left. - \sum_{j=1}^{X} w_{lj}(t) W_{t+1}^{\hat{\mathcal{A}}}(\Omega_{-l}, (P(t))^{\mathsf{T}} e_j) \right)$$

$$= \Sigma_{\mathcal{A} \setminus \{l\}} \Psi_{\mathcal{A}_{1:X}}^{\Omega_l} \sum_{j=2}^{X} \left[\sum_{i=j}^{X} (\tilde{w}_{li}(t) - w_{li}(t)) \right.$$

$$\left. \times \left(W_{t+1}^{\hat{\mathcal{A}}'}(\Omega_{-l}, (P(t))^{\mathsf{T}} e_j) - W_{t+1}^{\hat{\mathcal{A}}}(\Omega_{-l}, (P(t))^{\mathsf{T}} e_{j-1}) \right) \right] \tag{8.21}$$

下面分三种情况分析式 (8.21) 右边项，即

$$W_{t+1}^{\hat{\mathcal{A}}'}(\Omega_{-l}, (P(t))^{\mathsf{T}} e_j) - W_{t+1}^{\hat{\mathcal{A}}}(\Omega_{-l}, (P(t))^{\mathsf{T}} e_{j-1})$$

① 若 $l \in \hat{\mathcal{A}}'$、$l \in \hat{\mathcal{A}}$，则 $\hat{\mathcal{A}}' = \hat{\mathcal{A}}$，因为在时隙 $t+1$ 采用短视策略，根据归纳假设，可得

$$0 \leqslant W_{t+1}^{\hat{\mathcal{A}}'}(\Omega_{-l}, (P(t))^{\mathsf{T}} e_j) - W_{t+1}^{\hat{\mathcal{A}}}(\Omega_{-l}, (P(t))^{\mathsf{T}} e_{j-1})$$

$$\leqslant \sum_{i=0}^{T-t-1} (\beta \overline{\lambda})^i (P(t)r)^{\mathsf{T}} (e_j - e_{j-1}) \tag{8.22}$$

② 若 $l \notin \hat{\mathcal{A}}'$、$l \notin \hat{\mathcal{A}}$, 根据归纳假设, 可得

$$0 \leqslant W_{t+1}^{\hat{\mathcal{A}}'}(\varOmega_{-l}, (P(t))^{\mathsf{T}} e_j) - W_{t+1}^{\hat{\mathcal{A}}}(\varOmega_{-l}, (P(t))^{\mathsf{T}} e_{j-1})$$

$$\leqslant \sum_{i=1}^{T-t-1} (\beta\overline{\lambda})^i (P(t)r)^{\mathsf{T}} (e_j - e_{j-1}) \tag{8.23}$$

③ 若 $l \in \hat{\mathcal{A}}'$、$l \notin \hat{\mathcal{A}}$, 根据归纳假设, 可得

$$0 \leqslant W_{t+1}^{\hat{\mathcal{A}}'}(\varOmega_{-l}, (P(t))^{\mathsf{T}} e_j) - W_{t+1}^{\hat{\mathcal{A}}}(\varOmega_{-l}, (P(t))^{\mathsf{T}} e_{j-1})$$

$$\leqslant \sum_{i=0}^{T-t-1} (\beta\overline{\lambda})^i (P(t)r)^{\mathsf{T}} (e_j - e_{j-1}) \tag{8.24}$$

联合式 (8.22) ~ 式 (8.24), 可得

$$0 \leqslant W_{t+1}^{\hat{\mathcal{A}}'}(\varOmega_{-l}, (P(t))^{\mathsf{T}} e_j) - W_{t+1}^{\hat{\mathcal{A}}}(\varOmega_{-l}, (P(t))^{\mathsf{T}} e_{j-1})$$

$$\leqslant \sum_{i=0}^{T-t-1} (\beta\overline{\lambda})^i (P(t)r)^{\mathsf{T}} (e_j - e_{j-1}) \tag{8.25}$$

因此, 联合式 (8.21) 和式 (8.25), 可得

$$0 \leqslant W_t^{\mathcal{A}'}(\varOmega_l') - W_t^{\mathcal{A}}(\varOmega_l)$$

$$= r^{\mathsf{T}} (\tilde{w}_l(t) - w_l(t)) + \beta (F(\mathcal{A}', \varOmega_l') - F(\mathcal{A}, \varOmega_l))$$

$$\leqslant r^{\mathsf{T}} (\tilde{w}_l(t) - w_l(t)) + \beta \sum_{j=2}^{X} \left[\sum_{i=j}^{X} (\tilde{w}_{li}(t) - w_{li}(t)) \sum_{i=0}^{T-t-1} (\beta\overline{\lambda})^i (P(t)r)^{\mathsf{T}} (e_j - e_{j-1}) \right]$$

$$= r^{\mathsf{T}} (\tilde{w}_l(t) - w_l(t)) + \beta \left[\sum_{i=0}^{T-t-1} (\beta\overline{\lambda})^i r^{\mathsf{T}} (P(t))^{\mathsf{T}} (\tilde{w}_l(t) - w_l(t)) \right]$$

$$\overset{(a)}{\leqslant} r^{\mathsf{T}} (\tilde{w}_l(t) - w_l(t)) + \beta \left[\sum_{i=0}^{T-t-1} (\beta\overline{\lambda})^i r^{\mathsf{T}} (\overline{\lambda} I) (\tilde{w}_l(t) - w_l(t)) \right]$$

$$= r^{\mathsf{T}} (\tilde{w}_l(t) - w_l(t)) + \sum_{i=1}^{T-t} (\beta\overline{\lambda})^i r^{\mathsf{T}} (\tilde{w}_l(t) - w_l(t))$$

$$= \sum_{i=0}^{T-t} (\beta\overline{\lambda})^i r^{\mathsf{T}} (\tilde{w}_l(t) - w_l(t))$$

其中，(a) 表示可由条件 8.1 和命题 8.3 得到。

至此，我们完成引理 8.2 第一部分 $(l \in \mathcal{A}'、l \in \mathcal{A})$ 的证明。

(2) $l \notin \mathcal{A}'、l \notin \mathcal{A}$，且 $\mathcal{A} = \mathcal{A}'$，不失一般性，假定 $k \in \mathcal{A}$，可得

$$F(\mathcal{A}', \Omega_l') = \Sigma_{\mathcal{A}' \backslash \{k\}} \Psi_{\mathcal{A}'_{1:X}}^{\Omega_l'} \Big(\sum_{j \in \mathcal{X}} w_{kj}(t) W_{t+1}^{\hat{\mathcal{A}}'} (\Omega_{-k}', (P(t))^{\mathsf{T}} e_j) \Big) \tag{8.26}$$

$$F(\mathcal{A}, \Omega_l) = \Sigma_{\mathcal{A} \backslash \{k\}} \Psi_{\mathcal{A}_{1:X}}^{\Omega_l} \Big(\sum_{j \in \mathcal{X}} w_{kj}(t) W_{t+1}^{\hat{\mathcal{A}}} (\Omega_{-k}, (P(t))^{\mathsf{T}} e_j) \Big) \tag{8.27}$$

考虑 $\Sigma_{\mathcal{A}' \backslash \{k\}} \Psi_{\mathcal{A}'_{1:X}}^{\Omega_l'} = \Sigma_{\mathcal{A} \backslash \{k\}} \Psi_{\mathcal{A}_{1:X}}^{\Omega_l}$，可得

$$F(\mathcal{A}', \Omega_l') - F(\mathcal{A}, \Omega_l)$$

$$= \Sigma_{\mathcal{A} \backslash \{k\}} \Psi_{\mathcal{A}_{1:X}}^{\Omega_l} \Big[\sum_{j \in \mathcal{X}} w_{kj}(t) \Big(W_{t+1}^{\hat{\mathcal{A}}'} (\Omega_{-k}', (P(t))^{\mathsf{T}} e_j) - W_{t+1}^{\hat{\mathcal{A}}} (\Omega_{-k}, (P(t))^{\mathsf{T}} e_j) \Big) \Big]$$

$$\tag{8.28}$$

考虑式 (8.28) 右边方框内的项，对于 $W_{t+1}^{\hat{\mathcal{A}}'} (\Omega_{-k}', (P(t))^{\mathsf{T}} e_j)$ 和 $W_{t+1}^{\hat{\mathcal{A}}} (\Omega_{-k}, (P(t))^{\mathsf{T}} e_j)$，如果过程 l 从时隙 $t+1$ 到 T 从不被选中。换言之，在时隙 $t+1 \leqslant r \leqslant T$ 内，$l \notin \mathcal{A}'(r)$ 且 $l \notin \mathcal{A}(r)$，那么我们有 $W_{t+1}^{\hat{\mathcal{A}}'} (\Omega_{-k}', (P(t))^{\mathsf{T}} e_j) - W_{t+1}^{\hat{\mathcal{A}}} (\Omega_{-k}, (P(t))^{\mathsf{T}} e_j) = 0$；否则，存在 t^0 $(t+1 \leqslant t^0 \leqslant T)$ 使下述三种情况之一成立。

情况 1，对于 $t \leqslant r \leqslant t^0 - 1$，有 $l \notin \mathcal{A}'(r)$ 且 $l \notin \mathcal{A}(r)$，但是 $l \in \mathcal{A}'(t^0)$ 且 $l \in \mathcal{A}(t^0)$。

情况 2，对于 $t \leqslant r \leqslant t^0 - 1$，有 $l \notin \mathcal{A}'(r)$ 且 $l \notin \mathcal{A}(r)$，但是 $l \in \mathcal{A}'(t^0)$ 且 $l \notin \mathcal{A}(t^0)$。

情况 3，对于 $t \leqslant r \leqslant t^0 - 1$，有 $l \notin \mathcal{A}'(r)$ 且 $l \notin \mathcal{A}(r)$，但是 $l \notin \mathcal{A}'(t^0)$ 且 $l \in \mathcal{A}(t^0)$。

对于情况 1，按照归纳假设 $(l \in \mathcal{A}'$ 且 $l \in \mathcal{A})$，可得

$$W_{t^0}^{\hat{\mathcal{A}}'} (\Omega_l'(t^0)) - W_{t^0}^{\hat{\mathcal{A}}} (\Omega_l(t^0))$$

$$\leqslant \sum_{i=0}^{T-t^0} (\beta \overline{\lambda})^i r^{\mathsf{T}} (\tilde{w}_l(t^0) - w_l(t^0))$$

$$= \sum_{i=0}^{T-t^0} (\beta \overline{\lambda})^i r^{\mathsf{T}} \prod_{\tau = t+1}^{t^0} (P(\tau))^{\mathsf{T}} (\tilde{w}_l(t) - w_l(t))$$

$$\overset{(a)}{\leqslant} \sum_{i=0}^{T-t^0} (\beta \overline{\lambda})^i r^{\mathsf{T}} (\overline{\lambda} I)^{t^0 - t} (\tilde{w}_l(t) - w_l(t))$$

$$= \sum_{i=0}^{T-t^0} (\beta\overline{\lambda})^i r^{\mathsf{T}} (\overline{\lambda}I)^{t^0-t} (\tilde{w}_l(t) - w_l(t))$$

$$\overset{(t^0=t+1)}{\leqslant} \sum_{i=0}^{T-t-1} (\beta\overline{\lambda})^i r^{\mathsf{T}} (\overline{\lambda}I) (\tilde{w}_l(t) - w_l(t))$$

$$= \overline{\lambda} \sum_{i=0}^{T-t-1} (\beta\overline{\lambda})^i r^{\mathsf{T}} (\tilde{w}_l(t) - w_l(t)))$$

其中，(a) 表示可由条件 8.1 和命题 8.3 得到。

对于条件 2，按照归纳假设 $(l \in \mathcal{A}'$ 且 $l \notin \mathcal{A})$，有与情况 1 类似的结果。

综合上述两种情况，可得

$$W_{t+1}^{\hat{\mathcal{A}}'}(\Omega'_{-k}, (P(t))^{\mathsf{T}} e_j) - W_{t+1}^{\hat{\mathcal{A}}}(\Omega_{-k}, (P(t))^{\mathsf{T}} e_j)$$

$$\leqslant \overline{\lambda} \sum_{i=0}^{T-t-1} (\beta\overline{\lambda})^i r^{\mathsf{T}} (\tilde{w}_l(t) - w_l(t))) \tag{8.29}$$

联合式 (8.29) 和式 (8.28)，可得

$$W_t^{\mathcal{A}'}(\Omega'_l) - W_t^{\mathcal{A}}(\Omega_l) = \beta(F(\mathcal{A}', \Omega'_l) - F(\mathcal{A}, \Omega_l))$$

$$\leqslant \beta\overline{\lambda} \sum_{i=0}^{T-t-1} (\beta\overline{\lambda})^i r^{\mathsf{T}} (\tilde{w}_l(t) - w_l(t)))$$

$$\leqslant \sum_{i=1}^{T-t} (\beta\overline{\lambda})^i r^{\mathsf{T}} (\tilde{w}_l(t) - w_l(t))$$

至此，完成了引理 8.2 在 $l \notin \mathcal{A}'$ 和 $l \notin \mathcal{A}$ 下的证明。

(3) $l \in \mathcal{A}'$、$l \notin \mathcal{A}$, $m \in \mathcal{A}$, $\mathcal{A}' \setminus \{l\} \subset \mathcal{A}$, $w'_l \geqslant_s w_m \geqslant_s w_l$, 由

$$W_t^{\mathcal{A}'}(\Omega'_l(t)) - W_t^{\mathcal{A}}(\Omega_l(t))$$

$$= W_t^{\mathcal{A}'}(w_1, \cdots, \tilde{w}_l, \cdots, w_N) - W_t^{\mathcal{A}}(w_1, \cdots, w_l, \cdots, w_N)$$

$$= W_t^{\mathcal{A}'}(w_1, \cdots, \tilde{w}_l, \cdots, w_N) - W_t^{\mathcal{A}'}(w_1, \cdots, w_l = w_m, \cdots, w_N)$$

$$+ W_t^{\mathcal{A}}(w_1, \cdots, w_l = w_m, \cdots, w_N) - W_t^{\mathcal{A}}(w_1, \cdots, w_l, \cdots, w_N) \tag{8.30}$$

根据归纳假设 $(l \in \mathcal{A}'$ 和 $l \in \mathcal{A})$，式 (8.30) 右边的第一项可以写为

$$0 \leqslant W_t^{\mathcal{A}'}(w_1, \cdots, \tilde{w}_l, \cdots, w_N) - W_t^{\mathcal{A}'}(w_1, \cdots, w_l = w_m, \cdots, w_N)$$

$$\leqslant \sum_{i=0}^{T-t} (\beta\overline{\lambda})^i r^\mathsf{T}(\tilde{w}_l(t) - w_m(t)) \tag{8.31}$$

同时，由归纳假设 ($l \notin \mathcal{A}'$ 且 $l \notin \mathcal{A}$)，式 (8.30) 右边的第二项可得

$$0 \leqslant W_t^{\mathcal{A}}(w_1, \cdots, w_l = w_m, \cdots, w_N) - W_t^{\mathcal{A}}(w_1, \cdots, w_l, \cdots, w_N)$$

$$\leqslant \sum_{i=1}^{T-t} (\beta\overline{\lambda})^i r^\mathsf{T}(w_m(t) - w_l(t)) \tag{8.32}$$

因此，联合式 (8.30) ～ 式 (8.32)，可得

$$0 \leqslant W_t^{\mathcal{A}'}(\Omega_l'(t)) - W_t^{\mathcal{A}}(\Omega_l(t)) \leqslant \sum_{i=0}^{T-t} (\beta\overline{\lambda})^i r^\mathsf{T}(\tilde{w}_l(t) - w_l(t))$$

至此，完成引理 8.2 的第三部分 ($l \in \mathcal{A}'$ 且 $l \notin \mathcal{A}$) 的证明，进而引理得证。

8.6.6　命题 8.6 的证明

令 $\nu = [\nu_1, \nu_2, \cdots, \nu_X]^\mathsf{T}$，$\bar{\nu} = \nu_X 1^\mathsf{T}$，其中 $\nu_1 \leqslant \nu_2 \leqslant \cdots \leqslant \nu_X$，我们首先证明 $\tilde{\nu} := [\tilde{\nu}_1, \tilde{\nu}_2, \cdots, \tilde{\nu}_X]^\mathsf{T} = P\nu$ 满足 $\tilde{\nu}_1 \geqslant \tilde{\nu}_2 \geqslant \cdots \geqslant \tilde{\nu}_X$，如果 P 是反 FOSD 矩阵，即

$$\tilde{\nu}_i - \tilde{\nu}_{i+1} = e_i^\mathsf{T} P\nu - e_{i+1}^\mathsf{T} P\nu$$

$$= \sum_{k=1}^{X} e_i^\mathsf{T} P e_k \nu_k - \sum_{k=1}^{X} e_{i+1}^\mathsf{T} P e_k \nu_k$$

$$= \sum_{k=1}^{X} P_{i,k} \nu_k - \sum_{k=1}^{X} P_{i+1,k} \nu_k$$

$$= \sum_{j=2}^{X} \sum_{k=j}^{X} (P_{i,k} - P_{i+1,k})(\nu_j - \nu_{j-1})$$

$$\overset{(a)}{\geqslant} 0$$

其中，(a) 表示可由 $\nu_j \geqslant \nu_{j-1}$ 且反 FOSD 矩阵 P 有 $\displaystyle\sum_{k=j}^{X} P_{i,k} \geqslant \sum_{k=j}^{X} P_{i+1,k}$ 得到。

因此，可得 $\tilde{\nu}_1 \geqslant \tilde{\nu}_2 \geqslant \cdots \geqslant \tilde{\nu}_X$。

假定

$$\prod_{\tau=t}^{t+k-2} \left(P(\tau)\right)^\mathsf{T} w_m \geqslant_s \prod_{\tau=t}^{t+k-2} \left(P(\tau)\right)^\mathsf{T} w_l$$

表明

$$\nu^{\mathsf{T}} \prod_{\tau=t}^{t+k-2} \left(P(\tau)\right)^{\mathsf{T}} (w_m - w_l) \geqslant 0$$

那么

$$\nu^{\mathsf{T}} \prod_{\tau=t}^{t+k-1} \left(P(\tau)\right)^{\mathsf{T}} w_m - r^{\mathsf{T}} \prod_{\tau=t}^{t+k-1} \left(P(\tau)\right)^{\mathsf{T}} w_l$$

$$= \nu^{\mathsf{T}} \prod_{\tau=t}^{t+k-1} \left(P(\tau)\right)^{\mathsf{T}} (w_m - w_l)$$

$$= \nu^{\mathsf{T}} \left(P^{(n)}(t+k-1)\right)^{\mathsf{T}} \prod_{\tau=t}^{t+k-2} \left(P(\tau)\right)^{\mathsf{T}} (w_m - w_l)$$

$$= \tilde{\nu}^{\mathsf{T}} \prod_{\tau=t}^{t+k-2} \left(P(\tau)\right)^{\mathsf{T}} (w_m - w_l)$$

$$= -\left(\tilde{\nu}_1 1^{\mathsf{T}} - \tilde{\nu}^{\mathsf{T}}\right) \prod_{\tau=t}^{t+k-2} \left(P(\tau)\right)^{\mathsf{T}} (w_m - w_l)$$

$$= -\hat{\nu}^{\mathsf{T}} \prod_{\tau=t}^{t+k-2} \left(P(\tau)\right)^{\mathsf{T}} (w_m - w_l)$$

$$\leqslant 0$$

这表明

$$\prod_{\tau=t}^{t+k-1} \left(P(\tau)\right)^{\mathsf{T}} w_m \leqslant_{\mathrm{s}} \prod_{\tau=t}^{t+k-1} \left(P(\tau)\right)^{\mathsf{T}} w_l$$

其中，$\hat{\nu} \overset{\text{def}}{=\!=} [0, \tilde{\nu}_1 - \tilde{\nu}_2, \cdots, \tilde{\nu}_1 - \tilde{\nu}_X]^{\mathsf{T}}$。

若 $k = 2i$，可得

$$\prod_{\tau=t}^{t+2i-1} \left(P(\tau)\right)^{\mathsf{T}} w_m \geqslant_{\mathrm{s}} \prod_{\tau=t}^{t+2i-1} \left(P(\tau)\right)^{\mathsf{T}} w_l$$

否则

$$\prod_{\tau=t}^{t+2i} \left(P(\tau)\right)^{\mathsf{T}} w_m \leqslant_{\mathrm{s}} \prod_{\tau=t}^{t+2i} \left(P(\tau)\right)^{\mathsf{T}} w_l$$

8.6.7　命题 8.7 的证明

注意到，$r_1 \leqslant r_2 \leqslant \cdots \leqslant r_X$，基于命题 8.6，可得

$$0 \leqslant r^\mathsf{T} \prod_{\tau=t}^{t+2i-1} \left(P(\tau) \right)^\mathsf{T} (w_m - w_l)$$

$$0 \geqslant r^\mathsf{T} \prod_{\tau=t}^{t+2i} \left(P(\tau) \right)^\mathsf{T} (w_m - w_l)$$

下面证明第二部分。对于 $i = 0$，有

$$r^\mathsf{T} \prod_{\tau=t}^{t+2i} \left(P(\tau) \right)^\mathsf{T} (w_m - w_l)$$

$$= r^\mathsf{T} \left(P(t) \right)^\mathsf{T} (w_m - w_l)$$

$$\overset{\text{(a)}}{=} \sum_{i=1}^{X} \lambda_i(t) r^\mathsf{T} \left((U(t))^\mathsf{T} e_i e_i^\mathsf{T} (V(t))^\mathsf{T} \right) (w_m - w_l)$$

$$\overset{\text{(b)}}{\geqslant} \sum_{i=1}^{X} \lambda_{J_t}(t) r^\mathsf{T} \left((U(t))^\mathsf{T} e_i e_i^\mathsf{T} (V(t))^\mathsf{T} \right) (w_m - w_l)$$

$$= \lambda_{J_t}(t) r^\mathsf{T} (w_m - w_l)$$

其中，$U(t) \overset{\text{def}}{=\!=} (V(t))^{-1}$；(a) 表示可由命题 8.3 得到；(b) 表示可由命题 8.4 得到。

假定命题对于 $i = 1, 2, \cdots, k-1$ 成立，我们证明其在 $i = k$ 时也成立。

$$r^\mathsf{T} \prod_{\tau=t}^{t+2k-1} \left(P(\tau) \right)^\mathsf{T} (w_m - w_l)$$

$$= r^\mathsf{T} \left(P(t+2k-1) \right)^\mathsf{T} \prod_{\tau=t}^{t+2(k-1)} \left(P(\tau) \right)^\mathsf{T} (w_m - w_l)$$

$$= \tilde{r}^\mathsf{T} \prod_{\tau=t}^{t+2(k-1)} \left(P(\tau) \right)^\mathsf{T} (w_m - w_l)$$

$$\overset{\text{(a)}}{\leqslant} \tilde{r}^\mathsf{T} (w_m - w_l) \prod_{\tau=t}^{t+2(k-1)} \lambda_{J_\tau}(\tau)$$

$$= r^\mathsf{T} \left(P(t+2k-1) \right)^\mathsf{T} (w_m - w_l) \prod_{\tau=t}^{t+2(k-1)} \lambda_{J_\tau}(\tau)$$

$$\overset{(b)}{\leqslant} r^{\mathsf{T}}(w_m - w_l)\lambda_{J_{t+2k-1}}(t+2k-1)\prod_{\tau=t}^{t+2(k-1)}\lambda_{J_\tau}(\tau)$$

$$= r^{\mathsf{T}}(w_m - w_l)\prod_{\tau=t}^{t+2k-1}\lambda_{J_\tau}(\tau)$$

其中, $\tilde{r} \overset{\text{def}}{=\!=} P(t+2k-1)r$ 满足 $\tilde{r}_1 \geqslant \tilde{r}_2 \geqslant \cdots \geqslant \tilde{r}_X$, 可由命题 8.1 得到; (b) 表示可由 $\prod\limits_{\tau=t}^{t+2(k-1)}\lambda_{J_\tau}(\tau) \leqslant 0$ 和归纳假设得到; (a) 表示可由下式得到, 即

$$\tilde{r}^{\mathsf{T}}\prod_{\tau=t}^{t+2(k-1)}\Big(P(\tau)\Big)^{\mathsf{T}}(w_m - w_l)$$

$$\overset{(c)}{=} -(\tilde{r}_1 1 - \tilde{r})^{\mathsf{T}}\prod_{\tau=t}^{t+2(k-1)}\Big(P(\tau)\Big)^{\mathsf{T}}(w_m - w_l)$$

$$\overset{(d)}{=} -\hat{r}^{\mathsf{T}}\prod_{\tau=t}^{t+2(k-1)}\Big(P(\tau)\Big)^{\mathsf{T}}(w_m - w_l)$$

$$\overset{(e)}{\leqslant} -\hat{r}^{\mathsf{T}}(w_m - w_l)\prod_{\tau=t}^{t+2(k-1)}\lambda_{J_\tau}(\tau)$$

$$\overset{(f)}{=} -(\tilde{r}_1 1 - \tilde{r})^{\mathsf{T}}(w_m - w_l)\prod_{\tau=t}^{t+2(k-1)}\lambda_{J_\tau}(\tau)$$

$$\overset{(g)}{=} \tilde{r}^{\mathsf{T}}(w_m - w_l)\prod_{\tau=t}^{t+2(k-1)}\lambda_{J_\tau}(\tau)$$

其中, (c)、(g) 表示可由 $1^{\mathsf{T}}\prod\limits_{\tau=t}^{t+2(k-1)}\Big(P(\tau)\Big)^{\mathsf{T}}(w_m - w_l) = 0$ 得到; (d)、(f) 表示可由 $\hat{r} = \tilde{r}_1 1 - \tilde{r}$ 得到; (e) 表示 $\hat{r}_1 = \tilde{r}_1 - \tilde{r}_1 \leqslant \cdots \leqslant \tilde{r}_1 - \tilde{r}_X = \hat{r}_X$ 和 $\tilde{r}_1 \geqslant \tilde{r}_2 \geqslant \cdots \geqslant \tilde{r}_X$ 来自 $\tilde{r} = P(t+2k-1)r$, 因此 (e) 可由归纳假设得到。

至此, 我们证明了命题中的①, 根据相似方法我们可以证明命题中的②。

8.7 本章小结

本章研究了随机最优控制中的多态过程调度问题, 其数学上能表示成部分可观测马尔可夫过程, 并且具有 PSPACE-Hard。首先, 我们推导一组保证短视策略

最优性的闭式充分条件。该短视策略实际是一种在时间尺度上从异构马尔可夫状态转换矩阵中按照随机占优序选择最好过程的策略。然后，我们将优化条件推广，得到另一组闭式的充分条件。特别地，得到的两组条件仅同折旧因子和状态转换矩阵相关。尤其是，同状态转换矩阵的特征值及特征向量相关。本章关于 RMAB 理论的有关结果丰富了随机优化控制理论。

参 考 文 献

[1]　Whittle P. Restless bandits: activity allocation in a changing world. Journal of Applied Probability, 1988, 24: 287–298.

[2]　Gittins J, Glazebrook K, Webber R R. Multi-Armed Bandit Allocation Indices. Oxford: Blackwell, 2011.

[3]　Wang J, Ren X, Mo Y, et al. Whittle index policy for dynamic multichannel allocation in remote state estimation. IEEE Transactions on Automatic Control, 2020, 65(2): 591–603.

[4]　Hsu Y P, Modiano E, Duan L. Scheduling algorithms for minimizing age of information in wireless broadcast networks with random arrivals. IEEE Transactions on Mobile Computing, 2020, 19(12): 2903-2915.

[5]　Yu Z, Xu Y, Tong L. Deadline scheduling as restless bandits. IEEE Transactions on Automatic Control, 2018, 63(8): 2343–2358.

[6]　Larrañaga M, Assaad M, Destounis A, et al. Asymptotically optimal pilot allocation over markovian fading channels. IEEE Transactions on Information Theory, 2018, 64(7): 6395–5418.

[7]　Borkar V S, Kasbekar G S, Pattathil S, et al. Opportunistic scheduling as restless bandits. IEEE Transactions on Control of Network Systems, 2018, 5(4): 1952–1961.

[8]　Papadimitriou C H, Tsitsiklis J N. The complexity of optimal queueing network control. Mathematics of Operations Research, 1999, 24(2): 293–305.

[9]　Lovejoy W S. Some monotonicity results for partially observed markov decision processes. Operations Research, 1987, 35(5): 736–743.

[10]　Rieder U. Structural results for partially observed control models. Mathematical Methods of Operations Research, 1991, 35(6): 473–490.

[11]　Rieder U, Zagst R. Monotonicity and bounds for convex stochastic control models. Mathematical Methods of Operations Research, 1994, 39(2): 187–207.

[12]　Krishnamurthy V, Pareek U. Myopic bounds for optimal policy of POMDPs: an extension of Lovejoy's structural results. Operations Research, 2015, 63(2): 428–434.

[13]　Gittins J C, Jones D M. A dynamic allocation index for the sequential design of experiments. Progress in Statistics, 1974, 8: 241–266.

[14]　Gittins J C. Bandit processes and dynamic allocation indices. Journal of the Royal Statistical Society, 1979, 41(2): 148–177.

[15] Krishnamurthy V, Wahlberg B. Partially observed markov decision process multiarmed bandits–structural results. Mathematics of Operations Research, 2009, 34(2): 287–302.

[16] Muller A, Stoyan D. Comparison Methods for Stochastic Models and Risk. New York: Wiley, 2002.

[17] Koole G, Liu Z, Righter R. Optimal transmission policies for noisy channels. Operations Research, 2001, 49(6): 892–899.

[18] Zhao Q, Krishnamachari B, Liu K. On myopic sensing for multi-channel opportunistic access: structure, optimality, and performance. IEEE Transactions on Wireless Communications, 2008, 7(3): 5413–5440.

[19] Ahmad S H A, Liu M, Javidi T, et al. Optimality of myopic sensing in multichannel opportunistic access. IEEE Transactions on Information Theory, 2009, 55(9): 4040–4050.

[20] Ahmad S H A, Liu M. Multi-channel opportunistic access: a case of restless bandits with multiple plays//Proceedings of Allerton Conference Communication Control Computing, Monticello, 2009: 1361–1368.

[21] Liu K, Zhao Q, Krishnamachari B. Dynamic multichannel access with imperfect channel state detection. IEEE Transactions on Signal Processing, 2010, 58(5): 2795–2807.

[22] Wang K, Chen L, Liu Q. Opportunistic spectrum access by exploiting primary user feedbacks in underlay cognitive radio systems: an optimality analysis. IEEE Journal of Selected Topics in Signal Processing, 2013, 7(5): 869–882.

[23] Ouyang Y, Teneketzis D. On the optimality of myopic sensing in multi-state channels. IEEE Transactions on Information Theory, 2014, 60(1): 681–696.

[24] Wang K, Chen L, Yu J. Optimality of myopic policy for multistate channel access. IEEE Communications Letters, 2016, 20(2): 300–303.

[25] Wang K. Optimally myopic scheduling policy for downlink channels with imperfect state observation. IEEE Transactions on Vehicular Technology, 2018, 67(7): 5856–5867.

[26] Niño-Mora J. Restless bandits, partial conservation laws and indexability. Advances in Applied Probability, 2001, 33: 76–98.

[27] Niño-Mora J. Dynamic allocation indices for restless projects and queueing admission control: a polyhedral approach. Mathematical Programming, 2002, 93: 361–413.

[28] Niño-Mora J. Restless bandit marginal productivity indices, diminishing returns and optimal control of make-to-order/make-to-stock M/G/1 queues. Mathematics of Operations Research, 2006, 31: 50–84.

[29] Niño-Mora J. Marginal productivity index policies for scheduling a multiclass delay-/loss-sensitive queue. Queueing Systems, 2006, 54: 281–312.

[30] Weber R R. On the gittins index for multiarmed bandits. Annals of Applied Probability, 1992, 2: 1024–1033.

[31] Weber R R, Weiss G. On an index policy for restless bandits. Journal of Applied Probability, 1990, 27: 637–648.

[32]　Weber R R, Weiss G. Addendum to "on an index policy for restless bandits". Advances in Applied Probability, 1991, 23: 429–430.

[33]　Hodge D J, Glazebrook K D. On the asymptotic optimality of greedy index heuristics for multi-action restless bandits. Advances in Applied Probability, 2015, 47(3): 652–667.

[34]　Glazebrook K D, Hodge D J, Kirkbride C. Monotone policies and indexability for bi-directional restless bandits. Advances in Applied Probability, 2013, 45(1): 51–85.

[35]　Meshram R, Manjunath D, Gopalan A. On the whittle index for restless multiarmed hidden markov bandits. IEEE Transactions on Automatic Control, 2018, 63(9): 3046–3053.

第 9 章 同构多态非完美观测多臂机：
短视策略及性能

9.1 引　言

第 8 章考虑完美观测情况下的多态 RMAB 决策，并得到两组充分条件保证短视策略在两种情况下的最优性。实际上，由于噪声、探测方法等因素，实际应用中难以实现完美状态探测，因此本章研究不完美观测情况下多态 RMAB 问题的策略及性能，特别是短视策略及其性能。

本章主要考虑信道状态不完美观测问题，分析其对信道调度的影响，因此本章的工作在很大程度上不同于文献 [1] 的完美观测。从数学上看，不完美观测会引入一个观测矩阵，以代替完美观测情况下的单位矩阵。文献 [1] 采用的 FOSD 序不足以表征不完美观测信息状态的顺序。因此，本章使用 MLR 顺序，即一种比 FOSD 序更强的随机序，描述信息状态的顺序结构。此外，本章使用与文献 [1] 完全不同的研究方法得出短视策略的最优性。具体来说，本章方法更为通用，可以扩展到时间尺度异构的多态模型情况，但是本章获得的充分条件不能退化为完美观测的条件。这也从另一方面体现出通用的方法普适性和严格条件之间的某种平衡。

9.2 系统模型和优化问题

9.2.1 系统模型

考虑一个分时隙的无线下行链路调度系统，它由一个用户、一个基站和 N 个独立信道组成。假定每个信道有 X 个状态，记为 $\mathcal{X} = \{1, 2, \cdots, X\}$。令 $s_t^{(n)}$ 为信道 n 在时隙 t 的状态，按照 X 态的马尔可夫链演化，状态转换矩阵为 $A = (a_{ij})_{i,j \in \mathcal{X}}$，其中 $a_{ij} = P(s_{t+1}^{(n)} = j | s_t^{(n)} = i)$ 表示状态转换概率。所有信道都初始化为 $s_0^{(n)} \sim x_0^{(n)}$，这里 $x_0^{(n)}$ 是特定的初始分布 $n = 1, 2, \cdots, N$。

假定在每个时隙 t 分配一个信道给用户，若在时隙 t 信道 n 被分配，则可获得立即收益 $\beta^t r(s_t^{(n)})$，这里 $0 \leqslant \beta \leqslant 1$ 表示折旧因子。

在选中的信道 n 上传输信息后，信道 n 的状态 $s_{t+1}^{(n)}$ 可通过有噪测量 (如反馈信息) 而被观测为状态 $y_{t+1}^{(n)}$。假定这些观测值 $y_{t+1}^{(n)}$ 属于有限集合 $\mathcal{Y}$，记为

$\mathcal{Y} = 1, 2, \cdots, Y$。令 $B = (b_{im})_{i \in \mathcal{X}, m \in \mathcal{Y}}$ 为同构观测概率矩阵，每个元素 $b_{im} \stackrel{\text{def}}{=\!=} P(y_{t+1}^{(n)} = m | s_t^{(n)} = i, u_t = n)$。

令 $u_t \in \{1, 2, \cdots, N\}$ 表示在时隙 t 选择的信道，$s_{t+1}^{(u_t)}$ 为所选择信道在时隙 $t+1$ 的状态，记时隙 t 的观测历史为 $Y_t = (y_1^{(u_0)}, \cdots, y_t^{(u_{t-1})})$，决策历史为 $U_t = (u_0, \cdots, u_t)$，那么在时隙 $t+1$ 按照 $u_{t+1} = \mu(Y_{t+1}, U_t)$ 选择信道。这里策略 μ 属于稳定类的策略集 $\mathcal{U}$。无限时间内的整个期望折旧收益如下，即

$$J_\mu = E\left\{ \sum_{t=0}^{\infty} \beta^t r(s_t^{(u_t)}) \right\}, \quad u_t = \mu(Y_t, U_{t-1}) \tag{9.1}$$

其中，E 为期望操作。

我们目标是得到稳定的优化策略，即

$$\mu^* = \operatorname*{argmax}_{\mu \in \mathcal{U}} J_\mu \tag{9.2}$$

式 (9.1) 产生的最大收益 $J^* = J_{\mu^*}$。

9.2.2　信息态

上述部分观测的多臂机问题可以在信息态的意义上转化成完全观测多臂机问题。对于每个信道 n，其在时隙 t 的信息态可表示为 $x_t^{(n)}$（$s_t^{(n)}$ 的贝叶斯后验分布），记为

$$x_t^{(n)} = (x_t^{(n)}(1), x_t^{(n)}(2), \cdots, x_t^{(n)}(X))$$

其中，$x_t^{(n)}(i) \stackrel{\text{def}}{=\!=} P(s_t^{(n)} = i | Y_t, U_{t-1})$。

因此，隐马尔可夫模型 (hidden Markovian model, HMM) 多臂机问题可以看作下述调度问题，即考虑 N 个并行 HMM 状态评估滤波器，每个对应一个信道。信道 n 被选择，可以得到观测 $y_{t+1}^{(n)}$。信息态 $x_{t+1}^{(n)}$ 可以通过 HMM 滤波器迭代计算，即

$$x_{t+1}^{(n)} = \Gamma(x_t^{(n)}, y_{t+1}^{(n)}) \tag{9.3}$$

其中

$$\Gamma(x^{(n)}, y^{(n)}) \stackrel{\text{def}}{=\!=} \frac{B(y^{(n)})A^{\mathsf{T}} x^{(n)}}{d(x^{(n)}, y^{(n)})} \tag{9.4}$$

$$d(x^{(n)}, y^{(n)}) \stackrel{\text{def}}{=\!=} 1_X^{\mathsf{T}} B(y^{(n)}) A^{\mathsf{T}} x^{(n)}$$

在式 (9.4) 中，若 $y^{(n)} = m$，则 $B(m) = \operatorname{diag}[b_{1m}, \cdots, b_{Xm}]$ 为对角矩阵，由观测矩阵 B 的第 m 列构成；A_i 为矩阵 A 的第 i 行；1_X 为 X 维的单位列向量。

$N-1$ 个未被选择信道的信息态可按式 (9.5) 计算。若信道 l ($l \in \{1, \cdots, N\}$, $l \neq n$) 在时隙 t 没被选择，则有

$$x_{t+1}^{(l)} = A^\mathsf{T} x_t^{(l)} \tag{9.5}$$

令 $\Pi(X)$ 为信息态空间，可知 $\Pi(X)$ 为 $X-1$ 维的单纯形，即

$$\Pi(X) = \left\{ x \in \mathbb{R}^X : 1_X^\mathsf{T} x = 1, 0 \leqslant x(i) \leqslant 1, i \in \mathcal{X} \right\} \tag{9.6}$$

过程 $x_t^{(n)}$ ($n = 1, 2, \cdots, N$) 可以作为信息态量，因为选择 $u_{t+1} = \mu(Y_{t+1}, U_t)$ 等价于选择 $u_{t+1} = \mu(x_{t+1}^{(1)}, \cdots, x_{t+1}^{(N)})$。使用条件期望的光滑属性，式 (9.1) 可以写为信息态的形式，即

$$J_\mu = E\left\{ \sum_{t=0}^\infty \beta^t r^\mathsf{T} x_t^{(u_t)} \right\}, \quad u_t = \mu(x_t^{(1)}, \cdots, x_t^{(N)}) \tag{9.7}$$

其中，r 为 X 维收益列向量 $[r(s_t^{(u_t)} = 1), \cdots, r(s_t^{(u_t)} = X)]$ 且 $r(1) \leqslant r(2) \leqslant \cdots \leqslant r(X)$。

为方便分析优化问题 (9.2)，我们将其写为有限时间 T 内的动态规划形式，即

$$\begin{cases} V_T(x_T^{(1:N)}) = \max_{u_T} E\left\{ r^\mathsf{T} x_T^{(u_T)} \right\} \\ V_t(x_t^{(1:N)}) = \max_{u_t} E\left\{ r^\mathsf{T} x_t^{(u_t)} + \beta \sum_{m \in \mathcal{Y}} d(x_t^{(u_t)}, m) V_{t+1}(x_{t+1}^{(1:u_t-1)}, x_{t+1,m}^{(u_t)}, x_{t+1}^{(u_t+1:N)}) \right\} \end{cases} \tag{9.8}$$

其中，$x_t^{(i:j)} \stackrel{\text{def}}{=\!=} (x_t^{(i)}, x_t^{(i+1)}, \cdots, x_t^{(j)})$。

$$\begin{cases} x_{t+1,m}^{(u_t)} = \Gamma(x_t^{(u_t)}, m) \\ x_{t+1}^{(n)} = A^\mathsf{T} x_t^{(n)}, \quad n \neq u_t \end{cases} \tag{9.9}$$

当 $T \to \infty$ 时，$J^* = V_0(x_0^{(1:N)})$。

9.2.3　短视策略

理论上，我们可通过后推方式求解动态规划问题 (9.8)，得到最优策略，然而通过递归方式求优化解的计算复杂度巨大。因此，我们分析简单的最大化立即收益的短视策略，即

$$\hat{u}_t = \operatorname*{argmax}_{u_t} r^\mathsf{T} x_t^{(u_t)} \tag{9.10}$$

一般来说，短视策略或贪婪策略不是优化的，其计算复杂度非常低，为 $\mathcal{O}(N)$。因此，我们的目标是寻找充分条件保证简单易计算的短视策略的优化性。

考虑信息态多元性，下面引入偏序概念来刻画信息态的大小关系。

定义 9.1 (MLR 序[2])　给定 $x_1, x_2 \in \Pi(X)$ 为两个置信向量，在 MLR 序意义下，如果下式成立，即

$$x_1(i)x_2(j) \leqslant x_2(i)x_1(j), \quad i < j, \ \ i, j \in \{1, 2, \cdots, X\}$$

x_1 大于或等于 x_2，记为 $x_1 \geqslant_r x_2$。

定义 9.2 (FOSD 序[2])　给定 $x_1, x_2 \in \Pi(X)$，如果对于 $j = 1, 2, \cdots, X$，下式成立，即

$$\sum_{i=j}^{X} x_1(i) \geqslant \sum_{i=j}^{X} x_2(i)$$

x_1 一阶随机占优 x_2，记为 $x_1 \geqslant_s x_2$。

下面给出关于 MLR 和 FOSD 序[2] 的某些有用结果。

命题 9.1[2]　给定 $x_1, x_2 \in \Pi(X)$，有以下结论。

① $x_1 \geqslant_r x_2$，意味着 $x_1 \geqslant_s x_2$。

② 令 $\mathcal{V}$ 为所有 X 维向量 v 的集合，其中 v 的元素值单调非减，例如 $v_1 \leqslant v_2 \leqslant \cdots \leqslant v_X$，那么对于 $x_1 \geqslant_s x_2$，即所有 $v \in \mathcal{V}$，有 $v^{\mathsf{T}} x_1 \geqslant v^{\mathsf{T}} x_2$。

基于偏序结构，我们有以下短视策略结构。

命题 9.2 (短视策略结构)　若 $x_t^{(\sigma_1)} \geqslant_r x_t^{(\sigma_2)} \geqslant_r \cdots \geqslant_r x_t^{(\sigma_N)}$，这里 $\{\sigma_1, \sigma_2, \cdots, \sigma_N\}$ 是 $\{1, 2, \cdots, N\}$ 的排列，则时隙 t 的短视策略为

$$\hat{u}_t = \mu_t(x_t^{(1)}, \cdots, x_t^{(N)}) = \sigma_1 \tag{9.11}$$

9.3　短视策略优化性分析

为了便于分析短视策略性能，引入辅助值函数并证明辅助值函数的一个重要性质。

9.3.1　辅助值函数及解耦性

辅助值函数的定义为

$$
\begin{cases}
W_T^{(\hat{u}_T)}(x_T^{(1:N)}) = r^{\mathsf{T}} x_T^{(\hat{u}_T)} \\
W_\tau^{(\hat{u}_\tau)}(x_\tau^{(1:N)}) = r^{\mathsf{T}} x_\tau^{(\hat{u}_\tau)} + \beta \underbrace{\sum_{m \in \mathcal{Y}} d(x_\tau^{(\hat{u}_\tau)}, m) W_{\tau+1}^{(\hat{u}_{\tau+1})}(x_{\tau+1}^{(1:\hat{u}_\tau - 1)}, x_{\tau+1,m}^{(\hat{u}_\tau)}, x_{\tau+1}^{(\hat{u}_\tau+1:N)})}_{F(x_\tau^{(1:N)}, \hat{u}_\tau)} \\
W_t^{(u_t)}(x_t^{(1:N)}) = r^{\mathsf{T}} x_t^{(u_t)} + \beta \underbrace{\sum_{m \in \mathcal{Y}} d(x_t^{(u_t)}, m) W_{t+1}^{(\hat{u}_{t+1})}(x_{t+1}^{(1:u_t - 1)}, x_{t+1,m}^{(u_t)}, x_{t+1}^{(u_t+1:N)})}_{F(x_t^{(1:N)}, u_t)}
\end{cases}
$$

$$\tag{9.12}$$

其中，$t+1 \leqslant \tau \leqslant T$。

备注 9.1 辅助值函数是下述策略下的收益，即在时隙 t 采用策略 u_t，在其他时隙采用短视策略 $\hat{u}_\tau$ $(t+1 \leqslant \tau \leqslant T)$。

引理 9.1 $W_t^{(u_t)}(x_t^{(1:N)})$ 对于所有的 $t = 0, 1, \cdots, T$ 是可解耦的，即

$$W_t^{(u_t)}(x_t^{(1:n-1)}, x_t^{(n)}, x_t^{(n+1:N)}) = \sum_{i=1}^{X} x_t^{(n)}(i) W_t^u(x_t^{(1:n-1)}, e_i, x_t^{(n+1:N)})$$

$$= \sum_{i=1}^{X} e_i^\mathsf{T} x_t^{(n)} W_t^{(u_t)}(x_t^{(1:n-1)}, e_i, x_t^{(n+1:N)})$$

证明 证明过程见 9.5.1 节。 □

9.3.2 条件

为进一步分析，我们给出条件 9.1。

条件 9.1 假定

① $A_1 \leqslant_r A_2 \leqslant_r \cdots \leqslant_r A_X$。

② $B_{:,1} \leqslant_r B_{:,2} \leqslant_r \cdots \leqslant_r B_{:,Y}$。

③ 存在 K $(2 \leqslant K \leqslant Y)$，使

$$\Gamma(A^\mathsf{T} e_1, K) \geqslant_r (A^\mathsf{T})^2 e_X$$

$$\Gamma(A^\mathsf{T} e_X, K-1) \leqslant_r (A^\mathsf{T})^2 e_1$$

④ $A_1 \leqslant_r x_0^{(1)} \leqslant_r x_0^{(2)} \leqslant_r \cdots \leqslant_r x_0^{(N)} \leqslant_r A_X$。

⑤ $r^\mathsf{T}(e_{i+1} - e_i) \geqslant r^\mathsf{T} Q^\mathsf{T}(e_{i+1} - e_i)$ $(1 \leqslant i \leqslant X-1)$，其中 $A = V\Lambda V^{-1}$，$Q = V\Upsilon V^{-1}$。

$$\Lambda = \begin{bmatrix} 1 & 0 & \dots & 0 \\ 0 & \lambda_2 & \ddots & \vdots \\ \vdots & \ddots & \ddots & 0 \\ 0 & \dots & 0 & \lambda_X \end{bmatrix}, \quad \Upsilon = \begin{bmatrix} 1 & 0 & \cdots & 0 \\ 0 & \dfrac{\beta\lambda_2}{1-\beta\lambda_2} & \ddots & \vdots \\ \vdots & \ddots & \ddots & 0 \\ 0 & \cdots & 0 & \dfrac{\beta\lambda_X}{1-\beta\lambda_X} \end{bmatrix}$$

备注 9.2 条件 9.1① 可以确保当前时隙信道质量高的信道，在下个时隙的信道质量高的可能性也高。条件 9.1② 可以确保当前时隙信道质量高的信道，在下个时隙的信道质量高的观测可能性也高。条件 9.1③ 与条件 9.1② 确保所有信道的信息态在所有时隙均在 MLR 意义上有序 (参见命题 9.6的证明过程)。条件 9.1④ 表明，初始时所有信道可以按照其质量排序。基本上，条件 9.1① ～ 9.1④ 可以确

保信息态有序，而条件 9.1⑤ 是收益比较所需的。特别地，条件 9.1⑤ 表明，不同状态的立即收益足够分离。

例 9.1　当 $X = 2$, $Y = 2$ 时，有 $\lambda_2 = a_{22} - a_{12}$。条件 9.1 退化为以下条件 [3]。

① $a_{22} \geqslant a_{12}$，即 $\lambda_2 \geqslant 0$。

②、③ $b_{22} \geqslant b_{12}$。

④ $a_{12} \leqslant x_0^{(1)}(2) \leqslant x_0^{(2)}(2) \leqslant \cdots \leqslant x_0^{(N)}(2) \leqslant a_{22}$。

⑤ $r(2) - r(1) \geqslant \dfrac{\beta\lambda}{1 - \beta\lambda}(r(2) - r(1))$，即 $\beta\lambda_2 \leqslant \dfrac{1}{2}$。

9.3.3　性质

给定条件 9.1，我们有如下关于信息态的重要属性。

命题 9.3　给定 $x_1, x_2 \in \Pi(X)$ 和 $x_1 \leqslant_r x_2$，则 $(A_1)^\mathsf{T} \leqslant_r A^\mathsf{T}x_1 \leqslant_r A^\mathsf{T}x_2 \leqslant_r (A_X)^\mathsf{T}$。

证明　假定 $i > j$，则有

$$(e_i^\mathsf{T}A^\mathsf{T}x_2) \cdot (e_j^\mathsf{T}A^\mathsf{T}x_1) - (e_j^\mathsf{T}A^\mathsf{T}x_2) \cdot (e_i^\mathsf{T}A^\mathsf{T}x_1)$$

$$= \sum_{k=1}^{X} A_{k,i}x_2(k) \sum_{l=1}^{X} A_{l,j}x_1(l) - \sum_{k=1}^{X} A_{k,j}x_2(k) \sum_{l=1}^{X} A_{l,i}x_1(l)$$

$$= \Big(\sum_{k=1}^{X}\sum_{l=1}^{X} A_{k,i}A_{l,j} - \sum_{k=1}^{X}\sum_{l=1}^{X} A_{k,j}A_{l,i}\Big)x_2(k)x_1(l)$$

$$= x_2(k)x_1(l)\Big[\sum_{l=1}^{X}\sum_{k=l}^{X}(A_{k,i}A_{lj} - A_{l,i}A_{k,j}) - \sum_{k=1}^{X}\sum_{l=k}^{X}(A_{l,i}A_{k,j} - A_{k,i}A_{l,j})\Big]$$

$$= \sum_{l=1}^{X}\sum_{k=l}^{X}(A_{k,i}A_{l,j} - A_{l,i}A_{k,j})(x_2(k)x_1(l) - x_2(l)x_1(k))$$

$$\geqslant 0$$

其中，最后一个不等号可由 $A_k \geqslant_r A_l$ $(k \geqslant l)$ 且 $x_2 \geqslant_r x_1$ 得到。

考虑 $e_1 \leqslant_r x_1 \leqslant_r x_2 \leqslant_r e_X$，可得

$$(A_1)^\mathsf{T} = A^\mathsf{T}e_1 \leqslant_r A^\mathsf{T}x_1 \leqslant_r A^\mathsf{T}x_2 \leqslant_r A^\mathsf{T}e_X = (A_X)^\mathsf{T}$$

$\square$

命题 9.3 表明，在任意时隙 t，两个信道的信息态是随机有序的。若任一信道在时隙 t 没被选择，那么两个信道在时隙 $t + 1$ 维持相同的随机序。

命题 9.4 给定 $x_1, x_2 \in \Pi(X)$ 和 $(A_1)^\mathsf{T} \leqslant_r x_1 \leqslant_r x_2 \leqslant_r (A_X)^\mathsf{T}$，那么对于 $1 \leqslant k \leqslant Y$，有 $\Gamma(x_1, k) \leqslant_r \Gamma(x_2, k)$。

证明 按照命题 9.3，我们有 $z_1 = A^\mathsf{T} x_1 \leqslant_r A^\mathsf{T} x_2 = z_2$。假定 $i > j$，可得

$$(\Gamma(x_2, k))_i \cdot (\Gamma(x_1, k))_j - (\Gamma(x_2, k))_j \cdot (\Gamma(x_1, k))_i$$

$$= \frac{b_{ik} z_2(i)}{\displaystyle\sum_{x=1}^{X} b_{xk} z_2(x)} \cdot \frac{b_{jk} z_1(j)}{\displaystyle\sum_{x=1}^{X} b_{xk} z_1(x)} - \frac{b_{jk} z_2(j)}{\displaystyle\sum_{x=1}^{X} b_{xk} z_2(x)} \cdot \frac{b_{ik} z_1(i)}{\displaystyle\sum_{x=1}^{X} b_{xk} z_1(x)}$$

$$= \frac{b_{ik} b_{jk} (z_2(i) z_1(j) - z_2(j) z_1(i))}{\displaystyle\sum_{x=1}^{X} b_{xk} z_2(x) \sum_{x=1}^{X} b_{xk} z_1(x)}$$

$$\geqslant 0$$

其中，$z_2(i) z_1(j) - z_2(j) z_1(i) \geqslant 0$ 可由 $z_1 \leqslant_r z_2$ 得到。 □

命题 9.4 表明，对于选择的信道，其信息态的更新规则具有单调增的属性。

命题 9.5 给定 $x \in \Pi(X)$ 和 $(A_1)^\mathsf{T} \leqslant_r x \leqslant_r (A_X)^\mathsf{T}$，则 $\Gamma(x, k) \leqslant_r \Gamma(x, m)$ 对于 $1 \leqslant k \leqslant m \leqslant Y$ 成立。

证明 令 $z = A^\mathsf{T} x$，假定 $i > j$，可得

$$(\Gamma(x, m))_i \cdot (\Gamma(x, k))_j - (\Gamma(x, m))_j \cdot (\Gamma(x, k))_i$$

$$= \frac{b_{im} z(i)}{\displaystyle\sum_{l=1}^{X} b_{lm} z(l)} \cdot \frac{b_{jk} z(j)}{\displaystyle\sum_{l=1}^{X} b_{lk} z(l)} - \frac{b_{jm} z(j)}{\displaystyle\sum_{l=1}^{X} b_{lm} z(l)} \cdot \frac{b_{ik} z(i)}{\displaystyle\sum_{l=1}^{X} b_{lk} z(l)}$$

$$= \frac{(b_{im} b_{jk} - b_{jm} b_{ik}) z(i) z(j)}{\displaystyle\sum_{l=1}^{X} b_{lm} z(l) \sum_{l=1}^{X} b_{lk} z(l)} \geqslant 0$$

其中，$b_{im} b_{jk} - b_{jm} b_{ik} \geqslant 0$ 可由 $B(m) \geqslant_r B(k)$ 得到。 □

命题 9.6 给定条件 9.1，我们有 $x_t^{(l)} \leqslant_r x_t^{(n)}$ 或者 $x_t^{(n)} \leqslant_r x_t^{(l)}$，对于 $l, n \in \{1, 2, \cdots, N\}$ 和所有时隙 t 成立。

证明 根据命题 9.3，$A^\mathsf{T} x$ 是 x $((A_1)^\mathsf{T} \leqslant_r x \leqslant_r (A_X)^\mathsf{T})$ 的增函数，进而有

$$(A^\mathsf{T})^2 e_1 = A^\mathsf{T}(A_1)^\mathsf{T} \leqslant A^\mathsf{T} x \leqslant A^\mathsf{T}(A_X)^\mathsf{T} = (A^\mathsf{T})^2 e_X \tag{9.13}$$

根据命题 9.4 和命题 9.5，$\Gamma(x, k)$ 是 x $((A_1)^\mathsf{T} \leqslant_r x \leqslant_r (A_X)^\mathsf{T})$ 和 k $(1 \leqslant k \leqslant Y)$ 的单调增函数。因此，对于 $(A_1)^\mathsf{T} \leqslant_r x \leqslant_r (A_X)^\mathsf{T}, 1 \leqslant k < K$，可得

$$\Gamma((A_1)^\mathsf{T}, 1) \leqslant \Gamma(x, k) \leqslant \Gamma((A_X)^\mathsf{T}, K - 1) \tag{9.14}$$

对于 $(A_1)^\mathsf{T} \leqslant_r x \leqslant_r (A_X)^\mathsf{T}, K \leqslant k \leqslant Y$，可得

$$\Gamma((A_1)^\mathsf{T}, K) \leqslant \Gamma(x, k) \leqslant \Gamma((A_X)^\mathsf{T}, Y) \tag{9.15}$$

结合式 (9.13) ～ 式 (9.15) 和条件 9.1③，我们知道信息态的演化函数 (9.9) 是 $x \, ((A_1)^\mathsf{T} \leqslant x \leqslant (A_X)^\mathsf{T})$ 的单调增函数。结合条件 9.1④，命题得证。　□

命题 9.6 表明，给定条件 9.1 下所有信道的信息态在所有时隙均是随机有序的或可比较的。

命题 9.7　假定状态转换矩阵 A 有 X 特征值 $\lambda_1 \geqslant \lambda_2 \geqslant \cdots \geqslant \lambda_X$，并且相应的特征向量为 $v_1, v_2, \cdots, v_X$。如果 $x_1, x_2 \in \Pi(X)$，那么有以下结论。

① $\lambda_1 = 1$ 且 $v_1 = \dfrac{1}{\sqrt{X}} 1_X$。

② 对于任意 λ，有

$$\Lambda_1 V^\mathsf{T}(x_1 - x_2) = \Lambda_2 V^\mathsf{T}(x_1 - x_2) \tag{9.16}$$

其中，$\Lambda_1 = \begin{bmatrix} \lambda_1 & 0 & \dots & 0 \\ 0 & \lambda_2 & \ddots & \vdots \\ \vdots & \ddots & \ddots & 0 \\ 0 & \dots & 0 & \lambda_X \end{bmatrix}; \; \Lambda_2 = \begin{bmatrix} \lambda & 0 & \dots & 0 \\ 0 & \lambda_2 & \ddots & \vdots \\ \vdots & \ddots & \ddots & 0 \\ 0 & \dots & 0 & \lambda_X \end{bmatrix}$。

证明　见引理 8.3 的证明。　□

命题 9.7 表明，对于任意状态转换矩阵，最大特征值为 1，记为平凡特征值；相应的特征向量为 $\dfrac{1}{\sqrt{X}} 1_X$，记为平凡特征向量；对于任意两个信息态 $x_1, x_2 \in \Pi(X)$，存在一个特殊等式，其中最大特征值 1 能被任意值代替。

命题 9.8　给定 $x_1, x_2 \in \Pi(X)$，有

$$r^\mathsf{T} \sum_{i=1}^{\infty} (\beta A^\mathsf{T})^i (x_1 - x_2) = r^\mathsf{T} Q^\mathsf{T}(x_1 - x_2)$$

证明

$$r^\mathsf{T} \sum_{i=1}^{\infty} (\beta A^\mathsf{T})^i (x_1 - x_2) = r^\mathsf{T} \sum_{i=1}^{\infty} (\beta (V^{-1})^\mathsf{T} \Lambda V^\mathsf{T})^i (x_1 - x_2)$$

$$\stackrel{\text{(a)}}{=} r^\mathsf{T} \sum_{i=1}^{\infty} (\beta (V^{-1})^\mathsf{T} \Lambda_2 V^\mathsf{T})^i (x_1 - x_2)$$

$$= r^{\mathsf{T}}(V^{-1})^{\mathsf{T}} \sum_{i=1}^{\infty} (\beta \Lambda_2)^i V^{\mathsf{T}}(x_1 - x_2)$$

$$= r^{\mathsf{T}}(V^{-1})^{\mathsf{T}} \Upsilon V^{\mathsf{T}}(x_1 - x_2)$$

$$= r^{\mathsf{T}}(V \Upsilon V^{-1})^{\mathsf{T}}(x_1 - x_2)$$

$$= r^{\mathsf{T}} Q^{\mathsf{T}}(x_1 - x_2)$$

其中, (a) 表示可由命题 9.7 得到。 □

命题 9.8 表明, 两个不同信息态向量导致的收益差可以简单表示为矩阵形式。

命题 9.9 $r^{\mathsf{T}}(e_i - e_j) \geqslant r^{\mathsf{T}} Q^{\mathsf{T}}(e_i - e_j)$ $(1 \leqslant j < i \leqslant X)$。

证明 根据条件 9.1⑤, 有 $r^{\mathsf{T}}(e_{j+1} - e_j) \geqslant r^{\mathsf{T}} Q^{\mathsf{T}}(e_{j+1} - e_j)$ $(1 \leqslant j \leqslant X - 1)$, 因此仅需证明 $r^{\mathsf{T}}(e_i - e_j) \geqslant r^{\mathsf{T}} Q^{\mathsf{T}}(e_i - e_j)$ 对于 $i > j + 1$ 成立, 即

$$r^{\mathsf{T}}(e_i - e_j) - r^{\mathsf{T}} Q^{\mathsf{T}}(e_i - e_j) = r^{\mathsf{T}} \sum_{k=j}^{i-1}(e_{k+1} - e_k) - r^{\mathsf{T}} Q^{\mathsf{T}} \sum_{k=j}^{i-1}(e_{k+1} - e_k)$$

$$= \sum_{k=j}^{i-1} \left[r^{\mathsf{T}}(e_{k+1} - e_k) - r^{\mathsf{T}} Q^{\mathsf{T}}(e_{k+1} - e_k) \right]$$

$$\geqslant 0$$

□

9.3.4 优化性分析

引理 9.2 给定条件 9.1, $x_t^l = (x_t^{(-l)}, x_t^{(l)})$, $\check{x}_t^l = (x_t^{(-l)}, \check{x}_t^{(l)})$, $x_t^{(l)} \leqslant_r \check{x}_t^{(l)}$, 对于 $1 \leqslant t \leqslant T$。

① 若 $u_t' = u_t = l$, 则

$$r^{\mathsf{T}}(\check{x}_t^{(l)} - x_t^{(l)}) \leqslant W_t^{(u_t')}(\check{x}_t^l) - W_t^{(u_t)}(x_t^l) \leqslant \sum_{i=0}^{T-t} \beta^i r^{\mathsf{T}}(A^{\mathsf{T}})^i(\check{x}_t^{(l)} - x_t^{(l)})$$

② 若 $u_t' \neq l$, $u_t \neq l$ 且 $u_t' = u_t$, 则

$$0 \leqslant W_t^{(u_t')}(\check{x}_t^l) - W_t^{(u_t)}(x_t^l) \leqslant \sum_{i=1}^{T-t} \beta^i r^{\mathsf{T}}(A^{\mathsf{T}})^i(\check{x}_t^{(l)} - x_t^{(l)})$$

③ 若 $u_t' = l$ 且 $u_t \neq l$, 则

$$0 \leqslant W_t^{(u_t')}(\check{x}_t^l) - W_t^{(u_t)}(x_t^l) \leqslant \sum_{i=0}^{T-t} \beta^i r^{\mathsf{T}}(A^{\mathsf{T}})^i(\check{x}_t^{(l)} - x_t^{(l)})$$

证明　证明过程见 9.5.2 节。　　　　　　　　　　　　　　　　　　　□

备注 9.3　需要强调的是，达到引理 9.2 中界的条件。对于①，当信道 l 在时隙 t 被选择，但是在 t 之后再也不被选择，则达到下界；当信道 l 从时隙 t 到 T 一直被选择，则达到上界。对于 ②，从时隙 t 开始信道 l 一直不被选择，则达到下界；当信道 l 从时隙 $t+1$ 到 T 一直被选择，则达到上界。对于 ③，从时隙 t 开始，信道 l 一直不被选择，则达到下界；从时隙 t 开始，信道 l 一直被选择，则达到上界。

引理 9.3　给定条件 9.1, 若 $x_t^{(l)} >_r x_t^{(n)}$, 则 $W_t^{(l)}(x_t^{(1:N)}) > W_t^{(n)}(x_t^{(1:N)})$。

证明　根据引理 9.2, 可得

$$W_t^{(l)}(x_t^{(1:N)}) - W_t^{(n)}(x_t^{(1:N)})$$

$$=(W_t^{(l)}(x_t^{(-l)}, x_t^{(l)}) - W_t^{(l)}(x_t^{(-l)}, x_t^{(n)})) - (W_t^{(l)}(x_t^{(-l)}, x_t^{(n)}) - W_t^{(n)}(x_t^{(-n)}, x_t^{(n)}))$$

$$\overset{(a)}{=}(W_t^{(l)}(x_t^{(-l)}, x_t^{(l)}) - W_t^{(l)}(x_t^{(-l)}, x_t^{(n)})) - (W_t^{(n)}(x_t^{(-l)}, x_t^{(n)}) - W_t^{(n)}(x_t^{(-n)}, x_t^{(n)}))$$

$$\geqslant r^{\mathsf{T}}(x_t^{(l)} - x_t^{(n)}) - \sum_{i=1}^{T-t} \beta^i r^{\mathsf{T}}(A^{\mathsf{T}})^i (x_t^{(l)} - x_t^{(n)})$$

$$= r^{\mathsf{T}}\Big(I - \sum_{i=1}^{T-t}(\beta A^{\mathsf{T}})^i\Big)(x_t^{(l)} - x_t^{(n)})$$

$$\geqslant r^{\mathsf{T}}\Big(I - \sum_{i=1}^{\infty}(\beta A^{\mathsf{T}})^i\Big)(x_t^{(l)} - x_t^{(n)})$$

$$\overset{(b)}{=} r^{\mathsf{T}}\Big(I - v\Upsilon v^{-1}\Big)(x_t^{(l)} - x_t^{(n)})$$

$$= r^{\mathsf{T}}(I - Q^{\mathsf{T}}) \sum_{j=2}^{X}\Big[\sum_{i=j}^{X}(x_t^{(l)}(i) - x_t^{(n)}(i))(e_j - e_{j-1})\Big]$$

$$= \sum_{j=2}^{X}\Big[\sum_{i=j}^{X}(x_t^{(l)}(i) - x_t^{(n)}(i))r^{\mathsf{T}}(I - Q^{\mathsf{T}})(e_j - e_{j-1})\Big]$$

$$= \sum_{j=2}^{X}\Big\{\sum_{i=j}^{X}(x_t^{(l)}(i) - x_t^{(n)}(i))[r^{\mathsf{T}}(e_j - e_{j-1}) - r^{\mathsf{T}}Q^{\mathsf{T}}(e_j - e_{j-1})]\Big\}$$

$$\overset{(c)}{\geqslant} 0$$

其中, (a) 表示可由 $W_t^{(n)}(x_t^{(-l)}, x_t^{(n)}) = W_t^{(l)}(x_t^{(-l)}, x_t^{(n)})$ 得到, 考虑信道 n 和 l 的信息态具有相同值 $x_t^{(n)}$, 表明选择 n 或 l 有相同收益; (b) 表示可由命题 9.8

得到；(c) 表示可由命题 9.9 得到。 □

引理 9.3 表明，调度信息态更好的信道能带来更大的收益。根据引理 9.3，有如下关于短视策略优化性的定理。

定理 9.1 给定条件 9.1，短视策略是最优的。

证明 当 $T \to \infty$ 时，我们通过后推证明该定理。在时隙 T，非常容易验证定理成立。假设定理在时隙 $T-1, \cdots, t+1$ 成立，如从时隙 $t+1$ 到 T，最优策略是访问最好信道。接下来，我们证明该定理在时隙 t 也成立。通过反证，给定 $x_t^{(1)} >_r \cdots >_r x_t^{(N)}$，从时隙 $t+1$ 到 T，最优策略是访问最好信道，在时隙 t 则是选择 $\mu_t = i_1 \neq 1 = \hat{\mu}_t$，这里 $\hat{\mu}_t$ 表示根据式 (9.11)在时隙 t，在 MLR 序意义上选择最好信道。因此，在时隙 t 必然存在 i_n，使 $x_t^{(i_n)} >_r x_t^{(i_1)}$。按照引理 9.3，有 $W_t^{(i_n)}(x_t^{(1:N)}) > W_t^{(i_1)}(x_t^{(1:N)})$，这与假设 (在时隙 t 最优策略是选择信道 i_1) 矛盾。因此，定理对于有限时隙 T 成立。令 $T \to \infty$，定理得证。 □

9.3.5 讨论

1. 方法对比

文献 [1] 考虑直接或完美观测情况下的信道调度问题。其方法是基于在 FOSD 序意义上所有信道的信息态。换言之，文献 [1] 中方法的关键之处是在 FOSD 意义上保持信息态有序或者足够分离。然而，在非直接或非完美观测情况下，本文引入一个观测矩阵被代替文献 [1] 在完美情况下的单位矩阵 I。因此，FOSD 序不足以描述非完美观测情况下信息态的序关系。本文引入更强的随机序，即 MLR 序来刻画信息态序结构。此外，本章在推导短视策略优化性上采用的方法与文献 [1] 完全不同，因此充分条件不能退化为文献 [1] 给出的条件。

2. 界比较

引理 9.2 中界的紧致程度不足以让我们去掉非平凡条件 9.1⑤。实际上，我们推测即使没有条件 9.1 中 ⑤，短视策略优化依旧成立。然而，由于本章方法所限，我们不能得到更紧致界去掉非平凡条件 9.1⑤。因此，未来一个重要的研究方向是采用其他方法得到短视策略的优化性。

3. 案例分析

考虑下行调度系统，它由 $N=4$ 个信道、一个用户和一个基站组成。每个信道具有 $X=3$ 个状态，它按照矩阵 A 演化。收益向量为 $r = (0.05, 0.20, 0.70)^{\mathsf{T}}$，如果选中信道状态为 1，则得到 0.05 个单位收益。折旧因子 $\beta = 1$，观测矩阵 B

和初始信息态设置为

$$A = \begin{bmatrix} 0.40 & 0.20 & 0.40 \\ 0.20 & 0.24 & 0.56 \\ 0.15 & 0.25 & 0.60 \end{bmatrix}, \quad B = \begin{bmatrix} 0.98 & 0.01 & 0.01 \\ 0.10 & 0.40 & 0.50 \\ 0.01 & 0.40 & 0.59 \end{bmatrix}$$

$$x_0^{(1)} = \begin{bmatrix} 0.40 \\ 0.20 \\ 0.40 \end{bmatrix}, \quad x_0^{(2)} = x_0^{(3)} = \begin{bmatrix} 0.20 \\ 0.24 \\ 0.56 \end{bmatrix}, \quad x_0^{(4)} = \begin{bmatrix} 0.15 \\ 0.25 \\ 0.60 \end{bmatrix}$$

为了最大化信道吞吐量，基站需要在每个时隙确定选择哪个信道给用户传输信息。在该设置下，容易验证条件 9.1 可以满足，即

$$\phi(A_1^\mathsf{T}, 2) = \begin{bmatrix} 0.0087 \\ 0.3054 \\ 0.6859 \end{bmatrix} \geqslant_r \begin{bmatrix} 0.2000 \\ 0.2400 \\ 0.5600 \end{bmatrix} = A^\mathsf{T} A_3^\mathsf{T}$$

$$\phi(A_3^\mathsf{T}, 1) = \begin{bmatrix} 0.8688 \\ 0.1064 \\ 0.0248 \end{bmatrix} \leqslant_r \begin{bmatrix} 0.2600 \\ 0.2280 \\ 0.5120 \end{bmatrix} = A^\mathsf{T} A_1^\mathsf{T}$$

$$r^\mathsf{T}(e_2 - e_1) - r^\mathsf{T} Q^\mathsf{T}(e_2 - e_1) = 0.0053 \geqslant 0$$

$$r^\mathsf{T}(e_3 - e_2) - r^\mathsf{T} Q^\mathsf{T}(e_3 - e_2) = 0.4638 \geqslant 0$$

因此，由定理 9.1 可知，短视调度策略是最优的。换言之，在时隙 0，选择信道 4 给用户通信是最优方案，因为 $x_0^{(1)} \leqslant_r x_0^{(2)} \leqslant_r x_0^{(3)} \leqslant_r x_0^{(4)}$。对于其他时隙，优化方案依旧是选择信息态最大的信道，如 $x_t^{(1)}$、$x_t^{(2)}$、$x_t^{(3)}$、$x_t^{(4)}$ 的序关系。

9.4　优化性扩展

本节将优化性结果推广到状态转换矩阵 A 在 MLR 序意义上是完全负序的情况。作为完全正序的补充，相关命题定理只需将前述命题定理中的单调增替换成单调减。

9.4.1　条件

条件 9.2　① $A_1 \geqslant_r A_2 \geqslant_r \cdots \geqslant_r A_X$。
② $B_{:,1} \leqslant_r B_{:,2} \leqslant_r \cdots \leqslant_r B_{:,Y}$。
③ 存在 K $(2 \leqslant K \leqslant Y)$，使

$$\Gamma(A^\mathsf{T} e_X, K) \leqslant_r (A^\mathsf{T})^2 e_1$$

$$\Gamma(A^{\mathsf{T}}e_1, K-1) \geqslant_r (A^{\mathsf{T}})^2 e_X$$

④ $A_1 \geqslant_r x_0^{(1)} \geqslant_r x_0^{(2)} \geqslant_r \cdots \geqslant_r x_0^{(N)} \geqslant_r A_X$。

⑤ $r^{\mathsf{T}}(e_{i+1} - e_i) \geqslant r^{\mathsf{T}}Q^{\mathsf{T}}(e_{i+1} - e_i)$ $(1 \leqslant i \leqslant X-1)$, 其中 $A = V\Lambda V^{-1}$, $Q = V\Upsilon V^{-1}$。

备注 9.4 条件 9.2 与条件 9.1 在三方面不同, 如 ①、③、④, 它们刻画矩阵 A 的反向 TP2 序 [2] 属性。

9.4.2 优化性分析

给定条件 9.2, 有如下与命题 9.3 ~ 9.6 相似的命题。

命题 9.10 给定 $x_1, x_2 \in \Pi(X)$ 且 $x_1 \leqslant_r x_2$, 则

$$(A_1)^{\mathsf{T}} \geqslant_r A^{\mathsf{T}}x_1 \geqslant_r A^{\mathsf{T}}x_2 \geqslant_r (A_X)^{\mathsf{T}}$$

命题 9.11 给定 $x_1, x_2 \in \Pi(X)$ 且 $(A_1)^{\mathsf{T}} \geqslant_r x_1 \geqslant_r x_2 \geqslant_r (A_X)^{\mathsf{T}}$, 则 $\Gamma(x_1, k) \leqslant_r \Gamma(x_2, k)$ 对于 $1 \leqslant k \leqslant Y$ 成立。

命题 9.12 给定 $x \in \Pi(X)$ 且 $(A_1)^{\mathsf{T}} \geqslant_r x \geqslant_r (A_X)^{\mathsf{T}}$, 则 $\Gamma(x, k) \geqslant_r \Gamma(x, m)$ 对于任意 $1 \leqslant k \leqslant m \leqslant Y$ 成立。

命题 9.13 给定条件 9.2, 有 $x_t^{(l)} \leqslant_r x_t^{(n)}$ 或者 $x_t^{(n)} \leqslant_r x_t^{(l)}$, 对于 $l, n \in \{1, 2, \cdots, N\}$ 和所有时隙 t 成立。

根据定理 9.2 的相似推导, 我们有如下重要性能界。

引理 9.4 给定条件 9.2, $x_t^l = (x_t^{(-l)}, x_t^{(l)})$、$\check{x}_t^l = (x_t^{(-l)}, \check{x}_t^{(l)})$、$x_t^{(l)} \leqslant_r \check{x}_t^{(l)}$, 对于 $1 \leqslant t \leqslant T$。

① 若 $u_t' = u_t = l$, 则

$$r^{\mathsf{T}}\left[I - \sum_{i=1}^{\lceil\frac{T-t}{2}\rceil} (\beta A^{\mathsf{T}})^{2i-1}\right](\check{x}_t^{(l)} - x_t^{(l)}) \leqslant W_t^{(u_t')}(\check{x}_t^l) - W_t^{(u_t)}(x_t^l)$$

$$\leqslant r^{\mathsf{T}}\left[I + \sum_{i=1}^{\lfloor\frac{T-t}{2}\rfloor} (\beta A^{\mathsf{T}})^{2i}\right](\check{x}_t^{(l)} - x_t^{(l)})$$

② 若 $u_t' \neq l$, $u_t \neq l$, 且 $u_t' = u_t$, 则

$$-r^{\mathsf{T}} \sum_{i=1}^{\lceil\frac{T-t}{2}\rceil} (\beta A^{\mathsf{T}})^{2i-1}(\check{x}_t^{(l)} - x_t^{(l)}) \leqslant W_t^{(u_t')}(\check{x}_t^l) - W_t^{(u_t)}(x_t^l)$$

$$\leqslant r^{\mathsf{T}} \sum_{i=1}^{\lfloor\frac{T-t}{2}\rfloor} (\beta A^{\mathsf{T}})^{2i}(\check{x}_t^{(l)} - x_t^{(l)})$$

③ 若 $u_t' = l$ 且 $u_t \neq l$，则

$$-r^{\mathsf{T}} \sum_{i=1}^{\lceil \frac{T-t}{2} \rceil} (\beta A^{\mathsf{T}})^{2i-1} (\check{x}_t^{(l)} - x_t^{(l)}) \leqslant W_t^{(u_t')}(\check{x}_t^l) - W_t^{(u_t)}(x_t^l)$$

$$\leqslant r^{\mathsf{T}} \left[I + \sum_{i=1}^{\lfloor \frac{T-t}{2} \rfloor} (\beta A^{\mathsf{T}})^{2i} \right] (\check{x}_t^{(l)} - x_t^{(l)})$$

备注 9.5　① 当 l 在时隙 $t, t+1, t+3, \cdots$ 被选择时达到下界，当 l 在时隙 $t, t+2, t+4, \cdots$ 被选择时达到上界。② 当 l 在时隙 $t+1, t+3, \cdots$ 被选择时达到下界，当 l 在时隙 $t+2, t+4, \cdots$ 被选择时达到上界。③ 当 l 在时隙 $t+1, t+3, \cdots$ 被选择时达到下界，当 l 在时隙 $t, t+2, t+4, \cdots$ 被选择时达到上界。

定理 9.2　给定条件 9.2，短视策略是最优策略。

9.4.3　扩展：调度多个信道

本章采用的方法和得到的性能界能简单地推广到同时调度多个 (如 L) 信道的情况。在该情况下，引理 9.2 和引理 9.4 中的性能界在不修改条件的情况下依旧成立。这可以简单解释为，虚拟地将时隙分成 L 个子时隙，调度 L 个信道的情况能简单地看作在 L 个子时隙内依次调度 L 个信道，但是那些未被调度的信道则保持状态不变。因此，每个时隙在调度一个信道的情况下所得的优化性结论可以保证在条件 9.1 或条件 9.2 满足的情况下调度多个信道的优化性。

9.5　引理证明

9.5.1　引理 9.1 的证明

我们采用归纳法证明。在时隙 T，易验证此引理成立。假定引理在时隙 $T-1$，$\cdots, t+2, t+1$ 均成立，证明其在时隙 t 亦成立。

在时隙 t，我们分两种情况证明。

情况 1，当 $u_t = n$ 时，有

$$W_t^{(u_t)}(x_t^{(1:n-1)}, x_t^{(n)}, x_t^{(n+1:N)})$$

$$= r^{\mathsf{T}} x_t^{(n)} + \beta \sum_{m \in \mathcal{Y}} d(x_t^{(n)}, m) W_{t+1}^{(\hat{u}_{t+1})}(x_{t+1}^{(1:n-1)}, x_{t+1,m}^{(n)}, x_{t+1}^{(n+1:N)})$$

$$\overset{(a)}{=} r^{\mathsf{T}} x_t^{(n)} + \beta \sum_{m \in \mathcal{Y}} d(x_t^{(n)}, m) \sum_{j=1}^{X} e_j^{\mathsf{T}} x_{t+1,m}^{(n)} W_{t+1}^{(\hat{u}_{t+1})}(x_{t+1}^{(1:n-1)}, e_j, x_{t+1}^{(n+1:N)}) \quad (9.17)$$

其中，(a) 表示可由归纳假设得到。

$$\sum_{i=1}^{X} x_t^{(n)}(i) W_t^{(u_t)}(x_t^{(1:n-1)}, e_i, x_t^{(n+1:N)})$$

$$= \sum_{i=1}^{X} x_t^{(n)}(i) \Big(r^\mathsf{T} x_t^{(n)} + \beta \sum_{m \in \mathcal{Y}} d(e_i, m) W_{t+1}^{(\hat{u}_{t+1})}(x_{t+1}^{(1:n-1)}, \Gamma(e_i, m), x_{t+1}^{(n+1:N)}) \Big)$$

$$\overset{(b)}{=} r^\mathsf{T} x_t^{(n)} + \beta \sum_{i=1}^{X} x_t^{(n)}(i) \sum_{m \in \mathcal{Y}} d(e_i, m) W_{t+1}^{(\hat{u}_{t+1})}(x_{t+1}^{(1:n-1)}, \Gamma(e_i, m), x_{t+1}^{(n+1:N)})$$

$$\overset{(c)}{=} r^\mathsf{T} x_t^{(n)} + \beta \sum_{i=1}^{X} x_t^{(n)}(i) \sum_{m \in \mathcal{Y}} d(e_i, m) \sum_{j=1}^{X} e_j^\mathsf{T} \Gamma(e_i, m) W_{t+1}^{(\hat{u}_{t+1})}(x_{t+1}^{(1:n-1)}, e_j, x_{t+1}^{(n+1:N)})$$

$$\tag{9.18}$$

其中，(b) 表示可由 $\displaystyle\sum_{i=1}^{X} x_t^{(n)}(i) = 1$ 得到；(c) 表示可由归纳假设得到。

为证此引理，只需证明下式，即

$$\sum_{m \in \mathcal{Y}} d(x_t^{(n)}, m) \sum_{j=1}^{X} e_j^\mathsf{T} x_{t+1,m}^{(n)} = \sum_{i=1}^{X} x_t^{(n)}(i) \sum_{m \in \mathcal{Y}} d(e_i, m) \sum_{j=1}^{X} e_j^\mathsf{T} \Gamma(e_i, m) \tag{9.19}$$

我们有式 (9.19) 的左边项和右边项，即

$$\sum_{m \in \mathcal{Y}} d(x_t^{(n)}, m) \sum_{j=1}^{X} e_j^\mathsf{T} x_{t+1,m}^{(n)} = \sum_{m \in \mathcal{Y}} d(x_t^{(n)}, m) \sum_{j=1}^{X} e_j^\mathsf{T} \frac{B(m) A^\mathsf{T} x_t^{(n)}}{d(x_t^{(n)}, m)}$$

$$= \sum_{m \in \mathcal{Y}} \sum_{j=1}^{X} e_j^\mathsf{T} B(m) A^\mathsf{T} x_t^{(n)} \tag{9.20}$$

$$\sum_{i=1}^{X} x_t^{(n)}(i) \sum_{m \in \mathcal{Y}} d(e_i, m) \sum_{j=1}^{X} e_j^\mathsf{T} \Gamma(e_i, m)$$

$$= \sum_{i=1}^{X} x_t^{(n)}(i) \sum_{m \in \mathcal{Y}} d(e_i, m) \sum_{j=1}^{X} e_j^\mathsf{T} \frac{B(m) A^\mathsf{T} e_i}{d(e_i, m)}$$

$$= \sum_{i=1}^{X} x_t^{(n)}(i) \sum_{m \in \mathcal{Y}} \sum_{j=1}^{X} e_j^\mathsf{T} B(m) A^\mathsf{T} e_i$$

$$= \sum_{m \in \mathcal{Y}} \sum_{j=1}^{X} e_j^{\mathsf{T}} B(m) A^{\mathsf{T}} \sum_{i=1}^{X} x_t^{(n)}(i) e_i$$

$$= \sum_{m \in \mathcal{Y}} \sum_{j=1}^{X} e_j^{\mathsf{T}} B(m) A^{\mathsf{T}} x_t^{(n)} \tag{9.21}$$

联合式 (9.20) 和式 (9.21)，可得式 (9.19)，即引理在 $u_t = n$ 时得证。

情况 2，当 $u_t \neq n$ 时，不失一般性，假设 $u_t \geqslant n+1$，可得

$$W_t^{(u_t)}(x_t^{(1:n-1)}, x_t^{(n)}, x_t^{(n+1:N)})$$

$$= r^{\mathsf{T}} x_t^{(u_t)} + \beta \sum_{m \in \mathcal{Y}} d(x_t^{(u_t)}, m) W_{t+1}^{(\hat{u}_{t+1})}(x_{t+1}^{(1:u_t-1)}, x_{t+1,m}^{(u_t)}, x_{t+1}^{(u_t+1:N)})$$

$$\stackrel{(a)}{=} r^{\mathsf{T}} x_t^{(u_t)} + \beta \sum_{m \in \mathcal{Y}} d(x_t^{(u_t)}, m) \sum_{i=1}^{X} x_{t+1}^{(n)}(i)$$

$$\times W_{t+1}^{(\hat{u}_{t+1})}(x_{t+1}^{(1:n-1)}, e_i, x_{t+1}^{(n+1:u_t-1)}, x_{t+1,m}^{(u_t)}, x_{t+1}^{(u_t+1:N)}) \tag{9.22}$$

其中，(a) 表示可由归纳假设得到。

$$\sum_{i=1}^{X} x_t^{(n)}(i) W_t^{(u_t)}(x_t^{(1:n-1)}, e_i, x_t^{(n+1:N)})$$

$$= \sum_{i=1}^{X} x_t^{(n)}(i) \Big(r^{\mathsf{T}} x_t^{(u_t)} + \beta \sum_{m \in \mathcal{Y}} d(x_t^{(u_t)}, m)$$

$$\times W_{t+1}^{(\hat{u}_{t+1})}(x_{t+1}^{(1:n-1)}, e_i, x_{t+1}^{(n+1:u_t-1)}, x_{t+1,m}^{(u_t)}, x_{t+1}^{(u_t+1:N)}) \Big)$$

$$\stackrel{(b)}{=} r^{\mathsf{T}} x_t^{(u_t)} + \beta \sum_{i=1}^{X} x_t^{(n)}(i) \sum_{m \in \mathcal{Y}} d(x_t^{(u_t)}, m)$$

$$\times W_{t+1}^{(\hat{u}_{t+1})}(x_{t+1}^{(1:n-1)}, e_i, x_{t+1}^{(n+1:u_t-1)}, x_{t+1,m}^{(u_t)}, x_{t+1}^{(u_t+1:N)}) \tag{9.23}$$

其中，(b) 表示可由 $\displaystyle\sum_{i=1}^{X} x_t^{(n)}(i) = 1$ 得到。

综上所述，引理得证。

9.5.2　引理 9.2 的证明

我们采用归纳法证明。对于时隙 T，有以下结论。

① 当 $u_T' = u_T = l$ 时，有 $W_T^{(u_T')}(\check{x}_T^l) - W_T^{(u_T)}(x_T^l) = r^{\mathsf{T}}(\check{x}_T^{(l)} - x_T^{(l)})$。

② 当 $u'_T \neq l$、$u_T \neq l$ 且 $u'_T = u_T$ 时，有 $W_\Gamma^{(u'_T)}(\check{x}_T^l) - W_\Gamma^{(u_T)}(x_T^l) = 0$。

③ 当 $u'_T = l$ 和 $u_T \neq l$ 时，存在至少一个信道 n，使 $u'_T = n$ 且 $\check{x}_T^{(l)} \geqslant_r x_T^{(n)} \geqslant_r x_T^{(l)}$，那么有 $0 \leqslant W_\Gamma^{(u'_T)}(\check{x}_T^l) - W_\Gamma^{(u_T)}(x_T^l) \leqslant r^\mathsf{T}(\check{x}_T^{(l)} - x_T^{(n)})$。

进而，引理 9.2 在时隙 T 成立。

假定引理 9.2 在时隙 $T-1, \cdots, t+1$ 成立，下面证明其在时隙 t 亦成立。

首先，证明第一种情况，即 $u'_t = l, u_t = l$。按照引理 9.1，将 $\check{x}_t^l$ 和 x_t^l 展开，可得

$$
\begin{aligned}
F(\check{x}_t^l, u'_t) &= \sum_{m \in \mathcal{Y}} d(\check{x}_t^{(l)}, m) \sum_{j \in \mathcal{X}} e_j^\mathsf{T} \Gamma(\check{x}_t^{(l)}, m) W_{t+1}^{(\hat{u}'_{t+1})}(x_{t+1}^{(-l)}, e_j) \\
&= \sum_{m \in \mathcal{Y}} \sum_{j \in \mathcal{X}} e_j^\mathsf{T} B(m) A^\mathsf{T} \check{x}_t^{(l)} W_{t+1}^{(\hat{u}'_{t+1})}(x_{t+1}^{(-l)}, e_j)
\end{aligned}
\tag{9.24}
$$

$$
\begin{aligned}
F(x_t^l, u_t) &= \sum_{m \in \mathcal{Y}} d(x_t^{(l)}, m) \sum_{j \in \mathcal{X}} e_j^\mathsf{T} \Gamma(x_t^{(l)}, m) W_{t+1}^{(\hat{u}_{t+1})}(x_{t+1}^{(-l)}, e_j) \\
&= \sum_{m \in \mathcal{Y}} \sum_{j \in \mathcal{X}} e_j^\mathsf{T} B(m) A^\mathsf{T} x_t^{(l)} W_{t+1}^{(\hat{u}_{t+1})}(x_{t+1}^{(-l)}, e_j)
\end{aligned}
\tag{9.25}
$$

和

$$
\begin{aligned}
&F(\check{x}_t^l, u'_t) - F(x_t^l, u_t) \\
&= \sum_{m \in \mathcal{Y}} \sum_{j \in \mathcal{X}} \left[e_j^\mathsf{T} B(m) A^\mathsf{T} \check{x}_t^{(l)} W_{t+1}^{(\hat{u}'_{t+1})}(x_{t+1}^{(-l)}, e_j) - e_j^\mathsf{T} B(m) A^\mathsf{T} x_t^{(l)} W_{t+1}^{(\hat{u}_{t+1})}(x_{t+1}^{(-l)}, e_j) \right] \\
&\stackrel{(a)}{=} \sum_{m \in \mathcal{Y}} \sum_{j \in \mathcal{X} - \{1\}} \left[e_j^\mathsf{T} B(m) A^\mathsf{T} (\check{x}_t^{(l)} - x_t^{(l)}) \left(W_{t+1}^{(\hat{u}'_{t+1})}(x_{t+1}^{(-l)}, e_j) - W_{t+1}^{(\hat{u}_{t+1})}(x_{t+1}^{(-l)}, e_1) \right) \right]
\end{aligned}
\tag{9.26}
$$

其中，(a) 表示可由 $x_t^{(l)}(1) = 1 - \sum\limits_{j \in \mathcal{X}^{(l)} - \{1\}} x_t^{(l)}(j)$ 得到。

接下来，分析式 (9.26) 中方括号内的项 $W_{t+1}^{(\hat{u}'_{t+1})}(x_{t+1}^{(-l)}, e_j) - W_{t+1}^{(\hat{u}_{t+1})}(x_{t+1}^{(-l)}, e_1)$，具体分三种情况。

情况 1，若 $\hat{u}'_{t+1} = l$ 和 $\hat{u}_{t+1} = l$，根据归纳假设，可得

$$
0 \leqslant W_{t+1}^{(\hat{u}'_{t+1})}(x_{t+1}^{(-l)}, e_j) - W_{t+1}^{(\hat{u}_{t+1})}(x_{t+1}^{(-l)}, e_1) \leqslant \sum_{i=0}^{T-t-1} r^\mathsf{T} (\beta A^\mathsf{T})^i (e_j - e_1)
$$

情况 2，若 $\hat{u}'_{t+1} \neq l$、$\hat{u}_{t+1} \neq l$ 和 $\hat{u}'_{t+1} = \hat{u}_{t+1}$，根据归纳假设，可得

$$0 \leqslant W_{t+1}^{(\hat{u}'_{t+1})}(x_{t+1}^{(-l)}, e_j) - W_{t+1}^{(\hat{u}_{t+1})}(x_{t+1}^{(-l)}, e_1) \leqslant \sum_{i=1}^{T-t-1} r^{\mathsf{T}}(\beta A^{\mathsf{T}})^i(e_j - e_1)$$

情况 3，若 $\hat{u}'_{t+1} = l$ 和 $\hat{u}_{t+1} \neq l$，根据归纳假设，可得

$$0 \leqslant W_{t+1}^{(\hat{u}'_{t+1})}(x_{t+1}^{(-l)}, e_j) - W_{t+1}^{(\hat{u}_{t+1})}(x_{t+1}^{(-l)}, e_1) \leqslant \sum_{i=0}^{T-t-1} r^{\mathsf{T}}(\beta A^{\mathsf{T}})^i(e_j - e_1)$$

联合情况 $1 \sim 3$，有 $W_{t+1}^{(\hat{u}'_{t+1})}(x_{t+1}^{(-l)}, e_j) - W_{t+1}^{(\hat{u}_{t+1})}(x_{t+1}^{(-l)}, e_1)$ 的界，即

$$0 \leqslant W_{t+1}^{(\hat{u}'_{t+1})}(x_{t+1}^{(-l)}, e_j) - W_{t+1}^{(\hat{u}_{t+1})}(x_{t+1}^{(-l)}, e_1) \leqslant \sum_{i=0}^{T-t-1} r^{\mathsf{T}}(\beta A^{\mathsf{T}})^i(e_j - e_1)$$

因此

$$W_t^{(u'_t)}(\breve{x}_t^l) - W_t^{(u_t)}(x_t^l)$$

$$= r^{\mathsf{T}}(\breve{x}_t^{(l)} - x_t^{(l)}) + \beta F(\breve{x}_t^l, u'_t) - F(x_t^l, u_t)$$

$$= r^{\mathsf{T}}(\breve{x}_t^{(l)} - x_t^{(l)}) + \beta \sum_{m \in \mathcal{Y}} \sum_{j \in \mathcal{X} - \{1\}}$$

$$\times \left[e_j^{\mathsf{T}} B(m) A^{\mathsf{T}}(\breve{x}_t^{(l)} - x_t^{(l)}) \left(W_{t+1}^{(\hat{u}'_{t+1})}(x_{t+1}^{(-l)}, e_j) - W_{t+1}^{(\hat{u}_{t+1})}(x_{t+1}^{(-l)}, e_1) \right) \right]$$

$$\leqslant r^{\mathsf{T}}(\breve{x}_t^{(l)} - x_t^{(l)}) + \beta \sum_{m \in \mathcal{Y}} \sum_{j \in \mathcal{X} - \{1\}}$$

$$\times \left\{ e_j^{\mathsf{T}} B(m) A^{\mathsf{T}}(\breve{x}_t^{(l)} - x_t^{(l)}) \left[\sum_{i=0}^{T-t-1} r^{\mathsf{T}}(\beta A^{\mathsf{T}})^i(e_j - e_1) \right] \right\}$$

$$= \sum_{i=0}^{T-t} r^{\mathsf{T}}(\beta A^{\mathsf{T}})^i(\breve{x}_t^{(l)} - x_t^{(l)})$$

至此，我们完成引理 9.2 第一部分 $(u'_t = l、u_t = l)$ 的证明。

然后，证明第 2 种情况，即 $u'_t \neq l、u_t \neq l、u'_t = u_t$。

在该情况下，考虑 $u'_t = u_t$，假定 $u'_t = u_t = k$，可得

$$F(\breve{x}_t^l, u'_t)$$

$$= \sum_{m \in \mathcal{Y}} d(x_t^{(k)}, m) \sum_{j \in \mathcal{X}} e_j^{\mathsf{T}} \Gamma(x_t^{(k)}, m) W_{t+1}^{(\hat{u}'_{t+1})}(x_{t+1}^{(-k,-l)}, e_j, A^{\mathsf{T}} \breve{x}_t^{(l)})$$

$$= \sum_{m \in \mathcal{Y}} \sum_{j \in \mathcal{X}} e_j^{\mathsf{T}} B(m) A^{\mathsf{T}} x_t^{(k)} W_{t+1}^{(\hat{u}'_{t+1})}(x_{t+1}^{(-k,-l)}, e_j, A^{\mathsf{T}} \breve{x}_t^{(l)}) \tag{9.27}$$

$$F(x_t^l, u_t)$$

$$= \sum_{m \in \mathcal{Y}} d(x_t^{(k)}, m) \sum_{j \in \mathcal{X}} e_j^{\mathsf{T}} \Gamma(x_t^{(k)}, m) W_{t+1}^{(\hat{u}_{t+1})}(x_{t+1}^{(-k, -l)}, e_j, A^{\mathsf{T}} x_t^{(l)})$$

$$= \sum_{m \in \mathcal{Y}} \sum_{j \in \mathcal{X}} e_j^{\mathsf{T}} B(m) A^{\mathsf{T}} x_t^{(k)} W_{t+1}^{(\hat{u}_{t+1})}(x_{t+1}^{(-k, -l)}, e_j, A^{\mathsf{T}} x_t^{(l)}) \qquad (9.28)$$

那么

$$F(\check{x}_t^l, u_t') - F(x_t^l, u_t)$$

$$= \sum_{m \in \mathcal{Y}} \sum_{j \in \mathcal{X}} e_j^{\mathsf{T}} B(m) A^{\mathsf{T}} x_t^{(k)}$$

$$\times \left(W_{t+1}^{(\hat{u}_{t+1}')}(x_{t+1}^{(-k, -l)}, e_j, A^{\mathsf{T}} \check{x}_t^{(l)}) - W_{t+1}^{(\hat{u}_{t+1})}(x_{t+1}^{(-k, -l)}, e_j, A^{\mathsf{T}} x_t^{(l)}) \right) \qquad (9.29)$$

对于式 (9.29)，以及 $W_{t+1}^{(\hat{u}_{t+1}')}(x_{t+1}^{(-k, -l)}, e_j, A^{\mathsf{T}} \check{x}_t^{(l)})$ 和 $W_{t+1}^{(\hat{u}_{t+1})}(x_{t+1}^{(-k, -l)}, e_j,$ $A^{\mathsf{T}} x_t^{(l)})$，信道 l 从时隙 $t+1$ 到 T 都没选中。换言之，从时隙 $t+1$ 到 T，有 $\hat{u}_\tau' \neq l$ 和 $\hat{u}_\tau \neq l$，进而有 $W_{t+1}^{(\hat{u}_{t+1}')}(x_{t+1}^{(-k, -l)}, e_j, A^{\mathsf{T}} \check{x}_t^{(l)}) - W_{t+1}^{(\hat{u}_{t+1})}(x_{t+1}^{(-k, -l)}, e_j, A^{\mathsf{T}} x_t^{(l)}) = 0$；否则，存在 t^0 $(t+1 \leqslant t^0 \leqslant T)$ 使下述 3 种情况之一满足。

情况 1，当 $t \leqslant \tau \leqslant t^0 - 1$ 时，有 $u_\tau' \neq l$，$u_\tau \neq l$，但是 $u_{t^0}' = l$、$u_{t^0} = l$。

情况 2，当 $t \leqslant \tau \leqslant t^0 - 1$ 时，有 $u_\tau' \neq l$、$u_\tau \neq l$，但是 $u_{t^0}' \neq l$、$u_{t^0} = l$ (注意该情况不存在，因为据转换矩阵 A 有 $r^{\mathsf{T}} [A^{\mathsf{T}}]^{t^0 - t} \check{x}_t^{(l)} \geqslant r^{\mathsf{T}} [A^{\mathsf{T}}]^{t^0 - t} x_t^{(l)}$)。

情况 3，当 $t \leqslant \tau \leqslant t^0 - 1$ 时，有 $u_\tau' \neq l$、$u_\tau \neq l$，但是 $u_{t^0}' = l$、$u_{t^0} \neq l$。

对于情况 1，根据归纳假设 $(u_{t^0}' = l, u_{t^0} = l)$，可得

$$\beta^{t_0 - t}(W_{t^0}^{(\hat{u}_{t^0}')}(\check{x}_{t^0}^l) - W_{t^0}^{(\hat{u}_{t^0})}(x_{t^0}^l))$$

$$\leqslant \beta^{t_0 - t} \sum_{i=0}^{T - t^0} (\beta \overline{\lambda})^i r^{\mathsf{T}} (\check{x}_{t^0}^{(l)} - x_{t^0}^{(l)})$$

$$= \beta^{t_0 - t} \sum_{i=0}^{T - t^0} r^{\mathsf{T}} (\beta A^{\mathsf{T}})^i (A^{\mathsf{T}})^{t^0 - t} (\check{x}_t^{(l)} - x_t^{(l)})$$

$$\overset{(b)}{\leqslant} \beta \sum_{i=0}^{T - t - 1} r^{\mathsf{T}} (\beta A^{\mathsf{T}})^i A^{\mathsf{T}} (\check{x}_t^{(l)} - x_t^{(l)})$$

其中，(b) 表示可由 $t^0 \geqslant t+1$ 得到。

对于情况 3，根据归纳假设，我们有与情况 1 相似的结果。

联合上述 3 种情况，可得

$$W_{t+1}^{(\hat{u}'_{t+1})}(x_{t+1}^{(-k,-l)}, e_j, A^\mathsf{T}\check{x}_t^{(l)}) - W_{t+1}^{(\hat{u}_{t+1})}(x_{t+1}^{(-k,-l)}, e_j, A^\mathsf{T}x_t^{(l)})$$

$$\leqslant \sum_{i=0}^{T-t-1} r^\mathsf{T}(\beta A^\mathsf{T})^i A^\mathsf{T}(\check{x}_t^{(l)} - x_t^{(l)}) \tag{9.30}$$

联合式 (9.30) 和式 (9.29)，可得

$$W_t^{(u'_t)}(\check{x}_t^l) - W_t^{(u_t)}(x_t^l)$$

$$= \beta(F(\check{x}_t^l, u'_t) - F(x_t^l, u_t))$$

$$= \beta \sum_{m \in \mathcal{Y}} \sum_{j \in \mathcal{X}} e_j^\mathsf{T} B(m) A^\mathsf{T} x_t^{(k)}$$

$$\times \left(W_{t+1}^{(\hat{u}'_{t+1})}(x_{t+1}^{(-k,-l)}, e_j, A^\mathsf{T}\check{x}_t^{(l)}) - W_{t+1}^{(\hat{u}_{t+1})}(x_{t+1}^{(-k,-l)}, e_j, A^\mathsf{T}x_t^{(l)}) \right)$$

$$\leqslant \beta \sum_{m \in \mathcal{Y}} \sum_{j \in \mathcal{X}} e_j^\mathsf{T} B(m) A^\mathsf{T} x_t^{(k)} \sum_{i=0}^{T-t-1} r^\mathsf{T}(\beta A^\mathsf{T})^i A^\mathsf{T}(\check{x}_t^{(l)} - x_t^{(l)})$$

$$= \sum_{j \in \mathcal{X}} e_j^\mathsf{T} \left(\sum_{m \in \mathcal{Y}} B(m) \right) A^\mathsf{T} x_t^{(k)} \sum_{i=0}^{T-t-1} r^\mathsf{T}(\beta A^\mathsf{T})^{i+1}(\check{x}_t^{(l)} - x_t^{(l)})$$

$$= \sum_{j \in \mathcal{X}} e_j^\mathsf{T} I A^\mathsf{T} x_t^{(k)} \sum_{i=0}^{T-t-1} r^\mathsf{T}(\beta A^\mathsf{T})^{i+1}(\check{x}_t^{(l)} - x_t^{(l)})$$

$$= 1_X^\mathsf{T} A^\mathsf{T} x_t^{(k)} \sum_{i=0}^{T-t-1} r^\mathsf{T}(\beta A^\mathsf{T})^{i+1}(\check{x}_t^{(l)} - x_t^{(l)})$$

$$= 1_X^\mathsf{T} x_t^{(k)} \sum_{i=0}^{T-t-1} r^\mathsf{T}(\beta A^\mathsf{T})^{i+1}(\check{x}_t^{(l)} - x_t^{(l)})$$

$$= \sum_{i=0}^{T-t-1} r^\mathsf{T}(\beta A^\mathsf{T})^{i+1}(\check{x}_t^{(l)} - x_t^{(l)})$$

$$= \sum_{i=1}^{T-t} r^\mathsf{T}(\beta A^\mathsf{T})^i(\check{x}_t^{(l)} - x_t^{(l)})$$

至此，我们完成引理 9.2 在 $u'_t \neq l$ 和 $u_t \neq l$ 情况下的证明。

最后，证明第 3 种情况，即 $u'_t = l$、$u_t \neq l$。

至少存在一个 $u_t = n$ 及其置信向量 $x_t^{(n)}$，使 $\check{x}_t^{(l)} \geqslant_r x_t^{(n)} \geqslant_r x_t^{(l)}$，因此

$$W_t^{(u'_t)}(\check{x}_t^l) - W_t^{(u_t)}(x_t^l)$$
$$=W_t^{(l)}(x_t^{(1)},\cdots,x_t^{(l-1)},\check{x}_t^{(l)},x_t^{(l+1)},\cdots,x_t^{(N)})$$
$$\quad - W_t^{(n)}(x_t^{(1)},\cdots,x_t^{(l-1)},x_t^{(l)},x_t^{(l+1)},\cdots,x_t^{(N)})$$
$$=(W_t^{(l)}(x_t^{(1)},\cdots,x_t^{(l-1)},\check{x}_t^{(l)},x_t^{(l+1)},\cdots,x_t^{(N)})$$
$$\quad - W_t^{(n)}(x_t^{(1)},\cdots,x_t^{(l-1)},x_t^{(n)},x_t^{(l+1)},\cdots,x_t^{(N)}))$$
$$\quad + (W_t^{(n)}(x_t^{(1)},\cdots,x_t^{(l-1)},x_t^{(n)},x_t^{(l+1)},\cdots,x_t^{(N)})$$
$$\quad - W_t^{(n)}(x_t^{(1)},\cdots,x_t^{(l-1)},x_t^{(l)},x_t^{(l+1)},\cdots,x_t^{(N)}))$$
$$=(W_t^{(l)}(x_t^{(1)},\cdots,x_t^{(l-1)},\check{x}_t^{(l)},x_t^{(l+1)},\cdots,x_t^{(N)})$$
$$\quad - W_t^{(l)}(x_t^{(1)},\cdots,x_t^{(l-1)},x_t^{(n)},x_t^{(l+1)},\cdots,x_t^{(N)}))$$
$$\quad + (W_t^{(n)}(x_t^{(1)},\cdots,x_t^{(l-1)},x_t^{(n)},x_t^{(l+1)},\cdots,x_t^{(N)})$$
$$\quad - W_t^{(n)}(x_t^{(1)},\cdots,x_t^{(l-1)},x_t^{(l)},x_t^{(l+1)},\cdots,x_t^{(N)})) \tag{9.31}$$

根据归纳假设 $(l \in \mathcal{A}'、l \in \mathcal{A})$，式 (9.31) 右边的第一项可以定界为

$$W_t^{(u'_t)}(x_t^{(1)},\cdots,x_t^{(l-1)},\check{x}_t^{(l)},x_t^{(l+1)},\cdots,x_t^{(N)})$$
$$\quad - W_t^{(u_t)}(x_t^{(1)},\cdots,x_t^{(l-1)},x_t^{(m)},x_t^{(l+1)},\cdots,x_t^{(N)})$$
$$\leqslant \sum_{i=0}^{T-t} r^{\mathsf{T}}(\beta A^{\mathsf{T}})^i(\check{x}_t^{(l)} - x_t^{(n)}) \tag{9.32}$$

根据归纳假设 $(l \notin \mathcal{A}'、l \notin \mathcal{A})$，式 (9.31) 右边的第二项可以定界为

$$W_t^{(u'_t)}(x_t^{(1)},\cdots,x_t^{(l-1)},x_t^{(m)},x_t^{(l+1)},\cdots,x_t^{(N)})$$
$$\quad - W_t^{(u_t)}(x_t^{(1)},\cdots,x_t^{(l-1)},x_t^{(l)},x_t^{(l+1)},\cdots,x_t^{(N)})$$
$$\leqslant \sum_{i=1}^{T-t} r^{\mathsf{T}}(\beta A^{\mathsf{T}})^i(x_t^{(n)} - x_t^{(l)}) \tag{9.33}$$

联合式 (9.31) ~ 式 (9.33)，可得

$$W_t^{(u'_t)}(\check{x}_t^l) - W_t^{(u_t)}(x_t^l) \leqslant \sum_{i=0}^{T-t} r^{\mathsf{T}}(\beta A^{\mathsf{T}})^i(\check{x}_t^{(l)} - x_t^{(l)})$$

这样我们完成引理 9.2 第三部分 $(u'_t = l,\ u_t \neq l)$ 的证明。

至此，引理 9.2 得证。

9.6　本章小结

本章研究不完美观测情况下调度多状态信道的问题。一般来看，该问题可以看作一个部分可观测马尔可夫问题或 RMAB 问题。考虑其计算复杂性，我们给出一组闭式条件，保证在 MLR 序意义上每次选择最好信道的策略是最优的。

参 考 文 献

[1] Ouyang Y, Teneketzis D. On the optimality of myopic sensing in multi-state channels. IEEE Transactions on Information Theory, 2014, 60(1): 681–696.

[2] Muller A, Stoyan D. Comparison Methods for Stochastic Models and Risk. New York: Wiley, 2002.

[3] Wang K, Liu Q, Li F, et al. Myopic policy for opportunistic access in cognitive radio networks by exploiting primary user feedbacks. IET Communications, 2015, 9(7): 1017–1025.

第 10 章　异构多态完美观测多臂机：因子策略及性能

10.1　引　　言

本章研究下述机会调度系统，由一个基站或服务器，异构需求的不同类用户及时变多状态的马尔可夫信道组成。每个信道在不同状态及不同类别下有不同的传输率，例如信道演化服从马尔可夫链且与所在类相关。对于连接到或进入系统，但没有得到立即服务的用户，他们的等待代价随着时间的增加而增大。在这样的机会调度系统中，一个重要的问题是如何利用服务器的能力来充分服务用户。这个问题可以刻画成设计优化机会调度策略来最小化平均等待时间。

10.1.1　相关工作

上述机会调度问题出现在许多无线通信系统中，如移动蜂窝系统、5G 及异构网络等。由于十分重要，机会调度问题一直以来都是研究的热点、相关研究主要有信道相关调度器，用于优化网络的吞吐量、公平性、稳定性等[1-24].

文献 [2] 的经典工作表明，使用最大传输率服务用户能够提升系统容量，称为 $c\mu$-率或 MaxRate 调度器。事实上，MaxRate 调度器是短视吞吐量最优的，例如其最大化当前时隙收益，但是忽略了当前调度策略对后续吞吐量的影响，进而被证明从长远角度来看在系统稳定性方面的表现较差，例如系统中等待用户数随系统负载的增加而爆发性增加。同时，MaxRate 调度器不能公平地调度那些低数据传输率的用户。

为了平衡系统吞吐量和公平性，比例公平 (proportionally fair, PF) 调度器被提出，并在 3G 蜂窝网络相关系统中实现[3]。从技术上讲，PF 调度器最大化对数吞吐量而不是传统吞吐量，因此提供了更好的公平性[4]。文献 [5] 通过相对最佳 (relatively best, RB) 调度器近似 PF 调度器，并分析 PF 调度器的数据流级别的稳定性。事实上，RB 调度器按照当前数据传输率与平均传输率的比值给用户分配优先级。因为将未来演化信息纳入考虑而具有公平性，所以它能向低传输率的用户提供小的吞吐量。代价是在数据流级别不是最大稳定的[6]。

其他的调度器，如打分 (score based, SB) 调度器[7]、比例最佳 (proportionally best, PB) 调度器、势提升 (potential improvement, PI) 调度器，属于最好条件类

别的调度器。这些调度器按照自身对信道状态的评价给予用户相应的优先级，因此与数据传输率没有直接关系。它们也不是短视吞吐量优化策略，因此有较好的长远性能，不是最大稳定的 [8,9]，但是没考虑公平性。

现有的研究均假定独立相似分布信道。对于更具挑战性的场景，现有的工作主要有研究同构信道 [10,11,16]，如时隙上 i.i.d. 过程、研究异构信道 [12-14,25,26]。例如，时隙上是离散马尔可夫过程。在马尔可夫信道模型下，机会调度问题从数学上可以刻画成 RMAB 问题 [15]。在采用怀特因子策略求解 RMAB 问题时，关键问题是建立怀特策略的可因子性或因子策略的可行性。一旦建立可因子性，就能建立因子策略，并给每个臂的状态分配一个因子值，因此怀特因子策略就是每次激活最大因子值对应的臂。

在机会调度的研究中，文献 [16] 考虑一个数据流级别的调度问题，但是假定时间同构信道状态转换，即无论如何演化，系统处于一个状态的概率是固定不变的。对于相同模型，文献 [10] 考虑在流量大小服从帕斯卡尔分布情况下的机会调度问题。在文献 [10]、[11]、[16] 中，作者证明可因子性并得到相似的闭式怀特因子。

对于异构信道，文献 [12]、[13] 考虑通用数据流级别的调度问题，假定具有异构信道状态转换矩阵，但是也仅在假定策略可因子性的基础上，通过计算因子值去验证提出策略在某些特别场合下的可因子性。对于异构多态马尔可夫信道下机会调度的可因子性，尽管理论和实际上十分重要，至今依旧没有得到解决。

10.1.2　主要贡献

为了弥补上述研究的空白，我们先对异构多状态的机会调度问题 [12-14] 进行深入研究，并在数学上提出一组关于信道状态转换矩阵的充分条件。在该条件下，可因子性得到了保证，因此怀特因子策略是可行的。通过利用信道状态转换矩阵的结构属性，我们得到闭式的怀特因子。对于不满足充分条件的一般信道状态转换矩阵，我们提出特征值算术平均方案来近似矩阵，以保证得到的近似矩阵满足充分条件，进而得到近似的怀特因子。最后，提出基于怀特因子的调度算法，并进行大量数字仿真实验来证实所提调度算法能有效地平衡等待代价和系统稳定性。

10.2　系统模型和优化问题

考虑一个无线通信系统，其中服务器调度异构类的用户任务。系统工作在时隙模式，其中 τ 表示时隙长度，$t \in \mathcal{T} \stackrel{\text{def}}{=\!=} \{0, 1, \cdots\}$ 表示时隙索引。

10.2.1　任务、信道和用户模型

假定有 K 类用户，其中 $k \in \mathcal{K} \stackrel{\text{def}}{=\!=} \{1, 2, \cdots, K\}$。第 k 类的每个用户都与第 k 类任务唯一关联。例如，k 类任务是从服务器请求的，通过指定的 k 类信道

将该类任务进行传输。又如，具有相同物理属性 (如距离、障碍等) 的用户可以归为一类，他们使用相同的技术与服务器进行连接，请求从服务器下载相同类别的文件 (如视频、MP3、网页等)，并且对系统来说具有相同的重要性。

1. 用户到达

对于任意类 $k \in \mathcal{K}$，时隙 $t \in \mathcal{T}$ 内到达的用户记为 $u_k(t)$，其构成一个 i.i.d. 达到过程 $\{u_k(t)\}_{t \in \mathcal{T}}$，有到达值 u_k 和均值 $\xi_k \stackrel{\text{def}}{=\!=} E_0\{u_k\} < \infty$，这里 $E_0\{\cdot\}$ 表示根据时隙 0 的信息条件期望。每类用户的达到假定是相互独立的。

2. 任务大小

第 k 类 $(k \in \mathcal{K})$ 用户的任务或数据流大小 b_k (单位为比特)，假定其满足几何分布，并且均值为 $E\{b_k\} < \infty$。

3. 信道条件

对每个用户而言，信道条件在前后时隙均独立于其他用户而变化。对于第 k 类用户来说，将信道条件离散化形成一个有限集合 $\mathcal{N}_k' \stackrel{\text{def}}{=\!=} \{1, 2, \cdots, N_k\}$。一般来看，不同信道条件相应于无线传输技术中的不同调制和编码方案。

4. 信道条件演化

假定每个时隙的信道条件按照马尔可夫链演化，并且每类用户的马尔可夫链不同。对类 $k \in \mathcal{K}$ 的每个用户来说，我们在其状态空间 $\mathcal{N}_k'$ 上定义一个马尔可夫链。进一步，$q_{k,n,m} \stackrel{\text{def}}{=\!=} P(Z_k(t+1) = m | Z_k(t) = n)$，这里 $Z_k(t)$ 表示第 k 类用户在时隙 t 的信道条件，因此 $q_{k,n,m}$ 表示 k 类用户的信道从条件 n 转换到条件 m 的概率。第 k 类信道的状态转换概率矩阵为

$$Q^{(k)} \stackrel{\text{def}}{=\!=} \begin{bmatrix} q_{k,1,1} & q_{k,1,2} & \cdots & q_{k,1,N_k} \\ q_{k,2,1} & q_{k,2,2} & \cdots & q_{k,2,N_k} \\ \vdots & \vdots & & \vdots \\ q_{k,N_k,1} & q_{k,N_k,2} & \cdots & q_{k,N_k,N_k} \end{bmatrix}$$

其中，对于每个 $n \in \mathcal{N}_k'$ 有 $\sum_{m \in \mathcal{N}_k'} q_{k,n,m} = 1$。

5. 传输率

每个信道状态相应于特定的调制编码方式，确定该信道状态下的传输率。当 k 类某用户处于状态 $n \in \mathcal{N}_k'$，他能以传输率 $s_{k,n}$ 接收数据，例如其任务能以 $s_{k,n}$ 速率被服务。不失一般性，假定信道状态序号越大，其对应的传输率也更高，例如 $0 \leqslant s_{k,1} < s_{k,2} < \cdots < s_{k,N_k}$。

6. 等待代价

对于某 k 类用户，如果其任务没有完成，系统会在每个时隙末收集等待代价 c_k $(c_k > 0)$。

10.2.2　服务器模型

假定服务器拥有系统参数的全部知识，并且服务器每个时隙只能服务一个用户[注]。在每个时隙初，服务器观测系统中所有用户的实际信道状态，并确定该时隙内服务哪一个用户。假定服务器采用可剥夺策略，如服务器能中断没有完成任务的用户服务。对于没有完成的任务，它们被保存在服务器中，并在将来被调度。服务器也允许处于空闲状态。注意服务器不是任务保守型，因此考虑时变传输率。令 $\mu_{k,n} :\approx \tau s_{k,n}/E\{b_k\}$[12] 为离开概率，表示当服务器调度处于状态 $n \in \mathcal{N}'_k$ 的 k 类用户，其对应的任务在当前时隙内完成的概率。离开概率满足 $0 \leqslant \mu_{k,1} < \cdots < \mu_{k,N_k} \leqslant 1$，因为传输率满足 $0 \leqslant s_{k,1} < s_{k,2} < \cdots < s_{k,N_k}$。

10.2.3　机会调度问题

在上述机会调度模型中，一个关键的问题是如何最大化利用服务器来服务用户。此问题可以描述为服务器设计一个优化的机会调度策略来最小化系统中用户的平均等待代价。

10.3　多臂机模型及分析

本节通过多臂机决策方法分析上述机会调度问题。为便于分析，我们通过引入折旧因子 β $(0 \leqslant \beta < 1)$ 分析折旧等待代价问题。基本上，时间平均等待代价问题可以看作折旧等待代价问题在 $\beta \to 1$ 的特例。

10.3.1　任务–信道–用户

记 $\mathcal{A}_k \overset{\text{def}}{=\joinrel=} \{0,1\}$ 为某 k 类用户的动作空间，其中动作 1 表示服务用户，动作 0 表示不服务用户。

第 k 类每个任务–信道–用户可由 $\left(\mathcal{N}_k, (w_k^a)_{a \in \mathcal{A}_k}, (r_k^a)_{a \in \mathcal{A}_k}, (P_k^a)_{a \in \mathcal{A}_k}\right)$ 元组描述。

① $\mathcal{N}_k \overset{\text{def}}{=\joinrel=} \{0\} \cup \mathcal{N}'_k$ 为用户状态空间，其中状态 0 表示任务已完成，状态 $n \in \mathcal{N}'_k$ 表当前信道状态为 n 且任务没完成。

② $w_k^a \overset{\text{def}}{=\joinrel=} (w_{k,n}^a)_{n \in \mathcal{N}_k}$，其中 w_k^a 表示采用动作 a 且信道状态为 n 时，用户所要求的期望单时隙容量消耗或工作量。特别地，对于每个状态 $n \in \mathcal{N}_k$，有 $w_{k,n}^1 = 1$ 和 $w_{k,n}^0 = 0$。

---

① 本章技术能简单地扩展到服务多个用户的情况。

③ $r_k^a \xlongequal{\text{def}} (r_{k,n}^a)_{n\in\mathcal{N}_k}$，其中 $r_{k,n}^a$ 表示采用动作 a 且信道状态为 n 时，用户获得的期望时隙收益。特别地，对于每个状态 $n\in\mathcal{N}_k'$，$r_{k,n}^a$ 为期望等待代价的负值，如 $r_{k,0}^a = 0$，$r_{k,n}^1 = -\bar{\mu}_{k,n}c_k$，这里 $\bar{\mu}_{k,n} = 1-\mu_{k,n}$、$r_{k,n}^0 = -c_k$。

④ $P_k^a \xlongequal{\text{def}} (p_{k,n,m}^a)_{n,m\in\mathcal{N}_k}$，其中 $p_{k,n,m}^a$ 表示采用动作 a 时，用户的信道状态由 n 转换到 m 的概率。对于动作 0 和 1，其相应的信道状态转换矩阵为

$$P_k^0 = \begin{bmatrix} 1 & 0 & \cdots & 0 \\ 0 & q_{k,1,1} & \cdots & q_{k,1,N_k} \\ 0 & q_{k,2,1} & \cdots & q_{k,2,N_k} \\ \vdots & \vdots & & \vdots \\ 0 & q_{k,N_k,1} & \cdots & q_{k,N_k,N_k} \end{bmatrix}$$

$$P_k^1 = \begin{bmatrix} 1 & 0 & \cdots & 0 \\ \mu_{k,1} & \bar{\mu}_{k,1}q_{k,1,1} & \cdots & \bar{\mu}_{k,1}q_{k,1,N_k} \\ \mu_{k,2} & \bar{\mu}_{k,2}q_{k,2,1} & \cdots & \bar{\mu}_{k,2}q_{k,2,N_k} \\ \vdots & \vdots & & \vdots \\ \mu_{k,N_k} & \bar{\mu}_{k,N_k}q_{k,N_k,1} & \cdots & \bar{\mu}_{k,N_k}q_{k,N_k,N_k} \end{bmatrix}$$

k 类用户 j 的动态性可由状态过程 $x_k(\cdot)$ 和动作 $a_j(\cdot)$ 描述，相应于每个时隙 t 的状态 $x_j(t)\in\mathcal{N}_k$ 和动作 $a_j(t)\in\mathcal{A}_k$。

10.3.2 多臂机和机会调度

令 $\Pi_{x,a}^t$ 为所有策略的集合，由动作 $a(0), a(1), \cdots, a(t)$ 组成，这里 $a(t)$ 由状态历史 $x(0), x(1), \cdots, x(t)$ 和动作历史 $a(0), a(1), \cdots, a(t-1)$ 确定，即

$$\begin{aligned} \Pi_{x,a}^t &= \left\{ a(i)\,\middle|\,a(i) = \phi(x^{0:i}, a^{0:i-1}), i = 0,1,\cdots,t \right\} \\ &\xlongequal{\text{(e)}} \left\{ a(i)\,\middle|\,a(i) = \phi(x(i)), i = 0,1,\cdots,t \right\} \end{aligned}$$

其中，ϕ 为映射：$(x^{0:i}, a^{0:i-1}) \mapsto a(i)$；$x^{0:i} \xlongequal{\text{def}} (x(0),\cdots,x(i))$；$a^{0:i-1} \xlongequal{\text{def}} (a(0),\cdots,a(i-1))$；(e) 由马尔可夫特性确定。

令 $\Pi_{x,a}^t$ 为随机和非预期策略空间，依赖联合状态空间 $x \xlongequal{\text{def}} (x_k(\cdot))_{k\in\mathcal{K}}$ 和联合动作空间 $a \xlongequal{\text{def}} (a_k(\cdot))_{k\in\mathcal{K}}$，如 $\Pi_{x,a}^t = \bigcup_{k\in\mathcal{K}}\Pi_{x_k,a_k}^t$ 是联合策略空间。

令 E_τ^π 为基于过去状态 $x(0), x(1), \cdots, x(\tau)$ 和策略 $\pi\in\Pi_{x,a}^\tau$，对未来状态 $x(\cdot)$ 和动作过程 $a(\cdot)$ 的期望。

考虑任意期望时隙量 $G_{x(t)}^{a(t)}$，依赖时隙 t 时的状态 $x(t)$ 和动作 $a(t)$。对于任意的策略 $\pi \in \Pi_{x,a}^{\infty}$ 和任意折旧因子 $0 \leqslant \beta < 1$，定义如下的无穷时间 β 平均量，即

$$B_0^{\pi}\left\{G_{x(\cdot)}^{a(\cdot)}, \beta, \infty\right\} \overset{\text{def}}{=\!=\!=} \lim_{T \to \infty} \frac{\displaystyle\sum_{t=0}^{T-1} \beta^t E_t^{\pi}\left\{G_{x(t)}^{a(t)}\right\}}{\displaystyle\sum_{t=0}^{T-1} \beta^t} \tag{10.1}$$

假定折旧因子 β 固定系统经历无穷时隙数，我们在 $B_0^{\pi}\left\{G_{x(\cdot)}^{a(\cdot)}, \beta, \infty\right\}$ 将其忽略，且简记为 $B_0^{\pi}\left\{G_{x(\cdot)}^{a(\cdot)}\right\}$。引入 $B_0^{\pi}\left\{\cdot\right\}$ 的原因是，这种形式能平滑地过渡到 $\beta = 1$ 的平均形式。此后，我们总是假定 $0 \leqslant \beta < 1$，除非中明 $\beta = 1$。

引入以上记号，服务器优化机会调度问题如下。

问题 10.1 (优化机会调度)　对于任意 β，优化的机会调度问题是寻找一个联合策略 $\pi = (\pi_1, \cdots, \pi_K) \in \Pi_{x,a}^{\infty}$，以最大化累积折旧收益 (或者是最小化累积折旧代价)。数学形式上，其定义 (记为 P) 为

$$\max_{\pi \in \Pi_{x,a}} B_0^{\pi}\left\{\sum_{k \in \mathcal{K}} r_{k,x_k(\cdot)}^{a_k(\cdot)}\right\} \tag{10.2}$$

$$\text{s.t.} \quad \sum_{k \in \mathcal{K}} a_k(t) = 1, \quad t = 0, 1, \cdots \tag{10.3}$$

式 (10.3) 可以松弛为

$$E_t^{\pi}\left\{\sum_{k \in \mathcal{K}} a_k(t)\right\} = 1, \quad t = 0, 1, \cdots$$

$$\Rightarrow \lim_{T \to \infty} \frac{\displaystyle\sum_{t=0}^{T-1} \beta^t E_t^{\pi}\left\{\sum_{k \in \mathcal{K}} w_{k,x(t)}^{a_k(t)}\right\}}{\displaystyle\sum_{t=0}^{T-1} \beta^t} = 1$$

$$\Leftrightarrow B_0^{\pi}\left\{\sum_{k \in \mathcal{K}} w_{k,x_k(\cdot)}^{a_k(\cdot)}\right\} = 1 \tag{10.4}$$

利用拉格朗日方法，结合式 (10.2) 和式 (10.4)，可得

$$\max_{\pi \in \Pi_{x,a}} B_0^{\pi}\left\{\sum_{k \in \mathcal{K}} r_{k,x_k(\cdot)}^{a_k(\cdot)}\right\} - \nu B_0^{\pi}\left\{\sum_{k \in \mathcal{K}} w_{k,x_k(\cdot)}^{a_k(\cdot)}\right\}$$

$$= \sum_{k \in \mathcal{K}} \left(\max_{\pi_k \in \Pi_{x_k, a_k}} B_0^{\pi_k} \left\{ r_{k, x_k(\cdot)}^{a_k(\cdot)} - \nu w_{k, x_k(\cdot)}^{a_k(\cdot)} \right\} \right) \tag{10.5}$$

进一步，针对第 k 类，我们有下述子问题 (记为 (SP))，即

$$\max_{\pi_k \in \Pi_{x_k, a_k}} B_0^{\pi_k} \left\{ r_{k, x_k(\cdot)}^{a_k(\cdot)} - \nu w_{k, x_k(\cdot)}^{a_k(\cdot)} \right\} \tag{10.6}$$

因此，我们的目标是寻找子问题 k ($k \in \mathcal{K}$) 的最优解 π_k^*，进而构建原问题 (P) 的可行联合解，即 $\pi = (\pi_1^*, \cdots, \pi_K^*)$。

下面去掉下标 k，集中研究子问题。

10.4 可因子性分析和因子计算

下面先给出关于信道状态转换矩阵的一组条件，然后基于此条件，得到子问题优化调度策略的门限结构，并证明子问题因子策略的可行性或可因子性。

10.4.1 状态转换矩阵和门限结构

条件 10.1 状态转换矩阵 Q 可以写为

$$Q = O_0 + \epsilon_1 O_1 + \epsilon_2 O_2 + \cdots + \epsilon_{2N-2} O_{2N-2}$$

其中，$h \xlongequal{\text{def}} [h_1, h_2, \cdots, h_N]^\mathsf{T}$；$O_j$ 由式 (10.8) 定义；ϵ_j 和 λ 为满足如下条件的实数，即

$$\lambda_j \xlongequal{\text{def}} \lambda - \epsilon_{N-j} - \epsilon_{N-1+j} \leqslant 0, \quad 1 \leqslant j < N \tag{10.7}$$

$$O_j \xlongequal{\text{def}} \begin{cases} 1_N(h)^\mathsf{T} + \lambda I_N, & j = 0 \\ [\underbrace{0_N, \cdots, 0_N}_{N-j-1}, -1_N^{N-j}, 1_N^{N-j}, \underbrace{0_N, \cdots, 0_N}_{j-1}], & 1 \leqslant j \leqslant N-1 \\ [\underbrace{0_N, \cdots, 0_N}_{j-N}, 1_N - 1_N^{j-N+1}, 1_N^{j-N+1} - 1_N, \underbrace{0_N, \cdots, 0_N}_{2N-2-j}], & N \leqslant j \leqslant 2N-2 \end{cases} \tag{10.8}$$

备注 10.1 基本上，条件 10.1 意味着以下几点。

① 矩阵 Q 的任意两邻居行，如 Q_i 和 Q_{i+1} 仅在两个相邻位置不同，假设在 i 和 $i+1$ 两位置不同。例如，$N = 3$ 时，Q 可以写为

$$Q = \begin{bmatrix} h_1 - \epsilon_2 + \lambda & h_2 - \epsilon_1 + \epsilon_2 & h_3 + \epsilon_1 \\ h_1 + \epsilon_3 & h_2 - \epsilon_1 - \epsilon_3 + \lambda & h_3 + \epsilon_1 \\ h_1 + \epsilon_3 & h_2 - \epsilon_3 + \epsilon_4 & h_3 - \epsilon_4 + \lambda \end{bmatrix}$$

②对 $j\ (1\leqslant j<N)$，若有 $\lambda_j=0$，则 Q 退化为文献 [16] 中的形式。

下面给出子问题优化调度策略具有门限结构的引理。

引理 10.1 (门限结构)　在条件 10.1 下，对于每个实值 ν，存在 $n\in\mathcal{N}\cup\{-1\}$ 使优化的调度策略仅在信道状态 $\delta_{N-n}\stackrel{\text{def}}{=\!=}\{m\in\mathcal{N}:m>n\}$ 时调度传输，否则不传输。

证明　证明过程见 10.7.1 节。　　　　　　　　　　　　　　□

10.4.2　可因子性分析

对于 $\pi_k\in\Pi_{x_k,a_k}$，我们引入服务集 $\delta\ (\delta\subseteq\mathcal{N}_k)$，如果 $n\in\delta$，用户得到服务；如果 $n\notin\delta$，用户得不到服务。在不造成混淆的情况下，δ 也被看成是服务集合 δ 的策略。

因此，子问题 (10.6) 可以转化为

$$\max_{\delta\in\mathcal{N}_k}B_0^\delta\left\{r_{k,x_k(\cdot)}^{a_k(\cdot)}-\nu w_{k,x_k(\cdot)}^{a_k(\cdot)}\right\}\tag{10.9}$$

为了进一步分析，定义

$$R_n^\delta\stackrel{\text{def}}{=\!=}\frac{B_0^\delta\left\{r_{k,x_k(\cdot)}^{n,a_k(\cdot)}\right\}}{1-\beta}\tag{10.10}$$

$$W_n^\delta\stackrel{\text{def}}{=\!=}\frac{B_0^\delta\left\{w_{k,x_k(\cdot)}^{n,a_k(\cdot)}\right\}}{1-\beta}\tag{10.11}$$

其中，n 为 k 类用户的初始状态。

根据引理 10.1，对于 $n\in\mathcal{N}'$，如果存在价格 ν_n 使 $\nu=\nu_n$ 时传输和不传输都是优化的，那么存在一个集合 δ^*，使集合 δ^* 包含 n 和不包含 n 产生相同收益，即

$$R_n^{\delta^*\cup\{n\}}-\nu_n W_n^{\delta^*\cup\{n\}}=R_n^{\delta^*\setminus\{n\}}-\nu_n W_n^{\delta^*\setminus\{n\}}\tag{10.12}$$

一个直观结果是，在初始阶段仅改变动作也必将产生相同收益，即

$$R_n^{\langle0,\delta^*\rangle}-\nu_n W_n^{\langle0,\delta^*\rangle}=R_n^{\langle1,\delta^*\rangle}-\nu_n W_n^{\langle1,\delta^*\rangle}\tag{10.13}$$

其中，$\langle a,\delta^*\rangle$ 在初始阶段采用动作 $a(a=0,1)$，然后按 δ^* 进行的策略。

如果 $W_n^{\langle1,\delta^*\rangle}-W_n^{\langle0,\delta^*\rangle}\neq0$，则有

$$\nu_n=\frac{R_n^{\langle1,\delta^*\rangle}-R_n^{\langle0,\delta^*\rangle}}{W_n^{\langle1,\delta^*\rangle}-W_n^{\langle0,\delta^*\rangle}}\tag{10.14}$$

进一步，定义

$$\nu_n^{\delta} \stackrel{\mathrm{def}}{=\!=} \frac{R_n^{\langle 1,\delta\rangle} - R_n^{\langle 0,\delta\rangle}}{W_n^{\langle 1,\delta\rangle} - W_n^{\langle 0,\delta\rangle}} \tag{10.15}$$

为了规避怀特可因子性的冗长证明，我们通过检验文献 [27] 的 LP 可因子性建立子问题的可因子性。换句话说，如果子问题具有 LP 可因子性，那么其必然具有怀特可因子性。下面证明子问题具有 LP 可因子性。

定义 10.1[27]　*如果下述条件成立。*

① $\forall\, n \in \mathcal{N}$, $W_n^{\langle 1,\emptyset\rangle} - W_n^{\langle 0,\emptyset\rangle} > 0$, $W_n^{\langle 1,\mathcal{N}\rangle} - W_n^{\langle 0,\mathcal{N}\rangle} > 0$。

② $\forall\, n \in \mathcal{N} \setminus \{N\}$, $W_n^{\langle 1,\delta_{N-n}\rangle} - W_n^{\langle 0,\delta_{N-n}\rangle} > 0$, $W_{n+1}^{\langle 1,\delta_{N-n}\rangle} - W_{n+1}^{\langle 0,\delta_{N-n}\rangle} > 0$。

③ $\forall\,\nu$, 存在 $n \in \mathcal{N} \cup \{-1\}$ 使服务集 δ_{N-n} 是最优的。

那么子问题 (10.6) 具有 LP 可因子性，其因子 ν_n 为

$$\nu_n = \nu_n^{\delta_{N-n}} = \frac{R_n^{\langle 1,\delta_{N-n}\rangle} - R_n^{\langle 0,\delta_{N-n}\rangle}}{W_n^{\langle 1,\delta_{N-n}\rangle} - W_n^{\langle 0,\delta_{N-n}\rangle}} \tag{10.16}$$

为了证明 LP 可因子性，对于任意 n 及其对应的 δ_{N-n}，我们首先求出式 (10.16) 中的四个关键量。

根据平衡等式，当 n 在初始时没有选中，我们有矩阵形式 (式 (10.17)) 和进一步的简化形式 (式 (10.19))，即

$$
\begin{bmatrix}
R_1^{\langle 0,\delta_{N-n}\rangle} \\
\vdots \\
R_n^{\langle 0,\delta_{N-n}\rangle} \\
R_{n+1}^{\langle 1,\delta_{N-n}\rangle} \\
\vdots \\
R_N^{\langle 1,\delta_{N-n}\rangle}
\end{bmatrix}
= -\beta
\begin{bmatrix}
q_{1,1} & \cdots & q_{1,n-1} & \cdots & q_{1,N} \\
\vdots & & \vdots & & \vdots \\
q_{n,1} & \cdots & q_{n,n-1} & \cdots & q_{n,N} \\
\bar{\mu}_{n+1}q_{n+1,1} & \cdots & \bar{\mu}_{n+1}q_{n+1,n-1} & \cdots & \bar{\mu}_{n+1}q_{n+1,N} \\
\vdots & & \vdots & & \vdots \\
\bar{\mu}_N q_{N,1} & \cdots & \bar{\mu}_N q_{N,n-1} & \cdots & \bar{\mu}_N q_{N,N}
\end{bmatrix}
$$

$$
\times
\begin{bmatrix}
R_1^{\langle 0,\delta_{N-n}\rangle} \\
\vdots \\
R_n^{\langle 0,\delta_{N-n}\rangle} \\
R_{n+1}^{\langle 1,\delta_{N-n}\rangle} \\
\vdots \\
R_N^{\langle 1,\delta_{N-n}\rangle}
\end{bmatrix}
+
\begin{bmatrix}
-c \\
\vdots \\
-c \\
-c\bar{\mu}_{n+1} \\
\vdots \\
-c\bar{\mu}_N
\end{bmatrix}
\tag{10.17}
$$

$$
\begin{bmatrix}
R_1^{\langle 0,\delta_{N-n}\rangle} \\
\vdots \\
R_{n-1}^{\langle 0,\delta_{N-n}\rangle} \\
R_n^{\langle 1,\delta_{N-n}\rangle} \\
\vdots \\
R_N^{\langle 1,\delta_{N-n}\rangle}
\end{bmatrix}
= -\beta
\begin{bmatrix}
q_{1,1} & \cdots & q_{1,n-1} & q_{1,n} & \cdots & q_{1,N} \\
\vdots & & \vdots & \vdots & & \vdots \\
q_{n-1,1} & \cdots & q_{n-1,n-1} & q_{n-1,n} & \cdots & q_{n-1,N} \\
\bar{\mu}_n q_{n,1} & \cdots & \bar{\mu}_n q_{n,n-1} & \bar{\mu}_n q_{n,n} & \cdots & \bar{\mu}_n q_{n,N} \\
\vdots & & \vdots & \vdots & & \vdots \\
\bar{\mu}_N q_{N,1} & \cdots & \bar{\mu}_N q_{N,n-1} & \bar{\mu}_N q_{N,n} & \cdots & \bar{\mu}_N q_{N,N}
\end{bmatrix}
$$

$$
\times
\begin{bmatrix}
R_1^{\langle 0,\delta_{N-n}\rangle} \\
\vdots \\
R_{n-1}^{\langle 0,\delta_{N-n}\rangle} \\
R_n^{\langle 1,\delta_{N-n}\rangle} \\
\vdots \\
R_N^{\langle 1,\delta_{N-n}\rangle}
\end{bmatrix}
+
\begin{bmatrix}
-c \\
\vdots \\
-c \\
-c\bar{\mu}_n \\
\vdots \\
-c\bar{\mu}_N
\end{bmatrix}
\tag{10.18}
$$

$$
(I_N - \beta M_0) \cdot r_0 = c_0 \tag{10.19}
$$

其中

$$
M_0 = [Q_1^{\mathsf{T}}, \cdots, Q_n^{\mathsf{T}}, Q_{n+1}^{\mathsf{T}}\bar{\mu}_{n+1}, \cdots, Q_N^{\mathsf{T}}\bar{\mu}_N]^{\mathsf{T}}
$$

$$
c_0 = [-c, \cdots, -c, \ -c, \ -c\bar{\mu}_{n+1}, \cdots, -c\bar{\mu}_N]^{\mathsf{T}}
$$

$$
r_0 = [R_1^{\langle 0,\delta_{N-n}\rangle}, \cdots, R_n^{\langle 0,\delta_{N-n}\rangle}, R_{n+1}^{\langle 1,\delta_{N-n}\rangle}, \cdots, R_N^{\langle 1,\delta_{N-n}\rangle}]^{\mathsf{T}}
$$

同理，当 n 在初始状态选中时，有式 (10.18) 的简化形式，即

$$
(I_N - \beta M_1) \cdot r_1 = c_1 \tag{10.20}
$$

其中

$$
M_1 = [Q_1^{\mathsf{T}}, \cdots, Q_{n-1}^{\mathsf{T}}, Q_n^{\mathsf{T}}\bar{\mu}_n, \cdots, Q_N^{\mathsf{T}}\bar{\mu}_N]^{\mathsf{T}}
$$

$$
c_1 = [-c, \cdots, -c, -c\bar{\mu}_n, -c\bar{\mu}_{n+1}, \cdots, -c\bar{\mu}_N]^{\mathsf{T}}
$$

$$
r_1 = [R_1^{\langle 0,\delta_{N-n}\rangle}, \cdots, R_{n-1}^{\langle 0,\delta_{N-n}\rangle}, R_n^{\langle 1,\delta_{N-n}\rangle}, \cdots, R_N^{\langle 1,\delta_{N-n}\rangle}]^{\mathsf{T}}
$$

结合式 (10.19) 和式 (10.20)，可得

$$
R_n^{\langle 0,\delta_{N-n}\rangle} = e_n^{\mathsf{T}}(I_N - \beta M_0)^{-1} c_0 \tag{10.21}
$$

$$
R_n^{\langle 1,\delta_{N-n}\rangle} = e_n^{\mathsf{T}}(I_N - \beta M_1)^{-1} c_1 \tag{10.22}
$$

相似地，将式 (10.19) 和式 (10.20) 中的 c_0 和 c_1 用 $1_N - 1_N^n$ 和 $1_N - 1_N^{n-1}$ 代替，可得

$$(I_N - \beta M_0) \cdot w_0 = 1_N - 1_N^n \tag{10.23}$$

$$(I_N - \beta M_1) \cdot w_1 = 1_N - 1_N^{n-1} \tag{10.24}$$

其中

$$w_0 = [W_1^{\langle 0, \delta_{N-n}\rangle}, \cdots, W_n^{\langle 0, \delta_{N-n}\rangle}, W_{n+1}^{\langle 1, \delta_{N-n}\rangle}, \cdots, W_N^{\langle 1, \delta_{N-n}\rangle}]^{\mathsf{T}}$$

$$w_1 = [W_1^{\langle 0, \delta_{N-n}\rangle}, \cdots, W_{n-1}^{\langle 0, \delta_{N-n}\rangle}, W_n^{\langle 1, \delta_{N-n}\rangle}, \cdots, W_N^{\langle 1, \delta_{N-n}\rangle}]^{\mathsf{T}}$$

进一步，有

$$W_n^{\langle 0, \delta_{N-n}\rangle} = e_n^{\mathsf{T}}(I_N - \beta M_0)^{-1}(1_N - 1_N^n) \tag{10.25}$$

$$W_n^{\langle 1, \delta_{N-n}\rangle} = e_n^{\mathsf{T}}(I_N - \beta M_1)^{-1}(1_N - 1_N^{n-1}) \tag{10.26}$$

至此，我们得到四个关键量。下面查验 LP 可因子性的三个条件。

引理 10.2 在条件 10.1 下，对于任意 $n \in \mathcal{N} \setminus \{N\}$，有以下结论。

① $W_n^{\langle 1, \delta_{N-n}\rangle} > W_n^{\langle 0, \delta_{N-n}\rangle}$。

② $W_{n+1}^{\langle 1, \delta_{N-n}\rangle} > W_{n+1}^{\langle 0, \delta_{N-n}\rangle}$。

证明 证明过程见 10.7.2 节。 □

引理 10.3 在条件 10.1 下，子问题 (10.6) 具有可因子性，且因子 ν_n 由式 (10.16) 确定。

证明 根据定义 10.1，我们通过查验三个条件来证明可因子性。

① 显然，$W_n^{\langle 0, \emptyset\rangle} = 0$，$W_n^{\langle 1, \emptyset\rangle} \geqslant 1$，$W_n^{\langle 1, \mathcal{N}\rangle} = \dfrac{1}{1-\beta}$。对于任意 δ，$W_n^{\delta} \leqslant \dfrac{1}{1-\beta}$，进一步 $W_n^{\langle 0, \mathcal{N}\rangle} < \dfrac{1}{1-\beta}$。

② 第 2 个条件由引理 10.2 给出。

③ 第 3 个条件由引理 10.1 给出。

因此，子问题的 LP 可因子性得证。 □

根据引理 10.3，下面定理给出子问题 (10.6) 的调度门限策略。

定理 10.1 在条件 10.1 下，有以下结论。

① 若 $\nu \leqslant \nu_n$，服务状态信道 n 对应的用户是最优的。

② 若 $\nu > \nu_n$，不服务状态信道 n 对应的用户是最优的。

10.4.3　因子计算

本节利用矩阵 Q 的结果属性简化因子计算，并进一步得到闭式的怀特因子。

命题 10.1　在条件 10.1 下，有以下结论。

① $W_1^{\langle 0, \delta_{N-n} \rangle} = \cdots = W_{n-1}^{\langle 0, \delta_{N-n} \rangle} = W_n^{\langle 0, \delta_{N-n} \rangle}$。

② $R_1^{\langle 0, \delta_{N-n} \rangle} = \cdots = R_{n-1}^{\langle 0, \delta_{N-n} \rangle} = R_n^{\langle 0, \delta_{N-n} \rangle}$。

③ 怀特因子为

$$\nu_n = \frac{-\mu_n R_n^{\langle 1, \delta_{N-n} \rangle}}{1 - \mu_n W_n^{\langle 1, \delta_{N-n} \rangle}} \tag{10.27}$$

证明　根据引理 10.2 的证明过程，可得

$$W_1^{\langle 0, \delta_{N-n} \rangle} = \cdots = W_{n-1}^{\langle 0, \delta_{N-n} \rangle} = W_n^{\langle 0, \delta_{N-n} \rangle}$$

和

$$W_n^{\langle 1, \delta_{N-n} \rangle} - W_n^{\langle 0, \delta_{N-n} \rangle} = \frac{1 - \mu_n W_n^{\langle 1, \delta_{N-n} \rangle}}{1 - \mu_n} \left[e_n^{\mathsf{T}} \left(I_N - \beta M_0 \right)^{-1} e_n \right] \tag{10.28}$$

相似地，有

$$R_1^{\langle 0, \delta_{N-n} \rangle} = \cdots = R_{n-1}^{\langle 0, \delta_{N-n} \rangle} = R_n^{\langle 0, \delta_{N-n} \rangle}$$

和

$$R_n^{\langle 1, \delta_{N-n} \rangle} - R_n^{\langle 0, \delta_{N-n} \rangle} = \frac{-\mu_n R_n^{\langle 1, \delta_{N-n} \rangle}}{1 - \mu_n} \left[e_n^{\mathsf{T}} \left(I_N - \beta M_0 \right)^{-1} e_n \right] \tag{10.29}$$

因此

$$\nu_n = \frac{R_n^{\langle 1, \delta_{N-n} \rangle} - R_n^{\langle 0, \delta_{N-n} \rangle}}{W_n^{\langle 1, \delta_{N-n} \rangle} - W_n^{\langle 0, \delta_{N-n} \rangle}} = \frac{-\mu_n R_n^{\langle 1, \delta_{N-n} \rangle}}{1 - \mu_n W_n^{\langle 1, \delta_{N-n} \rangle}}$$

$\square$

基于式 (10.27)，为了得到 ν_n，我们仅需要计算 $W_n^{\langle 1, \delta_{N-n} \rangle}$ 和 $R_n^{\langle 1, \delta_{N-n} \rangle}$。进一步，通过一些复杂计算操作，可得如下闭式怀特因子，即

$$\nu_n = \frac{c\mu_n}{1 - \beta + f(n)}, \quad 1 \leqslant n \leqslant N \tag{10.30}$$

其中，对于 $i\ (n+1 \leqslant i \leqslant N)$，可得

$$f(n) = \sum_{i=n+1}^{N} \left[\beta q_{n,i} \left(1 - \prod_{j=n+1}^{i} \frac{\frac{1}{\bar{\mu}_{j-1}} - \beta \lambda_{j-1}}{\frac{1}{\bar{\mu}_j} - \beta \lambda_{j-1}} \right) + \mu_n d_{n-1,i} K_i \right]$$

$$d_{n-1,i} = -\beta \left(q_{n,i} + \sum_{k=i+1}^{N} q_{n,k} \prod_{j=i+1}^{k} \frac{\dfrac{1}{\bar{\mu}_{j-1}} - \beta\lambda_{j-1}}{\dfrac{1}{\bar{\mu}_j} - \beta\lambda_{j-1}} \right)$$

$$K_i = \frac{\dfrac{1}{1-\mu_i} - \dfrac{1}{1-\mu_{i-1}}}{\dfrac{1}{1-\mu_i} - \beta\lambda_{i-1}}$$

10.5 可因子性扩展及调度策略

本节首先扩展提出的条件 10.1，并得到可因子性和怀特因子。然后，提出一个特征值算术平均方案用于近似任何的状态转换矩阵，并进一步得到相应的近似怀特因子。最后，基于怀特因子，构建简单有效的调度策略。

10.5.1 可因子性扩展

在 10.4.3 节，ν_n 的计算过程表明，ν_n 仅依赖矩阵 Q 的结构而不是 λ_j 的符号，如式 (10.7)。因此，基于 ν_n 的单调性，由松弛条件 10.1 可以得到下述可因子性定理。

定理 10.2 如果 Q 可以写成如下形式，即

$$Q = O_0 + \epsilon_1 O_1 + \epsilon_2 O_2 + \cdots + \epsilon_{2N-2} O_{2N-2} \tag{10.31}$$

那么子问题 (10.6) 具有可因子性，并且状态 n $(n = 1, \cdots, N)$ 的怀特因子由式 (10.32) 确定，即

$$\nu_n = \begin{cases} \infty, & \beta = 1, n = N \\ \dfrac{c\mu_n}{1-\beta+f(n)}, & \text{其他} \end{cases} \tag{10.32}$$

证明 证明过程见 10.7.3 节。 □

备注 10.2 与引理 10.3 相比，条件 10.1 的关键约束 (10.7) 在定理中被删除。

推论 10.1 若 Q 能表示为

$$Q = O_0 + \epsilon_1 O_1 + \epsilon_2 O_2 + \cdots + \epsilon_{2N-2} O_{2N-2}$$

且 $\lambda_1 = \cdots = \lambda_{N-1} = \lambda$，则子问题 (10.6) 具有可因子性，并且状态 n $(n = 1, 2, \cdots, N)$ 的因子为

$$\nu_n = \begin{cases} \infty, & \beta = 1, n = N \\ \dfrac{c\mu_n}{1 - \beta + \beta \displaystyle\sum_{i=n+1}^{N} \dfrac{q_{n,i}(\mu_i - \mu_n)}{1 - \beta\lambda(1 - \mu_i)}}, & \text{其他} \end{cases} \tag{10.33}$$

备注 10.3　推论表明，若 $\lambda_1 = \cdots = \lambda_{N-1} = \lambda = 0$，则怀特因子退化为文献 [16] 中的形式。

10.5.2　转换矩阵近似

对于一般 Q，若 $Q \neq O_0 + \epsilon_1 O_1 + \epsilon_2 O_2 + \cdots + \epsilon_{2N-2} O_{2N-2}$，则定理 10.2 的结果不可用。

针对此情况，我们通过下述特征值算术平均方式对矩阵 Q 进行近似，即

$$Q = V\Lambda V^{-1} \tag{10.34}$$

$$\hat{Q} = V\hat{\Lambda}V^{-1} \tag{10.35}$$

$$\hat{\Lambda} = \text{diag}(1, \hat{\lambda}, \cdots, \hat{\lambda}) \tag{10.36}$$

$$\hat{\lambda} = \frac{\text{trace}(Q) - 1}{N - 1} \tag{10.37}$$

其中，$\hat{\lambda}$ 为矩阵 Q 的 $N-1$ 个特征值 (排除了平凡特征值 1) 的算术平均。

近似矩阵 $\hat{Q}$ 满足推论 10.1 的条件，进而怀特因子能通过式 (10.38) 近似，即

$$\nu_n = \begin{cases} \infty, & \beta = 1, n = N \\ \dfrac{c\mu_n}{1 - \beta + \beta \displaystyle\sum_{i=n+1}^{N} \dfrac{\hat{q}_{n,i}(\mu_i - \mu_n)}{1 - \beta\hat{\lambda}(1 - \mu_i)}}, & \text{其他} \end{cases} \tag{10.38}$$

10.5.3　调度策略

本节依据怀特因子构建原问题的联合调度策略。特别地，调度策略是服务器调度有最高随机价格的用户，即

$$k^*(t) = \text{argmax}_{k \in \mathcal{K}} \left[\nu_{k, x_k(t)} \right], \quad \nu_{k, x_k(t)} < \infty \tag{10.39}$$

实际上，若 $0 \leqslant \beta < 1$，则有 $\nu_{k, x_k(t)} < \infty$。当 $\beta = 1$ 且 $x_k(t) = N_k$，即相当于平均期望收益时，有 $\nu_{k, x_k(t)} \to \infty$。

因此，当 $\beta = 1$ 且 $x_k(t) = N_k$ 时，$\nu_{k, x_k(t)}$ 的劳伦展开式的第二项 $c_k \mu_{k, x_k(t)}$ 将作为第二因子使用，这是因为

$$\lim_{\beta \to 1}(1 - \beta)\nu_{k,N_k} = \frac{(1 - \beta)c_k\mu_{k,N_k}}{1 - \beta} = c_k\mu_{k,N_k} \tag{10.40}$$

至此,我们在算法 1 给出边际生产率因子 (marginal productivity index, MPI) 调度策略。MPI 调度器总是调度当前信道状态最好的用户, 如 $\nu_1 \leqslant \cdots \leqslant \nu_N$, 因此是一类最好条件调度器。其在马尔可夫设置下具有稳定性 [9]。

定理 10.3[9]   仅有一个服务器的 MPI 调度器在任意到达情况下都是最大稳定的。

算法 1   MPI 调度器 $(\beta = 1)$

1: **for** $t \in \mathcal{T}$
2:   $C \leftarrow$ 处于状态 N_k $(k \in \mathcal{K})$ 的系统用户数量
3:   **if** $C \geqslant 1$ **then**
4:     服务一个处于状态 N_k 且 $\max\{c_k\mu_{k,N_k}\}$ $(k \in \mathcal{K})$ 的用户
5:     (如果有多个相同用户, 随机选择一个)
6:   **else**
7:     **if** 条件 (10.31) 成立 **then**
8:       通过式 (10.33), 服务拥有最高因子值的用户 $k^*(t)$
9:     **else**
10:       通过式(10.38), 服务拥有最高因子值的用户 $k^*(t)$
11:     **end if**
12:     (如果有多个相同用户, 随机选择一个)
13:   **end if**
14: **end for**

10.6   仿 真 实 验

下面比较提出的 MPI 调度策略与下述的几种策略。

① $c\mu$ 律, 即 $\nu_{k,n}^{c\mu} = c_k\mu_{k,n}$。

② RB 律, 即 $\nu_{k,n}^{\mathrm{RB}} = \dfrac{c_k\mu_{k,n}}{\displaystyle\sum_{m=1}^{N_k} q_{k,m}^{\mathrm{SS}}\mu_{k,m}}$。

③ PB 律, 即 $\nu_{k,n}^{\mathrm{PB}} = \dfrac{c_k\mu_{k,n}}{\mu_{k,N_k}}$。

④ SB 律, 即 $\nu_{k,n}^{\mathrm{SB}} = c_k \displaystyle\sum_{m=1}^{n} q_{k,m}^{\mathrm{SS}}$。

⑤ PI^{SS} 律 [14]，即 $\nu_{k,n}^{SS} = \dfrac{c_k \mu_{k,n}}{\sum\limits_{m>n} q_{k,m}^{SS}(\mu_{k,m} - \mu_{k,n})}$，记为 SS。

其中，$q_{k,m}^{SS}$ 为类 k 用户处于 m 态的稳态分布。

特别地，我们仅考虑每个时隙最多服务一个用户的情况。如果多个用户具有相同的最高因子值，随机选择其中一个用户进行服务。除此之外，为了更好地显示性能对比结果，我们只考虑两类用户。在评估不同调度策略的性能前，首先通过计算因子来测试给定场景策略的相似性，然后从多个相同的策略中选择一个作为代表用于仿真实验。通过这种方式，我们能减少仿真时间，同时得到更紧凑的性能比较图。

参考文献 [28] 中的实际应用，采用每个时隙 $\tau = 1.67\text{ms}$。类 k 的新用户到达概率为 $\xi_k = \rho_k \mu_{k,N_k}$。为了便于比较，采用文献 [28] 中的传输率 $s_{k,n}$ 和任务大小。对于超文本标记语言，$E_0\{b_k\} = 0.5\text{Mbit}$；对于 PDF，$E_0\{b_k\} = 5\text{Mbit}$；对于 MP3，$E_0\{b_k\} = 50\text{Mbit}$。在这种情况下，离开概率由 $\mu_{k,n} = \tau s_{k,n}/E_0\{b_k\}$ 确定。假定 $\rho_1 = \rho_2$ 且系统负载 $\rho = \rho_1 + \rho_2$ 从 0.3 变化到 1。新到用户在进入系统时刻的初始信道条件假定由稳态概率向量确定，例如类 k 新用户的信道状态处于 m 的概率为 $q_{k,m}^{SS}$。场景的具体仿真参数设置如表 10.1 所示。

表 10.1　仿真参数设置

$s_{k,n}$ /(Mbit/s)	(c_1, c_2)	状态转换矩阵	任务大小/Mbit
8.4　50.4　53.76	(1, 1)	$\begin{bmatrix} 0.00 & 0.80 & 0.20 \\ 0.30 & 0.50 & 0.20 \\ 0.30 & 0.60 & 0.10 \end{bmatrix}$	0.5
26.88　44.688　80.64		$\begin{bmatrix} 0.00 & 0.80 & 0.20 \\ 0.30 & 0.50 & 0.20 \\ 0.30 & 0.60 & 0.10 \end{bmatrix}$	0.5
8.4　16.8　33.6	(10, 1)	$\begin{bmatrix} 0.00 & 0.50 & 0.50 \\ 0.10 & 0.40 & 0.50 \\ 0.10 & 0.70 & 0.20 \end{bmatrix}$	5
8.4　16.8　33.6		$\begin{bmatrix} 0.25 & 0.60 & 0.15 \\ 0.35 & 0.50 & 0.15 \\ 0.35 & 0.55 & 0.10 \end{bmatrix}$	0.5
8.4　16.8　50.4　67.2	(2, 3)	$\begin{bmatrix} 0.50 & 0.10 & 0.20 & 0.20 \\ 0.15 & 0.45 & 0.20 & 0.20 \\ 0.15 & 0.15 & 0.50 & 0.20 \\ 0.15 & 0.15 & 0.10 & 0.60 \end{bmatrix}$	0.5
26.88　33.6　44.68　80.64		$\begin{bmatrix} 0.10 & 0.35 & 0.25 & 0.30 \\ 0.20 & 0.25 & 0.25 & 0.30 \\ 0.20 & 0.30 & 0.20 & 0.30 \\ 0.20 & 0.30 & 0.40 & 0.10 \end{bmatrix}$	0.5

10.6.1 场景 1

特别地,用户被分成两类。每个用户请求大小为 0.5Mbit 的任务,并且具有相同的等待代价 $c_1 = c_2 = 1$。所有用户的信道状态转换矩阵是相同的,但是第二类用户比第一类用户有更好的传输率。目标是最小化系统中等待服务的用户数量。

在表 10.1 的设置下,三种策略 ($c\mu$、RB 和 MPI) 实际产生相同的调度效果,如调度次序 (类别,状态) 均为 $(2,3) > (1,3) > (1,2) > (2,2) > (2,1) > (1,1)$。同样,PB 和 SS 也产生相同的调度效果,如 $(1,3) = (2,3) > (1,2) > (2,2) > (2,1) > (1,1)$。SB 策略产生调度次序 $(2,3) = (1,3) > (1,2) = (2,2) > (2,1) = (1,1)$。图 10.1 显示了三种调度次序下,平均等待代价随负载 ρ 变化的曲线及系统中等待用户数量随时隙数变化的曲线。显然,我们能观测到所有策略的行为基本相似。具体看,图 10.1 表明,$c\mu$、RB、MPI 三种策略比 SB、PB、SS 策略性能要好,

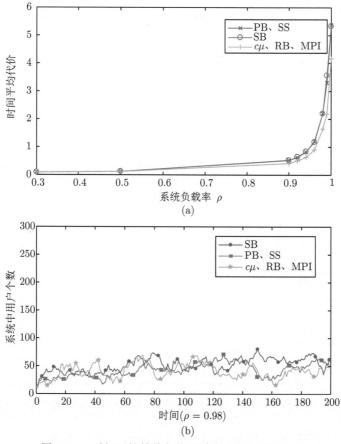

图 10.1　时间平均等待代价和系统用户数 (场景 1)

这是因为 $c\mu$、RB、MPI 保证了第一类用户和第二类用户之间的平衡。在 $\rho < 0.9$ 时，所有的策略都表现比较好，但是这些策略在 1 附近时平均等待代价开始急剧上升不稳定。

10.6.2　场景 2

在此场景下，考虑两类有不同任务大小的用户，即第一类请求 5Mbit 的任务，第二类请求 0.5Mbit 的任务。两类的等待代价分别为 $c_1 = 10$ 和 $c_2 = 1$，但是两类具有相同传输率，不同的信道状态转换矩阵。

首先，容易验证 SS 和 MPI 策略产生了相同的调度次序 $(1,3) > (2,3) > (1,2) > (2,2) > (1,1) > (2,1)$，PB 和 RB 也产生了相同调度次序 $(1,3) > (1,2) > (1,1) > (2,3) > (2,2) > (2,1)$。图 10.2 显示，MPI 与 $c\mu$ 有几乎相同的性能，但是比其他策略要好。从调度次序上，我们观测到 PB (或 RB) 有最坏的性能，这是因为在用户类别上存在极端不平衡，如服务第一类用户的优先级

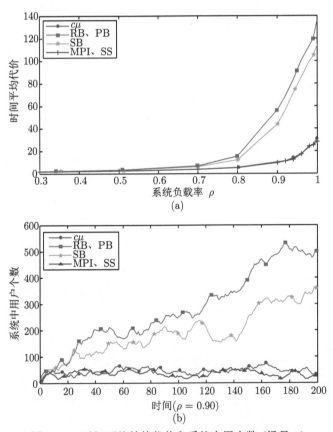

图 10.2　时间平均等待代价和系统中用户数 (场景 2)

在所有状态下都比第二类用户要高。SB 具有较坏性能，是因为从调度次序上看
$(1,3) > (1,2) > (2,3) > (1,1) > (2,2) > (2,1)$ 存在类别不平衡性。

10.6.3 场景 3

在此场景下，假定每类用户有 4 个状态，以及不同等待代价、不同传输率、
不同状态转换矩阵。首先，容易验证 PB 和 RB 策略产生相同的调度次序，如
$(1,4) > (1,3) > (2,4) > (2,3) > (1,2) > (2,2) > (1,1) > (2,1)$。图 10.3 表明，
MPI 策略 $(2,4) > (1,4) > (2,3) > (1,3) > (1,2) > (2,2) > (1,1) > (2,1)$ 与 SS
策略 $(2,4) = (1,4) > (2,3) > (1,3) > (1,2) > (2,2) > (1,1) > (2,1)$ 拥有几乎相

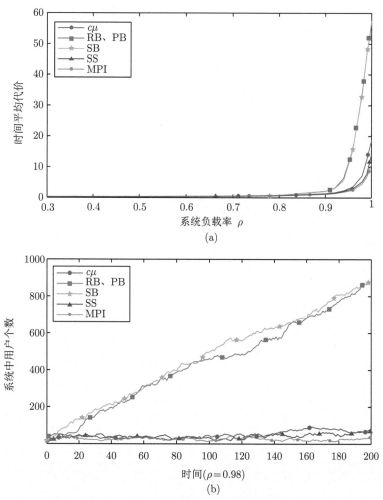

图 10.3 时间平均等待代价和系统中用户数 (场景 3)

同的性能，并且比其他策略在平均等待代价及等待用户数上都要好。

10.7　引理和定理证明

10.7.1　引理 10.1 的证明

记 v_n^* 为优化的值函数，且

$$v_n^a \stackrel{\text{def}}{=\!\!=} r_n^a - \nu w_n^a + \beta \sum_{m \in \mathcal{N}} p_{n,m}^a v_m^*$$

$$g_n(v_{-n}^*, v_{-(n+1)}^*) \stackrel{\text{def}}{=\!\!=} \sum_{i=1}^{n-1} \epsilon_{N-1+i} v_i^* - \sum_{i=1}^{n-2} \epsilon_{N-1+i} v_{i+1}^* \sum_{i=n+1}^{N-1} \epsilon_{N-i} v_{i+1}^* - \sum_{i=n+2}^{N-1} \epsilon_{N-i} v_i^*$$

$$\alpha_n^0 \stackrel{\text{def}}{=\!\!=} \begin{cases} -\epsilon_{N-n}, & n = 1 \\ -\epsilon_{N-2+n} - \epsilon_{N-n}, & 2 \leqslant n \leqslant N-1 \\ -\epsilon_{2N-2}, & n = N \end{cases}$$

$$\alpha_{n+1}^1 \stackrel{\text{def}}{=\!\!=} \begin{cases} \epsilon_{N-n} - \epsilon_{N-n-1}, & 1 \leqslant n \leqslant N-2 \\ \epsilon_{N-n}, & n = N-1 \\ 0, & n = N \end{cases}$$

对于状态 $n \in \mathcal{N}$，相应的贝尔曼等式如下，即

$$v_n^* = \max\{v_n^0; v_n^1\}$$

$$= \max \left\{ r_n^0 - \nu w_n^0 + \beta \sum_{m \in \mathcal{N}'} h_m v_m^* + \beta g_n(v_{-n}^*, v_{-(n+1)}^*) \right.$$

$$+ \beta[(\lambda + \alpha_n^0) v_n^* + \alpha_{n+1}^1 v_{n+1}^*];$$

$$r_n^1 - \nu w_n^1 + \beta \sum_{m \in \mathcal{N}'} (1 - \mu_n) h_m v_m^* + \beta \mu_n v_0^* + \beta(1 - \mu_n) g_n(v_{-n}^*, v_{-(n+1)}^*)$$

$$\left. + \beta(1 - \mu_n)[(\lambda + \alpha_n^0) v_n^* + \alpha_{n+1}^1 v_{n+1}^*] \right\}$$

$$= -c + \beta \sum_{m \in \mathcal{N}'} h_m v_m^* + \beta g_n(v_{-n}^*, v_{-(n+1)}^*) + \beta[(\lambda + \alpha_n^0) v_n^* + \alpha_{n+1}^1 v_{n+1}^*]$$

$$+ \max \left\{ 0; -\nu + \mu_n \left\{ c + \beta v_0^* - \beta \sum_{m \in \mathcal{N}'} h_m v_m^* - \beta g_n(v_{-n}^*, v_{-(n+1)}^*) \right. \right.$$

$$- \beta[(\lambda + \alpha_n^0)v_n^* + \alpha_{n+1}^1 v_{n+1}^*]\Big\}\Big\}$$

其中，max 函数中的第一项对应动作 0，第二项对应动作 1。

显然，若第一项小于第二项，则对于状态 $n \in \mathcal{N} \setminus \{0\}$ 而言，传输是最优选择，如动作为 1。

令

$$Z \xlongequal{\text{def}} c + \beta v_0^* - \beta g_n(v_{-n}^*, v_{-(n+1)}^*) - \beta \sum_{m \in \mathcal{N}'}^{m \neq n, n+1} h_m v_m^*$$

$$Z_n \xlongequal{\text{def}} Z - \beta(\lambda + \alpha_n^0 + h_n)v_n^* - \beta(\alpha_{n+1}^1 + h_{n+1})v_{n+1}^*$$

下面分两种情况分析贝尔曼等式。

情况 1，若 $\nu > 0$，对于任意 $n \in \mathcal{N} \setminus \{0\}$，我们有 $v_n^* \leqslant 0$。若传输动作在状态 $n \in \mathcal{N} \setminus \{0, N\}$ 是最优的，可得 $-\nu + \mu_n Z_n \geqslant 0$，进而有 $Z_n > 0$，$-\nu + \mu_{n+1}Z_n > -\nu + \mu_n Z_n$。考虑 $\mu_{n+1} > \mu_n$，那么

$$\begin{aligned}
v_n^* =& - c + \mu_n Z_n - \nu \\
&+ \beta \sum_{m \in \mathcal{N}'} h_m v_m^* + \beta[(\lambda + \alpha_n^0)v_n^* + \alpha_{n+1}^1 v_{n+1}^* + g_n(v_{-n}^*, v_{-(n+1)}^*)] \\
<& - c + \mu_{n+1} Z_n - \nu \\
&+ \beta \sum_{m \in \mathcal{N}'} h_m v_m^* + \beta[(\lambda + \alpha_n^0)v_n^* + \alpha_{n+1}^1 v_{n+1}^* + g_n(v_{-n}^*, v_{-(n+1)}^*)]
\end{aligned}$$

进而

$$v_n^*[1 - \beta(1 - \mu_{n+1})(\lambda - \epsilon_{N-n} - \epsilon_{N+n-1})]$$

$$< - c + \mu_{n+1}Z - \nu + \beta \sum_{m \in \mathcal{N}'}^{m \neq n, n+1} h_m v_m^* + \beta g_n(v_{-n}^*, v_{-(n+1)}^*)$$

$$+ \beta(1 - \mu_{n+1})(h_n + \alpha_n^0 + \epsilon_{N-n} + \epsilon_{N+n-1})v_n^* + \beta(1 - \mu_{n+1})(h_{n+1} + \alpha_{n+1}^1)v_{n+1}^*$$

$$= - c + \mu_{n+1}Z - \nu + \beta \sum_{m \in \mathcal{N}'}^{m \neq n, n+1} h_m v_m^* + \beta g_n(v_{-n}^*, v_{-(n+1)}^*)$$

$$+ \beta(1 - \mu_{n+1})(h_n + \gamma_n)v_n^* + \beta(1 - \mu_{n+1})(h_{n+1} + \alpha_{n+1}^1)v_{n+1}^* \tag{10.41}$$

其中，$\gamma_n \xlongequal{\text{def}} \alpha_n^0 + \epsilon_{N+n-1} + \epsilon_{N-n}$。

对于状态 $n+1$，若采用动作 1 ，按贝尔曼等式，可得

$$v_{n+1}^1 = -c - \nu + \beta \sum_{m \in \mathcal{N}'} h_m v_m^* + \beta g_{n+1}(v_{-(n+1)}^*, v_{-(n+2)}^*)$$

$$+ \beta[(\lambda + \alpha_{n+1}^0)v_{n+1}^* + \alpha_{n+2}^1 v_{n+2}^*] + \mu_{n+1}\Big\{c + \beta v_0^* - \beta \sum_{m \in \mathcal{N}'} h_m v_m^*$$

$$- \beta g_{n+1}(v_{-(n+1)}^*, v_{-(n+2)}^*) - \beta[(\lambda + \alpha_{n+1}^0)v_{n+1}^* + \alpha_{n+2}^1 v_{n+2}^*]\Big\}$$

$$\stackrel{(a)}{=} -c + \mu_{n+1}Z - \nu + \beta \sum_{m \in \mathcal{N}'}^{m \neq n, n+1} h_m v_m^* + \beta g_n(v_{-n}^*, v_{-(n+1)}^*)$$

$$+ \beta(1 - \mu_{n+1})(h_n + \alpha_n^0 + \epsilon_{N+n-1} + \epsilon_{N-n})v_n^*$$

$$+ \beta(1 - \mu_{n+1})(h_{n+1} + \lambda + \alpha_{n+1}^1 - \epsilon_{N-n} - \epsilon_{N+n-1})v_{n+1}^*$$

$$\Leftrightarrow$$

$$v_{n+1}^1 - \beta(1 - \mu_{n+1})(\lambda - \epsilon_{N-n} - \epsilon_{N+n-1})v_{n+1}^*$$

$$= -c + \mu_{n+1}Z - \nu + \beta \sum_{m \in \mathcal{N}'}^{m \neq n, n+1} h_m v_m^*$$

$$+ \beta g_n(v_{-n}^*, v_{-(n+1)}^*) + \beta(1 - \mu_{n+1})(h_n + \gamma_n)v_n^*$$

$$+ \beta(1 - \mu_{n+1})(h_{n+1} + \alpha_{n+1}^1)v_{n+1}^* \tag{10.42}$$

其中,(a) 表示可由 $g_n(v_{-n}^*, v_{-(n+1)}^*) = g_{n+1}(v_{-(n+1)}^*, v_{-(n+2)}^*) + (\epsilon_{N-2+n} - \epsilon_{N-1+n})v_n^*$ $+ (\epsilon_{N-n-1} - \epsilon_{N-n-2})v_{n+2}^*$、$\alpha_{n+1}^0 = \alpha_{n+1}^1 - \epsilon_{N-n} - \epsilon_{N+n-1}$ 和 $\alpha_{n+2}^1 = \epsilon_{N-n-1} - \epsilon_{N-n-2}$ 得到。

联合式 (10.41) 和式 (10.42)，可得

$$v_n^*[1 - \beta(1 - \mu_{n+1})(\lambda - \epsilon_{N-n} - \epsilon_{N+n-1})]$$

$$< v_{n+1}^1 - \beta(1 - \mu_{n+1})(\lambda - \epsilon_{N-n} - \epsilon_{N+n-1})v_{n+1}^*$$

$$\leqslant v_{n+1}^* - \beta(1 - \mu_{n+1})(\lambda - \epsilon_{N-n} - \epsilon_{N+n-1})v_{n+1}^*$$

$$= v_{n+1}^*[1 - \beta(1 - \mu_{n+1})(\lambda - \epsilon_{N-n} - \epsilon_{N+n-1})]$$

即 $v_n^* < v_{n+1}^*$。

同时，可得

$$v_n^* \geqslant v_n^0$$

$$= -c + \beta \sum_{m \in \mathcal{N}'} h_m v_m^* + \beta g_n(v_{-n}^*, v_{-(n+1)}^*) + \beta[(\lambda + \alpha_n^0)v_n^* + \alpha_{n+1}^1 v_{n+1}^*]$$

$$= -c + \beta \sum_{\substack{m \in \mathcal{N}' \\ m \neq n, n+1}} h_m v_m^* + \beta g_n(v_{-n}^*, v_{-(n+1)}^*) \tag{10.43}$$

$$\quad + \beta[(h_n + \lambda + \alpha_n^0)v_n^* + (h_{n+1} + \alpha_{n+1}^1)v_{n+1}^*]$$

$$\Leftrightarrow$$

$$v_n^*[1 - \beta(\lambda - \epsilon_{N-n} - \epsilon_{N+n-1})]$$

$$\geqslant -c + \beta \sum_{\substack{m \in \mathcal{N}' \\ m \neq n, n+1}} h_m v_m^* + \beta g_n(v_{-n}^*, v_{-(n+1)}^*)$$

$$\quad + \beta[(h_n + \gamma_n)v_n^* + (h_{n+1} + \alpha_{n+1}^1)v_{n+1}^*] \tag{10.44}$$

另外，按照贝尔曼等式，可得

$$v_{n+1}^0 = -c + \beta \sum_{m \in \mathcal{N}'} h_m v_m^* + \beta g_{n+1}(v_{-(n+1)}^*, v_{-(n+2)}^*)$$

$$\quad + \beta[(\lambda + \alpha_{n+1}^0)v_{n+1}^* + \alpha_{n+2}^1 v_{n+2}^*]$$

$$\overset{(b)}{=} -c + \beta \sum_{m \in \mathcal{N}'} h_m v_m^*$$

$$\quad + \beta g_n(v_{-n}^*, v_{-(n+1)}^*) + \beta[\gamma_n v_n^* + (\lambda + \alpha_{n+1}^1 - \epsilon_{N-n} - \epsilon_{N+n-1})v_{n+1}^*]$$

$$= -c + \beta \sum_{\substack{m \in \mathcal{N}' \\ m \neq n, n+1}} h_m v_m^* + \beta g_n(v_{-n}^*, v_{-(n+1)}^*)$$

$$\quad + \beta[(h_n + \gamma_n)v_n^* + (h_{n+1} + \alpha_{n+1}^1)v_{n+1}^*] + \beta(\lambda - \epsilon_{N-n} - \epsilon_{N+n-1})v_{n+1}^*$$

$$\overset{(a)}{\leqslant} -c + \beta \sum_{\substack{m \in \mathcal{N}' \\ m \neq n, n+1}} h_m v_m^* + \beta g_n(v_{-n}^*, v_{-(n+1)}^*)$$

$$\quad + \beta[(h_n + \gamma_n)v_n^* + (h_{n+1} + \alpha_{n+1}^1)v_{n+1}^*] + \beta(\lambda - \epsilon_{N-n} - \epsilon_{N+n-1})v_{n+1}^0$$

$$\Leftrightarrow$$

$$v_{n+1}^0[1 - \beta(\lambda - \epsilon_{N-n} - \epsilon_{N+n-1})]$$

$$\leqslant -c + \beta \sum_{\substack{m \in \mathcal{N}' \\ m \neq n, n+1}} h_m v_m^*$$

$$+ \beta g_n(v^*_{-n}, v^*_{-(n+1)}) + \beta[(h_n + \gamma_n)v^*_n + (h_{n+1} + \alpha^1_{n+1})v^*_{n+1}] \tag{10.45}$$

其中，(a) 表示可由 $\lambda \leqslant \epsilon_{N-n} + \epsilon_{N+n-1}$ 和 $v^0_{n+1} \leqslant v^*_{n+1}$ 得到；(b) 表示可由 $g_n(v^*_{-n}, v^*_{-(n+1)}) = g_{n+1}(v^*_{-(n+1)}, v^*_{-(n+2)}) + \gamma_n v^*_n + (\epsilon_{N-n-1} - \epsilon_{N-n-2})v^*_{n+2}$ 得到。

联合式 (10.44) 和式 (10.45)，我们有 $v^0_{n+1} \leqslant v^*_n$。考虑 $v^*_n < v^*_{n+1}$，我们有 $v^0_{n+1} \leqslant v^*_n < v^*_{n+1} = v^1_{n+1}$。换言之，传输动作是状态 $n+1$ 时的最优选择。

情况 2，若 $\nu < 0$，首先通过贝尔曼等式，易得 $v^*_0 = -\dfrac{\nu}{1-\beta}$，因为在状态 0 时动作 1 是最优的，所以在后续每个时隙得到 $-\nu$ 收益。注意到，对于任意状态 $n \in \mathcal{N}$ 和任意动作 $a \in \mathcal{A}$ 的单时隙净收益为 $r^a_n - \nu w^a_n$，其上界可以由 $-\nu$ 限定，如 $|r^a_n - \nu r^a_n| \leqslant -\nu$。对于任意 $m \in \mathcal{N}'$，有 $v^*_m \leqslant -\dfrac{\nu}{1-\beta} = v^*_0$，因此（通过 $c > 0$ 和 $\lambda + \displaystyle\sum_{m \in \mathcal{N}'} h_m = 1$）$Z_n > 0$，最终对于任意状态 $n \in \mathcal{N} \setminus \{0\}$ 有 $-\nu + \mu_n Z_n > 0$。

换句话说，传输动作在任意状态 $n \in \mathcal{N}$ 是最优选择。

综上所述，引理得证。

10.7.2　引理 10.2 的证明

首先证明 $W^{\langle 1, \delta_{N-n} \rangle}_n - W^{\langle 0, \delta_{N-n} \rangle}_n > 0$，具体通过以下四步进行。

步骤 1，按照 β 平均工作量的定义，我们有 $W^{\langle 1, \delta_{N-n} \rangle}_n \geqslant 1$，$W^{\langle 1, \delta_{N-n} \rangle}_{n+1} \geqslant 1$，$\cdots$，$W^{\langle 1, \delta_{N-n} \rangle}_N \geqslant 1$。为了证明 $W^{\langle 1, \delta_{N-n} \rangle}_n \geqslant W^{\langle 1, \delta_{N-n} \rangle}_{n+1} \geqslant \cdots \geqslant W^{\langle 1, \delta_{N-n} \rangle}_N$，只需证明 $W^{\langle 1, \delta_{N-n} \rangle}_i \geqslant W^{\langle 1, \delta_{N-n} \rangle}_{i+1}$ 对于任意 i ($n \leqslant i \leqslant N-1$) 成立。

对于式 (10.24)，我们一次执行以下操作。

① 第 i 个等式除以 $1 - \mu_i$。

② 第 $i+1$ 个等式除以 $1 - \mu_{i+1}$。

③ 第 i 个等式减去第 $(i+1)$ 个等式。

那么可以得到第 i 个等式，即

$$\left(-\frac{1}{\bar{\mu}_i} + \beta\lambda_{i-1}\right) W^{\langle 1, \delta_{N-n} \rangle}_i + \left(\frac{1}{\bar{\mu}_{i+1}} - \beta\lambda_{i-1}\right) W^{\langle 1, \delta_{N-n} \rangle}_{i+1} = \frac{1}{\bar{\mu}_{i+1}} - \frac{1}{\bar{\mu}_i} \tag{10.46}$$

即

$$\left(\frac{1}{\bar{\mu}_i} - \beta\lambda_{i-1}\right) \left(W^{\langle 1, \delta_{N-n} \rangle}_{i+1} - W^{\langle 1, \delta_{N-n} \rangle}_i\right) = \left(\frac{1}{\bar{\mu}_{i+1}} - \frac{1}{\bar{\mu}_i}\right) \left(1 - W^{\langle 1, \delta_{N-n} \rangle}_{i+1}\right) \leqslant 0$$

这表明，$W^{\langle 1, \delta_{N-n} \rangle}_{i+1} \leqslant W^{\langle 1, \delta_{N-n} \rangle}_i$。

步骤 2，为了证明 $W^{\langle 0, \delta_{N-n} \rangle}_1 = \cdots = W^{\langle 0, \delta_{N-n} \rangle}_{n-1}$，仅需证明 $W^{\langle 0, \delta_{N-n} \rangle}_i = W^{\langle 0, \delta_{N-n} \rangle}_{i+1}$ 对于任意 i ($1 \leqslant i \leqslant n-2$) 成立。

对于式 (10.24)，我们将第 $i+1$ 个等式减去第 i 个等式，可得

$$- (1 - \beta\lambda_i)\, W_i^{\langle 0, \delta_{N-n}\rangle} + (1 - \beta\lambda_i)\, W_{i+1}^{\langle 0, \delta_{N-n}\rangle} = 0 \tag{10.47}$$

这表明，$W_i^{\langle 0, \delta_{N-n}\rangle} = W_{i+1}^{\langle 0, \delta_{N-n}\rangle}$。

为了证明 $W_1^{\langle 0, \delta_{N-n}\rangle} = \cdots = W_{n-1}^{\langle 0, \delta_{N-n}\rangle} \leqslant W_n^{\langle 1, \delta_{N-n}\rangle}$，根据第 $(n-1)$ 个等式，可得

$$\left(1 - \beta \sum_{i=1}^{n-1} q_{n-1,i}\right) W_{n-1}^{\langle 0, \delta_{N-n}\rangle} - \beta \sum_{i=n}^{N} q_{n-1,i}\, W_i^{\langle 1, \delta_{N-n}\rangle} = 0 \tag{10.48}$$

即

$$W_{n-1}^{\langle 0, \delta_{N-n}\rangle} = \frac{\beta \displaystyle\sum_{i=n}^{N} q_{n-1,i}\, W_i^{\langle 1, \delta_{N-n}\rangle}}{1 - \beta \displaystyle\sum_{i=1}^{n-1} q_{n-1,i}}$$

$$\overset{(a)}{\leqslant} \frac{\beta \displaystyle\sum_{i=n}^{N} q_{n-1,i}\, W_n^{\langle 1, \delta_{N-n}\rangle}}{1 - \beta \displaystyle\sum_{i=1}^{n-1} q_{n-1,i}}$$

$$\overset{(b)}{\leqslant} \frac{\displaystyle\sum_{i=n}^{N} q_{n-1,i}\, W_n^{\langle 1, \delta_{N-n}\rangle}}{1 - \displaystyle\sum_{i=1}^{n-1} q_{n-1,i}}$$

$$= W_n^{\langle 1, \delta_{N-n}\rangle} \tag{10.49}$$

其中，(a) 表示可由 $W_n^{\langle 1, \delta_{N-n}\rangle} \geqslant W_{n+1}^{\langle 1, \delta_{N-n}\rangle} \geqslant \cdots \geqslant W_N^{\langle 1, \delta_{N-n}\rangle}$ 得到；(b) 表示可由

$\dfrac{\beta \displaystyle\sum_{i=n}^{N} q_{n-1,i}}{1 - \beta \displaystyle\sum_{i=1}^{n-1} q_{n-1,i}}$ 是 β $(0 \leqslant \beta < 1)$ 的增函数得到。

步骤 3，考虑式 (10.24) 的第 n 个等式，可得

$$- \beta(1 - \mu_n) \sum_{i=1}^{n-1} q_{n,i}\, W_{n-1}^{\langle 0, \delta_{N-n}\rangle} + [1 - \beta(1 - \mu_n)q_{n,n}]\, W_n^{\langle 1, \delta_{N-n}\rangle}$$

$$-\beta(1-\mu_n)\sum_{i=n+1}^{N}q_{n,i}W_i^{\langle 1,\delta_{N-n}\rangle}=1 \tag{10.50}$$

即

$$\left[1-\beta(1-\mu_n)q_{n,n}\right]W_n^{\langle 1,\delta_{N-n}\rangle}$$

$$=1+\beta(1-\mu_n)\sum_{i=1}^{n-1}q_{n,i}W_{n-1}^{\langle 0,\delta_{N-n}\rangle}+\beta(1-\mu_n)\sum_{i=n+1}^{N}q_{n,i}W_i^{\langle 1,\delta_{N-n}\rangle}$$

$$\overset{(a)}{\leqslant}1+\beta(1-\mu_n)\sum_{i=1}^{n-1}q_{n,i}W_n^{\langle 1,\delta_{N-n}\rangle}+\beta(1-\mu_n)\sum_{i=n+1}^{N}q_{n,i}W_n^{\langle 1,\delta_{N-n}\rangle} \tag{10.51}$$

进而

$$W_n^{\langle 1,\delta_{N-n}\rangle}\leqslant\frac{1}{1-\beta(1-\mu_n)}<\frac{1}{\mu_n} \tag{10.52}$$

其中，$0\leqslant\beta<1$；(a) 表示可由 $W_n^{\langle 1,\delta_{N-n}\rangle}\geqslant W_i^{\langle 0,\delta_{N-n}\rangle}$，对于任意 $i\ (1\leqslant i\leqslant n-1)$ 成立且 $W_n^{\langle 1,\delta_{N-n}\rangle}\geqslant W_i^{\langle 1,\delta_{N-n}\rangle}$ 对于 $i\ (n+1\leqslant i\leqslant N)$ 成立得到。

步骤 4，对于式 (10.24) 的第 n 个等式，即

$$[e_n^{\mathsf{T}}-\beta(1-\mu_n)e_n^{\mathsf{T}}Q]w_1=1 \tag{10.53}$$

首先，从式 (10.53) 的两边减去 $\mu_n W_n^{\langle 1,\delta_{N-n}\rangle}$，然后除以 $1-\mu_n$，那么式 (10.53) 变形为

$$(e_n^{\mathsf{T}}-\beta e_n^{\mathsf{T}}Q)w_1=\frac{1-\mu_n W_n^{\langle 1,\delta_{N-n}\rangle}}{1-\mu_n} \tag{10.54}$$

联合式 (10.24) 中的其他 $N-1$ 个等式，转换如下，即

$$(I_N-\beta M_1)w_1=1_N-1_N^{n-1}$$

$$\Leftrightarrow(I_N-\beta M_0)w_1=1_N-1_N^n+\frac{1-\mu_n W_n^{\langle 1,\delta_{N-n}\rangle}}{1-\mu_n}e_n \tag{10.55}$$

那么

$$W_n^{\langle 1,\delta_{N-n}\rangle}=e_n^{\mathsf{T}}\left(I_N-\beta M_0\right)^{-1}\left(1_N-1_N^n+\frac{1-\mu_n W_n^{\langle 1,\delta_{N-n}\rangle}}{1-\mu_n}e_n\right) \tag{10.56}$$

与下式联合，即

$$W_n^{\langle 0, \delta_{N-n} \rangle} = e_n^{\mathsf{T}} (I_N - \beta M_0)^{-1} (1_N - 1_N^n)$$

可得

$$W_n^{\langle 1, \delta_{N-n} \rangle} - W_n^{\langle 0, \delta_{N-n} \rangle} = \frac{1 - \mu_n W_n^{\langle 1, \delta_{N-n} \rangle}}{1 - \mu_n} \left[e_n^{\mathsf{T}} (I_N - \beta M_0)^{-1} e_n \right] \overset{(a)}{>} 0 \quad (10.57)$$

其中，(a) 表示可由 $\mu_n W_n^{\langle 1, \delta_{N-n} \rangle} < 1$ 和 $e_n^{\mathsf{T}} (I_N - \beta M_0)^{-1} e_n > 0$ 得到。

注意，$e_n^{\mathsf{T}} (I_N - \beta M_0)^{-1} e_n > 0$ 是因为 $I_N - \beta M_0$ 是对角占优矩阵，且对角线上的每个值在 $0 \leqslant \beta < 1$ 时均大于 0 。

至此，我们证明了 $W_n^{\langle 1, \delta_{N-n} \rangle} - W_n^{\langle 0, \delta_{N-n} \rangle} > 0$。根据相似的推导，易证 $W_{n+1}^{\langle 1, \delta_{N-n} \rangle} - W_{n+1}^{\langle 0, \delta_{N-n} \rangle} > 0$。引理得证。

10.7.3 定理 10.2 的证明

按照怀特因子的定义，为了证明可因子性，需要验证 $\nu_1 < \nu_2 < \cdots < \nu_N$。当 $\beta = 1$ 时，我们有 $\nu_N = \frac{c\mu_N}{1 - \beta} \to \infty$。

首先，我们有

$$\begin{aligned}
f(n) =& \beta q_{n,n+1} \left(1 - \frac{\frac{1}{\bar{\mu}_n} - \beta \lambda_n}{\frac{1}{\bar{\mu}_{n+1}} - \beta \lambda_n} \right) + \mu_n d_{n-1,n+1} K_{n+1} \\
& + \beta \sum_{i=n+2}^{N} q_{n,i} \left(1 - \prod_{j=n+1}^{i} \frac{\frac{1}{\bar{\mu}_{j-1}} - \beta \lambda_{j-1}}{\frac{1}{\bar{\mu}_j} - \beta \lambda_{j-1}} \right) + \mu_n \sum_{i=n+2}^{N} d_{n-1,i} K_i
\end{aligned}$$

和

$$\begin{aligned}
f(n+1) &= \beta \sum_{i=n+2}^{N} q_{n+1,i} \left(1 - \prod_{j=n+2}^{i} \frac{\frac{1}{\bar{\mu}_{j-1}} - \beta \lambda_{j-1}}{\frac{1}{\bar{\mu}_j} - \beta \lambda_{j-1}} \right) + \mu_{n+1} \sum_{i=n+2}^{N} d_{n,i} K_i \\
&= \beta \sum_{i=n+2}^{N} q_{n,i} \left(1 - \prod_{j=n+2}^{i} \frac{\frac{1}{\bar{\mu}_{j-1}} - \beta \lambda_{j-1}}{\frac{1}{\bar{\mu}_j} - \beta \lambda_{j-1}} \right) + \mu_{n+1} \sum_{i=n+2}^{N} d_{n-1,i} K_i
\end{aligned}$$

进而

$$f(n) - f(n+1)$$

$$=\beta q_{n,n+1}K_{n+1} + (\mu_n - \mu_{n+1})\sum_{i=n+2}^{N} d_{n-1,i}K_i$$

$$+ \mu_n d_{n-1,n+1}K_{n+1} + \beta \sum_{i=n+2}^{N} q_{n,i} \prod_{j=n+2}^{i} \frac{\dfrac{1}{\bar\mu_{j-1}} - \beta\lambda_{j-1}}{\dfrac{1}{\bar\mu_j} - \beta\lambda_{j-1}} K_{n+1}$$

$$=\beta q_{n,n+1}K_{n+1} + (\mu_n - \mu_{n+1})\sum_{i=n+2}^{N} d_{n-1,i}K_i$$

$$- \mu_n\beta \left(q_{n-1,n+1} + \sum_{i=n+2}^{N} q_{n-1,i} \prod_{j=n+2}^{i} \frac{\dfrac{1}{\bar\mu_{j-1}} - \beta\lambda_{j-1}}{\dfrac{1}{\bar\mu_j} - \beta\lambda_{j-1}} \right) K_{n+1}$$

$$+ \beta \sum_{i=n+2}^{N} q_{n,i} \prod_{j=n+2}^{i} \frac{\dfrac{1}{\bar\mu_{j-1}} - \beta\lambda_{j-1}}{\dfrac{1}{\bar\mu_j} - \beta\lambda_{j-1}} K_{n+1}$$

$$=\beta q_{n,n+1}K_{n+1} + (\mu_n - \mu_{n+1})\sum_{i=n+2}^{N} d_{n-1,i}K_i$$

$$- \mu_n\beta \left(q_{n,n+1} + \sum_{i=n+2}^{N} q_{n,i} \prod_{j=n+2}^{i} \frac{\dfrac{1}{\bar\mu_{j-1}} - \beta\lambda_{j-1}}{\dfrac{1}{\bar\mu_j} - \beta\lambda_{j-1}} \right) K_{n+1}$$

$$+ \beta \sum_{i=n+2}^{N} q_{n,i} \prod_{j=n+2}^{i} \frac{\dfrac{1}{\bar\mu_{j-1}} - \beta\lambda_{j-1}}{\dfrac{1}{\bar\mu_j} - \beta\lambda_{j-1}} K_{n+1}$$

$$=\bar\mu_n\beta q_{n,n+1}K_{n+1} + (\mu_n - \mu_{n+1})\sum_{i=n+2}^{N} d_{n-1,i}K_i$$

$$+ \bar\mu_n\beta \sum_{i=n+2}^{N} q_{n,i} \prod_{j=n+2}^{i} \frac{\dfrac{1}{\bar\mu_{j-1}} - \beta\lambda_{j-1}}{\dfrac{1}{\bar\mu_j} - \beta\lambda_{j-1}} K_{n+1}$$

$$\overset{(a)}{\geqslant} 0$$

其中, (a) 表示可由 $d_{n-1,i} \leqslant 0$, $K_i \geqslant 0$ 和 $\mu_n < \mu_{n+1}$ 得到。

因此

$$\nu_n = \frac{c\mu_n}{1-\beta+f(n)} \leqslant \frac{c\mu_n}{1-\beta+f(n+1)} < \frac{c\mu_{n+1}}{1-\beta+f(n+1)} = \nu_{n+1}$$

引理得证。

10.8 本 章 小 结

本章研究了多类多态时变马尔可夫信道模型下的机会调度问题。一般来说, 该调度问题可以转化为经典的多臂机决策问题。关于多态马尔可夫模型, 研究几乎没有进展, 仅有的研究也是首先假定可因子性, 然后得到有限结果。为了弥补该空白, 我们提出关于状态转换矩阵的充分条件, 证明简单怀特因子策略的可行性, 并得到闭式的怀特因子。对于不满足矩阵充分条件的情况, 我们提出特征值算术平均方法近似矩阵, 进而得到近似的怀特因子。仿真实验表明, 本章提出的因子调度策略在调度多类多态队列方面有很好的效果, 比现有的调度策略更好。后续研究, 我们拟寻求更一般的关于状态转换矩阵的充分条件保证因子策略的可行性。

参 考 文 献

[1] Wang K, Yu J, Chen L, et al. Opportunistic scheduling revisited using restless bandits: Indexability and index policy//Proceedings of IEEE Global Communications Conference, Singapore, 2017: 317–332.

[2] Knopp R, Humblet P. Information capacity and power control in single-cell multiuser communications//Proceedings of IEEE International Conference on Communication, Seattle, 1995: 331–335.

[3] Bender P, Black P, Grob M, et al. CDMA/HDR: a bandwidth-efficient high-speed wireless data service for nomadic users. IEEE Communications Magazine, 2000, 38(7): 70–77.

[4] Kushner H J, Whiting P A. Convergence of proportional fair sharing algorithms under general conditions. IEEE Transactions on Wireless Communications, 2004, 3(4): 1250–1259.

[5] Borst S. User-level performance of channel-aware scheduling algorithms in wireless data networks. IEEE/ACM Transactions on Networking, 2005, 13(3): 636–647.

[6] Aalto S, Lassila P. Flow-level stability and performance of channel-aware priority-based schedulers//Proceedings of 6th EURO-NGI Conference on Next Generation Internet, Paris, 2010: 1–8.

[7] Bonald T. A score-based opportunistic scheduler for fading radio channels//Proceedings of European Wireless, Barcelona, 2004: 283–292.

[8] Ayesta U, Erausquin M, Jonckheere M, et al. Scheduling in a random environment: Stability and asymptotic optimality. IEEE/ACM Transactions on Networking, 2013, 21(1): 258–271.

[9] Kim J, Kim B, J. Kim, et al. Stability of flow-level scheduling with markovian time-varying channels. Performance Evaluation, 2013, 70(2): 148–159.

[10] Aalto S, Lassila P, Osti P. Whittle index approach to size-aware scheduling with time-varying channels//Proceedings of ACM Sigmetrics, Portland, 2015: 57–69.

[11] Aalto S, Lassila P, Osti P. Whittle index approach to size-aware scheduling for time-varying channels with multiple states. Queueing Systems, 2016, 83: 195–225.

[12] Cecchi F, Jacko P. Scheduling of users with markovian time-varying transmission rates//Proceedings of ACM Sigmetrics, Portland, 2015: 57–69.

[13] Jacko P. Value of information in optimal flow-level scheduling of users wit markovian time-varying channels. Performance Evaluation, 2011, 68(11): 1022–1036.

[14] Cecchi F, Jacko P. Nearly-optimal scheduling of users with markovian time-varying transmission rates. Performance Evaluation, 2016, 99-100: 16–36.

[15] Whittle P. Restless bandits: activity allocation in a changing world. Journal of Applied Probability, 1998, 25A: 287–298.

[16] Ayesta U, Erausquin M, Jacko P. A modeling framework for optimizing the flow-level scheduling with time-varying channels. Performance Evaluation, 2010, 67: 1014–1029.

[17] Jacko P, Morozov E, Potakhina L, et al. Maximal flow-level stability of best-rate schedulers in heterogeneous wireless systems. Transactions on Emerging Telecommunications Technologies, 2015, 28(1): 417–426.

[18] Taboada I, Liberal F, Jacko P. An opportunistic and non-anticipating size-aware scheduling proposal for mean holding cost minimization in time-varying channels. Performance Evaluation, 2014, 79: 90–103.

[19] Taboada I, Jacko P, Ayesta U, et al. Opportunistic scheduling of flows with general size distribution in wireless time-varying channels//Proceedings of 26th International Teletraffic Congress, Karlskrona, 2014.

[20] Aalto S, Lassila P, Osti P. On the optimal trade-off between SRPT and opportunistic scheduling//Proceedings of ACM Sigmetrics, San Jose, 2011: 185-196.

[21] Bonald T, Borst S, Hegde N, et al. Flow-level performance and capacity of wireless networks with user mobility. Queueing Systems, 2009, 63: 131–164.

[22] Borst S, Jonckheere M. Flow-level stability of channel-aware scheduling algorithms //Proceedings of 4th International Symposium on Modeling and Optimization in Mobile, Ad Hoc and Wireless Networks, Boston, 2006: 213–229.

[23] van de Ven P, Borst S, Shneer S. Instability of max weight scheduling algorithms //Proceedings of IEEE Conference on Computer Communication, Rio de Janeiro, 2009: 1701–1709.

[24] Buyukkoc C, Varaiya P, Walrand J. The $c\mu$ rule revisited. Advances in Applied Probability, 1984,17(1): 237–238.

[25] Wang K, Liu Q, Fan Q, et al. Optimally probing channel in opportunistic spectrum access. IEEE Communications Letters, 2018, 22(7): 1426–1429.

[26] Wang K. Optimally myopic scheduling policy for downlink channels with imperfect state observation. IEEE Transactions on Vehicular Technology, 2018, 67(7): 5856–5867.

[27] Niño-Mora J. Characterization and computation of restless bandit marginal productivity indices//Proceedings of the 2nd International Conference on Performance Evaluation Methodolgies and Tools, Nantes, 2007: 1261-1273.

[28] Sesia S, Toufik I, Baker M. LTE–The UMTS Long Term Evolution: From Theory to Practice. New York: John Wiley & Sons, 2011.

编　后　记

　　"博士后文库"是汇集自然科学领域博士后研究人员优秀学术成果的系列丛书。"博士后文库"致力于打造专属于博士后学术创新的旗舰品牌，营造博士后百花齐放的学术氛围，提升博士后优秀成果的学术影响力和社会影响力。

　　"博士后文库"出版资助工作开展以来，得到了全国博士后管委会办公室、中国博士后科学基金会、中国科学院、科学出版社等有关单位领导的大力支持，众多热心博士后事业的专家学者给予积极的建议，工作人员做了大量艰苦细致的工作。在此，我们一并表示感谢！

"博士后文库"编委会